La conducta de los pájaros

Divulgación

Jennifer Ackerman

La conducta de los pájaros

Una mirada a sus comportamientos
más intrigantes

Traducción de María Dolores Ábalos

Ariel

Título original: *The Bird Way: A New Look at How Birds Talk, Work, Play, Parent, and Think*

Ariel, un sello editorial de Editorial Planeta, S.A.
Avda. Diagonal, 662-664, 08034 Barcelona (España)
www.ariel.es

Adaptación de la cubierta: Booket / Área Editorial Grupo Planeta
Ilustración de la cubierta: *Una percha de pájaros*, 1880 © Hector Giacomelli/Rawpixel
Primera edición en Colección Booket: abril de 2024

Depósito legal: B. 4.309-2024
ISBN: 978-84-08-28610-3
Impresión y encuadernación: Liberdúplex, S. L.
Printed in Spain - Impreso en España

Biografía

Jennifer Ackerman, autora del superventas *El ingenio de los pájaros*, ha escrito durante casi tres décadas sobre ciencia, naturaleza y biología. Colaboradora en *Scientific American*, *The New York Times*, *National Geographic* y *Natural History*, fue editora de la división de libros de la National Geographic Society y miembro del comité editorial de la University of Virginia Press. Entre sus obras más recientes destaca *Birds by the Shore*.

Para Nelle

Sumario

EL AMOR

LA CRIANZA

La conducta de los pájaros

Introducción

Visto un pájaro...

«Existe el modo de ser de los mamíferos y el modo de ser de las aves.» He aquí una sucinta distinción científica entre el cerebro de los mamíferos y el de las aves: dos maneras de definir una mente sumamente inteligente.

Pero el modo de ser de los pájaros es más que un modelo único de «cableado» cerebral. Es además el vuelo, los huevos, las plumas y el canto. Es el recatado plumaje de una acantiza montana y las extravagantes plumas caudales de un monarca colilargo indio, el canto solista de un ave lira soberbia y los duetos perfectamente acompasados de los cucaracheros de Zeledón, la zambullida de un águila pescadora en el mar y la silenciosa y paciente observación de las aguas oscuras por parte de una garza zanquilarga.

Está claro que no existe una sola manera de ser de los pájaros, sino una asombrosa variedad de especies con un aspecto diferente y un tipo de vida completamente distinto. Las aves varían en todos los sentidos: en cuanto al plumaje, la forma, el canto, el vuelo, el nicho y la conducta. Es lo que nos gusta de ellas. A los biólogos les fascina la diversidad. También nos entusiasma a los observadores de pájaros, llevándonos a recopilar listas de avistamientos, a viajar a rincones remotos del orbe para ver una especie rara o a saltar del coche para detectar un ave errante traída por la tormenta, o a internarnos en los bosques bisbiseando y silbando para atraer a esa esquiva curruca.

Basta con que observemos un rato a los pájaros, para ver que diferentes especies son capaces de hacer las cosas más rutinarias de varias maneras radicalmente distintas. Esta variedad la reconocemos en expresiones que utilizamos para describir nuestras propias conductas extremas. Somos alondras o ruiseñores, cisnes o patitos feos, gavilanes o palomas. También son de uso común expresiones como cabeza de chorlito, gallina, pavo real, tortolitos, pato mareado, patoso, pajarraco o fondos buitre, a lo que en inglés se añaden otras como *good egg* (un buen tipo) y *bad egg* (un sinvergüenza), o *dodo* (lelo o bobo); *no spring chicken* se dice de alguien que ya no es un «polluelo»; *stool pigeon* es un soplón, un lacayo; *odd bird* es un bicho raro; *rare bird* equivale a nuestra locución latina *rara avis*; un *early bird* es una persona madrugadora; un *sitting duck* o pato sentado significa una presa fácil, un blanco perfecto; *jail bird* equivale a un preso, mientras que *empty nester* sería nuestro síndrome del nido vacío, y *chatter like a jay*, que literalmente significa parlotear como un arrendajo, lo traduciríamos por hablar como un loro.

Como dijo en una ocasión el biólogo E. O. Wilson, «Visto un pájaro, no los has visto todos».

Esto es sin duda aplicable a la conducta. Veamos por ejemplo las chovas de alas blancas. Los australianos dicen que es fácil enamorarse de estas aves, y ciertamente lo es. Son adorables, carismáticas, gregarias y cómicas: da gusto verlas alineadas en una rama delgada de un árbol, seis o siete borlas de plumas negras y ojos rojos, acicalándose cariñosamente unas a otras llenas de ternura y afecto. Como son torpes voladoras, prefieren andar por cualquier parte, recorrer bosques secos de eucaliptos pavoneándose mientras menean ufanamente la cabeza hacia delante y hacia atrás, como las gallinas. Trinan y silban y menean la cola como cachorritos. Les encanta jugar a seguir al líder o a esconderse y rodar unas sobre otras para tomar posesión de un palito o de un trozo de corteza. Siendo del tamaño de un cuervo pero más delgadas —negras con unas elegantes manchas blancas en las alas y un pico arqueado—, viven en grupos estables de cuatro a veinte pájaros y las encontramos siempre, siempre agrupadas, apiñadas o alineadas. A semejanza de una familia muy unida, todo lo hacen juntas: beber, posarse para dormir, tomar baños de polvo, jugar y correr desplegadas como un equipo de fútbol para compartir un descubrimiento de comida. Juntas construyen grandes y estrafalarios nidos de barro (o de excrementos de emú o de estiércol, si se ven en un apuro) colocados sobre una rama horizontal, en la que hacen cola y esperan su turno para añadir su trocito de corteza triturada, hierba o pelos empapados en barro para el borde del nido. Juntas empollan, vigilan y dan de comer a las crías. Los miembros de los grupos familiares rara vez se separan más de metro y medio o tres metros. Una vez vi a tres polluelos muy juntitos en el suelo que parecían los tres monos sabios: ni ven ni oyen ni dicen el mal.

Y, sin embargo, las chovas tienen también su lado más oscuro, sobre todo cuando empeora el tiempo. Entonces riñen y se pelean, y los grupos se enfrentan entre sí. Los grupos más grandes atacan a los más pequeños arremetiendo contra ellos y picoteándolos salvajemente, vacían los huevos de los nidos y tiran los nidos de los árboles. Son conocidas por apuntarse a juergas de crímenes violentos y arruinar los esfuerzos de nidificación de otros numerosos grupos. Un pájaro fue observado recogiendo huevos con el pico, de uno en uno, y tirándolos al suelo. Lo más inquietante quizá sea ver chovas enfrentadas haciendo algo que pocos animales, aparte de los humanos y las hormigas, hacen: secuestrar por la fuerza y esclavizar a las crías de otros grupos.

Este libro trata sobre la amplia gama de conductas sorprendentes y a veces alarmantes que desarrollan los pájaros en su vida cotidiana, actividades que revierten categóricamente, y a veces de manera divertida, las nociones convencionales sobre lo que es «normal» en las aves y sobre lo que creíamos que eran capaces de hacer.

Recientemente, los científicos han cambiado de criterio acerca de algunas conductas que habían pasado por alto durante años y habían desestimado como anomalías o tildado de misterios insondables. Lo que han encontrado está dando un vuelco a las ideas tradicionales sobre la vida que llevan las aves, cómo se comunican, cómo se procuran alimento o forrajean, cómo cortejan, crían y sobreviven. Asimismo, resultan reveladoras las extraordinarias estrategias y la inteligencia que subyacen a estas actividades, unas habilidades que hasta hace poco hemos considerado únicamente nuestras o, al menos, exclusivas de unos pocos mamíferos inteligentes: el engaño, la manipulación, el hacer trampas, el secuestro y el infanticidio, pero también una comunicación ingeniosa entre las especies, la cooperación, la colaboración, el altruismo, la cultura y el juego.

Algunos de estos extraordinarios comportamientos son enigmas que parecen rozar los límites del mundo ornitológico: una madre que mata a sus propias crías, y otra que desinteresadamente cuida de las crías de otros pájaros como si fueran las suyas. Aves jóvenes que se dedican a alimentar a sus hermanos, y otras tan competitivas que apuñalarían a sus compañeros de nido hasta matarlos. Pájaros que crean magníficas obras de arte, y otros que destruyen de forma deliberada las creaciones de otros pájaros. Aves como la chova de alas blancas que albergan sus propias contradicciones: una asesina que atraviesa de espinas a su presa o la empala en ramas ahorquilladas, pero canta tan maravillosamente bien que algunos músicos han ideado composiciones enteras en torno a esos cantos; otra que tiene fama por su solemnidad, pero es completamente adicta al juego; y otra que colabora con una especie —la humana—, pero parasita a otra de la manera más cruel. Pájaros que hacen regalos y pájaros que roban, que bailan y tamborilean, que pintan sus creaciones o se pintan a sí mismos. Aves que construyen barreras de sonido para mantener alejados a los intrusos, y aves que convocan a sus compañeros de juegos con un reclamo especial, que puede albergar el secreto de nuestra tendencia a gastar bromas, y el de la evolución de la risa humana.

En la Tierra viven más de diez mil especies diferentes de pájaros, algunos de los cuales tienen maravillosos nombres, a menudo seussianos,* como el hococito o garza cebra o avetigre enana y el turaco ventriblanco; el pájaro ratón moteado y el arañero de cara desnuda, el rasconcillo de la inaccesible isla del archipiélago de Tristán de Acuña; el azor lagartijero claro, el colibrí cobrizo, el guacamayo militar; y el playero errante, una elegante ave patiamarilla que vi cómo buscaba crustáceos y gusanos en los bordes de una isla minúscula en la bahía de Kachemak de Alaska. Lo de «errante» hace referencia a su presencia en cualquier parte a lo largo de amplias zonas marítimas; se caracteriza por su estridente reclamo para alertar a otros pájaros si un observador se acerca demasiado. También hay viduidos y obispos colilargos; abanicos maoríes y maluros espléndidos o ratonas australianas franjeadas; eurilaimos y bucerótidos, y el torillo de Robinson (conocido como BBBQ, por sus siglas en inglés). Las aves viven en todos los continentes, en cualquier hábitat, incluso bajo tierra como el tecolote llanero o lechucita de las vizcacheras y el San Pedrito puertorriqueño. Llegan a extremos en todos los aspectos imaginables, desde el tamaño hasta el estilo de vuelo, el color del plumaje y la psicología. En una ocasión vi a un biólogo pesar un colibrí coliancho macho: pesaba 4 gramos. Comparémoslo con el casuario, un gigante que pesa 45 kilos —aproximadamente doce mil veces más que el colibrí—, se parece más a un dinosaurio que cualquier ave viva, puede levantarse un metro y medio para recoger fruta de una rama y es capaz de matar a un

* Típicos del escritor y caricaturista estadounidense Seuss. (*N. de la T.*)

hombre. O comparemos los tres metros de envergadura de un cóndor andino con los doce centímetros de un reyezuelo sencillo.

Algunos pájaros son ágiles voladores, como el azor común, el rey del eslalon en el mundo ornitológico, así como los vencejos y los colibríes, esos acróbatas de los cielos. Grandes aves no voladoras, como el emú y el casuario, ni siquiera tienen alas, aunque sus ancestros más antiguos sí las tenían. Asimismo, los cormoranes de las Galápagos antiguamente sí volaban, pero dejaron de hacerlo en favor de la vida terrestre. Aves marinas como el albatros viajero recorren miles de kilómetros todos los años para regresar a sus diminutas islas, en medio del vasto océano, con el fin de criar a sus polluelos. Pueden pasar años sin tocar tierra y, cuando el mar está embravecido, pueden dormir volando con un ojo abierto para guiarse. Las agujas colipintas o becasinas de cola barrada emigran de Alaska a Nueva Zelanda en un único vuelo de 11.000 kilómetros, viajando día y noche durante siete a nueve días: el vuelo migratorio sin interrupción más largo que se ha registrado. En términos de distancia de vuelo, el charrán o gaviotín ártico se lleva la palma rodeando el mundo en órbita con las estaciones. Este pájaro vuela desde sus áreas de reproducción en Groenlandia e Islandia a sus tierras de hibernación en la Antártida: un viaje de ida y vuelta de unos 70.000 kilómetros, la migración más larga jamás registrada. Durante los treinta años de su vida, un charrán puede volar en torno a 2,4 millones de kilómetros, el equivalente a tres viajes de ida y vuelta a la Luna.

En su calidad de astronauta que viajó a la Estación Espacial Internacional e hizo el primer paseo espacial —sólo de mujeres— en 2019, Jessica Meir está muy al tanto de lo que son las situaciones extremas. El objetivo de Meir siempre ha sido pasear por el espacio y, de camino hacia la consecución de este sueño, investigó la vida de dos aves capaces de hacer proezas fisiológicas verdaderamente excepcionales: una que contiene la respiración durante larguísimos períodos de tiempo y otra que vuela a unas altitudes impresionantes.

En Penguin Ranch, en la Antártida, Meir investigó los pingüinos emperador, los mejores pájaros buceadores del mundo. Estos pingüinos pueden bucear más al fondo y durante más tiempo que ninguna otra ave y toleran niveles de oxígeno extremadamente bajos en la sangre... muy inferiores a los que dejarían a un humano inconsciente. Meir observó a estas aves bucear en busca de peces desde una cámara de visión subacuática. «Debajo del agua parecen unos animales diferentes», dice; «se asemejan a bailarines de ballet.» Habitualmente, los pingüinos se sumergen entre cinco y doce minutos seguidos. Un pingüino hizo una inmersión de veintisiete minutos cogiendo aire una sola vez. Meir quería entender por qué estos animales aguantan tanto tiempo debajo del agua. «Son respiradores de aire igual que lo somos nosotros», dice. «Cogen aire antes de bucear y luego emplean el oxígeno de esa inspiración durante todo el tiempo que están ahí abajo.» Uno de sus secretos: ralentizan la frecuencia cardíaca de 175 latidos por minuto a unos 57 latidos por minuto, lo que les permite ralentizar el uso de las reservas de oxígeno.

Más tarde, Meir se ocupó de un pájaro famoso por hacer una de las migraciones más extremas de la Tierra. El ánsar indio cruza el Himalaya dos veces al año en su ruta migratoria desde el nivel del mar, en el Asia Meridional, y remonta la enorme cordillera hasta sus áreas de reproducción de verano en las altiplanicies del Asia Central.

Una fría noche de abril en el Alto Himalaya, el naturalista Lawrence Swan se quedó escuchando el silencio. Desde el sur le llegó un sonido lejano, un leve zumbido que luego se convirtió en un reclamo, el graznido de unos ánsares indios. Swan siguió su movimiento hasta que sobrevolaron la cima del Makalu. «A casi 5.000 metros, donde yo a duras penas podía respirar a cada esfuerzo que hacía», escribe, «fui testigo de unas aves que volaban a más de 3.000 metros por encima de mí, donde la tensión de oxígeno es incapaz de mantener con vida a un humano... ¡y estaban llamándose unas a otras! Era como si ignoraran las reglas normales de la fisiología y desafiaran la imposibilidad de respirar a esa altura desperdiciando el aire con una conversación entre graznidos.»

Con el vuelo batido se consume de diez a quince veces más oxígeno que en reposo. La mayoría de estos ánsares alcanzan altitudes de entre 5.000 a 6.000 metros. Se ha registrado un ánsar volando a 7.000 metros de altura. A esa altitud, los niveles de oxígeno descienden a la mitad o un tercio de los valores existentes al nivel del mar. Los ánsares indios mantienen las elevadas demandas de oxígeno del vuelo en un aire que es tan pobre, que hasta los atletas humanos más elitistas apenas pueden pasear por él.

Meir se preguntaba si las aves utilizan las columnas térmicas, esas corrientes ascendentes de aire caliente, para ahorrar energía. «No, lo cierto es que vuelan de noche y a primera hora de la mañana, cuando hace un fuerte viento en contra y la temperatura es más baja», dice. Además, vuelan aleteando y casi nunca planean ni se ciernen. Entonces ¿cómo lo hacen?

Para averiguarlo Meir decidió enseñarles a volar en un túnel de viento, y al hacerlo se convirtió en Mamá Ánsar y crió a una parvada de doce ansarones desde su nacimiento, de modo que la reconocieran. «Íbamos juntos de paseo, nos echábamos la siesta juntos», dice. «Es verdad lo que dicen de los niños: que crecen muy deprisa.» Empezó haciendo que los ánsares volaran mientras ella iba montada en bicicleta, de modo que pudieran volar a su lado, con el pico cerca de su mejilla. Eso funcionó durante un día, pero como iban demasiado deprisa, Meir optó por montarse en una motocicleta y recorrer senderos con los pájaros a su lado rozándole los hombros con la punta de las alas. «Mirar a un pájaro a los ojos es algo realmente especial», asegura. Al final, Meir y su colega Julia York, de la Universidad de Texas, prepararon a los ánsares para un vuelo por el túnel de viento equipándolos con unos diminutos arneses de seguimiento que registraban sus constantes vitales, y con unas mascarillas especiales hechas a medida que cambiaban el contenido de oxígeno del aire que respiraban para simular el que respirarían por los desfiladeros del Himalaya y en la cumbre del monte Everest. Luego pusieron a las aves a volar en el túnel para medir su frecuencia cardíaca, su índice metabólico, los niveles de oxígeno en sangre y la temperatura en diferentes condiciones.

Los científicos sabían que estos ánsares poseen varias adaptaciones que los ayudan en latitudes elevadas: unos pulmones más grandes que otros pájaros, una respiración más eficiente (más profunda y menos frecuente), un tipo de hemoglobina que se apropia del oxígeno más eficazmente (permitiéndoles extraer más gas de cada bocanada de aire que cualquier otra ave) y unos capilares sanguíneos que están distribuidos por sus músculos de una manera particularmente densa para suministrar el oxígeno. Lo que Meir y York aprendieron mediante sus experimentos fue que los ánsares tienen otro mecanismo que los convierte en unas aves extraordinarias: una respuesta única a la temperatura. En su cuerpo, la diferencia de temperatura entre sus pulmones fríos y sus músculos calientes puede aumentar el suministro de oxígeno al doble durante un vuelo batido sostenido a grandes altitudes. Estos ánsares también minimizan su índice metabólico reduciendo la cantidad de oxígeno que necesitan para volar.

«Pero aquí no acaba la historia», dice Meir. «Seguimos sin saber cómo se las arreglan estas aves con la presión barométrica baja a unas altitudes extremadamente altas, lo que para otras especies no representaría ningún problema.»

Lo que me gusta de tantos aspectos de la biología y la conducta de los pájaros es que siguen revestidos de misterio.

Luego está el amplio espectro que presenta el plumaje en el mundo ornitológico, en el que compiten los escribanos de tonos brillantes y los loros con su colorido carnavalesco; el reluciente faisán de espolones de Palawan, sus satinadas plumas negras azuladas con el lustre de un deslumbrante verde metálico; el ave del paraíso roja, con sus sedosas plumas y unos largos «alambres» emplumados que parecen de plástico y que sobrepasan la cola; y su prima, el ave fusil del paraíso, con su extravagante plumaje intensamente negro formado por insólitas microestructuras erizadas que atrapan casi toda la luz; así como el mérgulo bigotudo de las islas Aleutianas, de cuya cabeza brotan unas plumas extremadamente sensibles que lo ayudan a guiarse en sus oscuros nidos, construidos en oquedades, en la temporada de nidificación.

James Dale estudia el color en las aves y el uso que éstas hacen de él. «Los pájaros pueden usar su color como un escudo, pero también para evitar conflictos», dice. Dale, ornitólogo de Nueva Zelanda (la tierra del calamón pukeko, de color púrpura brillante), ha dedicado su carrera a interpretar esa fantástica variedad de colorido. Me contó que existen algunas reglas. Tres en particular: los machos son más vistosos que las hembras, que a menudo presentan un color apagado que les sirve para mimetizarse con el entorno mientras están incubando huevos. Los adultos tienen un color más llamativo que los jóvenes. Las aves brillan más en la temporada de reproducción.

«Pero los pájaros son especialistas en romper con las reglas», dice. Veamos unos pocos «infractores»: las hembras de los falaropos de cuello rojo y de las agachadizas pintadas presentan un colorido mucho más vivo que los machos de la especie, que tienen un color más apagado. Los polluelos de la focha americana, con su pico y su frente de un rojo vivo, eclipsan a sus deslucidos padres, y lo hacen por una buena razón. Las fochas progenitoras tienden a alimentar más a los pollitos ornamentados que a los menos vistosos. Entre los machos de las ratonas australianas de lomo rojo es el entorno social el que determina si los machos jóvenes mudan a su plumaje de cría rojinegro, sobre todo, si hay por alrededor algún macho viejo acosando a los jóvenes y ahuyentándolos.

Entre los rebeldes del color destaca un loro que vive en áreas remotas del norte de Australia y de Nueva Guinea, el *Eclectus roratus* o loro ecléctico (llamado *roratus* por el lustre de su plumaje).

«Pocos pájaros han desconcertado más a los científicos que este loro», dice Robert Heinsohn, catedrático de biología evolutiva y de la conservación en la Universidad Nacional Australiana, que se dedicó al estudio de este pájaro durante casi una década. Heinsohn cuenta que, cuando el gran biólogo evolutivo William Hamilton daba conferencias, solía mostrar una imagen de un *eclectus* macho y uno hembra posados el uno al lado del otro. El macho era de un brillante color verde hierba y la hembra de un resplandeciente rojo carmesí y con el vientre «orlado de una neblina azul», tal y como lo describía el descubridor europeo del ave, lo que contrasta acusadamente con la pauta normal entre los pájaros dimórficos, que consiste en que las hembras son de un tono apagado y los machos presentan un colorido muy llamativo. «Ningún otro pájaro tiene los dos sexos tan "embellecidos" de diferentes maneras», dice Heinsohn. De hecho, el plumaje de la hembra es tan vistoso y tan distinto al del macho, que durante los cien primeros años posteriores al descubrimiento de los loros, se creía que eran especies diferentes. «Luego, un buen día», dice Heinsohn, «algún naturalista vio uno verde encima de uno rojo.»

En un puñado de especies, las hembras ostentan un plumaje más llamativo y más sofisticado que los machos. Tal es el caso de los falaropos, los playeros manchados o andarríos maculados, las agachadizas pintadas, las jacanas comunes o gallaretas y los turnícidos o torillos. Pero en cada uno de estos casos hay una inversión de los habituales roles sexuales: los machos incuban los huevos y las hembras defienden el territorio y se pelean entre ellas por acceder a los machos.

«Así pues, estas especies son realmente las excepciones que confirman la regla, porque demuestran que el sexo competitivo es el que más probabilidades tiene de lucir colores vistosos», dice Heinsohn.

No ocurre lo mismo con los radicales loros eclécticos. Aquí no se produce una inversión de roles: las hembras incuban los huevos y crían a los polluelos. Es más, incluso los pollitos son rompedores de reglas. A diferencia de las crías de casi todas las aves, que conservan su plumaje juvenil unisexual de tonos apagados durante al menos el primer año de su vida, las crías del loro ecléctico eclosionan con los colores del plumón específicos de su sexo y luego mudan directamente al espectacular plumaje lleno de colorido del adulto.

Según Heinsohn, William Hamilton concluyó su conferencia, en la que presentaba a los loros, diciendo: «Cuando comprenda por qué un sexo es rojo y el otro verde, estaré preparado para morir». Lamentablemente, Hamilton murió de malaria, enfermedad que contrajo durante una expedición al Congo, antes de que Heinsohn desentrañara este misterio... y otro enigma, quizá incluso más extraño, que va íntimamente unido a él.

Si las plumas de los loros eclécticos son raras, su conducta de cría lo es aún más. Los loros eclécticos hembra son conocidos por matar a sus propios hijos macho en cuanto eclosionan. Éste es uno de esos misterios del comportamiento tan contradictorios que le dejan a uno pasmado.

Desde un punto de vista biológico, resulta más fácil entender el infanticidio cuando implica matar a las crías de otros para conseguir alimento o por otros motivos de competencia. Pero ¿matar a tus propios descendientes? Engendrar crías es algo tan energéticamente oneroso, que engendrarlas y luego acabar con ellas de inmediato tiene poco sentido desde el punto de vista biológico.

Más difícil todavía es entender por qué un progenitor mata sistemáticamente sólo a los de un sexo. Este tipo de infanticidio de un sexo específico es extremadamente raro en el mundo animal. Aparte de malgastar esfuerzos, esta conducta da lugar a desigualdades en la proporción de sexos de una población: demasiadas hembras compitiendo por demasiados pocos machos, o a la inversa. Pero Heinsohn, durante diez años de investigación en la remota Australia septentrional, descubrió que los loros eclécticos madre a veces acometen la eliminación de sus polluelos machos en un plazo de hasta tres días después de la eclosión. Al pie del árbol del nido, Heinsohn encontró con frecuencia los pollitos picoteados hasta la muerte.

¿Por qué puede una madre matar a sus hijos machos? ¿Qué le lleva a un pájaro a mostrar una conducta tan extrema? ¿Y qué posible valor podría ésta tener para la supervivencia reproductora de la madre?

Las aves despliegan numerosas conductas que alcanzan el extremo más altruista del espectro: ayudan, cooperan, colaboran y obran de manera desinteresada. Veamos un ejemplo de cooperación: la exhibición perfectamente coreografiada de dos machos del saltarín cola de lanza dando espasmódicos saltos mortales acompañados de aleteos para atraer a las hembras. Sólo uno de los machos, el alfa, consigue aparearse; el macho beta queda siempre relegado al papel de copiloto y, sin embargo, una y otra vez pone todo su empeño en ofrecer la mejor actuación posible. Algunos pájaros crían polluelos que no son suyos, dedicándoles la misma atención paterna y proporcionándoles los mismos alimentos que si fueran sus propios retoños. Los ibis eremitas trabajan de forma conjunta cuando emigran, turnándose animosamente en la guía y el seguimiento de la formación en V, para lo cual se ajustan con precisión a la cantidad de tiempo empleada en la posición de liderazgo y en la de rezagado. Los keas, esos loros inteligentes y juguetones de Nueva Zelanda, colaboran en las tareas de un modo que antes sólo considerábamos posible en humanos.

Incluso dentro de una misma especie, cada pájaro tiene su propia idiosincrasia. Si observamos una bandada de estorninos o miles de pájaros de una colonia de aves marinas —como las gaviotas tridáctilas que vi anidando en la isla Gull de la bahía de Kachemak un día de mayo, todas ellas chillando arremolinadas y tan aparentemente unánimes en todos los aspectos, que parecían un solo organismo más que catorce mil aves—, resulta fácil dar por descontado que todos los miembros de una especie actúan de igual manera. De hecho, durante años se ha pensado que los pájaros de una especie respondían de la misma forma ante una situación dada, con una suerte de conducta estereotipada o pauta fija. Sin embargo, los naturalistas y los científicos que pasan muchas horas observando atentamente las aves y viven en estrecho contacto con ellas a menudo aprenden a reconocer a los individuos por su personalidad única, sus peculiaridades características, su conducta reveladora e incluso por sus caras diferenciadas.

Desde luego, los pájaros se reconocen el uno al otro como individuos. Pollos precoces como los ansarones y los patitos, que siguen a sus padres tan sólo unas horas después de eclosionar, aprenden a reconocer a determinados adultos a una edad sorprendentemente tierna, por el aspecto, la voz y la personalidad. Las aves marinas a menudo son capaces de reconocer desde lejos a sus parejas mientras éstas están volando. Muchos pájaros reconocen a sus vecinos como individuos y pueden ser sociables con unos y hostiles con otros.

Si bien existen conductas distintivas con las que uno puede identificar a las especies —el balanceo tambaleante de un playero manchado, por ejemplo—, cada pájaro es tan distinto como lo somos los humanos. Los miembros de una especie pueden compartir pasos de baile fundamentales, pero cada ave es una bailarina con su propio y único estilo de movimiento, forrajeo, habla, cortejo y apareamiento. «Si uno desea comprender la conducta de los animales», escribe el zoólogo Donald Griffin, «ha de tener en cuenta su individualidad, por más irritante que esto pueda ser para quienes prefieren la pulcritud de la física, la química y las fórmulas matemáticas.»

Este libro explora cinco ámbitos que constituyen la actividad diaria de los pájaros —el habla, el trabajo, el juego, el amor y la cría— y cuenta las historias de ejemplos extremos. Por ejemplo, la elaborada «conversación» de dos aves diferentes, una que dota a sus frases de mucho más sentido del que creíamos posible, todo por el bien común, y otra que habla con soltura varias lenguas extranjeras para manipular y engañar a otros por motivos egoístas. Las dos historias sirven para ilustrar los profundos misterios de la comunicación ornitológica y revelan las sutiles cualidades que la emparentan con el lenguaje. El libro trata también de la sorprendente variedad con la que los pájaros crían a sus polluelos, desde el nulo esfuerzo en la crianza de los parásitos de puesta, que deslizan sus huevos en los nidos de otras especies de aves y dejan toda la alimentación de sus polluelos en manos de estos extraños hospederos —un acto subversivo que supone requerir una inteligencia muy compleja—, hasta el extremo contrario, la crianza comunitaria de los más grandes aníes de Panamá, que coordinan esfuerzos para criar colectivamente a los pollitos en grupos de ayudantes igualitarios de hasta una docena de pájaros.

¿Por qué centrarse en las conductas extremas? «Los ejemplos raros de la conducta son siempre esclarecedores», dice Robert Heinsohn. «A veces proporcionan un acusado contraste con lo que ocurre habitualmente, las excepciones que confirman la regla, y ofrecen percepciones y perspectivas de lo que es típico en el mundo ornitológico.» Otras veces esas conductas sirven para que aprendamos a pensar en los pájaros de una manera diferente. «Es como coger todo lo que hay en una habitación y darle una vuelta de noventa grados», dice Heinsohn. «De repente vemos una nueva imagen.» Hemos aprendido a no ignorar las anomalías. A menudo tienen algo importante que contarnos sobre lo que necesita un pájaro para salir adelante, especialmente en circunstancias difíciles. Entre los pájaros, una conducta inusual con frecuencia suele indicar una adaptación ingeniosa a problemas complicados o a unas funestas condiciones ambientales.

Una gran variedad de especies respalda esta afirmación, desde los buitres hasta los zorzalitos rojizos, desde las grullas hasta los cucaracheros de Zeledón. Algunos pájaros aparecen una y otra vez. Tal es el caso, por ejemplo, de los colibríes. Cualquiera que haya conocido a estas pequeñas aves sabe que son extremas, una tonelada de belicosidad embutida en unos pocos centímetros emplumados. Siendo ferozmente territoriales, se comportan como unos chihuahuas que creen ser mastines. Existen pruebas fehacientes de que, al menos en algunas circunstancias, actúan como sociópatas.

Las especies australianas afloran a lo largo de todo el libro. Esto se debe a una razón. Como escribe el biólogo Tim Low en su excelente libro *Where Song Began*: «La conducta extrema de los pájaros es más probable que se dé en Australia que en ninguna otra parte». Las aves australianas ocupan más nichos ecológicos que las aves de cualquier otro lugar de la Tierra. Tienden a ser más longevas y más inteligentes que las aves de otros continentes. Asimismo, Australia es también donde han nacido algunos aspectos ornitológicos fundamentales. Como el canto.

Pasé seis semanas en el continente meridional, acompañada de Low y otros naturalistas y científicos australianos, estudiando conductas extrañas de pájaros. Australia es un continente poblado por criaturas estrambóticas que son casi indescriptibles —canguros, ornitorrincos, wombats, walabíes de pantano, dragones de agua— y con unos paisajes que nos trasladan directamente a la Arcadia, con palmeras datileras pigmeas, flores limpiatubos, acacias mimosas y eucaliptos azules, y los árboles de fuego, cargados a reventar de unas flores increíblemente rojas. Pero yo me enamoré perdidamente de los pájaros.

Cuando el ornitólogo inglés John Gould visitó Australia a mediados del siglo XIX, observó que el gran país meridional contenía «peculiaridades ornitológicas sin precedentes en ninguna otra parte del mundo». Allí los pájaros eran sorprendentes, excepcionales, extraordinarios y sin parangón. Bueno, en especial un grupo de pájaros que desafiaba todo lo que tradicionalmente se había supuesto acerca de la conducta de las aves. Aquí había criaturas que construían pérgolas, lo que él llamaba «lugares de juego», que decoraban meticulosamente durante horas con abundantes tesoros escogidos por su color y su parecido, cada uno según la fantasía propia de su especie. (Los prodigios que hacían estos pájaros no impedían que Gould les disparara, los despellejara y se los comiera.) Pero hay toda una serie de aves australianas que se merecen sus adjetivos superlativos. La cacatúa enlutada, por ejemplo, un pájaro con un enorme pico ganchudo y un ramillete de plumas oscuras en el penacho, que literalmente se fabrica sus propios instrumentos musicales. O los talégalos o megápodos, que construyen gigantescos montículos de hasta casi cinco metros de altura y entierran ahí sus huevos, de modo que los polluelos tienen que abrirse camino trepando por toneladas de desechos. O las aves lira soberbias, las vocalistas más refinadas del mundo ornitológico, que en invierno cantan hasta desgañitarse. Hay currawongs, verdugos, loris, aves del paraíso y, por doquier, urracas australianas, unas aves ruidosas, inteligentes y a menudo combativas, conocidas por lanzar crueles ataques contra otras especies, incluidos los humanos cuando se las provoca. Durante la temporada de nidificación, se pueden ver por los alrededores motoristas que llevan cascos adornados con elaborados bosques de limpiapipas, o aguafiestas que impiden que los pájaros bajen de los nidos. Los australianos a menudo parecen no reparar en el maravilloso espectáculo de aves grandes, audaces y «extravagantes» que los rodean: las cacatúas Galah, tan comunes como los estorninos pero delicadamente pintadas de rosa, y las ruidosas cacatúas de moño amarillo o cacatúas galerita, con sus estridentes chillidos y sus crestas de color azufre airosamente respingonas. Fue una cacatúa llamada Bola de Nieve la que recientemente adquirió fama por su habilidad para coreografiar sus propios pasos de baile al compás de Queen y Cyndi Lauper —catorce movimientos distintos, desde menear la cabeza y levantar los pies hasta contonearse y hacer el *vogue* de Madonna—, lo que sugiere, como han dicho los investigadores, que «la espontaneidad y la variedad de movimientos adaptados a la música no es algo únicamente humano».

Pero la conducta extrema de los pájaros no se limita al gran continente meridional. Desde un punto de vista numérico, Centroamérica y Sudamérica tienen, con mucha diferencia, la mayor diversidad de especies ornitológicas, y muchas de ellas despliegan una conducta picarona frente a la que tendrían que emplearse a fondo los «infractores» australianos. Por ejemplo, el ermitaño colilargo común de Venezuela y de las Guayanas, un pájaro que se hace pasar por otros machos rivales y luego los asesina para ocupar su puesto en la zona de apareamiento. O el campanero blanco de Brasil, el ave más ruidosa del mundo, cuyo canto suena como un estridente gong de dos tonos y es más potente que el bramido de un bisonte o los aullidos de un mono aullador; lo usa para atraer a una pareja. O los hormigueros ocelados hallados en Centroamérica y en el norte de Ecuador, que han aprendido meticulosamente el comportamiento de otra clase de animales —las hormigas—, dominando sus hábitos mediante unos métodos de aprendizaje, como la memoria y el intercambio de información, que sólo considerábamos posibles en un puñado de especies, incluida la nuestra.

La idea de este libro nació en el transcurso de unas conversaciones sobre conductas ornitológicas novedosas con Louis

Lefebvre, de la Universidad McGill, durante las investigaciones que estaba haciendo para mi último libro, *El ingenio de los pájaros.* Hace más de dos décadas, Lefebvre inventó la primera escala de inteligencia para pájaros, basada en la conducta de un pájaro en estado salvaje. ¿Hasta qué punto es inventiva la especie en su hábitat natural? ¿Recurre a cosas nuevas y encuentra soluciones creativas ante los problemas con los que se encuentra? ¿Prueba alimentos distintos? Estas actividades son indicadores de lo que se denomina «flexibilidad conductual», que es una medida bastante fiable de la inteligencia. Es la habilidad para hacer algo nuevo; es cambiar de conducta para afrontar nuevas circunstancias y nuevas dificultades. Las revistas ornitológicas están llenas de informes breves de este tipo de actividades extrañas e interesantes. Lefebvre ha rastreado las revistas de los últimos setenta y cinco años y ha encontrado más de dos mil informes de esta clase de conductas innovadoras en pájaros de diferentes especies. Un ejemplo excelente era la corneja cenicienta que robaba peces a los pescadores que pescaban en el hielo tirando de sus sedales con el pico y caminando por el hielo lo más lejos posible; luego volvía a por otro trozo del sedal, sin dejar de pisarlo nunca para asegurarse de que no se deslizara hacia atrás.

Otro ejemplo reciente del ingenio de los pájaros, de tecnología más avanzada, afloró en 2018, cuando un científico que seguía el rastro de las gaviotas occidentales con geolocalizadores para ver dónde se alimentaban, se quedó perplejo al detectar una gaviota que viajaba a cien kilómetros por hora salvando una distancia de ciento veinte kilómetros: cruzaba el Bay Bridge desde San Francisco hasta Oakland y recorría las carreteras interestatales, antes de regresar por la misma ruta hasta su nido. Resultó ser que la gaviota, una hembra que estaba criando en las islas de los Farallones, al oeste de la bahía de San Francisco, se había montado como pasajera en un camión de la basura destinado a una instalación de compostaje orgánico emplazada en el Valle Central de California, cerca de Modesto. Al principio, el investigador creía que se había quedado atrapada en el camión. Pero luego, al cabo de dos días, ocurrió exactamente lo mismo. Es evidente que esta gaviota estaba usando la cabeza (o más bien el paladar); como bromeaba un periodista del Área de la Bahía: «Debe de ser la única vez que un residente de San Francisco se va hasta Modesto para cenar».

Habitualmente, a los científicos no les gustan las pruebas anecdóticas y exigen datos que puedan ser estadísticamente reproducidos o manejados. Sin embargo, una simple observación, hecha por un observador honesto y competente, de un pájaro que haga algo excepcional puede ofrecer un punto de vista único sobre la flexibilidad mental de un ave. Ciertamente, los informes son anecdóticos, pero todos juntos aportan pruebas abundantes sobre la habilidad de los pájaros para resolver problemas o para descubrir cómo llevar a cabo las tareas cotidianas de una manera distinta y perfeccionada.

La cuestión es que una conducta novedosa o inusual es a menudo una conducta inteligente.

Cuando he preguntado a científicos de todo el mundo por ejemplos de conductas ornitológicas sorprendentes, una y otra vez me han contado historias sobre su ingenio y su astucia: estrategias inteligentes, a veces arraigadas en la sabiduría evolutiva, pero más a menudo basadas en la capacidad de los pájaros para una cognición compleja. A grandes rasgos, esto se define como la habilidad para adquirir, procesar, almacenar y utilizar información en diferentes contextos. Según las investigaciones del último decenio, los pájaros han demostrado su habilidad para resolver problemas utilizando unas aptitudes cognitivas avanzadas, más que el simple instinto o condicionamiento, y han aprendido por asociación. Estas habilidades mentales tan sofisticadas —como tomar decisiones, hallar pautas y planear el futuro— son las que permiten a los pájaros flexibilizar afinadamente su conducta en respuesta a las dificultades de todo tipo que se les presenten a lo largo de toda su vida.

La ciencia ha explicado, sólo recientemente, por qué los pájaros pueden ser inteligentes con un cerebro del tamaño de una nuez. En 2016, un equipo de científicos internacionales comunicó su descubrimiento de un secreto: a las aves les caben más células cerebrales en un espacio más reducido. Cuando el equipo contó el número de neuronas de los cerebros de veintiocho especies de pájaros diferentes, cuyo tamaño iba desde el de una pinta del diamante mandarín a los casi dos metros de altura del emú, encontraron que las aves tienen cantidades más elevadas de neuronas en sus pequeños cerebros que los mamíferos o incluso los primates con un tamaño de cerebro similar. En los cerebros de los pájaros las neuronas son mucho más pequeñas, más numerosas y están más densamente concentradas que en los cerebros de los mamíferos y los primates. Esta densa disposición de las neuronas trae consigo un sistema nervioso y sensorial rápido y eficiente. En otras palabras, según los investigadores, los cerebros de las aves tienen el potencial para proporcionar por cada medio kilo de peso una capacidad cognitiva mucho mayor que la de los cerebros de los mamíferos.

Además, según la neurocientífica Suzana Herculano-Houzel, que dirigió la investigación, en el cerebro de los loros y las aves canoras casi todas las neuronas «de más» se hallan en la región del palio de la frente, la parte del cerebro del pájaro que se corresponde con nuestra corteza cerebral y que normalmente va asociada a la conducta inteligente. De hecho, grandes loros como los guacamayos y las cacatúas, y también córvidos como el cuervo y la corneja, tienen cantidades más elevadas de neuronas en la frente que los monos, los cuales poseen unos cerebros mucho más grandes —en algunos casos, tienen hasta el doble de neuronas, y con más conexiones entre ellas—, lo que explica por qué estos pájaros son capaces de proezas cognitivas comparables a las de los grandes simios.

Las aves nos han enseñado a configurar de otra manera un cerebro inteligente. Los mamíferos utilizan neuronas más grandes para conectar regiones cerebrales distantes; los pájaros mantienen sus neuronas pequeñas, juntas entre sí y localmente conectadas, y sólo desarrollan un número limitado de neuronas más grandes para resolver la comunicación a larga distancia. Al construir cerebros poderosos, dice Herculano-Houzel, la naturaleza se vale de dos estrategias: puede jugar con el número de neuronas y su tamaño, y también puede cambiar la distribución de las mismas en diferentes partes del cerebro. Con los pájaros la naturaleza utiliza las dos tácticas... y el efecto que consigue es espectacular.

La exploración de las conductas curiosas de los pájaros está echando por tierra algunas convicciones fundamentales acerca de ellos. Veamos, por ejemplo, el canto. Los ornitólogos del hemisferio norte han considerado tradicionalmente que el canto complejo de los pájaros es una particularidad casi exclusiva de los machos y han tendido a tachar de raros o atípicos los ejemplos del canto de las hembras. En los últimos años, un examen más detenido ha derribado este punto de vista. El canto de las hembras no es una anomalía ni una aberración, sino que está muy extendido entre las aves canoras, sobre todo en especies que viven en regiones tropicales o subtropicales, pero también en regiones templadas.

Muchas conductas consideradas en otro tiempo simples y obvias, ahora, bien miradas, resultan tener muchos más matices y ser más complejas de lo que antes se creía. Echemos un vistazo a los sistemas de apareamiento, por ejemplo. Algunas modalidades de reproducción ornitológica que en otro tiempo se consideraban una simple cuestión de emparejamientos monógamos, en realidad solamente son superadas en complejidad por las de los humanos. La manera en que algunas aves se procuran alimento tiene menos que ver con la agudeza visual que creíamos fundamental para encontrar comida, y más con un olfato tan sofisticado como el de un perro de caza. Las llamadas de alarma, aparentemente poco complicadas, que hacen los pájaros en respuesta a las amenazas están dotadas de mayor significado del que jamás habíamos imaginado... y además pueden ser plenamente comprendidas por muchas especies diferentes, no sólo por el clan del pájaro que avisa. Da la impresión de que algunas aves han desarrollado un tipo de lenguaje universal.

¿Por qué están surgiendo ahora estos sorprendentes conocimientos? Entre otras razones, porque los científicos están deshaciéndose de los prejuicios que ha padecido la investigación durante varias generaciones. Prejuicios sensoriales, por ejemplo: la idea de que el mundo que vemos, oímos y olemos los humanos es el mundo experimentado por otras criaturas, cuando a decir verdad se trata estrictamente de nuestra realidad, una realidad restringida por nuestras limitaciones cognitivas, biológicas e incluso culturales. Otros animales experimentan otras realidades. El prejuicio sensorial humano nos ha cegado a veces impidiéndonos ver las diferencias existentes en las capacidades sensoriales de los pájaros, así como su diversidad. Sin embargo, nuevos métodos de estudio sobre la percepción ornitológica nos han ayudado a ver el mundo desde el punto de vista de los pájaros, lo que ha provocado un cambio en la manera de ver lo que ellos ven y ha sacado a relucir algunas capas ocultas de su realidad: cómo ven estallidos cromáticos y formales inimaginables, cómo oyen sonidos inaudibles para nuestros oídos, o cómo por el olor detectan la forma de paisajes enteros.

Luego están los prejuicios geográficos. Creíamos tener el control sobre la manera en que los pájaros hacen cosas basándonos en la conducta de las aves en el hemisferio norte, principalmente en el norte de Norteamérica y Europa. Ahí es donde han trabajado casi todos los ornitólogos hasta hace bien poco. Unas pocas especies de patos capturados por cazadores en el norte estaban mucho mejor estudiadas que los innumerables nativos de alas pequeñas que pueblan el dosel de la selva neotropical. Durante décadas, los pájaros de las zonas templadas marcaban la pauta: la cría en grupo es sumamente rara. Sólo los machos entonan cantos complejos y, en la mayor parte de los casos, durante la temporada de cría. Únicamente las aves canoras pueden ver la luz ultravioleta. La relación entre los parásitos de puesta y los pájaros que constituyen su objetivo es una limpia y pulcra carrera armamentística evolutiva entre un solo parásito y un solo anfitrión.

Nada de esto es así. Resulta que las aves de las regiones templadas son a menudo excepciones, más que la regla. Muchos de sus hábitos y conductas son típicos principalmente de pájaros con una breve temporada de cría y de pájaros que emigran: una formulación relativamente nueva desde el punto de vista evolutivo. Y su manera de cantar —los machos proclamando su territorio por un breve período de cría— está especializada y es atípica del mundo ornitológico en general. Ahora que los científicos se están centrando más en las especies tropicales, van desapareciendo las anteojeras del norte y está empezando a emerger una nueva visión de lo que es habitual y no habitual en el mundo ornitológico.

La visión ornitológica no sólo se ha distorsionado por los prejuicios hemisféricos de los investigadores, sino también por su género y por los prejuicios sexistas. Hasta hace bastante poco, la mayoría de los ornitólogos eran hombres, y la investigación tendía a centrarse en lo que eran capaces de hacer los pájaros macho; el papel que desempeñaban las aves hembra en el recorrido vital de sus especies, desde los rasgos ornamentales «femeninos» hasta los sistemas de cría, eran a menudo infravalorados o ignorados.

En 2016, en la reunión ornitológica más importante que se ha celebrado en Washington D. C., un grupo de investigadores organizó una mesa redonda para hablar sobre el canto de los pájaros. El debate estuvo dirigido por Karan Odom y Lauryn Benedict, que junto a un equipo de científicos internacionales habían hecho recientes descubrimientos que estaban desbaratando la teoría —sostenida durante mucho tiempo— de que el canto complejo de las aves era un rasgo casi exclusivamente «masculino». Benedict contó la historia de cuando era una estudiante de posgrado y estaba haciendo trabajo de campo: ella y las investigadoras que la acompañaban oyeron que los pájaros hembra «hacían unos ruidos extraños, cantaban y emitían otros sonidos vocales preciosos que no entendíamos». Sin embargo, no publicaron sus hallazgos porque pensaron que sería una simple conducta aberrante de una especie que ya había sido concienzudamente estudiada por ornitólogos varones.

Gracias a Odom y Benedict y a científicas como ellas, el mundo de la ornitología está cambiando. Cuando las dos preguntaron a los investigadores reunidos en la mesa redonda por sus observaciones, fue saliendo a relucir un ejemplo tras otro sobre el canto de las hembras: reinitas cabecidoradas o protonotarias hembra con un canto único que empleaban para conseguir pareja en las primeras fases del cortejo; charas floridanas o urracas de los matorrales hembra que entonaban sus peculiares gorjeos. Dustin Reichard, un investigador norteamericano que se llamaba a sí mismo «un escéptico del canto de la hembra en vías de recuperación», había observado el canto de los juncos ojioscuros hembra de su propia población de estudio.

Las nuevas herramientas también están cambiando el juego, entre otras, las nuevas tecnologías para la observación de pájaros en estado salvaje, para rastrear sus movimientos a corta y larga distancia y para monitorizar su conducta. Diminutos arneses de seguimiento cargados de dispositivos especiales acoplados a la cabeza de rabihorcados magníficos, por ejemplo, revelaron algunos patrones del sueño sorprendentes.

Los pájaros dormitan mientras vuelan, y normalmente lo hacen con un solo hemisferio cerebral cada vez, pero durante unos pocos segundos también sucumben a un sueño del cerebro entero: una breve y reparadora siesta en pleno vuelo.

Las cámaras web y las cámaras de vídeo en miniatura permiten analizar minuciosamente las conductas que por lo general están ocultas o que se producen a tal velocidad, que son demasiado rápidas para nuestra vista. El mundo de los pájaros se mueve unas diez veces más deprisa que el nuestro y sólo con un vídeo de alta velocidad podemos ver algunas de sus asombrosas proezas: zapateados al compás, saltos mortales con voltereta en el aire, una exhibición de movimientos tan complejos, coordinados y bellos como los de cualquier gimnasta.

Asimismo, las herramientas moleculares han agudizado nuestra visión. El análisis del ADN revolucionó nuestros conocimientos sobre los orígenes y la evolución de las aves, enseñándonos por ejemplo que todas nuestras amadas aves canoras del hemisferio norte se remontan a antepasados que vivían en Australasia y en Nueva Guinea hace entre cuarenta y cinco y sesenta y cinco millones de años. La dactiloscopia molecular ha transformado nuestra opinión sobre las relaciones de los pájaros, disipando por ejemplo el mito de los pájaros como campeones de la monogamia y revelando alianzas sorprendentes entre pájaros que no están emparentados, sino que sólo son buenos colaboradores.

También se han hecho avances gracias al estudio de la cognición en estado salvaje, la sofisticada manera que tienen las aves de aprender y resolver problemas en su entorno natural. Hasta no hace mucho tiempo, los científicos en gran parte limitaban su estudio de la cognición ornitológica al laboratorio, donde poseían un control estricto sobre las condiciones de prueba que pudieran afectar al rendimiento del pájaro: vistas, sonidos, olores, iluminación, temperatura, la presencia de otros pájaros, así como el estado interno del ave, su hambre y sus anteriores experiencias. «En esos primeros días, la cognición ornitológica solía consistir más o menos en hacer algo con una paloma en una caja», dice Sue Healy, de la Universidad de St. Andrews. Éste era —y sigue siendo— un modo práctico de investigar lo que los pájaros pueden aprender y recordar. Nos enseñó, por ejemplo, la impresionante capacidad visual y memorística de las palomas: en un ambiente de laboratorio las palomas pueden recordar cientos de imágenes durante más de un año. Y gracias a su habilidad para hacer sutiles distinciones visuales, han sido incluso adiestradas para detectar la diferencia entre el tejido normal y el canceroso en las mamografías... con mayor precisión que un técnico entrenado. Pero ¿cómo aprovechaban esa habilidad en su vida cotidiana?

Mientras que algunos pájaros como las palomas y los diamantes mandarines se comportan de manera natural en el laboratorio, sin que les incomoden el entorno ni los dispositivos creados por el hombre, otros no se adaptan bien a un ambiente artificial y no revelan sus verdaderas capacidades en una instalación experimental. Si ponemos a prueba la memoria de un carbonero garrapinos o de uno palustre con un ordenador de pantalla táctil en un laboratorio, su rendimiento será un desastre, pues mantendrá una imagen en la memoria durante un máximo de unos pocos minutos... mientras que en el campo puede recordar durante meses la localización de cada escondrijo de la comida.

En estudios de campo sobre la cognición que implica construir nidos en un entorno salvaje, Healy y sus colegas se han adentrado en la complejidad de lo que en otro tiempo se consideraba una conducta simple y programada. Han descubierto que los herrerillos comunes saben lo bastante sobre el tiempo meteorológico y su efecto en los polluelos como para construir diferentes nidos a diferentes temperaturas, y que los diversos tipos de estructuras de nidificación construidas en distintas colonias de tejedores gorriones cejiblancos son el resultado de un aprendizaje social: un pájaro observando y aprendiendo de otro.

La investigación de Healy sobre las habilidades cognitivas que tiene el colibrí rufo para procurarse alimento o forrajear en estado salvaje ha puesto de manifiesto la asombrosa memoria de estos minúsculos pájaros. Con un cerebro del tamaño de un grano de arroz, son capaces de llevar un control actualizado de múltiples aspectos de sus visitas a las flores: cuáles ofrecen el alimento de mejor calidad, cuánto tardan en volver a llenarse de néctar y cuándo merece la pena visitarlas de nuevo, mostrando un tipo de memoria que antes sólo se atribuía a los humanos.

«Estudiar la cognición en estado salvaje es difícil», dice Healy. «Hay una razón por la que casi todo lo que sabemos venga de las palomas. Trabajar con estas especies inteligentes es realmente satisfactorio. Se puede tardar dos años en adiestrar a una paloma; a un colibrí podemos adiestrarlo en un día.» No es que los estudios de campo sean mejores que los estudios de laboratorio, dice Healy; sencillamente son diferentes. «En el campo no podemos hacer todas las maravillosas manipulaciones que se pueden hacer en el laboratorio, pero podemos ver lo que hacen los pájaros en un entorno abierto.»

Pocas especies de pájaros son capaces de hacer y utilizar sus propias herramientas en el laboratorio, incluidos los loros vasa y las cacatúas de las Tanimbar o cacatúas goffinianas. Pero ¿hacen realmente eso en estado salvaje? «Una de las grandes ventajas de examinar a las aves en el campo es la posibilidad de ver no sólo lo que saben hacer», dice Healy, «sino lo que de verdad hacen cuando han de enfrentarse con dificultades sociales y ecológicas.»

«Estudiar la conducta de los pájaros es de lo más emocionante», dice Healy. En un escenario o en otro, las aves revelan la tácita y sofisticada inteligencia que subyace a su conducta natural —que a veces parece antinatural— y nos muestran cuán sistemáticamente hemos subestimado lo que ocurre en sus mentes. Está claro que los pájaros son seres pensantes, aunque piensen en cosas distintas y de una manera diferente de como lo hacemos los humanos.

Los pájaros son iconoclastas e infractores de las reglas. Echan por tierra lo que nosotros damos por descontado. Derriban nuestras meticulosas categorías y nuestras pulcras teorías unificadoras, que intentan explicar la misteriosa diversidad ornitológica bajo un solo paraguas. Acaban con nuestras convicciones acerca del carácter único de nuestra propia especie. Una y otra vez, los humanos hemos afirmado que somos la única especie con una capacidad determinada —ya sea la construcción de herramientas, el razonamiento o la comunicación lingüística—, sólo para descubrir que las aves comparten aptitudes similares. Cuanto más aprendemos sobre la variedad de sus extraordinarias conductas, más arruinan los pájaros nuestros esfuerzos por encasillarlos.

EL HABLA

1

Un coro al alba

Una vez estuve al borde de una marisma salobre, cerca de la bahía de Kachemak, observando cómo unas grullas canadienses se zambullían, hacían reverencias, se erizaban y se contoneaban. No tenía ni idea de lo que estaba viendo hasta que consulté un pequeño y práctico diccionario sobre las exhibiciones y las posturas de las grullas, creado por George Happ y Christy Yuncker tras varios años de investigación de campo. Las plumas del penacho erizadas, el aumento de una mancha roja en la piel, subir y bajar la cabeza... Todo esto forma parte de un lenguaje corporal sutil o confuso para nuestros ojos, pero clarísimo para los pájaros: expresa una emoción, transmite una intención o indica un propósito social. La cabeza y el cuello echado hacia delante significa «preparada para volar», una señal que la grulla envía a su familia. La cabeza alzada en ángulo recto con el cuello estirado y la piel roja desnuda extendida, significa «en alerta», cuando detecta una potencial amenaza. El penacho de plumas alisado y acicalado significa una leve excitación. Plegar y extender las alas y dejarlas caer al suelo es una rara muestra de agresividad muy intensa, normalmente exhibida por la hembra.

Las grullas canadienses se pintan de manera deliberada sus propias plumas utilizando matas de hierba enlodada para embadurnarse de barro rojo, rico en hierro, posiblemente con el fin de camuflarse o repeler a los insectos. Otros pájaros como las garzas, los pelícanos y los ibis utilizan la denominada coloración cosmética para la señalización sexual. Tal vez el ejemplo más espectacular se produzca en el toki —especie amenazada— o ibis crestado japonés, que se aplica a sus blancas plumas una secreción negra y grasienta que exuda su cabeza y cuello, a modo de coloración nupcial durante la temporada de reproducción.

Los pájaros son los grandes comunicadores del reino animal. Hablan mientras cortejan y mientras luchan, mientras forrajean y mientras viajan, mientras rehúyen a los depredadores y mientras crían a sus pollitos. Hablan con la voz, con el cuerpo y con las plumas. Puede que no tengan la musculatura facial que utilizamos los primates para expresarnos, pero son capaces de comunicar convincentemente su estado interno con la cabeza y el cuerpo, con las plumas faciales, las crestas, los gestos, y desplegando las alas y la cola, como hacen las grullas canadienses.

Echemos un vistazo a la expresiva charla del quelea común, del África subsahariana, un ave que dejó atónito al investigador que descubrió su inusual forma de utilizar el habla visual.

Estas aves, pequeños miembros de la familia de los tejedores, son tristemente célebres por su número. Son los pájaros salvajes más abundantes del mundo, con mil quinientos millones de individuos durante la temporada de reproducción. Enormes bandadas de queleas oscurecen el cielo como, en cierta ocasión, unas palomas migratorias emborronaron el sol en Norteamérica, uno de esos fantásticos espectáculos de la naturaleza. Pero también pueden ser tan destructivos para cultivos agrícolas como el mijo, que los queleas son localmente conocidos como las «langostas emplumadas de África».

Menos conocida es la impresionante variabilidad de su plumaje facial y cómo lo emplean para comunicarse, para transmitir su identidad y mantener la paz con sus vecinos. Los machos reproductores tienen un brillante pico rojo rodeado de una máscara facial que varía del blanco al negro y, de tamaño, de ser inexistente a componer una franja muy ancha. Alrededor de la máscara tienen unas plumas de colores cuyas tonalidades fluctúan del rojo al amarillo y, de tamaño, desde una manchita diminuta hasta una enorme franja que recorre el pecho y el vientre. Las combinaciones de dibujos y colores son casi infinitas.

La variación del plumaje facial del quelea es extrema se mire por donde se mire, dice James Dale. Normalmente, los científicos atribuyen las disparidades en el color del plumaje a diferencias en la condición física. Un plumaje brillante y vistoso es señal de salud, un genuino indicador de calidad. Cuesta mucho trabajo mantener las plumas brillantes con los escasos pigmentos del entorno. Los pájaros que están en plena forma ostentan unas tonalidades más lustrosas.

Hace unos años, cuando Dale empezó a estudiar este pájaro para su tesis doctoral, esperaba que el arcoíris de las caras del quelea revelara una impecable correlación entre el color y el estado físico: colores de la cara más brillantes = pájaro más sano y con más oportunidades de aparearse y reproducirse. Durante años se esforzó por hallar un vínculo. No fue una tarea fácil. «Los pájaros anidan en esos horribles espinos», me contó, «uno de esos árboles en los que te tiras un buen rato desenredándote para no salir con la ropa destrozada.» Por más que desmenuzara los datos, Dale no conseguía encontrar ninguna correlación entre la salud y el plumaje facial, y a punto estuvo de abandonar el proyecto. Aunque se quedó atascado, descubrió algo más interesante todavía: las diferencias en el plumaje facial del quelea son la firma de la individualidad del pájaro, una especie de tarjeta identificativa que proclama su identidad entre una multitud de extraños.

Los queleas comunes anidan en colonias de millones de pájaros porque así se sienten a salvo. «En una bandada tan enorme hay más posibilidades de que no se coman a tus polluelos», dice Dale... aunque sigue siendo una especie de lotería macabra. Las águilas frecuentan las zonas de crianza «y rompen los nidos para zamparse un pollito tras otro como quien come un tarro de cerezas». Las aves no defienden sus nidos frente a los depredadores. Se limitan a criar muy deprisa y simultáneamente justo después de las lluvias torrenciales, cuando las gramíneas anuales que les proporcionan semillas crecen con profusión. Los machos llegan de noche a una zona de cría y, a la mañana siguiente, se congrega una multitud de queleas para construir sus nidos. Un solo árbol puede albergar cientos de nidos. «Empiezan de esta manera tan explosiva, todos entretejiendo frenéticamente sus nidos al mismo tiempo», dice Dale, y no paran de construirlos durante tres días. «Y después de todo ese caos y alboroto infernal, de repente, al octavo día, todos los nidos están llenos de huevos.»

Lo cierto es que anidando en tales condiciones de hacinamiento —hasta cinco millones de nidos en un radio de un par de kilómetros— existe un peligro real de que un macho aleatorio usurpe tu nido. «Son unos pájaros francamente descarados y agresivos, de modo que están vigilándose constantemente el uno al otro, robándose hierba y cosas así», dice Dale. Además, todo sucede tan deprisa y tan sincronizadamente, con todos los pájaros haciendo lo mismo al mismo tiempo, que no hay ocasión de establecer límites ni de marcar el territorio. «No tienen tiempo de estar ahí cantando todo el día como hacen las aves canoras norteamericanas», dice Dale. Así pues, los queleas forman pequeños vecindarios rodeados de pájaros de confianza, individuos que saben que se quedarán en su propio nido y no intentarán robarles. Un macho recién llegado y desconocido supone una amenaza mayor que un vecino de confianza dedicado a construir su propio nido. Esto se conoce como «el efecto del querido enemigo». Los pájaros llegan a conocer enseguida a sus vecinos. Un quelea le indica a otro su identidad enseñándole fugazmente la cara, facilitándole así al vecino que lo reconozca de inmediato. «Una vez resuelto esto», dice Dale, «pueden dejar de hostigarse unos a otros y dedicarse a la tarea de construir el nido.»

Al final resulta que es el brillante pico rojo del quelea lo que indica la calidad, junto con el colorido plumaje de su identidad. Imaginemos toda esta información, todos estos mensajes contenidos en la cara de un pájaro. Pero ¿acaso debemos sorprendernos? Al fin y al cabo, reconocer a los individuos es la base fundamental de las relaciones sociales, y los queleas son unas criaturas muy sociables.

Los pájaros pueden parlotear y despotricar con las plumas y con las posturas del cuerpo, pero el tipo de balbuceo más común, el más extremo y el más complicado es con gran diferencia el vocal.

En las oscuras horas previas al amanecer, los bosques de Pilliga, en el interior de Nueva Gales del Sur, zumban, chillan, silban, tintinean, trinan y hasta ladran por el canto de los pájaros. Éste es el mayor vestigio de bosque autóctono que ha sobrevivido en la ladera occidental de la Gran Cordillera Divisoria, y los bosques templados-cálidos de corteza de hierro, eucaliptos rojos y boj de Pilliga tienen una gran abundancia de aves: gárrulos coronigrises, cucaburras comunes, orugueros tricolores, silbadores rufos e incluso búhos ladradores; pájaros con nombres que a veces revelan su canto y su reclamo. Juntos arman una impresionante algarabía de ruidos ornitológicos, que no es inusual en Australia. Que algunas de las voces de aves más extrañas, más fuertes y más extraordinarias del mundo procedan del gran continente meridional no es una casualidad. Como diría Tim Low, Australia es el lugar donde dio comienzo el canto de los pájaros. Los análisis del ADN han revelado que las aves canoras, así como los loros y las palomas, se desarrollaron en el continente y desde allí se difundieron hacia el exterior, propagándose por todo el mundo en sucesivas oleadas. Los pájaros que entonan el coro al alba en mi casa, en la otra punta del mundo, en la Virginia central —mirlos primavera o zorzales robín, sinsontes, currucas, cardenales norteños o rojos, pinzones—, todos descienden de las primeras aves paseriformes de Australia, y a semejanza de los pájaros de Pilliga, todos hablan a la vez.

El coro al alba siempre me ha parecido una conducta desconcertante: todos cantando al mismo tiempo y más alto y más enérgicamente que a cualquier otra hora del día, como uno de esos torneos de poetas donde todos recitan a gritos y simultáneamente sus ofertas. El coro comienza bien temprano, hacia las cuatro de la madrugada, y dura varias horas, hasta que sale el sol y sube la temperatura. En las zonas templadas, a menudo empiezan los pájaros más grandes, como las palomas, los tordos y los mirlos primavera, y en Australia, las grandes urracas australianas, los verdugos y las cucaburras. Pero más importante que la masa corporal es el tamaño de los ojos. Científicos del Reino Unido han descubierto que los pájaros de ojos más grandes y con una mayor capacidad visual con poca luz cantan más temprano que otros; y lo mismo cabe decir de los hábitats neotropicales. Karl Berg estudió el coro al alba en una selva tropical de Manabi, Ecuador, y aprendió que la altura del forrajeo y el tamaño de los ojos eran los mejores indicadores de la hora a la que se produce el primer canto: las especies de ojos grandes y que forrajean en la copa de los árboles cantan más temprano que las especies de ojos más pequeños y que se procuran alimento en el suelo.

No se sabe bien por qué los pájaros cantan con tanta intensidad antes de que amanezca. Puede tener algo que ver con las ventajas de la transmisión acústica a esas tempranas horas de oscuridad. Las temperaturas más frías, el aire más en calma y menos ruido ambiental procedente de los insectos (y del tráfico) permiten que el canto del pájaro llegue más lejos, lo que tiene sus ventajas para marcar su territorio —al menos las especies del norte— o transmitir su presencia a las posibles parejas. O también es posible que los depredadores a esa hora no supongan tanta amenaza. O a lo mejor es que los pájaros están despiertos de todas maneras, y la luz escasa dificulta el forrajeo, el aire en calma no es apropiado para migrar y todavía no hay insectos por todas partes. Entonces ¿por qué no ponerse a cantar? Quizá los pájaros sólo estén practicando, a modo de precalentamiento para el resto del día. O tal vez sea su manera de anunciar: «¡He sobrevivido a la noche!».

Andrew Skeoch, un registrador del sonido de la vida salvaje australiano, contempla el coro al alba como un fenómeno comunitario y colectivo en el que cada pájaro negocia y asienta sus relaciones, al tiempo que minimiza los posibles conflictos. «Es una reafirmación del lugar y de la pertenencia que se produce todas las mañanas con las parejas, los grupos familiares, los vecinos y las bandadas», dice. «Al evitar enfrentamientos físicos, el coro al alba reduce los riesgos y el estrés y conserva la energía. Es un auténtico tapiz de conductas vocales», añade, «y puede ser el mayor logro evolutivo de las aves canoras, pues les permite coexistir y convertirse en el grupo enormemente diverso y coronado por el éxito que ha llegado a ser.»

Los cantos y reclamos o llamadas de los pájaros fluctúan desde el ocasionalmente cómico cloqueo y zangoloteo del lagópodo común y el suave trino del pardalote, apenas audible, como un chismorreo susurrado, hasta la maliciosa risita de elfo de los paíños, el gong de los campaneros rojos y de los blancos, el fuerte trompeteo de la chajá, los gorgoritos de las urracas australianas, parecidos a las notas de un órgano, y el precioso e inquietante solo nocturno del verdugo gorjinegro, que puede durar hasta siete horas. Los verdugos son los Sweeney Todds del mundo ornitológico. Cometen actos ruines —ensartan pájaros pequeños y otros animales para cenar—, pero cantan como serafines, a veces formando tríos. Tan espectacular e inquietante es el canto de este pájaro que la violinista y compositora Hollis Taylor se dedicó durante diez años a grabarlo y a transformarlo en música. En 2017, la impresionante composición que creó incorporando los registros que había hecho sobre el terreno, «Taking Flight», fue interpretada por la Adelaide Symphony Orchestra.

Entre los reclamos más raros que he oído jamás figura el del maullador verde, un apuesto pajarito con un camuflaje tan perfecto, verde jaspeado y marrón tirando a beige cervatillo, que es más frecuente oírlo que verlo en la selva tropical, donde tiene su hogar. Su reclamo es como un cruce entre un gato aullando y un niño pequeño gimiendo. La primera vez que lo oí, pensé: «¿Qué demonios le pasará a ese pobre niño?».

La ciencia está empezando a analizar la complejidad y el significado de las vocalizaciones de las aves. Incluso especies tan comunes como los mirlos primavera emiten más de veinte tipos diferentes de sonidos, la mayoría de los cuales siguen siendo deliberadamente misteriosos. El simple graznido de un ganso resulta que alberga una riqueza y una complejidad inesperadas; y reclamos que suenan simples y uniformes, como los de los pingüinos, varían en cuanto a la acústica, ayudándoles así a reconocerse entre sí y también a elegir parejas.

Las vocalizaciones de la mayoría de las especies de aves canoras difieren de un lugar a otro, formando «dialectos» locales equivalentes a los acentos humanos, así como diferencias regionales y culturales inconfundibles y duraderas en la estructura y composición de los cantos. Estos dialectos desempeñan un papel en el cortejo —las hembras de algunas especies prefieren machos con cantos que incluyan sílabas de su propio vocabulario musical— y también a la hora de resolver disputas territoriales, ya que permiten a los pájaros distinguir entre individuos locales e individuos foráneos y solucionar los conflictos sin necesidad de pelearse. El ornitólogo Luis Baptista fue uno de los primeros en reconocer los dialectos de las aves en sus estudios sobre el gorrión de corona blanca de la costa de California. Llamado el «Henry Higgins del mundo de los pájaros», Baptista podía identificar el origen geográfico de un gorrión y de sus padres oyendo sólo su canto. Los acentos de estos pájaros estaban tan localizados, decía, que uno podía estar frente al Pacífico y oír los cantos de un dialecto con el oído izquierdo y los de otro diferente con el derecho.

La laringe de los pájaros es una estructura llamada «siringe» que está profundamente enterrada en una cavidad torácica del ave. El sonido sale cuando las membranas de la siringe vibran, haciendo que el flujo de aire atraviese el órgano. La siringe de los pájaros varía desde las cajas de resonancia bulbosas y la tráquea de bucle largo de los patos, gansos y cisnes —de una longitud superior a veinte veces lo esperado—, que producen un sonido que exagera el tamaño de su cuerpo, hasta el minúsculo par de cajas de resonancia, controladas por los delicados músculos de la siringe, en las aves canoras. Algunas aves canoras tienen tal control sobre los múltiples músculos que hay a ambos lados de la siringe, que son capaces de emitir sonidos diferentes al mismo tiempo y, por lo tanto, de cantar a dúo consigo mismas. Esto explica la abundancia de gorgoritos que hace la urraca australiana o verdugo flautista y el glorioso trino aflautado del zorzal maculado.

En otro tiempo se pensaba que el oído de los pájaros se reducía a una gama de frecuencia menor que la del oído humano. Más tarde hemos aprendido que algunos pájaros, como el picoloro de Webb y el colibrí negro, producen sonidos en la gama ultrasónica, más allá del oído humano, lo que sugiere que tal vez sean también capaces de percibir sonidos «invisibles» para nuestros oídos. Por lo general, a los pájaros se les da bien reconocer sonidos, mejor de lo que imaginábamos; son profundamente sensibles a las variaciones de tono, timbre y ritmo en los sonidos de su propia especie, lo que les permite identificar a los pájaros no sólo como miembros de su propia especie, sino como individuos dentro de su bandada, incluso en condiciones ruidosas y caóticas.

Un buen ejemplo de aves que utilizan los sonidos para reconocer a cada miembro de sus propias bandadas es la llamada de contacto (también conocida como llamada de cohesión o de reagrupamiento) de los periquitos, que varía sutilmente de un pájaro a otro. A semejanza de los queleas, los periquitos viven en enormes bandadas. Hubo un tiempo, en las décadas de 1950 y 1960, en que los pájaros eran descritos del siguiente modo: «Se posan tan juntos y apretados en el tendido eléctrico, que los cables se comban por su peso hasta llegar casi al suelo». Sus llamadas de contacto les permiten identificar a sus parejas y a su bandada. De adultos pueden ir cambiando de llamada y modificarla para ajustarse a sus parejas o a otros miembros de la bandada, cuando las aves se desplazan de un grupo social a otro.

Los periquitos y otros pájaros aprenden sus cantos y reclamos mediante un proceso muy parecido al que utilizamos nosotros para aprender a hablar. Es un proceso de imitación y práctica denominado «aprendizaje vocal», y es extremadamente raro en el mundo animal. El aprendizaje vocal de los pájaros empieza desde muy pronto, como ocurre con los humanos. Hacia el último trimestre del embarazo, un feto humano puede memorizar lo que oye del mundo exterior y es especialmente sensible a la melodía tanto de la música como del lenguaje. Lo mismo cabe decir de algunos pájaros, al parecer. Los embriones de ciertas especies pueden oír a través de la cáscara del huevo; en respuesta a la voz de uno de los progenitores, aumenta su frecuencia cardíaca. Como defensa frente a los parásitos de puesta, los maluros soberbios aprenden de sus padres algunas contraseñas vocales especiales cuando todavía están dentro del huevo. Los científicos han descubierto que, como mínimo cinco días antes de que eclosionen, los pollos de maluro aprenden a imitar la llamada antes de nacer. Los padres del diamante mandarín pueden contarle a su polluelo, mientras todavía está desarrollándose en el huevo, que fuera hace calor. Esta información es de vital importancia para un pollito que está creciendo. En climas calurosos, los pájaros necesitan ser capaces de perder calor, lo que resulta más fácil con un cuerpo más pequeño. Cuando los padres del diamante mandarín están criando en un clima caluroso, y el nido alcanza una temperatura superior a 27 °C, les gorjean la noticia a sus pollos que aún no han nacido en el último tercio del período de incubación, que es el momento en que los embriones están desarrollando su sistema de regulación de la temperatura. En respuesta a estas «llamadas calientes», los pollos reducirán su crecimiento y nacerán más pequeños, lo que supone una ventaja para adaptarse al calor.

Los pájaros lloran como los niños, gruñen como los cerdos, maúllan como los gatos y cantan como las divas. Hablan en distintos dialectos y cantan en dúos y coros. Recaban toda clase de información a raíz de los reclamos y los cantos: la identidad de la especie del «cantante», su origen geográfico, la afiliación grupal e incluso su identidad individual. Y utilizan el sonido de una manera ingeniosa: para compartir información, para negociar límites y para influir en la conducta de otros.

Los mieleros cejinegros utilizan las llamadas para crear, literalmente, barreras de sonido que mantengan alejadas a otras especies. En la reserva de Gap Creek, en el sudeste de Australia, los bosques están llenos del tintineo y el gorjeo de los mieleros escarlata y otras pequeñas aves forestales, sin olvidarnos del lastimero *criii* de los anteojitos dorsigrises. Pero si se baja un poco por la Senda del Campanero a través de los eucaliptos, esa charla forestal es reemplazada por un único sonido, un *ting-ting-ting-ting* semejante a una campanilla. Es el clásico reclamo del mielero cejinegro, un combativo mielero con un mechón oscuro que le sale desde el pico como si fuera un pequeño entrecejo. Una vez que se entra en el feudo de este pájaro, el coro de aves se reduce a un único campanilleo que suena por doquier desde la copa de los árboles.

Un mielero cejinegro es un deleite para el oído. Y durante un minuto o dos, una colonia de cuarenta tintineando con un sonido metálico provoca un efecto maravilloso, como si hablaran las estrellas. Pero luego el coro empieza a ser irritante y es como un zumbido en los oídos, o como el *plink, plink, plink* de un grifo que gotea. A diferencia de los pájaros norteamericanos, cuya llamada territorial es estacional, estas aves empiezan a tintinear al alba y continúan hasta el atardecer todos los días del año. «Es uno de los sonidos de animales más constantes y penetrantes del mundo», dice Tim Low. «Los mieleros están diciendo: "Mantente fuera; si entras en la colonia, serás atacado".»

Los mieleros cejinegros o manorinas campaneras son defensores agresivos de su territorio, conocidos por atacar a especies más grandes como las cucaburras y los verdugos pío, o por desterrar por completo a especies pequeñas. Pájaros como los maluros espléndidos o ratonas australianas y los sericornis de cejas blancas, que forrajean abajo, en el sotobosque, son tolerados por los mieleros. Pero las aves que comparten áreas similares del bosque y alimentos parecidos, como los pardalotes, son mantenidas a raya por el sonido. Justo al otro lado de los límites de su área de zumbidos y tintineos metálicos viven grupos normales de pájaros. Los mieleros son capaces de eliminar a numerosas especies que compiten en su territorio, en el que se mantienen durante años.

Un pequeño pajarito que coexiste con el mielero cejinegro a base de mantener un perfil bajo tiene su propio y notable talento vocal y lo utiliza con un fin completamente distinto. La zordala crestada oriental, un esbelto pájaro de color oliva con una mancha blanca en la mejilla y una linda crestita negra, se entrega en cuerpo y alma a su voz. ¡Y qué voz! El espectacular reclamo de la zordala crestada está considerado hasta tal punto una canción insignia de la selva tropical, que se utiliza en películas para las escenas que transcurren en la jungla. La inconfundible y cautivadora llamada «latigazo» de dos notas, una especie de *whuuuupp* delicadamente silbado e interrumpido por un repentino y fuerte *chiu, chiu*, es en realidad un dúo: el macho y la hembra cantando de una manera tan precisamente sincronizada e impecablemente interpretada, que suena como el reclamo de un solo pájaro. El macho inicia la llamada y la hembra responde en una fracción de una milésima de segundo.

¿Por qué habría de molestarse un pájaro en montar semejante zarabanda de sonidos perfectamente coreografiados?

En esta población hay una proporción de sexos sesgada hacia las hembras —menos zordalas machos que hembras—, de tal manera que realmente existe una competencia entre las hembras por los machos, explica Naomi Langmore, que estudia el comportamiento de las aves en la Universidad Nacional Australiana de Canberra. Una zordala hembra puede emplear el dueto para defender su posición exclusiva en una relación con el macho. A esto se le llama protección de la pareja y no es una estrategia habitual entre los pájaros hembra. Pero es lógico que una hembra utilice el canto para proclamar la «propiedad». «Cada vez que un macho canta, la hembra tiene que cantar también, como diciendo: "Ojo, éste ya tiene pareja", para que no vengan otras hembras e intenten robárselo», dice Langmore. «Y a la inversa, cuando el macho responde al canto de la hembra, podría estar diciendo: "Ojo, ella ya tiene pareja, así que no intentéis robársela". Durante mucho tiempo se pensó que el dúo lo hacía el macho solo; tan perfectamente sincronizados están.»

Otras especies pueden hacer dúos por razones más parecidas a las del mielero cejinegro. «Existen especies cuya principal función es la defensa territorial», explica Langmore. «Cuando se coordinan tan bien, están diciendo: "Mirad, formamos un equipo formidable, somos una pareja realmente estable; sabemos hacer este dúo tan bien sincronizado y coordinado porque llevamos mucho tiempo juntos en este territorio, así que no os entrometáis en él".»

Cualquiera que sea su propósito, los duetos que interpretan los pájaros son una maravilla. Los hacen aproximadamente el 16% de las especies —principalmente en los trópicos— y ese porcentaje está distribuido por casi la mitad de las familias ornitológicas, de modo que la práctica parece haberse originado desde el principio. Dicha práctica va desde el canto relativamente sencillo y solapado de los chingolos de cabeza listada o pinzones de cabeza rayada, hasta los intrincados y perfectamente coordinados duetos de muchas especies neotropicales de reyezuelos o trogloditas, cuando el macho y la hembra cantan alternando las frases: cada miembro de la pareja ajusta la sincronización y el tipo de frases que entona para que coincidan con las frases que canta su compañero. Estos duetos más complejos y coordinados con tanta precisión son lo más análogo a la estructura de la conversación humana que tenemos en el mundo animal.

Una conversación humana típica es un continuo tira y afloja. Unas reglas no escritas dictan que cada individuo hable de uno en uno, con pocos o ningún intervalo de silencio y, a ser posible, sin solapamiento. Pensemos en lo raro que suena cuando se rompen estas reglas: por ejemplo, en una entrevista de la radio, cuando transcurre un lapso de tiempo entre una pregunta formulada por el entrevistador y la respuesta demorada del entrevistado. Las pausas largas entre el turno de cada uno resultan incómodas. En la conversación de casi todas las lenguas humanas, cada turno dura unos dos segundos, y el intervalo típico entre ellos es de tan sólo doscientas milésimas de segundo.

En los duetos de los cucaracheros de Zeledón, la sincronización entre el tira y afloja del macho y la hembra es incluso más precisa. Karla Rivera-Cáceres estudia los dúos extremadamente coordinados de los cucaracheros o sotorreyes de Zeledón en los bosques de Costa Rica. Tan impecable es su sincronización que cada uno responde a su pareja en sesenta milésimas de segundo, aproximadamente la cuarta parte del tiempo que utiliza un humano para responder en una conversación, e incluso con menos solapamiento de las frases, entre un 2 y un 7 %, frente a nuestro 17 %. Para el oído no educado, las múltiples y variadas frases simultaneadas de un par de sotorreyes suenan como si fueran de un solo pájaro.

Cantar este tipo de dúos antifonales perfectamente coordinados y delicadamente sincronizados presenta unas dificultades perceptivas y cognitivas extremas. Los dúos se componen de tres categorías de frases diferentes y específicas de cada sexo. Tanto el macho como la hembra poseen un repertorio de hasta veinticinco tipos de frases musicales dentro de cada categoría de frases, los cuales pueden ser combinados y repetidos para formar un canto. A semejanza de algunos otros pájaros que también hacen dúos, cada pareja sigue un estricto «código» que es específico de esa pareja y que estipula con qué frases se responden el uno al otro. Además, para coordinar sus dúos, como ha descubierto Rivera-Cáceres, los pájaros modifican el ritmo del canto en función del tipo de frases que estén cantando sus compañeros. La coordinación requiere que las dos aves elijan la frase apropiada y la cronometren con total exactitud, todo esto en cuestión de milésimas de segundos.

Los chivirines felices pueden lograr esta hazaña en la oscuridad, sin contar con ninguna pista excepto el sonido. Christopher Templeton, de la Pacific University, y sus colegas capturaron unos chivirines felices macho en los bosques secos del México occidental y los metieron en una jaula, en un laboratorio, hasta el día siguiente. Luego, lo primero que hizo el equipo por la mañana fue reproducir diferentes canciones de los repertorios de las parejas de los pájaros. «Milagrosamente, los pájaros macho, en la oscuridad de sus jaulas, fueron capaces de responder a las reproducciones desde la primera frase», dice Templeton, «reconociendo perfectamente el tipo de frase cantado por su pareja y contestando con la respuesta correcta... todo esto en medio segundo.»

Rivera-Cáceres descubrió que los códigos de los dúos de cucaracheros de Zeledón machos y hembras adultos son flexibles y pueden cambiar cuando los pájaros tienen que encontrar una nueva pareja. Para las aves que acometen un nuevo emparejamiento la curva de aprendizaje es pronunciada, pero al final los dos pájaros crean un solo canto continuo y fluido.

En 2019 unos científicos que trabajaban con aves en estado salvaje descubrieron que cuando dos pájaros cantan esta clase de duetos coordinados con tanta precisión, sus cerebros realmente se sincronizan. Un equipo de investigadores del Instituto de Ornitología Max Planck equipó a parejas de tejedores gorriones cejiblancos (una especie nativa del África oriental y austral) con pequeños arneses de seguimiento cargados de transmisores microfónicos en miniatura que registraban tanto las vocalizaciones como la actividad neuronal durante sus dúos; luego los soltaron en su hábitat natural y los grabaron cantando cientos de duetos mientras estaban posados en los árboles. El equipo descubrió que, en ambos miembros de la pareja, las células nerviosas de las áreas de control vocal de sus cerebros se activan al mismo tiempo, de modo que sus dos cerebros funcionan prácticamente como uno solo.

Esta habilidad para involucrarse en una charla tan exquisitamente precisa no es automática ni innata. Es aprendida, igual que lo es para los humanos. La primera vez que nos familiarizamos con el cambio de turno tan minuciosamente cronometrado del ritmo conversacional es cuando todavía somos unos bebés balbuceantes. Lo mismo cabe decir de los cucaracheros de Zeledón cuando están aprendiendo de sus padres a hacer dúos. Los pájaros jóvenes se solapan más y se atropellan con las frases de sus padres, pero con el tiempo van mejorando. Y Rivera-Cáceres ha hallado que los jóvenes sotorreyes copian el tipo de frase utilizada por el progenitor de su mismo sexo para responder a cada tipo de frase del progenitor del sexo contrario. Así que, de paso, también hay algo de aprendizaje cultural.

Fueron estos dúos los que hicieron vislumbrar a los científicos que se habían equivocado con las aves canoras hembra.

Durante siglos se pensó que solamente las aves canoras macho utilizaban el canto, del mismo modo que utilizaban el plumaje estrafalario y las colas vistosas para atraer a las hembras y competir con los machos rivales. El papel que desempeñaba la hembra era el de escuchar y elegir y, al hacerlo, ejercer influencia a través de la selección sexual, impulsando la evolución de un canto elaborado al preferir machos con composiciones cada vez más melodiosas y complejas. Esto se consideraba un ejemplo clásico del poder de la selección sexual para generar diferencias sexuales extremas en el cerebro y en la conducta. Los ejemplos del canto de las hembras fueron en su mayor parte tildados de atípicos: raras excepciones o el resultado de anomalías hormonales.

Todo esto cambió cuando el equipo internacional de investigadores dirigido por Karan Odom comprobó la existencia del canto de las hembras en 1.141 especies de todo el mundo. El equipo sospechó que el canto no era ni remotamente exclusivo de los machos. La mayoría de las especies de aves canoras viven en regiones tropicales, que han sido menos estudiadas. Y el canto de la hembra es más común en Australia y en las zonas circundantes, donde tuvieron su origen las aves canoras. Allí el sistema es mucho más igualitario. Efectivamente, los resultados del estudio, publicado en 2014, mostraron que el canto de las hembras tiene lugar en más de dos tercios de las especies y familias de aves canoras estudiadas, y que desde el punto de vista estructural es similar a los cantos de los machos (largos y complejos) y es utilizado con propósitos similares. En los cantos de los estorninos soberbios macho y hembra del África oriental, por ejemplo, no hay diferencia en la estructura ni en el número de motivos que canta cada sexo. Los dos sexos de esta especie tan sociable cantan a lo largo de todo el año, y probablemente lo hagan para establecer una jerarquía dentro de sus grupos. El estudio lo dejó bien claro: el canto de los pájaros no es sólo una cuestión «masculina». Y el canto elaborado no evoluciona sólo a través de la selección sexual —las hembras eligiendo a los machos por sus proezas vocales—, sino a través del más amplio proceso de la selección social: los dos sexos compiten por la comida, por el emplazamiento de los nidos, por el territorio y por la pareja. Es más, los científicos mostraron que el canto de la hembra probablemente era común entre los antepasados de la mayor parte de las especies de aves canoras, incluso en aquellas en las que hoy las hembras cantan menos o no cantan nada. En otras palabras, no es que estas hembras nunca hayan cantado, sino que a lo largo del tiempo evolutivo han perdido el canto.

¿Por qué?

Aquí es donde interviene el canto a dúo. Las regiones templadas como Norteamérica y Europa, donde los duetos son escasos y por lo general el canto de la hembra es menos común, son regiones que alojan una gran cantidad de migrantes. «Son los pájaros migratorios los que han perdido el canto de la hembra», explica Langmore, que participó en el estudio. «Los migrantes tienen un patrón de territorialidad y emparejamiento muy diferente al de los trópicos. Normalmente, el macho llega a las áreas de reproducción cantando a grito pelado, y las hembras lo siguen, le escuchan y se plantan en el territorio elegido por el macho. Luego tienen una temporada de cría muy corta. En definitiva, llegan allí como locos y enseguida se largan.»

Las aves residentes, en cambio, como las de los trópicos, tienen que defender su territorio durante todo el año. Si al cabo de los años un miembro de una pareja muere, el pájaro que sigue con vida ha de ser capaz de defender ese territorio y atraer a una nueva pareja. «Y también puede producirse un divorcio», dice Langmore. «Cualquiera que sea el pájaro abandonado ha de ser capaz de cantar para defender su territorio o atraer a un nuevo compañero. Así pues, que las hembras hayan perdido el canto en estos grupos migratorios, parece algo bastante reciente.»

Ésta es la clase de novedades que hace que la situación dé un giro de noventa grados. Tal vez la cuestión no sea por qué algunas hembras cantan, sino por qué otras no lo hacen... o si en realidad sí cantan pero no les hemos prestado atención.

2

Motivo de alarma

El Jardín Botánico Nacional de Australia parece un lugar idílico, una enorme ringlera de matorrales cerca del centro de Canberra. Anchas pistas recorren más de 6.500 especies de plantas que representan los hábitats endémicos de Australia: bosques de eucaliptos, praderas de spinifex y matorrales de plantas de sal típicas del centro del continente rojo, incluso un barranco de selva tropical exuberante de plantas de los diversos bosques tropicales que se extienden a lo largo de la costa este del país, desde Tasmania hasta Queensland. Aquí hay canguros y walabíes de pantano, murciélagos, pósums de cola de cepillo o zarigüeyas australianas y petauros o falangeros del azúcar. El camino principal está revestido de telopeas y grevilleas cuajadas de brillantes flores rojas, así como de las inflorescencias en forma de espigas amarillas de las banksias. Esto es puro maná para los numerosos pájaros que se alimentan de néctar y que frecuentan el jardín: mieleros que se lanzan afanosamente de flor en flor, picoespinas orientales que utilizan sus largos y elegantes picos para sondear las flores, y mieleros carunculados, así llamados por sus, en cierto modo, poco agraciadas carúnculas rojas o lóbulos de piel a los lados del cuello. Pequeños grupos de corvinos negros escarban en el lecho de mantillo. En la torrentera de la selva tropical, pericos elegantes o rosellas rojas forrajean frutos o picotean las cápsulas de esporas bajo los helechos arborescentes, y en el Jardín de los Eucaliptos —una falange de eucaliptos azules, eucaliptos quebradizos, mallees de hojas azules, cortezas de hierro y eucaliptos cloeziana— gorjean los maluros soberbios.

En este jardín brillan por su ausencia los mieleros cejinegros y los mieleros chillones, razón por la cual el lugar está repleto de pequeñas aves que habitualmente son ahuyentadas por los agresivos mieleros, entre ellas, el diminuto pardalote moteado, que con su suave voz aguda revolotea por las copas de los árboles, donde atrapa insectos en las hojas de los eucaliptos.

Todo parece muy bucólico.

Pero si te quedas allí un rato, percibes que acecha el peligro. Una áspera y aguda llamada de alarma irrumpe desde los eucaliptos, como un traqueteo fuerte y repentino, y rebota por todo el jardín. Para los pájaros de allí es el sonido del peligro.

Hay serpientes en este jardín, tanto en sentido literal como figurado: mortales serpientes marrones orientales que arrebatan los huevos y los polluelos del nido de un maluro. Cucos flabeliformes que parasitan los nidos de las aves pequeñas del lugar y expulsan a sus crías. Mamíferos introducidos como los gatos ferales y los zorros rojos o raposos europeos. Y, lo peor de todo, aves de presa, cucaburras, currawongs, azores australianos y el muy temido gavilán acollarado, un pájaro especializado en atrapar aves pequeñas en pleno vuelo. Es conocido por sus grandes ojos de un color amarillo brillante y penetrante, por su implacable caza con la cola y su larguísimo dedo medio del pie, que utiliza para agarrar a la presa antes de matarla, desplumarla y comérsela.

La llamada de alarma más estridente pertenece al mielero de Nueva Holanda o pájaro azúcar de alas amarillas, un elegante pájaro blanco y negro con manchas amarillas en las alas, de tamaño modesto en comparación con su tono de voz escandalosamente fuerte. Su llamada es una especie de sistema de alerta temprana que anuncia el peligro inminente. La alarma se propaga de mielero en mielero, de árbol en árbol, de arbusto en arbusto, y atraviesa todo el jardín como una velocísima onda de estridentes alertas en tiempo real que rastrean el avance de un gavilán.

«Los mieleros de Nueva Holanda están supervisando constantemente el jardín», dice Jessica McLachlan, que estudió estos pájaros para su tesis doctoral. En el instante en que un mielero localiza la elegante silueta de un gavilán sobrevolando a toda velocidad las grevilleas y los árboles de caucho en busca de alguna presa desprevenida, desencadena un torrente de voces de alarma que alertan sobre la presencia del gavilán a otras aves: maluros espléndidos y sericornis, acantizas pardas y estriadas, pardalotes y otros mieleros, que a su vez profieren sus propias llamadas de alarma que resuenan por el bosque entero. Todos se enteran de la presencia de un depredador, y gracias a esta red de comunicación entre sus presas, lo más probable es que el gavilán se quede sin comer.

McLachlan se ha encontrado con que las llamadas de alarma del mielero no son en realidad meros gritos de aviso, sino un lenguaje complejo cargado de significado. «Estos pájaros realmente son únicos, con hasta noventa y seis elementos en una sola llamada», dice. ¿Noventa y seis? «Es lo máximo que hemos oído; el promedio es muy inferior. Pero estos pájaros nos dicen mucho más de lo que sospechábamos.»

McLachlan ha descubierto que los reclamos del mielero codifican una información sumamente específica. Además, los pájaros que están escuchando son capaces de descodificar y entender estos complejos mensajes. Es un sistema de señalización muy sofisticado, y McLachlan ha hallado una manera ingeniosa de desentrañar sus misterios.

McLachlan, como ella misma se describe, ha sido una friki de la naturaleza desde sus inicios. Se crió en Sudáfrica en lo que ella describe como el paraíso natural, «con cangrejos en las cortinas, culebras en el vivero y escorpiones en la corteza de los árboles». Había suimangas en los matorrales de brezo florecido, un zarzalero de Knysna que «no distinguía entre la mañana y la medianoche» y bulbules de Zanzíbar que, como ella dice, era siempre el pájaro al que se le pegaban las sábanas por la mañana, el último en levantarse.

McLachlan conocía los hábitos matutinos del bulbul por las investigaciones que hizo cuando todavía iba al instituto. Para un trabajo de ciencias, ella y una amiga estudiaron cómo el tamaño de los ojos de un pájaro influye en la hora a la que cante en el coro al alba. En el Reino Unido, un artículo publicado por unos científicos había sugerido una correlación, y las dos estudiantes decidieron echar una ojeada a los pájaros sudafricanos. «La teoría era que cuanto más grandes sean los ojos, más luz entra en ellos, más luminoso parece el mundo y más temprano se canta», explica McLachlan. «Pese a lo irritante que era el bulbul de Zanzíbar, nuestro enorme y atípico pájaro, y pese a que sus grandes ojos siempre aparecían al final de cualquier coro», las dos encontraron la esperada correlación.

«Aquello fue de lo más emocionante», dice. Pero el proceso —dos adolescentes de catorce años teniendo que levantarse casi todas las mañanas antes del amanecer— no lo fue. «Las dos juramos no volver a hacer nunca más nada relacionado con los pájaros.» Sin embargo, al año siguiente, McLachlan presentó otro trabajo sobre las vocalizaciones de las aves. Acabó estudiando biología en la Universidad de Cambridge, y cuando tuvo que elegir un tema para su tesis doctoral, le vinieron a la cabeza los mieleros de Nueva Holanda. «Son realmente extraordinarios en sus vocalizaciones, así que pensé que serían un sistema estupendo al que echar un vistazo.»

McLachlan llama a los mieleros sus «pequeños informadores». «Camino mucho, y cuando estoy en Australia, si hay algo interesante que ver, alguna rapaz, los mieleros me lo hacen saber», dice. «Me fío tanto de ellos para que me cuenten lo que está pasando ahí fuera, que cuando estoy en otro país, en el Reino Unido, por ejemplo, me siento como si hubiera perdido un sentido.»

Los pájaros se fían también de los mieleros por una cuestión de vida o muerte.

«El mundo de las aves es un lugar peligroso», dice Rob Magrath, que estudia ecología conductista en la Universidad Nacional de Australia y supervisa trabajos de investigación hechos por alumnos de doctorado, incluida McLachlan. «La vida de un pájaro pequeño es como la de un humano en el Parque Jurásico», dice. «Está continuamente nervioso, todo el rato preocupado por los animales que lo puedan comer, como por ejemplo los halcones, diez o veinte veces más grandes que ellos.»

No es extraño que los pájaros hayan desarrollado numerosas estrategias para dar la voz de alarma. Magrath y sus alumnos han descubierto que algunas aves indican el peligro con tan sólo sus alas. Las palomas bronce crestadas han modificado especialmente las plumas de las alas para que produzcan notas diferenciadas mientras huyen de los depredadores, provocando así que otros pájaros huyan también. A veces el aviso no es en modo alguno un sonido, sino el silencio entre sonidos. Cuando pájaros ruidosos y sociables como los tordos sargento se quedan de repente callados, es una señal clarísima de que acecha el peligro. Pero la mayoría de los pájaros profieren avisos vocales. Todos los hemos oído: la rápida y repetitiva llamada, como un cacareo, de un arrendajo azul; el fuerte y metálico *chit, chit* de un cardenal norteño; el agudo y breve *srii* o *yiip* de un mirlo primavera, y el *tsii* de un gran carbonero.

Durante décadas, la investigación que se ocupaba de la transmisión de la alarma en los pájaros ha consistido en hacer estudios de reproducción, un poderoso método experimental para estudiar las vocalizaciones de las aves y sus funciones. Los científicos ponen por los altavoces vocalizaciones grabadas de aves y luego observan la respuesta de un pájaro, si huye o no huye.

McLachlan añadió a su estudio grabaciones de vídeo que le permiten observar, en pájaros pequeños, respuestas extremadamente detalladas que son muy difíciles de ver.

«Pensé que si filmaba a los pájaros obtendría mucha más información», dice McLachlan, de modo que ideó un sistema, según ella, «mucho menos elegante» que la hacía ir equipadísima de arriba abajo: un micrófono sujeto al hombro, unos prismáticos colgados del cuello, un aparato de reproducción de sonido amplificado atado a la muñeca y —al principio— una cámara de vídeo pegada con cinta adhesiva a su sombrero, con un ojo completamente tapado por la pantalla. «Tenía que asegurarme de que el monitor estaba bien colocado y de que el vídeo apuntaba hacia los pájaros, para que pudiera ver exactamente lo que estaban haciendo y detectar la sincronización de sus respuestas.» Más tarde, lo sustituyó por un dispositivo de reproducción.

Cuando sale a hacer su trabajo por el jardín botánico llevando el conjunto completo de su equipo, a veces la confunden con una pieza de exposición o con una especie de «instalación artística». Para obtener buenas tomas de los pájaros tiene que quedarse completamente inmóvil, a pesar del dolor de hombros, del cuello rígido y de los curiosos que la miran boquiabiertos. Los visitantes que pasean por los senderos entre las muestras del hábitat hacen comentarios sobre la extraña escultura realista de una figura alta y delgada profusamente adornada con un equipo electrónico, que está completamente quieta junto a los arbustos florecidos de banksias y grevilleas. McLachlan dice que se siente como una maqueta de un turista o de un científico futurista de los años sesenta. La mayor parte de la gente está convencida de que la figura representa a un científico varón, sobre todo en invierno, cuando se pone un pasamontañas para abrigarse la cara y sólo se le ven la boca y los ojos.

«¡Qué obra más rara hay expuesta en ese jardín botánico!», dice la gente.

«¿Qué se supone que representa esa figura?»

«¡Oh, Dios mío, está parpadeando!»

Los niños se acercan y le pinchan para ver si «esa cosa» está viva.

En otro lugar, el jardín tenía expuesto un dinosaurio, y la gente creía que McLachlan era una recreación de un explorador que había viajado en el tiempo. En invierno, cuando iba vestida de negro y cubierta por su equipo electrónico, «parecía un miembro de un equipo de SWAT»,* recuerda Rob Magrath, «¡y al menos en una ocasión causó terror al entrar en los lavabos!»

Las molestias han merecido la pena. Todo ese equipo y todo ese tiempo congelada en una sola postura le han proporcionado a McLachlan una visión sin precedentes de una conducta verdaderamente excepcional.

Por regla general, se cree que los pájaros tienen dos tipos de llamadas de alarma: la de acoso y la de huida.

Un verano, una pareja de cardenales norteños construyeron un nido en el arbusto de lila de las Indias, justo delante de la ventana de mi despacho. Recuerdo que era una mañana con brisa de mediados de julio. La hembra había estado empollando tres huevos durante varios días. Estaba fuera del nido cuando oí un alboroto de pájaros revoloteando y peleándose alrededor de la lila de las Indias. Me asomé y vi carboneros, herrerillos bicolor, cardenales y petirrojos. De repente, toda la vecindad ornitológica se había alzado en armas y profería fuertes *chiits*, *yiips* y *shriis.* Hacían un ruido ensordecedor. Miré a mi alrededor. En la azotea más próxima al nido se había posado una corneja. Miré hacia el nido; ya sólo quedaban dos huevos.

* Unidad de militares de élite. (*N. de la T.*)

Eran llamadas de acoso —abruptas, breves, fuertes y repetitivas—, llamadas de alarma en respuesta a los depredadores que no se mueven a gran velocidad y que, por lo tanto, no suponen una amenaza inmediata ni demasiado grande; normalmente se trata de un depredador terrestre como una serpiente o un gato o, como en este caso, un ave paseriforme. La llamada alerta a otros pájaros y les indica que vuelen hacia el punto de donde proviene y se unan a sus propias llamadas de acoso, o bien que ataquen o acosen al depredador para expulsarlo. «¡Depredador a la vista! ¡Ven y ayúdame a hostigarlo!»

Las agudas llamadas de alarma de huida, o aéreas, por otra parte, por lo general significan que el depredador está volando, lo que es mucho más peligroso para un pájaro. Estas llamadas suelen tener un espectro estrecho con grandes variaciones de amplitud, lo que dificulta la localización de los sonidos, en especial, por parte de las rapaces, que tienen relativamente poco oído en esa gama de frecuencia. Los pájaros pequeños emplean las llamadas de huida para alertar a otros pájaros de un peligro inminente que viene de arriba, indicándoles que se detengan o se refugien inmediatamente para no aumentar sus probabilidades de ser atrapados por un depredador.

Las llamadas de alarma de huida alejan a los pájaros de una amenaza; las de acoso los llevan hacia ella.

Merece la pena pararse a considerar la paradójica naturaleza del acoso. ¿Aves pequeñas volando en dirección a un búho posado o hacia un gato, lanzándose incluso contra él? Parece algo contradictorio, pues se consume tiempo, se gasta energía y resulta manifiestamente peligroso.

Las cornejas figuran entre los acosadores más frecuentes; desde lo alto y desde atrás, se precipitan en picado sobre un halcón sin perder nunca de vista la amenaza. Las gaviotas también recurren con frecuencia a esta práctica con una particularidad poco habitual: vomitando sobre el depredador con una certera puntería. Colonias de zorzales reales disparan desde otro orificio, expulsando heces sobre el depredador en tal cantidad y con tanta precisión, que la amenazante criatura queda literalmente cimentada o detenida en seco. Si una cantidad suficiente de estas bombas de excrementos alcanza su objetivo, puede empapar las alas de un pájaro y dejarlo incapacitado para volar.

En un artículo titulado «Un efecto nocivo del acoso del avefría tero», J. P. Myers sugiere los riesgos que ello implica. Cuenta que vio una pareja de avefrías cuidando a unos polluelos que estaban forrajeando al borde del agua, en Argentina. Cuando un carancho norteño voló sobre ellas, las dos avefrías adultas acosaron al carancho bombardeándolo en picado. Durante uno de los bombardeos de las avefrías, el carancho se dio la vuelta en pleno vuelo, extendió las patas, agarró al avefría en el aire y se marchó volando con ella por la pampa.

¿Por qué acosar si es tan peligroso? Porque es una buena manera de desenmascarar a un depredador y de ahuyentarlo, especialmente cuando las crías corren peligro. También es un buen modo de concienciar a los pájaros sin experiencia sobre la naturaleza peligrosa de un depredador, proporcionándoles los así llamados beneficios de la enseñanza. Un pájaro ingenuo viendo que otros pájaros acosan a una amenaza aprende a temerla él también, así como a evitarla o acosarla más enérgicamente creando más informadores y acosadores duchos en la materia. La unión hace la fuerza.

El experimento clásico que demostraba que los pájaros pueden aprender cuáles son las amenazas gracias a otros pájaros fue realizado por el zoólogo alemán Eberhard Curio. Curio demostró que los mirlos europeos aprendían a considerar un depredador a un pájaro inofensivo observando cómo otras aves lo acosaban. Metió a un mirlo «profesor» en una caja y le mostró una especie que era una verdadera amenaza —una maqueta de un mochuelo común—, que provocó una poderosa respuesta de acoso en el pájaro profesor. Al mismo tiempo, mostró a otro mirlo —el «observador» o alumno— una maqueta de un ave que es inofensiva para los mirlos, un filemón chillón. El pájaro alumno podía ver tanto al profesor como al filemón, pero no al mochuelo. Casi instantáneamente aprendió a temer y a acosar al filemón. Sorprendentemente, Curio demostró que este reconocimiento y temor a un enemigo podía ser culturalmente transmitido de un pájaro a otro, formando una cadena de hasta seis individuos. El pájaro número seis de la cadena acosaba al filemón con la misma ferocidad que el primer pájaro profesor, lo que constituye un magnífico ejemplo del aprendizaje social.

Dado que los pájaros necesitan responder a las diferentes amenazas de distintas maneras, acosándolas o huyendo, es lógico que desarrollen diferentes tipos de llamadas de alarma. Comunicarse de esta forma —describiendo las particularidades de un depredador, si llega por el aire o por el suelo— se denomina «señalización funcionalmente referencial», y cuando fue descubierta por primera vez en los pájaros, se consideró un gran logro. Durante la mayor parte del siglo pasado, los científicos creían que la habilidad para referirse a un objeto o suceso específico en el entorno pertenecía únicamente a la comunicación humana. Las señales de los animales reflejaban tan sólo un «estado interno» del animal.

Eso cambió a finales de la década de 1970, cuando unos científicos que trabajaban con cercopitecos verdes en la Universidad Rockefeller descubrieron que éstos emitían llamadas diferenciadas según el depredador del que se tratara —leopardos, águilas marciales, pitones o papios— y respondían apropiadamente con diferentes conductas, por ejemplo, subiéndose a un árbol para la llamada de alarma de un leopardo, o bien oteando el cielo para alertar sobre un águila. Un gruñido en tono bajo —*raup*— indicaba un águila descendiendo en picado y provocaba que los cercopitecos alzaran la vista y huyeran a refugiarse en un arbusto. En respuesta a la llamada que alertaba de una serpiente —*chatter*— se sostenían sobre las patas traseras y miraban hacia abajo en busca de una pitón.

Una década más tarde, esta habilidad para designar diferentes clases de peligro fue demostrada por primera vez entre las gallinas domésticas, que profieren un agudo chillido en respuesta a las rapaces que vuelan, y un profundo sonido gutural cuando ven depredadores terrestres como, por ejemplo, mapaches.

«Esta clasificación de las amenazas entre las que vuelan y las que están en el suelo parece ser una estrategia bastante común entre los pájaros», dice McLachlan. El garrapatero aní de las islas caribeñas emite llamadas *chlurp* en respuesta a las aves de presa que están volando, y alarmas *ahnii* en respuesta a amenazas terrestres como los gatos y las ratas. Los carboneros chinos, parientes de los herrerillos, utilizan dos llamadas de alarma diferentes para definir el tipo de depredador que está atacando sus nidos, construidos en oquedades. Cuando un cuervo picudo o de la selva se acerca al nido para desplumar a los polluelos desde la entrada con su pico, los carboneros emiten una llamada *chika* que hace que los pollitos se agazapen en el interior de la oquedad. Si una serpiente de rata japonesa sube culebreando para invadir el nido, la llamada *yar* del carbonero da lugar a que los pollos salten del nido para escaparse.

Cuando Toshitaka Suzuki, un investigador de la Universidad de Kioto, descubrió esto, le sirvió de inspiración para explorar si este tipo de llamada de alarma específica provocaba que el pájaro que la oía se formaba una imagen asimismo específica en su cerebro, en este caso, la de una serpiente. En el lenguaje humano, las palabras que hacen referencia a un objeto específico normalmente evocan una imagen visual mental. Pensemos, por ejemplo, en «luna» o «perro» o «serpiente». Suzuki halló pruebas de que las llamadas de alarma del carbonero chino crean precisamente esa clase de imagen de búsqueda en la cabeza de los pájaros que las oyen. La llamada *yar* del carbonero lleva a los pájaros a buscar serpientes y a ser visualmente más receptivos ante cualquier objeto que se parezca a una serpiente. Fue la primera prueba de que un animal no humano podía visualizar algo mencionado en una vocalización.

Las llamadas o reclamos de alarma pueden también codificar lo que está haciendo un depredador.

Esto se descubrió por primera vez entre los arrendajos siberianos, unos pájaros sociables que viven en grupos familiares en los bosques boreales de la Eurasia septentrional. Los depredadores suponen un gran problema para estas aves. Durante su primer invierno de vida, más de una tercera parte de estos pájaros son atrapados por búhos, martas, gavilanes comunes y, sobre todo, por azores comunes, que son responsables del 70 % de todas las muertes. Los azores cazan en tres etapas: primero se posan en un árbol para localizar a la presa, luego hacen vuelos de inspección hasta la siguiente percha, donde pueden escudriñarla mejor, y finalmente se lanzan como una bala a través de la maleza para pillarla por sorpresa. Los arrendajos han desarrollado un sofisticado sistema de tres llamadas de alarma diferentes que especifican la fase de la caza en la que se encuentra el azor: si está posado, si está escudriñando a la presa o si está atacando.

McLachlan ha descubierto que esto es también aplicable a los mieleros de Nueva Holanda. «Con los ojos cerrados puedes rastrear lo que está haciendo un verdugo —si está posado o volando— con tan sólo oír el cambio que se produce en las llamadas de alarma de los mieleros.» Ahora sabemos que otras especies también utilizan una variedad de reclamos para que corra la voz sobre la conducta de un depredador. Empleando un «halcón planeador», una maqueta aerodinámica de espuma de un halcón, Rob Magrath y sus colegas hallaron que los mieleros chillones emiten una llamada de alarma en respuesta a un ave de rapiña cuando está posada (y supone una leve amenaza inmediata) y una segunda llamada de alarma en respuesta a la misma especie cuando está volando. «Si lanzas una maqueta de un halcón, los mieleros pasan directamente a las llamadas de alarma aérea», dice Magrath. «Cuando aterriza en el suelo, cambian instantáneamente a la llamada de acoso *churr.* De manera similar, si depositas a un depredador en el suelo, proferirán las llamadas de acoso, y en cuanto esa maqueta se separe de tu mano cuando empiezas a lanzarla, cambiarán a la llamada aérea. Así pues, la conducta de un depredador está muy claramente codificada.»

La especificidad llega aún más lejos. En los sericornis de cejas blancas y los maluros espléndidos o ratonas australianas, el número de notas codifica información sobre la distancia a la que se encuentra un depredador. Las llamadas de alarma de acoso *chickadii-dii-dii* de los carboneros cabecinegros o de capucha negra contienen mensajes —cifrados en el número de *diis* al final del reclamo— sobre el tamaño del depredador y, por consiguiente, sobre el grado de amenaza que representa. Más *diis* significa un depredador más pequeño y más peligroso. Un búho americano, demasiado grande y torpe como para poner en riesgo al diminuto carbonero, provoca sólo unos pocos *diis,* mientras que un ave de presa pequeña y ágil como el esmerejón o el mochuelo californiano puede requerir una larga serie de hasta doce *diis.*

La primera vez que aprendí esto acerca del carbonero, mi manera de escuchar a los pájaros dio un vuelco. Lo que yo consideraba unos gorjeos fortuitos eran en realidad señales sofisticadas enviadas a otros pájaros, signos de inteligencia.

Más notas significan una amenaza mayor. Esta regla es aplicable a todas las especies y contextos de llamadas e incluso a todos los continentes. Tiene sentido. Con una larga serie de notas se difunde el mensaje y también se reduce el riesgo de falsas alarmas. Pensemos en lo que sucedería con un sistema opuesto: si una llamada de una sola nota significara un grave peligro, los pájaros huirían al inicio de lo que perfectamente podría ser una llamada más larga y menos urgente, lo que daría por resultado una gran cantidad de energía desperdiciada. «Pero los mieleros de Nueva Holanda realmente salen todos con el número de notas de sus llamadas de alarma aéreas», dice McLachlan, que atribuye múltiples notas a esos reclamos de alarma. Pensé en el extremo ejemplo de noventa y seis. Si un pájaro pequeño tarda aunque sólo sea una fracción de estas notas en entender el mensaje de peligro, ¿no se juega el cuello?

Sí, dice McLachlan, en este sentido el sistema es contradictorio: «Cuando van a la caza, los halcones se mueven muy, muy deprisa, alcanzando velocidades de hasta 25 metros por segundo». «Hay que tomar decisiones muy rápidas, de modo que resulta increíblemente extraño que un pájaro se quede allí posado escuchando y pensando: "Hum, una nota... no es para tanto; dos, tres, cuatro, cinco, seis... ¡Oh, mierda! ¡Está encima de mí y voy a morir!".» Incluso una fracción de segundo de retraso en la respuesta puede dar por resultado que el cazador gane un terreno considerable. «En este contexto, es realmente desconcertante que los pájaros utilicen más elementos para indicar que un depredador está más cerca», dice. «Cuantos más elementos se empleen, más se tarda en recibirlos, en comprender el mensaje y en darse cuenta de la gravedad del peligro.»

¿Cómo resuelven las aves el dilema de comunicar de manera fiable el grado de peligro, pero también lo suficientemente rápido como para permitir que quienes lo oyen puedan escapar de un halcón que está bombardeando en picado?

McLachlan está explorando esta cuestión con los mieleros de Nueva Holanda. Aquí es donde entra en juego el equipo de grabación en vídeo. «Además de ver cuáles eran las respuestas, podía ver a qué velocidad se producían», dice McLachlan. «Cuando luego veo los vídeos, me sorprende muchísimo lo deprisa que responden a esas llamadas; literalmente, en un abrir y cerrar de ojos.» Ahora está examinando más detenidamente el primer elemento de esas llamadas de alarma. «¿Hay alguna variación en su estructura acústica que puedan utilizar los pájaros para evaluar con precisión el grado de peligro a partir de esa única nota? ¿Pueden los pájaros que estén escuchando recibir suficiente información de un minúsculo fragmento de sonido para decidir acertadamente si deben o no deben huir en busca de refugio? Y si pueden, ¿por qué proferir otra serie de notas si ese primer elemento ya les dice a los pájaros todo lo que necesitan saber?» McLachlan sospecha que las aves pueden estar recabando información de esas notas adicionales, para saber cuándo podrán volver a alimentarse sin correr ningún peligro. «Posiblemente se trate de un magnífico doble mecanismo destinado a codificar la urgencia de las llamadas de alarma», explica. «La estructura acústica de la primera nota puede decirles a los pájaros si deben o no deben huir, y el número de elementos del reclamo en su conjunto puede contarles cuánto tiempo tienen que permanecer escondidos.»

McLachlan no había terminado. Sospechaba que los pájaros más pequeños del jardín botánico no eran los únicos que oían el grito del mielero. «Comparada con la habitual llamada de alarma aérea de huida, que es aguda, discreta y difícil de localizar, la llamada de alarma aérea del mielero es ridículamente potente, como si estuviera convocando a todo bicho viviente», dice. «Sospeché que ésa podía ser una señal dirigida también al depredador, para que sepa que ha sido detectado, que se ha descubierto su escondite y que, por lo tanto, no tiene ningún sentido perseguir a su presa.

»En biología, somos propensos a que nos gusten las dicotomías. O bien es una llamada a los de tu misma especie o es una llamada dirigida a un depredador. Pero yo no veo la razón por la que no se pueda emitir una señal dirigida a los dos.»

Como una alondra, McLachlan y su colega Brani Igic fueron presentando la llamada del mielero a varios pájaros. «Toda ave a la que hacíamos escuchar el reclamo, respondía», dice McLachlan. «Incluso las grandes aves depredadoras "de baja estofa", como las cucaburras, los cuervos y los currawongs. Todas oteaban el cielo o salían huyendo.»

Así pues, tanto el depredador como la presa captan por igual la idea que encierra el mensaje de la llamada de alarma del mielero: «¡Rapaz a la vista! ¡Huye!». Pero ¿comprenden otras especies las particularidades, la información detallada que aparece codificada en el reclamo de un pájaro? En algunos casos, sí. Rob Magrath y sus colegas descubrieron que el maluro soberbio y los sericornis de cejas blancas que viven en la misma área comprenden todos los matices del significado que hay en las llamadas de alarma de una y otra ave. Las urracas australianas, que pasan mucho tiempo en el suelo, entienden los mensajes codificados de las diferentes llamadas de alarma de los mieleros chillones, que están casi siempre en los árboles. Es lógico que la urraca atienda a las advertencias de pájaros que tienen una perspectiva mejor.

Está claro que los pájaros son unos maestros del fisgoneo, pues están pendientes de las alarmas que emiten otros pájaros.

Lo mismo cabe decir de otros animales. De hecho, un estudio ha demostrado que más de setenta especies de vertebrados escuchan a escondidas las llamadas de alarma: los pájaros las de otros pájaros, los mamíferos las de otros mamíferos, los mamíferos las de los pájaros y los pájaros las de los mamíferos. En Norteamérica, las ardillas listadas y las ardillas rojas captan el significado de las llamadas de alarma aéreas de las aves. A su vez, los carboneros entienden los chillidos de alarma de las ardillas rojas y, como respuesta, buscan refugio. Incluso tres especies de lagartos atienden a las llamadas de alarma de los pájaros. Los cálaos casquigualdos del África Occidental son capaces de distinguir entre las llamadas de alarma del cercopiteco diana alertando de la presencia de un águila o de un leopardo.

¿Significa esto que existe un lenguaje de alarma universal? Si no, ¿cómo puede una especie entender el lenguaje de otra?

«La creencia más arraigada es que todas las llamadas de alarma son desde el punto de vista acústico lo suficientemente similares como para ser innatamente comprendidas por diferentes especies», dice Magrath. Es decir, todas tienen un sonido parecido: agudo, áspero, potente y aterrador, y los pájaros nacen comprendiéndolas. Los corvinos apóstol responden a las llamadas de acoso «foráneas», pero estructuralmente similares, de un pájaro extraño que vive en la otra punta del mundo, la ratona carolinense. Los gorriones pantaneros y los gorriones cantores tienen llamadas de auxilio que suenan igual, y cada uno entiende la llamada del otro, pero no responden al reclamo de auxilio de un gorrión gorjiblanco, que suena distinto. La idea es la siguiente: la selección impuesta por los halcones ha podido dar por resultado la convergencia de una llamada de alarma aérea, una que es aguda y sutil, y difícil de oír y localizar para un halcón. Esto permite que una especie comprenda el reclamo de otra. Las llamadas de acoso también han podido converger en ese sonido similar de baja frecuencia, banda ancha y repetitivo para señalizar a un depredador terrestre o aperchado. Si eso es cierto, resulta fácil entender por qué las especies se escuchan unas a otras.

Pero Rob Magrath no se conforma con esta única explicación. Dice que las llamadas de alarma varían mucho de una especie a otra. Las llamadas de alarma de huida de los mieleros de Nueva Holanda y de los maluros soberbios, por ejemplo, difieren en cuanto a frecuencia, duración y estructura del reclamo y, no obstante, los maluros prestan atención a la alarma. «A lo largo de la historia hemos creído que las llamadas de alarma de las aves eran como los gritos humanos, con una estructura muy ruidosa asociada a una gran emoción destinada a atraer la atención, pero no a transmitir un mensaje específico», dice Magrath. «Había una creencia generalizada —y todavía la hay— en que las llamadas de alarma eran más o menos fáciles de reconocer porque eran parecidas. Sin embargo, una de las primeras cosas que hemos descubierto es que las llamadas de alarma de huida y las de acoso, en realidad, son muy distintas y no son necesariamente reconocidas de forma automática por otras especies.»

Esto llevó a Magrath a la conclusión de que la cognición podía estar involucrada, de que los pájaros tal vez pudieran tener que aprender los reclamos de alarma de otras especies, del mismo modo que tienen que aprender a temer —y acosar— a un depredador desconocido. En el caso de las llamadas de alarma, sería «casi como aprender otra lengua», dice.

¿Hacen eso los pájaros? ¿Aprenden esas llamadas como nosotros aprendemos las palabras de una lengua extranjera? ¿O sencillamente reconocen características o cualidades en los reclamos de otras especies? Para averiguarlo, Magrath y su colega Tom Bennett llevaron a cabo experimentos comparando la respuesta de los maluros soberbios a las llamadas de alarma del mielero chillón en el campus de la Universidad Nacional de Australia, donde abundan los mieleros y, al otro lado de la carretera, en el jardín botánico, donde están ausentes. Cuando el equipo reprodujo las llamadas en el campus, los maluros huyeron a refugiarse. «Y luego cruzamos la carretera, hacia el jardín botánico, para ver qué pasaba allí», dice Magrath. «Estábamos convencidos de que las llamadas de alarma del mielero tendrían el mismo efecto allí porque sonaban un tanto aterradoras.» Pero no lo tuvieron. Los maluros no reaccionaron en absoluto.

Magrath sigue sorprendido por los resultados. «Si salgo de mi puerta aquí en el campus y les pongo una grabación a los maluros, entienden lo que está pasando y huyen. Y si ando cinco minutos por la carretera para cruzar al jardín botánico y pongo la grabación, los maluros no responden. Para mí esto es de lo más asombroso. Significa que los maluros no responden a llamadas de alarma desconocidas hasta que aprenden que significan peligro, es decir, hasta que aprenden el nuevo lenguaje.»

El aprendizaje, más que una estructura acústica familiar, es lo que determina la respuesta de un pájaro. «Las aves aprenden a quién deben prestar atención», dice Magrath. «Y esto tiene lugar a una escala espacial asombrosamente fina.» (Su artículo se titula «Una microgeografía del miedo».) «Esta clase de flexibilidad es extremadamente valiosa en un mundo cambiante en el que los individuos pueden verse expuestos a nuevas especies», dice: nuevos depredadores y también nuevos informadores. «Reconocer las llamadas de alarma de gran cantidad de especies es como comprender múltiples lenguas extranjeras.»

¿Pueden los pájaros aprender a asociar un sonido nuevo y desconocido con el peligro, como si fuera una palabra o frase inventada? Magrath ideó un experimento para enseñar a los maluros soberbios salvajes a asociar un sonido nuevo con la presencia de una amenaza. La idea era simple: adiestrar a los maluros transmitiéndoles un sonido desconocido mientras se arroja sobre ellos una maqueta planeadora de un depredador, una fiel imitación de esponja de un currawong o de un gavilán común. Luego, después del entrenamiento, se reproduce ese mismo sonido para ver si los pájaros huyen. Parece fácil.

No lo es. El adiestramiento fue asignado a los alumnos que Magrath tenía en ese momento: Jessica McLachlan y Brani Igic. El montaje era sencillo. Igic se escondería entre los arbustos con el planeador del depredador y esperaría. McLachlan, equipada con el sistema de reproducción alrededor de la cintura, estaría atenta a los pájaros y, cuando apareciera un maluro, le haría una señal a Igic para que lanzara el planeador y, simultáneamente, reproduciría las llamadas grabadas.

El problema fue que los pájaros se mostraron recelosos. «Pasamos horas esperando a que aparecieran, a que se presentaran», recuerda Igic. Y aparte de eso, las circunstancias debían ser perfectas: los maluros tenían que volar por un espacio abierto, Igic tenía que adoptar la postura necesaria para lanzar el planeador por encima del pajarito. «Y, por supuesto, cuando lanzas un planeador, no siempre planea derecho», dice Igic. «A veces choca contra un árbol. Además, al lanzar esas cosas, asustas a los pájaros y, al cabo de un rato, se vuelven cada vez más recelosos y no salen demasiado al espacio abierto.»

«Estábamos en el jardín botánico desde que salía el sol hasta que se ponía», dice Igic. «A veces teníamos que esperar ocho horas a que apareciera un pájaro, y luego la oportunidad se presentaba tan deprisa que nos la perdíamos. Era un experimento sencillo, pero muy difícil de llevar a la práctica. Definitivamente, fue el peor trabajo de campo que he hecho en mi vida.»

Se trata de un buen ejemplo de las dificultades extremas que los científicos afrontan al estudiar la conducta de las aves en estado salvaje. «Es comprensible que la gente que quiere aprender lo haga en cajas con ratas y palomas», dice Magrath, «porque puedes tenerlo todo bajo control. Se puede controlar la experiencia del pájaro. El ave no tiene más remedio que quedarse allí. No puede esconderse entre los arbustos. Hacer trabajo de campo es mucho más difícil, aun cuando los planteamientos sean muy sencillos.»

Este trabajo tan extenuante tuvo sus compensaciones. Igic y McLachlan consiguieron repetir el proceso de entrenamiento —arrojar el planeador mientras reproducían el sonido— ocho veces con diez maluros, los cuales lograron dominar el nuevo vocabulario en tan sólo dos días. Magrath dice: «Recuerdo que Jess y Brani irrumpieron por la puerta diciendo: "¡Ha funcionado!"». Antes del adiestramiento los maluros ignoraban el nuevo sonido, pero después del entrenamiento huían en busca de refugio con tan sólo oír la grabación del nuevo sonido de alarma, incluso sin la presencia de la maqueta del gavilán.

Los pájaros salvajes han conseguido aprender un nuevo lenguaje.

Es lógico que los pájaros aprendan rápidamente y sean capaces de extraer las enseñanzas de una sola experiencia, en especial, si entra en juego el peligro. No se pueden permitir olvidar lo aprendido. Tal y como han observado áridamente los ecologistas conductistas: «Pocos fallos... son tan imperdonables como no saber evitar a un depredador: ser cazado reduce drásticamente la futura aptitud física».

Los mirlos de Eberhard Curio nos han enseñado que los pájaros no saben necesariamente de manera innata a qué depredadores han de temer. Aprenden tanto de la experiencia directa como del aprendizaje social. Para estudiar cómo las aves se ilustran acerca de los depredadores, el biólogo Blake Carlton Jones hizo un experimento para ver si un pájaro puede aprender cosas sobre una amenaza nueva tras un solo encuentro. Su «depredador» era un ave paragüero con unos grandes ojos amarillos. Al principio, los pájaros no mostraron el menor interés ni dieron la voz de alarma. Pero después de que el paragüero cazó una sola vez a los pájaros en cinco segundos, seguían recordando el encuentro incluso al cabo de cuatro años, y cada vez que aparecía un paragüero, huían despavoridos. No hizo falta repetir la lección.

Más recientemente, Magrath ha descubierto que los maluros son capaces de aprender llamadas de alarma desconocidas de otras especies sólo escuchando y haciendo asociaciones entre dos sonidos. Éste es un buen ejemplo de aprendizaje social —como el experimento de acoso de Curio—, es decir, de aprendizaje de otros pájaros más que a través de la experiencia directa. Magrath entrenó a los pájaros transmitiéndoles nuevos sonidos junto con un coro de las conocidas llamadas de alarma de los maluros y otras especies. Antes del adiestramiento, los pájaros no huían de los nuevos sonidos, pero después sí lo hacían. Ni siquiera necesitaban ver al propio depredador ni a otros pájaros rehuyéndolo. Bastaba con la asociación de sonidos.

«¡Lo cual significa que, en teoría, podrían aprender con los ojos cerrados!», dice Magrath. «Me gusta la idea de que pudieran hacerlo solamente mediante la acústica, porque eso es lo que hacen también los observadores de pájaros: "observar" sólo escuchando.»

Aprender a través de la asociación de sonidos ayuda a los pájaros en la tarea extraordinariamente compleja de cribar el mundo acústico en busca de indicios de peligro. «Imagínate en una selva tropical, donde puedes oír la llamada de alarma, pero lo más probable es que no veas al depredador, que es rápido y esquivo y puede estar sobre ti antes de que te des cuenta», dice Magrath. «Mediante el aprendizaje, un pájaro puede potencialmente utilizar una variedad de llamadas de alarma procedentes de la comunidad ornitológica local, sacando así provecho de una red de información vital. Aprender socialmente, aprender de otros, les ahorra a los pájaros el riesgo de la experiencia personal directa.» También permite que el conocimiento —y la presencia de informadores— se propague.

McLachlan lleva todo el tiempo el micrófono encendido cuando está en el campo; así tiene la oportunidad de grabar las llamadas de alarma allá donde se produzcan. «Son tan impredecibles...», dice. «No sé cuándo van a pasar volando, de modo que necesito que el micrófono esté grabando todo el rato.» El inconveniente de esto, añade, es que también se graban las vocalizaciones de ella. Decidió sacar provecho de esto y hacer un pequeño experimento con los de su especie, los miembros de su familia. Seleccionó una serie de grabaciones que capturaban sus propias reacciones vocales ante algunas cosas del jardín que le sorprendían, para ver qué información extraían los miembros de su familia de sus propias llamadas de alarma vocales.

«Durante un experimento de reproducción, noté que tenía algo en la falda», recuerda McLachlan. «Pero como mis ojos estaban puestos en la cámara, me dije a mí misma: "Estoy filmando una llamada de alarma; no importa lo que tenga en la falda". Y entonces ese algo se movió un poco. Pero yo estaba segura de que sería una hoja o algo parecido, y me dije: "No pasa nada, no te preocupes". Y luego, cuando terminé de filmar la película, miré hacia abajo y vi que era una araña cangrejo y estaba trepando por mi pecho. Según la grabación, grité: "Aaaaaaahh", y me gustaría poder decir que es inexacto, pero está en la cinta.»

La araña cangrejo o de la madera es una araña peluda, aterradora y enorme, con una distancia entre sus patas de 13 centímetros, una auténtica pesadilla para un aracnófobo. Pero al menos su veneno no es muy peligroso.

No se puede decir lo mismo de la serpiente marrón oriental, que McLachlan estuvo a punto de pisar. Según la revista *Australian Geographic*, esta serpiente «se mueve muy deprisa, es agresiva, conocida por su mal carácter y responsable de más muertes al año en Australia que ninguna otra serpiente». Su veneno está clasificado como el segundo más tóxico de todas las serpientes terrestres del mundo, provoca una parálisis progresiva e impide que la sangre se coagule. Sus víctimas pueden desmayarse y morir en pocos minutos.

«Estuve a punto de pisar una mientras filmaba», dice McLachlan, «y pensé que esa grabación sería muy entretenida para mandársela a mi familia. Sé lo que dije (perdón por mi lenguaje): "¡Su puta madre!". Creí que lo había dicho en un tono relativamente frío. Pero luego me puse otra vez la grabación y sonaba más bien así: "¡Su puuuuuta maaaaadre!".»

McLachlan envió las grabaciones de sus expresiones vocales de alarma a los miembros de su familia y les preguntó por la información que extraían de esas llamadas de alarma. «¿Me podéis decir la categoría de la amenaza? ¿Qué tipo de animal? ¿Está en el aire o en el suelo? ¿A qué distancia se encuentra de mí? ¿A qué velocidad se mueve?»

La única conclusión que sacaron fue que ella había pasado miedo.

«Tenemos un lenguaje realmente complejo para expresar conceptos sumamente detallados», dice McLachlan. «Pero cuando expresamos urgentemente el peligro, no usamos palabras que ayuden a describir qué es, dónde está, a qué distancia se encuentra... nada que sea práctico.»

Que los pájaros puedan incluir tanta información en sus llamadas —qué tipo de depredador, si está aperchado o en pleno vuelo, si se encuentra cerca o lejos, a qué velocidad se acerca, cuán peligroso es— tal vez no debería sorprendernos demasiado.

Durante milenios, los humanos han utilizado lenguajes que solamente consistían en silbidos para organizar, discutir, cotillear o incluso «ligar» a distancia. Pensamos en los silbidos como una manera de llamar la atención o de seguir una melodía, pero no los consideramos capaces de transmitir mucho significado. Sin embargo, basta con ir a Antia, en Grecia, a las faldas del Himalaya, a las islas Canarias, al estrecho de Bering, al valle de Omo, en Etiopía, al Amazonas brasileño y a muchos otros lugares remotos, para escuchar numerosos gorjeantes silbidos humanos, crípticos trinos y duetos aflautados, conversaciones enteras a base de silbidos cantarines, muy parecidos a los sonidos que hacen los pájaros que se comunican con todas las sutilezas y los matices del habla humana.

Julien Meyer, de la Universidad de Grenoble, en Francia, lleva décadas estudiando los lenguajes por medio de silbidos y ha identificado nada menos que setenta grupos que utilizan ese lenguaje, sobre todo en áreas montañosas con terrenos muy escarpados o en bosques con una vegetación muy tupida. Los silbadores emiten sus sonidos de diferentes maneras, dice; unas veces, ahuecando las manos delante de la boca y formando una cavidad resonante, o bien girando la punta de la lengua contra los dientes de abajo, o metiéndose dos dedos en la boca, o también sosteniendo una hoja entre los labios. En todos los casos, el resultado es una melodía que imita las sílabas del habla común. Un sonido silbado viaja unas diez veces más lejos que las palabras habladas, hasta ocho kilómetros en espacios abiertos, y puede penetrar en el denso follaje de la selva tropical, por lo que resulta útil para el pastor en las montañas, para el cazador en el bosque y para el granjero en un abrupto barranco. En las islas Canarias, la forma silbada del español hablado se conoce como «silbo», y los trinos que los pastores emplean para conversar de un lado a otro de los barrancos se asemeja mucho al canto de los mirlos locales. En la pequeña ciudad turca de Kusköy, el lenguaje silbado local se llama *kus dili*, que significa «la lengua de los pájaros».

Todos estos lenguajes silbados están basados en los elementos de la lengua hablada. En algunos, las «vocales» pueden estar representadas por diferentes tipos de resonancia en el tracto vocal, con el resultado de unas notas diferentes, y las «consonantes» por repentinos saltos o deslizamientos de una nota a la siguiente. Una serie de cinco sílabas en turco, griego o español se convierte en cinco silbidos diferentes hechos con los dientes, la lengua y los dedos. Un silbador experimentado es capaz de descifrar una «frase» de piadas, gorjeos y trinos con un 90 % de precisión en las frases sencillas, más o menos lo mismo que en la lengua hablada. Estos lenguajes se utilizan para organizar actividades cotidianas, para anunciar una emergencia o para transmitir noticias o secretos o información privada, dice Meyer. En algunas zonas del Sudeste Asiático se usa para transmitir poemas de amor.

Nadie sabe cómo empezaron estas lenguas silbadas. En Grecia, una teoría sostiene que los silbadores se apostaban como centinelas en la cima de las montañas para poder avisar de una invasión o un ataque inminentes.

¿Les resulta familiar?

Si los humanos son capaces de codificar todos esos mensajes específicos en los silbidos, ¿por qué no habrían de serlo los pájaros? La complejidad que hasta ahora hemos descifrado en las llamadas de alarma de las aves hace que me pregunte qué más nos estamos perdiendo. Los científicos que estudian las llamadas de los pájaros también se hacen esta pregunta. Las principales herramientas de investigación para analizar los reclamos son, en palabras de los expertos en vocalización ornitológica del Laboratorio de Ornitología Cornell, «relativamente burdas para representar sonidos y sólo muestran unas características seleccionadas de esta forma extremadamente rica de comunicación».

¿Qué oyen realmente los pájaros? ¿Y a qué atienden? Nosotros no procesamos el sonido tan deprisa como los pájaros. Se les da mucho mejor que a nosotros distinguir pequeñísimas diferencias y rápidos cambios que se producen en la estructura de cantos acústicamente complejos: minúsculos cambios y diferencias en las cualidades de un sonido que son inaudibles para nosotros. Son capaces de detectar distintas fuentes de sonido mucho más rápidamente que nosotros, así como de procesar muchas más notas en un período de tiempo determinado. La manera en que interpretamos y clasificamos las vocalizaciones de los pájaros puede guardar poca semejanza con la manera en que las oyen y utilizan los pájaros.

McLachlan se pregunta cómo clasificarán los pájaros las distintas amenazas. ¿Es realmente todo una simple cuestión de depredadores aéreos frente a depredadores de suelo o aperchados? ¿O podría contar también la velocidad o el ángulo de aproximación del depredador? «Cuando una cucaburra vuela hacia abajo para escarbar algo en el suelo, las posibles presas emiten llamadas de alarma aéreas», señala, «pero cuando vuelve arriba volando mucho más despacio, cambian a las llamadas de acoso. La cucaburra sigue en pleno vuelo, pero tanto su velocidad como su ángulo han cambiado.»

Rob Magrath ha descubierto que puede provocar que los maluros profieran llamadas de alarma si él va muy deprisa en bicicleta a su lado. «Una vez más, sería la velocidad a lo que prestan atención», dice McLachlan. También ella ha provocado reclamos de alarma aérea encendiendo y apagando rápidamente una linterna por la noche.

A McLachlan le resulta fascinante una intrigante obra nueva que sugiere que las aves canoras poseen una habilidad parecida al lenguaje para combinar vocalizaciones y crear un significado más complejo. «Ahí es donde realmente podemos hacernos una idea de lo que ocurre dentro de la cabeza de un pájaro», dice.

Durante mucho tiempo hemos pensado en el lenguaje como un indicador de la singularidad humana, el rasgo más importante que nos separa de otros animales. Y es cierto: ninguna otra criatura aparte de los humanos puede valerse de una selección limitada de componentes —más de diez mil palabras para la mayoría de los adultos— y disponerlos en un amplio abanico de combinaciones, cada una de ellas con un significado preciso. Pero la ciencia está encontrando cada vez más paralelismos entre el habla y las vocalizaciones de los pájaros, así como unas cualidades similares al lenguaje en los cantos y reclamos de las aves.

Las llamadas de alarma son un ejemplo excelente. No sólo son funcionalmente referenciales —al funcionar como palabras, describen las características de un objeto—, sino que, según algunos estudios recientes, también pueden presentar algunos rasgos lingüísticos clave del lenguaje humano, como por ejemplo la sintaxis compositiva, la serie de reglas para formar y combinar el sonido y las palabras con el fin de crear frases y locuciones con un significado. En el lenguaje es importante cómo ordenamos las palabras y cómo las combinamos para formar mensajes más complejos. En inglés, *watch out* tiene sentido; *out watch* no lo tiene.

Creíamos que sólo los humanos utilizaban la sintaxis de esta manera. Sin embargo, Toshitaka Suzuki ha descubierto que los carboneros chinos, al parecer, utilizan este tipo de reglas lingüísticas en sus llamadas de alarma. Los carboneros tienen un repertorio de once notas diferentes, que utilizan solas o en combinación con otras notas, dando por resultado más de 175 tipos de llamada, a las cuales los carboneros que las oyen responden en consecuencia. Una llamada «ABC» aparece para avisar a otros carboneros chinos de que busquen a depredadores. Una llamada «D» (como el *dii* del herrerillo) insta a otros pájaros a venir hacia aquí. Las aves se unen a estos dos reclamos formando una llamada «ABCD» cuando están reclutando a otros carboneros para acosar colectivamente a un depredador estacionario, como por ejemplo una marta. «Los carboneros combinan diferentes señales significativas para generar un mensaje complejo, que depende del significado de los elementos y de la manera en que éstos estén combinados», dice

Suzuki. Si se altera el orden de las llamadas, su significado cambia.

Hay otros pájaros que asimismo pueden tener habilidades de tipo lingüístico. Los turdoides bicolor poseen la misma habilidad que los carboneros chinos para combinar señales significativas y formar así una secuencia igualmente cargada de significado. Estos pájaros sumamente sociables del sur de África se pasan la vida sondeando las arenas del desierto en busca de invertebrados ocultos. La mayor parte del tiempo están boca abajo y tienen que fiarse mucho de una serie de vocalizaciones —llamadas de alarma, de centinela, de reclutamiento y otros reclamos sociales— para estar al tanto de lo que pasa a su alrededor. Sabrina Engesser, una bióloga evolutiva que estudia la comunicación entre los pájaros, ha descubierto que cuando los turdoides encuentran a un depredador terrestre, combinan su distintiva llamada de «amenaza poco urgente» con su llamada de reclutamiento para formar una secuencia de acoso que reúna a miembros del grupo para esa situación potencialmente peligrosa. Si aparece una rapaz grande que requiere acoso, como por ejemplo un águila, entonces combinan una llamada de alarma aérea con una de reclutamiento. Los turdoides jóvenes combinan reclamos de súplica con llamadas de reclutamiento cuando están fuera forrajeando con otros pájaros que les ayudan a procurarse alimento. Si se cambia el orden de las llamadas, los turdoides no responderán. Los pájaros asocian las distintas llamadas (las de alarma o las de súplica) con una orden, como hacemos nosotros, por ejemplo, al advertir: «¡Peligro! ¡Ven aquí!». «Perciben estas complejas señales como unas estructuras compuestas por señales diferenciadas», dice Engesser, «las cuales, cuando se combinan, codifican un mensaje que va más allá del significado de sus componentes aislados.»

Engesser y sus colegas han descubierto también que los charlatanes de corona castaña, una especie que cría en cooperación hallada en el sudeste de Australia, combinan sonidos sin significado alguno para crear llamadas significativas. En términos lingüísticos, esto sería como usar fonemas para crear palabras con un significado: por ejemplo, «a» y «l» aisladas no significan nada, pero pueden ser combinadas para formar «al» y «ala». «Lo que hacen estos pájaros es parecido, en un sentido muy rudimentario, a crear palabras», dice Engesser. «Lo que hacen los turdoides bicolor y los carboneros chinos se parece más a la creación de una frase breve o de una locución.»

Con arreglo a Suzuki, los carboneros chinos son incluso capaces de utilizar reglas gramaticales para descifrar nuevas combinaciones de llamadas. Suzuki creó un reclamo que estos pájaros no habían oído nunca con anterioridad: una secuencia artificial que combinaba su propia llamada de alerta ABC con la llamada de reclutamiento *tee* de otra especie, un carbonero montano. Cuando reprodujo las llamadas combinadas, los carboneros chinos descifraron el significado de la combinación ABC-*tee*, pero no cuando la reprodujo a la inversa. Esto lleva a pensar que los pájaros no están sólo memorizando señales complejas, sino más bien aplicando una regla generalizada del orden gramatical para descodificar mensajes.

No todo el mundo se traga la idea de que las vocalizaciones de las aves presentan el tipo de composición que encontramos en el lenguaje humano. Como argumentan muchos lingüistas, todos los casos conocidos de sintaxis en los pájaros implican combinaciones de tan sólo dos llamadas significativas, mientras que el lenguaje humano puede combinar diferentes palabras para formar un número infinito de expresiones. Aun así, como dice Suzuki, su estudio más reciente sugiere un interesante paralelismo con la habilidad gramatical del lenguaje humano y puede arrojar luz sobre la evolución del mismo.

Puede haber otras maneras en que la utilización del reclamo y del canto por parte de un pájaro refleje nuestro propio empleo del lenguaje y revele inteligencia; por ejemplo, su poderosa capacidad para engañar y manipular. Tal como dijo en una ocasión un psicólogo: «La verdad sale de manera natural, pero mentir requiere esfuerzo y una mente aguda y flexible».

3

Una soberbia imitación

El bosque huele a frío, a humedad y a vegetación. Bajo la sombra de los gigantescos eucaliptos, el sendero está repleto de helechos águila de escasa altura y de vetustos helechos arborescentes de casi dos metros de altura, y el suelo se encuentra embarrado por los arroyos que fluyen por él. Este camino, el Myrtle Gully Circuit o Circuito del Barranco de los Mirtos, se halla en las profundidades de la selva tropical de Toolangi, al sudeste de Australia, un lugar primigenio con imponentes hayas mirto y serbales. Entre los árboles de hoja caduca más altos del mundo, el serbal es también conocido por su característica corteza, que crece fibrosa en la base, pero a los nueve metros de altura se convierte en una suave superficie jaspeada de un pálido color crema y gris, y luego en unas serpentinas de corteza muerta que caen desde el alto dosel vegetal. En el sotobosque, al pie del dosel, el aire está húmedo y en calma, y la luz tiene un tono casi esmeralda. Un fuerte gorjeo entrecortado recorre los eucaliptos. Mi guía y amigo, Andrew Skeoch, lo identifica al instante como un mielero, un picoespina oriental. A continuación, los metálicos reclamos *eyip!* y *chok-chip* del mielero alafuego o pájaro azul lunado, y los suaves *churrs* de una acantiza parda.

Andrew conoce esas llamadas. Experto en grabaciones sonoras de la vida salvaje, lleva capturando los sonidos de la naturaleza desde 1993. En Toolangi fue donde hizo una de sus primeras grabaciones. Desde entonces las ha hecho por todo el mundo, en la India, en Turquía, en Tailandia, en Suecia y en Malasia. Algunos registradores de sonido tienen por objetivo capturar los cantos y reclamos emblemáticos de una sola especie. Andrew aspira a captar la singularidad acústica de todo un hábitat. «Hay tanto que oír...», dice. «Sólo con el oído puedes reconocer qué especies hay a tu alrededor, qué están haciendo, sus interacciones. Puedes escuchar el proceso real de un ecosistema.» Aquí el sonido es líquido y tintineante, y por doquier resuenan los trinos, pitidos, gorjeos y silbidos de los pájaros.

En esta expedición, sin embargo, estamos buscando una especie singular, el ave lira soberbia, la principal ave canora de Australia. Este barranco de helechos es el hábitat ideal, pero se trata de un pájaro tímido y esquivo. Prestamos mucha atención. Al abrigo de esta selva tropical se oyen cosas antes de verlas: el estridente *kling* de un verdugo cenizo y el *chak chak* de un papagayo australiano. Un perico elegante o rosella roja vuela por el subdosel profiriendo su áspero *klii-klii-klii.* Se posa en un robusto eucalipto y pasa a emitir un estridente reclamo parecido a un campanilleo, *po-ti-po...* «similar a lo que reconocemos como el intervalo musical de quinta», dice Andrew, de do a sol a do. La fuerte y aguda llamada del diminuto corretroncos gorjiblanco me recuerda al audaz sonido de nuestras ratonas carolinenses.

Luego, algo atraviesa el silencioso verdor. Un lejano *pssiu, pssiu,* seguido de un torrente de sonidos extraños, maravillosos e inquietantes.

Andrew levanta un dedo. «Ahí está.» El lejano canto de un ave lira, sin duda una de las voces más extraordinarias del reino animal.

El ave lira soberbia parece un pájaro modesto, de color marrón cobrizo y similar a un faisán, hasta que levanta la cola o abre la garganta. Las espectaculares plumas de la cola en forma de lira —dos largas plumas exteriores en curva formando los brazos, y una serie de alas blancas filamentosas, las cuerdas— han dado al ave su nombre vulgar. Pero su voz es lo que la convierte en verdaderamente soberbia. El ave lira canta como ninguna otra ave, una fantástica combinación de sus propios reclamos y cantos y docenas de sonidos perfectamente reproducidos, excelentes imitaciones de voces de otros pájaros del bosque, desde el explosivo «latigazo» de la zordala crestada oriental hasta el estridente *pii-o* del picanzo gris, desde los entrecortados chirridos de la cacatúa gang-gang hasta el argentinamente suave canto de la acantiza piloto.

«Curiosamente, el ave lira no imita a algunos de sus más comunes vecinos, como los picoespina», dice Andrew. Pero en cambio sí imita fielmente incluso el ronco zumbido del minúsculo sericornis de cejas blancas y los apremiantes gorjeos de la pequeña acantiza parda... pájaros que son setenta veces más pequeños que ella.

El enfangado sendero se estrecha cuando asciende suavemente hacia la cresta, hasta que los helechos nos rozan por los dos lados. Por fortuna ha terminado la época de las sanguijuelas. En el húmedo suelo de la selva, cada rama y cada tronco caídos están cubiertos de musgo, hepáticas y hongos. Incluso los troncos de los árboles vivos se ablandan con su piel de musgo epifítico conocido como «la barba de un anciano».

A lo largo de todo el camino hay prometedoras señales de una actividad reciente del ave lira, escarbaduras en el suelo y en la hojarasca donde este pájaro tan grande ha estado forrajeando insectos, gusanos y larvas con sus poderosos pies oscuros. Está sobre una pata, raspando el suelo con la otra y sin mover nada la cabeza. En esta postura, las aves lira pueden remover toneladas de tierra y residuos en un solo año.

Andrew me cuenta que en estas pendientes han sido grabados machos cantores a intervalos regulares, cada ciento veinte metros aproximadamente. Pero eso ocurre en plena temporada de cría, en junio y julio. Ahora estamos a mediados de agosto, a finales del invierno australiano. «Si hubiéramos estado aquí hace uno o dos meses, tendríamos los tímpanos destrozados», dice. El canto del ave lira puede ser extremadamente fuerte e incluso doloroso si se oye a menos de diez metros.

Andrew se detiene de nuevo. «Creo que acabo de oír a una imitando a la cacatúa fúnebre coliamarilla. Ese espeluznante chillido, *kii-ou, kii-ou.* A no ser que sea de verdad una cacatúa.»

Se queda quieto.

«¡En efecto, es una cacatúa!», dice, y señala eufórico hacia el cercano subdosel, cuando el gran pájaro negro al que John Gould llamó «cacatúa fúnebre» pasa revoloteando perezosamente y lanzando destellos desde su cola salpicada de brillantes tonos amarillos.

Oímos a otra ave lira cantando desde lejos, al otro lado del arroyo, a una distancia de unos ochocientos metros o más. Parece como si las aves lira estuvieran burlándose de nosotros, permaneciendo a unos pocos pasos por delante o viéndonos pasar desde un manto de helechos, siempre fuera de la vista.

Para cuando alcanzamos lo alto de la cima, ya se nos ha hecho tarde. Tenemos la opción de tomar la senda serpenteante que va cuesta abajo, más fácil de recorrer y más seca, pero Andrew cree que tendremos más posibilidades de ver a esta ave furtiva si regresamos por donde hemos venido, atravesando el barro. Me muestro conforme de mala gana y nos ponemos a caminar penosamente por el sendero. No lejos de allí, Andrew y su compañera, Sarah, habían encontrado una vez un ave lira hembra colgando boca abajo de una rama con un dedo atrapado en una viña. Andrew se quitó la camisa y envolvió con ella al ave para sujetarla, mientras Sarah le desenredaba el dedo. «Los ojos del ave estuvieron clavados en mí todo el tiempo», recuerda Andrew. «En cuanto la bajé y sus pies tocaron el suelo, desapareció. Es posible que aquel rescate nos traiga suerte hoy.»

Es posible. Pero yo estoy perdiendo toda esperanza. El lodo me está empapando las botas y los pantalones vaqueros, y la luz vespertina va desvaneciéndose. La noche se instala deprisa en la selva tropical, cae como una cortina. Aún nos queda mucho camino por recorrer.

Paramos a beber agua.

Entonces de repente la oímos. Un canto que es como un poderoso estallido suena a menos de treinta metros de donde nos encontramos. Nos quedamos paralizados escuchando. La suya es una interpretación gloriosa, atronadora, resonante, con una espléndida cascada de melodías que mezclan las notas naturales del pájaro con cantos y reclamos robados. Andrew va susurrando las especies. Zordala crestada oriental. Rosella. Verdugo cenizo. Acantiza piloto. Verdugo pío. Me alegro de que esté conmigo traduciéndomelo. Nunca me había emocionado tanto con el canto de un ave; era tan fluido, tan puro, tan orquestal, tan cargado de «préstamos», que daba la impresión de que todos los cantos de la selva tropical salieran de una sola garganta. Ahora entiendo por qué a esta ave la llaman la madre de todas las aves canoras.

Nos acercamos sigilosamente, y llegamos justo a tiempo de vislumbrar la liviana y resplandecientemente blanca cola del ave lira. Luego se marcha con su maravilloso canto operístico.

Bajamos rápidamente por el bosque cuando ya casi ha anochecido, y en mi cabeza se agolpan un montón de preguntas. ¿Imita el ave lira sólo algunos cantos y no otros? ¿Qué tipo de inteligencia requiere la imitación? ¿Y una imitación soberbia? ¿Y a santo de qué va a molestarse un pájaro en imitar las voces de tantos otros?

Para indagar estas cuestiones visité a Ana Dalziell, una experta en aves lira y en la imitación ornitológica, que ahora trabaja en la Universidad de Wollongong, en Nueva Gales del Sur. Dalziell ha estudiado más que cualquier otro científico las complejas y sofisticadas vocalizaciones del ave lira, incluida la desconcertante propensión a imitar llamadas de alarma mientras está apareándose. Su investigación ahonda en un profundo misterio del habla de los pájaros: la naturaleza y el propósito de la imitación y cómo pueden las aves utilizarla en su propio provecho, tal vez, para manipular y engañar a otros.

Hasta hace bien poco creíamos que los humanos éramos los únicos capaces de engañar y mentir. Sabemos que se nos da bien. Recientemente, unos investigadores han estudiado la omnipresencia de la mentira en la vida cotidiana de Estados Unidos y han descubierto que el promedio de mentiras contadas al día es de una o dos. A mí me parece poco. Y puede que lo sea, porque se trata de autoinformes, lo que suscita la cuestión muy real de si la gente cuenta la verdad sobre lo que miente. De todos modos, la mayor parte de la gente parece que opta por la sinceridad y sólo recurre al engaño cuando cree que debe hacerlo. Esto probablemente se deba a que para la mayoría de nosotros mentir es un trabajo mental que requiere mucho esfuerzo.

Ésta es una de las razones por las que creíamos que otros animales eran incapaces de mentir. La mentira es una conducta compleja, dice el biólogo Robert Sapolsky. Cuando mientes, sabes que tu mensaje es falso y que el destinatario de la mentira se va a creer tu falsedad. Esto significa que supones que tus creencias difieren de las suyas, que los otros tienen una mente con unos conocimientos que difieren de los tuyos: una capacidad conocida como «teoría de la mente». Mentir asimismo requiere un esfuerzo significativo por parte de los procesos ejecutivos del cerebro: la atención, la planificación, la inhibición y la memoria funcional. Requiere una estrategia consciente y sofisticada cuya complejidad se refleja en los pequeños gestos con que nuestros músculos faciales, inervados como están de un gran número de neuronas, tan a menudo nos traicionan. Como la mayoría de las actividades mentalmente arduas, sin embargo, con la práctica resulta cada vez más fácil.

Cuando los científicos que estudiaban el engaño en los primates compararon diferentes especies de monos y simios, encontraron una correlación directa entre la astucia y el tamaño del cerebro. Primates con más neocorteza, como los chimpancés, tienen más probabilidades de llevar a cabo acciones de engaño. Recordemos al famoso chimpancé Santino de un parque zoológico sueco, que apilaba piedras para tirar a los visitantes cuando estaba de mal humor. Cuando los trabajadores del zoo cayeron en la cuenta del ardid, eliminaron cientos de escondites y pidieron a los visitantes que se apartaran cuando vieran que Santino sostenía un proyectil. El chimpancé, por su parte, aprendió a ocultar sus escondites de piedras en montones de heno y palitos y a disimular sus manifestaciones agresivas, que eran signos reveladores de una amenaza inminente.

Los pájaros figuran entre los mentirosos más dotados de la naturaleza y son capaces precisamente de este tipo de engaño matizado, dice Dalziell. El mundo ornitológico está lleno de faroles, farsas, simulacros y juegos de trileros. Algunos pájaros que están criando, como los frailecillos silbadores, fingen tener un ala rota para alejar del nido a los depredadores, revoloteando erráticamente y haciendo intentos convulsivos de correr, saltar o volar. Otros pájaros distraen a los depredadores corriendo agachados como si fueran pequeños roedores. Y otros, como la codorniz, fingen estar muertos para engañar a sus perseguidores. Las aves que esconden su comida, como las charas californianas, cambian varias veces los escondites cuando saben que están siendo observadas por otra chara; llevan la comida a otros sitios o incluso hacen como que la van a cambiar de sitio, pero en realidad la entierran, un juego de trileros destinado a confundir al observador. Todos ellos son ejemplos de engaño físico.

Pero ¿pueden los pájaros utilizar sus voces y sus imitaciones para engañar? ¿Y con qué fin? ¿Puede un ave lira mentir?

En una fría mañana de agosto, viajo en tren desde Sídney hacia el oeste para encontrarme con Dalziell y visitar sus áreas de investigación en las Montañas Azules de Australia oriental. Es un día despejado de finales de invierno y sopla un aire muy fuerte, casi un vendaval. Desde el tren veo bandadas de cacatúas de moño amarillo revoloteando por encima del campo y cacatúas Galah suspendidas en el aire como pequeñas puestas de sol perpetuas. Nada más pasar las llanuras de Emu, se levanta una pared de verde vegetación, el acantilado oriental de las Montañas Azules. Dalziell me recoge con su Land Cruiser y nos dirigimos a su centro de investigación, en un valle encajonado entre montañas. Me advierte de que las aves lira macho tienden a estar calladas y a ser reservadas desde agosto hasta bien entrado septiembre, después de haberse pasado desde mayo hasta julio cantando, y que ahora están ocupadas en desarrollar una cola nueva para la siguiente temporada de cría. Pero está encantada de hablarme sobre su naturaleza y de enseñarme su hábitat, «bastante espectacular», en las cárcavas de helechos y en los arbolados desfiladeros de piedra arenisca de las Montañas Azules.

«Bastante espectacular» se queda corto, pues estas viejas montañas están desmoronándose y dejando impresionantes formaciones rocosas, tríadas de pilares de arenisca que destacan entre el denso y casi fluorescente verde del bosque, y abruptos acantilados que resguardan pequeñas manchas de pluviselva templada en el valle de abajo. El lugar donde estudia Dalziell está tan alejado de todo, que hasta hace poco no se ha descubierto cerca de allí una rara especie de árbol, el pino Wollemi. Es un hábitat excelente para el ave lira: frío y húmedo, con arroyos que cruzan el bosque y abundante comida.

Dalziell se siente molesta por el viento que aúlla a nuestro alrededor. «Tenemos mala suerte», dice inquieta. Supongo que le preocupa que el vendaval mantenga a las aves lira escondidas. «Eso también», dice. «Pero sobre todo me preocupo porque hay un largo historial de gente que muere por culpa de los árboles que se caen en estos bosques. Son unos de los árboles más altos del continente y pierden sus ramas igual que los árboles de Norteamérica pierden sus hojas. Por aquí a los eucaliptos los llaman "generadores de viudas".»

En el paso de Kedumba atravesamos una puerta que estaba cerrada y nos internamos en un territorio más remoto y restringido. Dalziell viaja con una radio y un sistema de radiobalizas de localización de siniestros (RLS). Envía un texto al guarda del parque para que sepa exactamente dónde estamos.

Vamos serpenteando al pie de un acantilado muy escarpado que se alza a nuestra izquierda, mientras el viento azota los eucaliptos. Después de una curva cerrada, el viento de repente se calma; luego, tras otra curva en la carretera, arrecia de nuevo con más fuerza que nunca. Ha sido un año duro para las aves lira, me cuenta Dalziell, extrañamente caluroso y con frecuentes incendios de mucha intensidad. Aquí el ecosistema está bien adaptado al fuego, pero ahora están declarándose con mayor frecuencia enormes incendios de los que normalmente sólo se producen una vez en cada generación. Nada más mudarse Dalziell a la ciudad de Winmalee, a principios de la primavera, un gran incendio alimentado por la grave sequía y unos cálidos vientos huracanados barrieron toda la zona y estuvieron a punto de tragarse su casa. Está preocupada por las aves lira a la vista del cambio climático, sobre todo por el calor extremo y los incendios que se producen durante el invierno, que es cuando crían. Los pájaros sobreviven a los incendios metiéndose en las madrigueras de los tejones australianos o zambulléndose en el agua. Circulan anécdotas de gente que huye del fuego buscando refugio en un riachuelo cubriéndose con una manta mojada y que se encuentra frente a un pájaro de lo más vistoso y elegante.

Una acantiza minero cruza la carretera a saltos; por los brincos que pega parece como si, en cierto modo, desafiara a la gravedad. En las áreas que están al abrigo de los acantilados hay un bosque húmedo esclerófilo, una zona boscosa de eucaliptos, zarzos y banksias que es profunda, oscura y verde, con un manto de hojas, corteza fibrosa y casuarinas, así como orquídeas litófitas tan valiosas que algunos las roban. «En esta zona están seguras», dice Dalziell. «Casi nadie llega hasta aquí.» Se oye el reclamo de una acantiza parda, luego el de un sedosito gorjigualdo y el de un silbador dorado, un pájaro precioso con una voz muy bonita: un enérgico *suiitaUIT, suiitaUIT*. Todas las especies que imita el ave lira.

A Dalziell le fascina la imitación ornitológica. «Las proezas imitadoras de los pájaros te pueden dejar boquiabierto», dice. «Por ejemplo, la pequeña acantiza parda, que pesa unos seis o siete gramos, puede imitar el canto de aves cuyo tamaño es más de diez veces superior al suyo.» La cosifa de Natal, de Uganda, imita los sonidos de otras cuarenta especies ornitológicas, incluidos sus rapidísimos duetos. El carricero políglota no tiene ningún canto original suyo, pero entreteje elementos de cantos de hasta doscientas especies diferentes que viven en sus áreas de hibernación de África y en sus áreas de cría por toda Europa, combinándolos y reconfigurándolos hasta formar una fantasía de cantos robados y arrancados de su contexto musical.

Se sabe cuántas especies de pájaros son imitadoras. Una base de datos enumera 339 especies en 43 distintas familias de aves canoras. Es raro que se produzca la imitación entre otros grupos ornitológicos. Los loros son muy apreciados por su habilidad para imitar la voz humana en cautividad, pero en estado salvaje hay pocos registros de loros imitadores, excepto quizá el loro yaco o loro gris africano. A veces la imitación surge sólo esporádicamente en el repertorio de un pájaro; otras veces representa casi todas sus vocalizaciones, como en el caso del carricero macho y los zarceros icterinos. Australia es conocida por tener algunas de las mejores aves imitadoras; tal vez cuente con nada menos que sesenta especies, entre las que figuran los pergoleros, los picaflores del muérdago, los anteojitos dorsigrises, las oropéndolas estriadas, los sericornis de cejas blancas y las acantizas pardas.

Catorce especies fueron descritas por los primeros naturalistas como «imitadoras magistrales», incluidas las urracas australianas o verdugos flautistas, unos pájaros que «adoptan y adaptan cualquier cosa que se les antoje», como escribió un ornitólogo, «mezclan lo prestado con lo propio e interpretan el conjunto de una manera tan artística que resulta completamente personal». Andrew Skeoch grabó a una urraca australiana relinchando exactamente igual que un caballo.

Entre los expertos imitadores vocales de Norteamérica figuran el maullador, el sinsonte norteño y el cuitlacoche rojizo, del que se dice que es capaz de entonar hasta dos mil cantos diferentes. Los estorninos europeos imitan a algunos otros pájaros, además de las alarmas de los coches, los timbrazos de las cabinas telefónicas y los ladridos de los perros. La habilidad del arrendajo azul para imitar a un halcón es tan buena, que a menudo he mirado al cielo buscando en vano algún ratonero de cola roja revoloteando por el aire, cuando la fuente del penetrante reclamo del halcón es un arrendajo azul que está en el cercano sotobosque.

Sin embargo, dice Dalziell, la imitación de las aves lira es insuperable. Estos pájaros tienen sus propios reclamos, un repetitivo *plik-plik* que suena como el ladrido de un perro o como los golpes de un hacha, además de chasquidos, cloqueos y rítmicos golpes secos parecidos al ruido de los cascos de un caballo al trote, graznidos y cacareos, gruñidos, gimoteos y suaves y melodiosos gorjeos, mecánicos ronroncos y extraños y espectaculares sonidos gangosos. También profieren su propia e intensa llamada de alarma, un agudo, chirriante y punzante *uisk.* Pero en su repertorio domina la imitación. Tanto los machos como las hembras son imitadores, explica Dalziell, pero los sexos difieren en las especies a las que imitan. Las hembras imitan más a rapaces como el gavilán acollarado y el azor gris, así como las llamadas de acoso del territorial mielero cejinegro. Los machos cambian rápidamente de un sonido a otro, dice Dalziell, y están especializados en contrastes pronunciados: «dos segundos de zordala crestada oriental, luego dos segundos de perico elegante o rosella roja, seguidos de tres segundos de picanzo gris». Por aquí alrededor, los machos tienen lo que ella llama una serie de «grandes éxitos»: cucaburras, cacatúas fúnebres coliamarillas, silbadores dorados y pergoleros satinados, que por sí mismos son magníficos imitadores.

«Las aves lira imitan a los imitadores», dice Dalziell. «Y también son maravillosas imitadoras a su propio estilo. Las cosas pueden complicarse mucho para los investigadores que intentan hacer un muestreo ornitológico, analizando y grabando la variedad de especies de un área. Creen estar oyendo a determinada especie, cuando en realidad es un ave imitadora imitando a esa especie.» Recuerdo el desconcierto de Andrew ante el reclamo de aquella cacatúa fúnebre coliamarilla.

¿Son sus suplantaciones lo suficientemente buenas como para engañar a los pájaros que imitan?

Según las investigaciones de Dalziell, sí. El picanzo gris, por ejemplo, se deja engañar a menudo por la imitación del ave lira de su propio canto, pese a que el ave lira proporciona una edición apresurada y abreviada —lo que Rob Magrath denomina un «*Reader's Digest*»— del maravilloso y relajado canto del picanzo.

Las aves lira pueden incluso imitar varios reclamos a la vez: los dúos de las zordalas, o la gangosa cháchara entre risitas de una bandada de loros. En una ocasión, Dalziell grabó a un ave lira imitando a un coro entero de cucaburras riéndose.

Pese a la popular impresión de que los pájaros a menudo imitan ruidos generados por los humanos —perpetuada por el impresionante programa de David Attenborough de un ave lira imitando con asombrosa fidelidad una motosierra, una alarma de incendio y el obturador de una cámara fotográfica—, Dalziell dice que la imitación por pájaros salvajes de sonidos hechos por los humanos o por especies introducidas es sumamente rara. No obstante, existen registros de aves lira imitando sonidos naturales fortuitos, como las llamadas de la rana y del koala, el aullido de un dingo o el ruido de una cacatúa triturando la madera. Dalziell las ha grabado imitando el batir de alas de los pájaros revoloteando por el sotobosque de la selva. Y en su zona de estudio, un ave lira hembra es aficionada a hacer un ruido que oímos con frecuencia ese día, el característico *skuik, skuik* de las ramas de los árboles rozándose unas con otras cuando el viento sopla con fuerza.

La amplia gama vocálica del ave lira es sorprendente dado el reducido número de músculos que tiene en la siringe, su órgano vocal. En lugar de los habituales cuatro pares de músculos que poseen casi todas las restantes aves canoras, las aves lira sólo tienen tres. Lo normal es que cuantos más músculos tengan en la siringe las aves canoras, mayor sea la complejidad vocal que generan. Pero el ave lira es una excepción a esta regla. Lo mismo cabe decir de los loros, que también utilizan una siringe simplificada para producir toda clase de sonidos magistrales.

Antes, la imitación se consideraba una conducta estúpida, creencia que queda reflejada en nuestra expresión «hablar como un loro», con su connotación de repetición mecánica sin apreciación del significado. Ahora sabemos que es cualquier cosa menos eso.

Imitar un canto o un reclamo requiere un aprendizaje vocal —escuchar atentamente, memorizar, recordar y practicar—, intentando repetidamente ejecutar una perfecta imitación de lo que se recuerda y haciendo correcciones hasta que la copia coincide exactamente con el original. Aprender y recordar un sonido hecho por otra especie es en extremo laborioso —requiere un cerebro lo suficientemente flexible como para adoptar un nuevo sonido que no sea parte del repertorio normal de una especie—, como también lo es el esfuerzo físico de reproducir ese sonido con precisión. Algunos pájaros imitadores, en cierto modo, utilizan el mismo y complejo mecanismo de control de los músculos de la siringe que el empleado por sus modelos. En 2008, investigadores de la Universidad de Duke que estaban estudiando los gorriones coronirrufos pantaneros descubrieron que las aves utilizan «réplicas de neuronas» cuando están aprendiendo a vocalizar, tal y como hacen los primates. Cuando un pájaro escucha el canto de otro pájaro, sus neuronas se activan con un patrón casi idéntico que cuando luego canta esa misma vocalización. La imitación, por tanto, es una manera de conectar una mente con otra.

Todo esto requiere unas funciones neuronales complejas y soberbias: buen oído, memoria y un consumado control muscular a la hora de emitir el sonido. Que las aves lira destaquen en esta tarea sugiere una inteligencia excepcional. De hecho, cuando los científicos han comparado el volumen del cerebro de varios pájaros en relación con el tamaño de su cuerpo, han hallado que las aves lira tienen un tamaño relativo del cerebro muy grande, como les sucede a los córvidos. Los pájaros además se desarrollan lentamente, con un largo período de incubación y un prolongado período de cuidados parentales, lo cual va asimismo asociado a una función cognitiva superior.

Cómo aprenden los pájaros a imitar sigue siendo en gran medida un misterio. Algunos imitadores parece que aprenden directamente de las especies que los rodean. No hace mucho tiempo, Laura Kelley, que entonces estaba en la Universidad de Edimburgo, se puso a estudiar el pergolero moteado oriental, un imitador superdotado que habitualmente imita a más de una docena de otras especies, así como el crujido de las ramas y la vibración de los cables, e incluso el retumbar de los truenos. Los pergoleros moteados orientales macho construyen las pérgolas, como mínimo, a un kilómetro de distancia unas de otras, de modo que es bastante improbable que oigan las vocalizaciones de los otros pergoleros cuando están en sus propias pérgolas. De todas formas, sí visitan con regularidad las pérgolas de los vecinos para robarles los adornos o para destruirlas. ¿Aprenden los pájaros el uno del otro durante estas esporádicas visitas? Cuando Kelley investigó las imitaciones que hacía el pergolero de los milanos silbadores y de los verdugos gorjinegros en un parque nacional de Queensland, halló que los pergoleros mostraban diferencias individuales en la interpretación de sus imitaciones, lo que indica que no estaban aprendiendo de sus vecinos, sino directamente de sus modelos.

En cambio, parece que los sinsontes norteños sí aprenden sus imitaciones de otros sinsontes. No hace mucho, el biólogo Dave Gammon presentó los cantos de ocho especies nuevas a los sinsontes durante un período de seis meses, pero ninguno de ellos adoptó los nuevos cantos.

La cuestión de por qué los sinsontes imitan a determinados pájaros (ratonas carolinenses, herrerillos bicolor, arrendajos azules, cardenales) pero no a otros (tórtolas y chimbitos comunes), puede arrojar luz sobre la imitación selectiva del ave lira. El sinsonte sólo imita los cantos que se parezcan a sus propias vocalizaciones en cuanto al tono y al ritmo. Acaso no sea físicamente capaz de reproducir ciertas particularidades de los cantos de otras especies, como cambios suavemente coordinados de un lado de la siringe al otro, o saltos en la frecuencia de las notas. Lo mismo cabe decir de las aves lira, posiblemente.

Dalziell cree que las jóvenes aves lira macho, como los sinsontes, aprenden casi todos sus reclamos imitados de otros machos adultos, más que directamente de las especies a las que imitan. «Su imitación parece que guarda relación con otros machos del área», dice. «Hay menos variación dentro de una población y más variación entre poblaciones.» Las aves lira macho que viven en la misma región imitan la misma combinación de reclamos y cantos e incluso las mismas combinaciones idiosincráticas de los sonidos, dice, lo cual es muy sugerente en lo que respecta a la transmisión social y cultural. En otras palabras, su imitación no coincide con lo que pasa a su alrededor, sino que va pasando de un pájaro a otro. «Por ejemplo, en este trozo de selva tropical, cierto número de machos imitan las primeras notas del canto del corretroncos gorjiblanco, un rápido y silbante *biip-biip-biip*», dice, «y luego terminan su canto con el ronco *bonn-bonn* de la grosella roja.» La prueba de esta propagación social de la imitación viene de una anécdota, que se ha contado con frecuencia, sobre un grupo de veinte aves lira capturadas entre Toolangi y Warburton e introducidas en la isla de Tasmania entre 1934 y 1949. Los pájaros siguieron imitando los reclamos de su antiguo paisaje durante muchos años. Al cabo de treinta años fueron liberadas; de sus descendientes se decía que imitaban a pájaros que nunca habían estado presentes en la isla, como las acantizas piloto y las zordalas. Para Dalziell esto representa una prueba concluyente de transmisión cultural, de una generación que pasa sus conocimientos a la siguiente. De hecho, describe a las aves lira como archiveros del paisaje sonoro: un Andrew Skeoch en versión pájaro.

En un área resguardada del viento, Dalziell aparca el Land Cruiser en lo que ella llama un «punto candente» de las aves lira. Empezamos a subir una cuesta a través de unos matorrales de helechos para buscar un nido en el que, hace un año, ella plantó una cámara para monitorear la actividad reproductiva del ave lira. Dalziell me advirtió de que no tocara ninguna araña. La picadura de la araña de embudo australiana puede provocar salivación abundante, sudores, espasmos musculares, hipertensión, aumento de la frecuencia cardíaca, un ataque al corazón y la muerte en quince minutos.

Al menos, hace demasiado frío para las serpientes. De todas maneras, por si acaso, llevamos polainas. El suelo está lleno de leños y piedras ocultos por los espesos helechos, y andar es peligroso. Espinosas zarzaparrillas rasgan nuestros vaqueros y se agarran a nuestros jerséis. Encontramos un montón de excrementos de un walabí de pantano. «Es asombroso pensar que los walabíes puedan recorrer este paisaje con sus grandes pies», dice Dalziell. A nuestro alrededor todo es punzante y hay que protegerse de su roce, y Dalziell se pregunta en voz alta cómo se las arreglarán las aves lira macho para atravesar las zarzaparrillas sin que sus largas y elegantes colas se hagan jirones. Todos los años mudan la cola justo después de la temporada de cría; inmediatamente les crece una nueva y, sorprendentemente, la conservan intacta hasta el siguiente mes de junio.

En lo alto de la cuesta encontramos un nido de ave lira encaramado a una roca bajo la corona de un helecho arborescente y —para alivio de Dalziell— su cámara, todavía de una pieza, sigue allí. El nido es grande y redondo, por dentro parece un cesto y está hecho de radículas bien apretadas de helechos arborescentes.

Dalziell me dice que alce la vista. Arriba reina una oscuridad casi completa que le viene bien a la hembra para proteger a su cría de una multitud de depredadores aéreos: azores, gavilanes y águilas audaces, así como verdugos, urracas y currawongs. El nido está orientado hacia abajo, de modo que los pájaros puedan escapar saltando o volando cuesta abajo. No son buenos voladores, pero pueden correr hasta una velocidad de cuarenta kilómetros por hora y usar las alas para aumentar esa velocidad. La hembra sólo pone un huevo por temporada, lo incuba durante dos meses —un récord mundial entre las aves canoras— y cuida ella sola de la cría, a la que alimenta a base de lo que obtiene en su territorio, que defiende a capa y espada de otras hembras.

No lejos del nido, en medio de una mancha de helechos arborescentes, encontramos un área despejada de casi un metro de diámetro, con la superficie del suelo ligeramente elevada y extrañamente luminosa. Un ejemplo estelar de un montículo de exhibición del ave lira macho, dice Dalziell, y añade que es el resultado de una ardua tarea. Los pájaros utilizan sus fuertes patas para rastrillar el área hasta dejarla desnuda, apartando las piedrecitas y las ramas, arrancando los helechos y arrastrándolos hacia fuera. «Un macho suele construir más de diez de estos montículos en su territorio», dice Dalziell, «pero tiene sus favoritos, que normalmente se hallan en un terreno alto, donde el dosel de la vegetación no es tan denso, la luz puede penetrar y los reclamos pueden llegar hasta muy lejos.»

«Mira otra vez hacia arriba», dice Dalziell. Vemos un rayo de sol.

Dalziell formula la hipótesis de que las aves macho aprovechan los trozos soleados —donde hay un hueco en el dosel— para aumentar el brillo de las plumas blancas de su cola. Y como las aves lira pueden ser más sensibles a la luz que nosotros, sospecha que se deslumbran con más facilidad que nosotros. Elegir un buen sitio es una parte importante del éxito en la exhibición de un ave lira macho, que luchará contra otros machos para defender sus montículos. Aquí es donde sus imitaciones alcanzarán todo su esplendor en la temporada de reproducción.

En los días silenciosos y nublados del invierno, un macho empieza la jornada cantando de madrugada, media hora antes del alba, y sigue cantando varias horas todos los días, uno tras otro, mostrando sus habilidades a las hembras que no puede ver en el tupido bosque que le rodea, hasta que finalmente atrae a una. Si ésta muestra interés, asistirá a una de las exhibiciones previas al apareamiento más extrañas del mundo. Dalziell y sus colegas grabaron con el vídeo doce de estos cortejos realizados por machos en su hábitat natural, lo cual no fue tarea fácil dada la naturaleza reservada del ave lira y la verde penumbra de su hogar forestal.

Los vídeos revelan los detalles: desde su montículo, el ave lira macho se pasa lentamente su cola plateada por todo el cuerpo, temblando de forma teatral y derramando una cascada de cantos e imitaciones. Bate las alas y salta de acá para allá, sin dejar en ningún momento de emitir cantos, reclamos, castañeteos, gorjeos y cháchara de su inmenso repertorio. Sólo baila con cuatro tipos de canto, dice Dalziell, y cada tipo de canto va acompañado de sus propios movimientos. «Coordina de tal manera el canto con la danza, que cada canción tiene su propia y única coreografía.» Del mismo modo que los humanos bailan el vals cuando suena un vals, y bailan salsa al compás de la salsa, dice, «así también el ave lira baila dando pasitos a un lado mientras profiere el extraño zumbido *spiu, spiu, spiu,* que suena como una pistola láser o como un videojuego de la década de 1980, y luego, con la cola encogida y aleteando, salta o se balancea mientras entona su canto más pausado: *plinkety-plinkety-plinkety*».

Después, al final del todo, a veces hace una cosa misteriosa: interrumpe bruscamente el canto y la rutina del baile y se lanza a soltar una serie de llamadas de alarma imitadas.

Por qué los pájaros hacen imitaciones es algo que sigue siendo un misterio. ¿Por qué tomarse todas esas molestias para encarnar a otros pájaros? Escuchando los melodiosos cantos del ave lira, podría tentarnos imaginar que los pájaros imitan por la pura belleza y el mero desafío que ello entraña, y porque el canto es la manera que tienen de expresar su vitalidad y su excelente estado de ánimo.

Pero Dalziell sospecha que hay algo más en juego.

Un ave lira del área de estudio de Dalziell consigue numerosos apareamientos. Ella lo llama Triple Blue y canta de maravilla, «hace improvisaciones realmente asombrosas y fluidas, llenas de potentes y extravagantes imitaciones», dice. «Entre las aves lira está clarísimo que la imitación en los machos está sexualmente seleccionada.» Entonar sus imitaciones a hembras que no puede ver es una manera «masculina» de hacerse publicidad de sí mismo, como diciendo: «Mira lo listo que soy, qué atinadas y versátiles son mis imitaciones, qué voz más fuerte tengo. Soy muy inteligente (la precisión de mis imitaciones demuestra que tengo un buen cerebro) y puedo tirarme horas cantando todos los días». Como señala Dalziell, la hembra sola se encarga de todos los cuidados parentales: construye el nido, empolla y cría al polluelo y defiende el territorio donde forrajea; lo único que necesita de un macho es su esperma. Una hembra quisquillosa calibra a un posible compañero por su plumaje espectacular, sus habilidades para la danza y su canto potente, complejo y extravagante, así como por la versatilidad y la precisión de sus imitaciones y el alcance de sus reclamos. Todos estos rasgos pueden actuar como señales «genuinas» de la calidad de un macho: su capacidad de aprendizaje, su fuerza y vigor, sus genes, las condiciones en las que se ha criado. «Probablemente sea bueno para las hembras aparearse con machos que sean excelentes imitadores vocales, de tal modo que su descendencia sea también competente en el uso de la imitación para defender los nidos si son hembras y para conseguir parejas si son machos», dice Dalziell. Una hembra escucha a varios machos durante meses y meses, antes de decidirse por un compañero. Sólo los mejores intérpretes consiguen transmitir sus genes. Así es como una especie ornitológica inteligente y cualificada se vuelve más inteligente y mejora en las imitaciones, en el baile y en el desarrollo de unas vistosas plumas caudales.

Lo mismo cabe decir de otras especies imitadoras como, por ejemplo, los pergoleros. Para un pergolero satinado una imitación perfecta resulta de lo más sexy. Las imitaciones parece que le importan más a una hembra que la belleza de la pérgola de un macho o la cantidad de adornos que ésta tenga, y los machos que imitan con precisión muchos sonidos diferentes son los que consiguen más apareamientos. No debe de ser sólo la duración y la precisión de los cantos y reclamos imitados, sino también la dificultad de producirlos lo que indica la calidad de un macho. Entre las aves canoras que no imitan, lo que más valoran las hembras son las denominadas «sílabas sexy», unos potentes trinos que utilizan los dos lados de la siringe para proferir armoniosos sonidos simultáneos.

Entre las aves lira soberbias, los machos mejoran sus imitaciones con el tiempo, de tal modo que su precisión está vinculada a la edad y posiblemente indique un compañero con mayor capacidad de supervivencia que otros.

Los pájaros no sólo imitan para impresionar a las parejas potenciales. Cada vez más investigaciones sugieren que también se apropian de cantos y reclamos para engañar y manipular a otros en su propio beneficio. Por ejemplo, para robar un almuerzo gratuito.

El ejemplo ya clásico es el del drongo ahorquillado del África austral, un reluciente pajarito con una cola ahorquillada, ojos rojos y un pico ganchudo. Tom Flower, un biólogo conductista de la Universidad de Ciudad del Cabo, siguió a 64 drongos durante un total de 847 horas y descubrió que estos «cleptoparásitos» utilizan las imitaciones como una práctica engañosa para robar comida a una gran variedad de especies. El repertorio de llamadas de alarma del drongo incluye seis propias y hasta cuarenta y cinco reclamos imitados de una serie de pájaros y mamíferos como la mangosta y el chacal. El drongo actúa como un honesto centinela para sus vecinos de forrajeo, suricatas y turdoides bicolor, encaramándose a lo alto de los árboles y avisándoles de algún peligro inminente con llamadas de alarma originales. Pero también imita llamadas de alarma específicas con propósitos de latrocinio, señalando falsamente un ataque inminente para asustar a un turdoide o a una suricata y que suelte su grillo o escarabajo, y escondiéndose él de modo que pueda descender en picado y atrapar el jugoso bocado.

Y aquí es donde viene lo más curioso. Si los turdoides y las suricatas descubren la maniobra del drongo y no huyen tan fácilmente, los drongos cuentan con una rara técnica engañosa: pasan a utilizar unas llamadas de alarma diferentes de su amplio repertorio, de modo que sus objetivos no caigan en la cuenta de sus artimañas. Así pues, los pájaros llevan su fraude incluso un paso más allá, pues registran si han conseguido engañar a un tordoide en particular y cambian las llamadas utilizadas cuando de nuevo intentan robarle.

Existen registros de arrendajos azules que no sólo imitan a los ratoneros de cola roja, sino a rapaces de todo tipo, provocando que los quiscales o zanates y otros pájaros dejen caer la comida y huyan, tras lo cual los arrendajos arramblan con la comida gratuita. Incluso las crías se hacen pasar por otros pájaros jóvenes para obtener más comida. Entre algunos cucos y otros parásitos de puesta, que ponen sus huevos en los nidos de otros pájaros, los polluelos parasitarios imitan las llamadas de súplica de sus jóvenes hospedadores para obtener alimentos. Algunas crías del cuco común saben imitar a toda una nidada de carriceros comunes, de modo que sus diminutos padres parasitados redoblan sus esfuerzos para satisfacer a esas crías ajenas tan grandotas.

Los pájaros piratean también otras llamadas y sonidos para engañar a las rapaces y evitar ser comidos. Algunas aves que anidan en oquedades, tanto los polluelos como los adultos que los incuban, sisean como una serpiente cuando son molestadas por depredadores. Los torcecuellos, unos pequeños pájaros carpinteros marrones nativos de África, Europa y Asia, se retuercen y sisean en la oscuridad de sus nidos construidos en oquedades para imitar a una serpiente. Cuando son molestados mientras incuban, los carboneros de Carolina suelen imitar los sonidos de una serpiente cabeza de cobre. El carpintero escapulario o de pechera emite un zumbido como el de una colmena de abejas para disuadir a las ardillas predatorias.

Pero es la minúscula acantiza parda la que más impresiona en este sentido. Este pájaro, que no llama nada la atención, ha sido descrito como insulsamente marrón y, en una ocasión, fue denominado por la revista *Australian Birdlife* el segundo pájaro más soso del país después de la acantiza montana, la cual carece incluso del modestamente adornado pecho moteado de la parda. Pero Brani Igic, que ha estudiado este pájaro de manera exhaustiva, no se muestra de acuerdo. Dice que las acantizas pueden ser visualmente discretas, pero tienen un enorme empaque. Su canto no sólo llega hasta grandes distancias, sino que «es muy, muy carismático», dice. Él los llama los «originales Angry Birds»* porque «se ponen nerviosísimos, sobre todo, cuando están protegiendo su nido. Pero también son realmente graciosos». En una ocasión, Igic estaba anillando a unos polluelos de acantiza, para lo cual tuvo que sacarlos provisionalmente del nido. Los padres volvieron cuando él aún seguía anillando a sus descendientes. «Se enfadaron muchísimo con nosotros, se pusieron a gritar y nos echaron una buena regañina», recuerda. «Pero uno de ellos tenía una de esas enormes orugas en el pico —más o menos de la mitad de su tamaño— y aún seguía intentando chillarnos con esa oruga colgando de su pico. Me hizo tanta gracia que no podía parar de... Tuve que interrumpir lo que estaba haciendo.»

El principal enemigo de la acantiza parda es el verdugo pío, un depredador que alimenta a sus propias crías con los polluelos de aves pequeñas. «Estos pájaros son conocidos como los Darth Vaders del mundo de los pajaritos», dice Igic. Si alguna vez has visto alguno, sabrás por qué. Son grandes, negros y de aspecto aterrador, están considerados muy inteligentes y son voraces depredadores de nidos. Una pareja de verdugos atrapa aproximadamente dos kilos de pequeños polluelos, lo que representa más o menos cuarenta nidadas, para alimentar a una sola nidada propia. «Y como son muy listos, se quedan observando si hay actividad en torno a un nido y luego memorizan su localización», dice Igic. «De hecho, cuando estamos estudiando los pollitos, nos preocupa que los verdugos nos sigan para encontrar los nidos.»

* Serie de videojuegos creada en 2009 y llevada también a la gran pantalla. (*N. de la T.*)

Los verdugos pío son de un tamaño cuarenta veces superior al de una acantiza, de manera que el pajarillo no tiene la menor posibilidad de luchar físicamente contra Darth Vader. Sin embargo, tiene un arma secreta: da la voz de alarma de una manera un tanto peculiar. Igic descubrió que cuando un verdugo ataca un nido, las acantizas envían múltiples gritos de alarma, imitando un potente coro de llamadas de alarma hechas por especies locales, creando así la impresión de un inminente ataque de un depredador que aterroriza incluso al verdugo: el azor australiano. Los pequeños pajaritos no imitan el reclamo del gran azor australiano (lo que sería menos efectivo: el azor no anuncia la caza), sino que imitan el aluvión de llamadas de alarma aéreas que normalmente se produce en su presencia, incluidas —y tal vez, especialmente— las llamadas de unos centinelas tan dignos de confianza como los mieleros de Nueva Holanda. La respuesta de los verdugos es huir de inmediato o pararse un momento a otear el cielo. En cualquier caso, el coro imitado los distrae el tiempo suficiente como para que los polluelos de acantiza puedan salir de sus pequeños nidos abovedados y esconderse entre la densa vegetación que los rodea.

Los pájaros también roban cantos para repeler a rivales o competidores. Los mieleros regentes imitan las llamadas de mieleros más grandes como los mieleros carunculados o los filemones chillones, que pueden ahuyentar a aves rivales que compiten por las mismas fuentes de alimento. Cuando son molestados en sus madrigueras, los tecolotes llaneros de las Américas o lechucitas de las vizcacheras hacen el mismo ruido que una serpiente de cascabel nerviosa para disuadir a los ardillones de California y otros competidores que pudieran robarles la madriguera. Hace algunos años, un investigador formuló que los sinsontes norteños o cenzontles comunes imitan las vocalizaciones de muchas especies diferentes para defender su territorio, creando así la ilusión de un área repleta de competidores o depredadores. Las hembras de las aves lira soberbias también pueden hacer esto imitando de forma selectiva las llamadas de los halcones, tal vez para dar la impresión de que las peligrosas rapaces están presentes, provocando así que sus territorios tengan menos atractivo para los competidores.

Un ejemplo particularmente siniestro de un pájaro que utiliza la imitación para obtener una ventaja competitiva es un ave forestal que habita en la isla de Trinidad. Cuando el ecólogo conductista Julian Kapoor estudió al pequeño colibrí ermitaño, encontró la imitación engañosa llevada a un nivel completamente nuevo.

Una de las consecuencias de la imitación vocal es que pueden surgir dialectos locales, variantes regionales que permiten que los vecinos se reconozcan el uno al otro como miembros de la vecindad y distingan entre los pájaros errantes y los propietarios de los territorios locales (la idea del «querido enemigo» que ya conocemos por el quelea común). Tal es el caso de los pequeños ermitaños macho. En temporada de reproducción, estos pájaros ejecutan exhibiciones de cortejo en los leks, áreas comunales situadas en el denso sotobosque de la selva, donde entre cinco y cincuenta pájaros cantan y se exhiben para conseguir pareja. El canto del pequeño ermitaño es un gorjeo agudo y chirriante de cinco a ocho sílabas que sólo dura un segundo, pero que lo repite durante una hora entre las pausas del forrajeo. En sus leks, los pájaros cantan sin parar desde las siete de la mañana hasta que anochece, hasta doce mil cantos en un solo día. Sus cantos varían muchísimo, e incluso en un solo lek introducen una gran cantidad de dialectos locales.

«Es una locura», dice Kapoor. «Un lek mide de promedio como el solar que ocupa una casa normal. Se tarda un par de minutos en recorrerlo a pie. Y dentro de un mismo lek se oyen dialectos muy diferenciados. De manera que es como si en la sala de estar todos hablaran en francés y en la cocina todos suajili. Se hace rarísimo escuchar dialectos distintos en esa escala espacial.»

Para averiguar por qué los pequeños ermitaños pueden tener estos dialectos «microgeográficos», Kapoor estudió los cantos del pájaro y sus variantes, y cómo la competencia entre machos puede influir en su configuración. Durante la temporada de crianza, los machos del lek se encaraman a una ramita en extremo delgada y defienden vigorosamente sus territorios cantando mientras menean sus colitas, rematadas en una punta blanca. La mayor parte de los machos ocupan sus perchas de canto y sus territorios durante menos de un año, si bien algunos afortunados pueden quedarse hasta siete años. A un macho joven le resulta difícil adquirir su propio territorio. De ahí que los machos jóvenes que quieran unirse a un lek utilicen sus habilidades como imitadores para hacerse pasar por propietarios de terrenos ya existentes. «Primero se quedan al borde del lek escuchando», explica Kapoor. «Luego se cuelan y se ponen a escuchar a escondidas a diferentes individuos, hasta que se fijan en un pájaro local —llamémoslo "Fred"— y se quedan escuchándolo y aprendiendo su canto. A continuación, se internan en el bosque y practican solos. Al principio, cantan horriblemente mal; desafinan tanto que, durante las dos primeras semanas, no se puede identificar qué es lo que están intentando copiar.» Pero los jóvenes pájaros siguen y siguen practicando y, en el transcurso de unas pocas semanas, van mejorando mucho. «Para cuando un joven macho está preparado para volver y ocupar su sitio en el lek», dice Kapoor, «suena exactamente igual que Fred —o al menos, como uno de sus vecinos más próximos—, y así sé a qué lugar del lek está tratando de ir.»

Y aquí viene la parte espeluznante: Kapoor sospecha que un «macho imitador» intruso puede intentar usurpar el territorio establecido de un macho atacándolo, matándolo y, luego, ocupando su sitio... si es que no muere él mismo durante el proceso. Esto no es más que una hipótesis que aún está pendiente de confirmación, pero Kapoor ha visto luchas brutales que duraban una semana o más durante las cuales las aves intentaban apuñalarse la una a la otra sosteniendo puntas afiladas en sus picos. Si un joven macho imitador tiene éxito, «acto seguido, probablemente será tratado por los otros pájaros del lek como si en realidad fuera Fred, su compañero local, y será tolerado como el legítimo propietario de su territorio», dice. «Los otros propietarios no notarían la diferencia, pues con la práctica habría logrado una imitación lo suficientemente buena como para engañarlos.»

No hay pruebas de que las aves lira intenten engañar a otras especies en su propio provecho, pero a semejanza del pequeño ermitaño, puede que intenten engañar a su propia especie. Recientemente, Dalziell y su colega Justin Welbergen han hecho un descubrimiento asombroso mientras observaban parejas de aves lira apareándose. De dos de los apareamientos fueron testigos personalmente; algunos otros los grabaron con el vídeo.

«La imitación del ave lira macho no es todo el rato invariable», dice Dalziell, «sino que tiene diferentes fases y funciones durante la exhibición», así como un singular colofón con un propósito artero.

«Es espantoso», dice. «La mayor parte de las imitaciones del ave lira macho mientras está criando se producen durante el canto en la percha, llamado "canto de recital" porque los pájaros se limitan a estar allí posados interpretando», explica. A esto le sigue la plena exhibición de canto y baile en el montículo.

Pero luego, al final de esa exhibición, a veces las aves hacen una cosa extraña. Mientras la hembra está agazapada sobre el montículo, el macho suele cambiar muy de repente de los cantos de imitación a las llamadas de alarma imitadas. «Y no a cualquier llamada de alarma», dice Dalziell, «sino únicamente a las proferidas específicamente por pájaros que habitan en el suelo —acantizas pardas, sericornis de cejas blancas, sedositos gorjigualdos, petroicas amarillas, zordalas crestadas orientales— en respuesta a una amenaza terrestre grave, como una serpiente o un gato o algún otro mamífero depredador amenazante.» El macho no sólo imita a un único pájaro, sino a muchas aves diferentes emitiendo llamadas de alarma todas al mismo tiempo, tal y como lo hace la acantiza parda. «Junta todos los elementos para crear una ilusión de múltiples pájaros dando la voz de alarma, unos más cerca y otros más lejos», explica. «Lo que está haciendo es imitar el tipo de coro grupal de acoso que normalmente encontrarías en torno a una serpiente amenazadora.»

¿Por qué demonios hace eso un ave lira macho en pleno apareamiento, sin ninguna serpiente a la vista?

Dalziell y Welbergen tienen una teoría. Cuanto más tiempo pase un macho copulando, más posibilidades tiene de lograr la fecundación. Para que la hembra no se mueva del montículo, utiliza sus magistrales imitaciones para engañarla atemorizándola con un falso coro de alarmas que pueden inducir a una respuesta de «congelación» o a no querer abandonar el montículo de exhibición del macho. Algunas polillas macho también hacen esto durante la cópula, imitando las llamadas ultrasónicas de ecolocación emitidas por los murciélagos que comen polillas, para inmovilizar a la polilla hembra e incrementar las posibilidades de una fecundación. Tanto en el caso del ave como de la polilla, el macho tiende a la hembra una «trampa sensorial», imitando una llamada de alarma y explotando su temerosa respuesta. La hembra no puede permitirse ofrecer resistencia a las artimañas del macho porque las consecuencias de ignorar un coro de acoso podrían ser fatales. De esta manera, el ave lira macho utiliza sus dotes imitadoras para el engaño vocal, confundiendo a su pareja y manipulando su respuesta biológica —mintiéndole—, de tal modo que ella se queda quieta y aterrorizada mientras él despacha el asunto.

«Ésta es una historia que se contradice con la idea que teníamos de la imitación como una señal de aptitud física y de agilidad mental», dice Dalziell. Y tampoco concuerda con la imagen del ave lira como la madre de todas las aves canoras.

EL TRABAJO

4

El aroma del sustento

Hace unos años, durante un crepúsculo helador, pasé unas horas en los bosques septentrionales de Hokkaido, en Japón, esperando a que un pájaro hambriento descendiera de la espesura ya oscurecida y comiera el pescado fresco que unos investigadores le ofrecían servido sobre una mesa. Al principio, en el bosque reinaba el silencio. Luego oímos el atronador *BO-BOHHH* de un macho y, pocos segundos más tarde, el más discreto *bohh* de una hembra respondiendo: el sencillo dueto del amenazado búho pescador de Blakiston o búho manchú, el búho más grande del planeta, de hasta cuatro kilos y medio y casi un metro de altura, con una envergadura de un metro ochenta —el triple de masa que el gran búho cornudo o búho real americano—, maestro de la caza en la oscuridad y sumamente sigiloso.

Normalmente, al búho pescador no le sirven la comida en un bufet como éste, sino que tiene que trabajar para conseguirla, posarse pacientemente a la vera de un río durante largas horas y observar los gélidos rápidos con sus ávidos ojos de color dorado. Cuando detecta el pequeño lomo de un pez o la aleta asomando por las aguas poco profundas, salta sin vacilar y atrapa a la presa con unas garras lo bastante afiladas como para abrir una lata. En otoño caza salmones migratorios tan grandes que a duras penas puede transportarlos, dice Jonathan Slaght, que lleva quince años estudiando el búho pescador y dirige proyectos de investigación sobre la especie para la Wildlife Conservation Society. Un búho pescador ha sido observado intentando levantar un pez enorme que se resistía a su agarre. El búho miró hacia la orilla, descubrió la raíz de un árbol y la cogió con una garra; luego utilizó la raíz como apalancamiento para acarrear con el pez y consigo mismo hasta la orilla.

Lo que se dice de nosotros es también aplicable a los pájaros: son lo que comen. Una dieta saludable da por resultado unas preciosas y brillantes plumas que atraen a las parejas, el desarrollo de un fino cableado para el aprendizaje y la interpretación del canto, y mejor memoria para saber dónde encontrar comida. No debe extrañar que los progenitores de las aves paseriformes alimenten a sus crías con grandes cantidades de arañas —una fuente rica en aminoácido taurina, considerado esencial para el crecimiento y desarrollo normal del cerebro—, y los búhos pescadores de Blakiston alimentan a sus polluelos con un suministro continuo de peces, ranas y, en ocasiones, lamprea.

A semejanza de los humanos, los pájaros hacen todo lo posible por conseguir una buena comida. Han averiguado cómo encontrar alimentos invisibles, abrir su blindaje, desechar sus partes venenosas o incomestibles y pescarlos en lugares ocultos con unas herramientas especialmente concebidas para tal fin. Han aprendido a procesar cantidades inverosímiles de información espacial para recordar dónde hay comida, así como a manipular a su presa e incluso a descubrir comida mediante sentidos que creíamos que no tenían.

Algunas aves se encargan de obtener presas extremadamente difíciles de conseguir. Veamos por ejemplo el águila culebrera, una rapaz del sur de África con un nombre similar a un híbrido de la mitología griega. Cuando el águila culebrera detecta a su presa reptiliana desde lo alto del cielo, desciende en picado, atrapa a la culebra con sus garras y alza de nuevo el vuelo con la serpiente dando bandazos en sus garras. Mientras todavía está volando, le aplasta o le desgarra la cabeza y luego se traga al animal entero. Con igual delicadeza, su prima la culebrera sombría consume serpientes venenosas como mambas negras y cobras de hasta dos metros y medio de longitud.

Nunca he visto a un águila culebrera coger a su retorcida presa, pero sí he visto a una garza azulada luchar con una gran serpiente de agua durante cerca de media hora... y ganar.

Una cámara de vídeo instalada en el nido de un búho pescador de Blakiston por el colega de Slaght, Sergei Surmach, capturó imágenes de un adulto llevando una lamprea del Pacífico hasta su gordo pollito, que se encontraba en la oquedad de un árbol gigantesco. La película muestra al pollo recorriendo el perímetro del nido mientras pide comida a gritos durante toda la noche. Cuando aparece el adulto, lleva una lamprea viva de sesenta centímetros bamboleándose en su pico. «El pollito se abalanza ansiosamente y coge esa cosa con su boca», dice Slaght. El adulto se marcha volando. Y luego, en los siguientes minutos del vídeo, el polluelo está intentando dominar a la lamprea, que no para de menearse en su pico. «La cola de la lamprea se mueve de acá para allá golpeando al pollito en la cara», dice Slaght, «mientras el pájaro aprovecha ese movimiento de trinquete para intentar estrangular a esa cosa. Por fin, el joven búho se la traga. Durante un rato se queda allí posado tranquilamente. Luego, el adulto aterriza de nuevo al borde del nido —con otra lamprea viva— y el polluelo ya se lo toma con más calma.»

El alcaudón americano, célebre por empalar a su presa en una ramita o en un trozo de alambre de espino para su futuro consumo, se enfrenta a sus víctimas más grandes —ratones, ranas, pájaros— matándolas a la manera de un gánster. Un alcaudón fue observado atacando a un cardenal por detrás y abalanzándose sobre él durante una ruidosa pelea que duró menos de un minuto. Luego el alcaudón alzó el vuelo llevando su engorrosa carga a ras de tierra y arrastrándola un rato por el suelo. Un estudio realizado por Diego Sustaita y sus colegas en 2018 con el, en cierto modo, macabro título de «Vamos, chica, bailemos el twist» revelaba los detalles del criminal ataque del alcaudón. Estos pájaros muerden repetidamente la cabeza o el cuello de sus víctimas con sus afilados picos, luego las agarran bien por la nuca y las agitan vigorosamente con rápidos y eficientes movimientos de cabeza hasta que éstas se parten el cuello, se dañan la médula espinal y sufren una parálisis. Otros depredadores agitan a su presa del mismo modo, como los correcaminos, los lagartos, las serpientes y algunos mamíferos, pero sólo los alcaudones y los cocodrilos «bailan el twist».

Una población de carboneros comunes, al nordeste de Hungría, en vista de que escaseaban las habituales fuentes de alimentación, ha empezado a comer murciélagos en hibernación instalados en la enorme cueva de Istállós-köi. Los carboneros se cuelan en la cueva y, al cabo de diez o quince minutos, salen con un murciélago en el pico y a menudo se posan en algún árbol cercano para comerse ávidamente el pequeño mamífero. Que unos pájaros tan pequeños como los carboneros puedan ser unos cazadores tan feroces y cambiar tan drásticamente de presa, es algo sorprendente. Pero la necesidad es la madre de la invención.

Algunas aves han aprendido a diseccionar a sus presas, lo que les permite comer animales que, de otro modo, serían muy venenosos. En una ocasión vi cómo un verdugo gorjinegro se comía un sapo marino muerto en los suburbios de Brisbane. Imagínense lo que esto implica. El sapo gigante o americano o sapo de caña fue introducido en Australia en 1935 y se expandió rápidamente desde la península del cabo York hasta Sídney y, por el oeste, hasta más allá de Darwin, produciendo la muerte a depredadores que desconocían su veneno. Unas décadas más tarde, los verdugos gorjinegros, junto con otras pocas especies inteligentes —cuervos de Torres, milanos negros, verdugos píos, corocoros o ibis blancos—, descubrieron el truco de evitar las partes tóxicas del sapo, las glándulas de detrás de la cabeza y la propia piel. Por lo demás, el sapo se puede comer perfectamente. La técnica de estos pájaros consistía en darle la vuelta al sapo y comer desde la tripa hacia dentro. Los ibis consumen sólo las ancas del sapo, los milanos negros solamente se comen la lengua.

Los loros kea de Nueva Zelanda comen más de cien especies de plantas diferentes, algunas de las cuales son muy venenosas, con las raíces, los tallos, las hojas y las semillas llenas de toxinas. Sólo es comestible la pulpa del fruto, y los kea han aprendido a arrancarla de raíz.

Antes de consumir orugas de polilla de la encía de otoño, un silbador cabezón oriental le quitará el tracto digestivo, que contiene un aceite venenoso del eucalipto del que se alimentan las orugas.

Los buitres se dejan las glándulas odoríferas de las mofetas muertas.

Los buitres son con frecuencia considerados aún más macabros que los alcaudones, pero por razones diferentes.

Vivo en una calle que está al otro lado de las vías del ferrocarril de Hog Waller, en el lugar que ocupaba una antigua empresa de subastas de ganado. Ésta se encuentra en una zona llana en la que las lluvias fuertes provocan ocasionalmente en los corrales un tremendo lodazal donde los cerdos pueden revolcarse (o *waller*,* como lo pronuncian los lugareños) a sus anchas. El mercado de ganado tuvo su esplendor en las décadas de 1940 y 1950. Cuando me vine a vivir aquí en la década de 1990, era un sitio tranquilo en el que sólo a veces se oía el carro del ganado que pasaba traqueteando con un cargamento de vacas que iban con los ojos abiertos de par en par. Pero sabías cuándo empezaba la actividad por el ruido que hacían los buitres al otro lado de la calle, desgarbadamente posados en las azoteas con la cabeza hundida entre sus encorvados hombros. Hoy en día

* Hog Waller se podría traducir como «el sitio donde se revuelca el cerdo». (*N. de la T.*)

todavía se agolpan y se pelean por encontrar sitio cerca del lugar, como un tribunal supremo compuesto por varios Richard Nixon. Una mezcla de buitres negros y buitres pavo o urubúes de cabeza roja, ambos con ese aire de directores de pompas fúnebres, constituyen una visión lúgubre, sobre todo si se conocen sus groseros hábitos: su afición a orinarse en sus propias patas para refrescarse en los días calurosos, a vomitar todo el contenido de su estómago cuando son atacados y, sobre todo, a hundir sus poco agraciadas cabezas sin plumas en la sangre derramada de un cadáver para alimentarse de sus tejidos blandos, de los ojos, la boca y el ano. Dejan que me acerque. Luego, con una lenta y reticente indiferencia, alzan el vuelo, aletean y se posan pesadamente en la siguiente azotea.

Lo peor de los buitres es que son unos siniestros expoliadores de carne putrefacta y transmisores de enfermedades y expertos en vertederos, así como aficionados al fétido plato de animales atropellados, a los huesos, la carne y la piel de los muertos. Eso fue lo que me enseñaron de pequeña. Y eso es lo que pensaba Darwin cuando, en 1835, vio un buitre pavo desde la cubierta del *Beagle*. Dijo de él que era un «pájaro repugnante» cuya cabeza pelada estaba «hecha para revolcarse en la putrefacción».

Pero tal y como ahora sabemos la mayoría de nosotros, los buitres pavo han tenido mala reputación. Lo cierto es que esas cabezas desnudas y carentes de adornos son muy higiénicas: en ellas no se pegan las cosas ensangrentadas. Y es mentira que los buitres saboreen particularmente las inmundicias podridas. En realidad, prefieren la carroña más fresca. Y desde luego, desempeñan un servicio vital, y considerablemente subestimado, para el medio ambiente: la rápida y competente limpieza y reciclaje de las criaturas muertas.

Los buitres son los trabajadores sanitarios de la naturaleza. Como se alimentan en grupos y comen muy deprisa —cada ave se toma más de un kilo de carne por minuto—, consumen rápidamente cadáveres enteros. Sus intestinos son lo suficientemente ácidos como para destruir los agentes de enfermedades como el cólera y el ántrax, de modo que hay pocas posibilidades de que se propague la contaminación de un cadáver infectado. No se puede decir lo mismo de carroñeros mamíferos que comen más despacio como las ratas o los perros o los coyotes.

Lo que pasa cuando los buitres desaparecen lo sufrió en carne propia, hace más de una década, la gente en la India y en Pakistán. Allí, una mortandad masiva de buitres del Viejo Mundo causada por un medicamento contra la artritis que había en la carne del ganado bovino muerto dio lugar a un brote de rabia. Los perros, tomando el relevo, pasaron a alimentarse de cadáveres, y la población canina experimentó un fuerte incremento que vino acompañado de la propagación de la mortal enfermedad.

Mientras que los buitres pueden ser patosos andando, son bellos y majestuosos cuando están volando, grandes como un águila calva, pero con las alas vueltas hacia arriba y las plumas remeras, vistas desde abajo, casi plateadas. Son maestros en coger corrientes térmicas ascendentes incluso con el viento en calma, subiendo rápidamente en espiral hasta unas alturas impresionantes, donde parece que flotan sin moverse, balanceándose tan sólo de un lado a otro en su continua búsqueda de carroña.

Antes se creía que este vuelo en círculo a grandes alturas era una señal clara de que los buitres pavo detectaban la comida con la vista. Ahora veremos lo equivocados que estaban. Pero en aquella época era una suposición razonable. En el siglo XIX, nada menos que el gran naturalista y artista John James Audubon había proclamado —y probado, según decía— que los buitres pavo localizaban la comida solamente con la vista, oteándola desde una alturas muy elevadas.

De hecho, durante mucho tiempo, la mayor parte de los pájaros eran meramente considerados «un ala guiada por un ojo». El forrajeo era una cuestión de instinto y la búsqueda visual era la que procuraba el sustento, ya fuera en forma de insectos revoloteando, roedores deslizándose o animales recién atropellados, como de sabrosas y nutritivas frutas, nueces y bayas.

Esta propensión hacia la vista no es de extrañar. Los humanos somos criaturas muy influidas por la visión, y en lo que respecta a la agudeza visual, estamos cerca de los primeros puestos del ranking animal. Es lógico que durante mucho tiempo los estudios sobre la búsqueda de alimentos por las aves se centraran en la vista. Creíamos que el mundo ornitológico era, como el nuestro, un mundo de luz, de color y movimiento: la contracción nerviosa de un roedor o el remolino de moscas alrededor de un cadáver.

Algunos pájaros tienen una capacidad visual extremadamente aguda. Por muy buena vista que tengamos los humanos, no se la puede comparar con la de un águila audaz, que ve tres o cuatro veces más que nosotros. La retina de un águila está más densamente estratificada de conos que la nuestra, por lo que su agudeza visual, la capacidad para percibir detalles y contrastes, es mucho mejor que la nuestra. En el centro del ojo tienen una profunda fóvea —un pequeño hoyo convexo revestido de conos— que proporciona a su ojo un aumento adicional en el centro de su campo visual, una especie de teleobjetivo: lo ideal para localizar a un ratón de campo desde una gran altura.

Los pájaros nos superan también en la visión en color. Ven tonos y matices que están más allá de nuestra imaginación. Los humanos tenemos tres tipos de conos receptivos del color en nuestras retinas: el azul, el verde y el rojo. Las aves tienen un cuarto color que es sensible a las longitudes de onda ultravioletas. De modo que nosotros somos «tricromáticos», mientras que la mayoría de los pájaros diurnos son «tetracromáticos». Con su cono ultravioleta adicional, los pájaros pueden distinguir tonalidades que nosotros no distinguimos, lo cual les permite descubrir a una presa bien camuflada ante el fondo uniforme de un campo de césped o en el suelo de un bosque frondoso, así como detectar cosas invisibles para nosotros... como el rastro de orina de un topillo.

Pero la cosa va aún más allá. Los pájaros ven un amplio espectro de colores que nuestros cerebros sencillamente son incapaces de procesar. «No es sólo que puedan ver longitudes de onda de colores en una parte del espectro que nosotros no vemos», dice Mary Caswell Stoddard, profesora adjunta de ecología y biología evolutiva en la Universidad de Princeton, que estudia la visión en color de los pájaros. «Es que la luz ultravioleta es una parte fundamental de muchos de los colores que perciben. Las aves experimentan una dimensión diferente del color: todos los colores que nosotros podemos ver, pero mezclados con una amplia variedad de ultravioletas. De manera que no se trata simplemente de la visión humana y, además, algunos colores ultravioletas purpurinos, sino que es una experiencia del color completamente distinta.»

Aunque no hay manera de saber cómo perciben en realidad los pájaros un color, Stoddard puede medir con un espectrofotómetro las longitudes de onda de la luz reflejada por un objeto o una superficie. Esto le dice si un color está reflejando luz ultravioleta o no. Luego puede hacer una estimación de su aspecto de una manera que es relevante para la visión de un ave, utilizando un programa informático llamado TetraColorSpace, desarrollado por ella y por el ornitólogo Richard Prum.

Veamos por ejemplo el pájaro favorito de Stoddard, el azulillo sietecolores, del que se enamoró en sus visitas familiares a Florida. «El lomo del azulillo es de un color verde brillante espectacular», dice. «Cuando colocas el espectrofotómetro en el verde lomo del azulillo, aparece un pico verde que demuestra que las longitudes de onda verdes están siendo reflejadas, y eso es lo que estamos viendo. Pero también hay un enorme pico ultravioleta que nos perdemos por completo. A un pájaro el lomo verde del azulillo sietecolores le parece verde ultravioleta, que no es en absoluto verde, sino un color totalmente distinto que ni siquiera logramos imaginar.»

Stoddard explica que es un poco como la distinción entre la televisión en blanco y negro y la televisión en color. «Si a alguien que sólo ha visto la televisión en blanco y negro quisieras explicarle cómo es la televisión en color, te resultaría difícil», dice. «Pues bien, lo que separa nuestra visión de los colores de la experiencia que tiene un pájaro con éstos, probablemente sea algo parecido: un salto cualitativo.»

En 2019, el biólogo Dan-Eric Nilsson y sus colegas de la Universidad de Lund, en Suecia, publicaron unas fotos sacadas con una cámara diseñada para recrear cómo ven los pájaros el color en su entorno. Con la ayuda de unos filtros especiales, la cámara simula todo el espectro visual de las aves. Un descubrimiento importante es que para los pájaros el tupido follaje de una selva tropical probablemente no sea como la mancha de vegetación uniforme y, en gran medida, plana que vemos nosotros, sino un mundo detallado y tridimensional de distintas hojas que ofrecen un gran contraste entre sí. Yo he intentado ver de esa manera, distinguir las diferentes hojas entre la cortina de verdor, pero los contrastes del verde son difíciles de distinguir para los humanos; de ahí que resulte casi imposible detectar al maullador verde en la selva tropical. La luz ultravioleta aumenta el contraste entre el haz y el envés de la hoja, de modo que la estructura tridimensional —la posición y la orientación— de las hojas queda resaltada. Esto facilita a los pájaros poder internarse en terrenos muy frondosos y encontrar allí comida.

Verdaderamente, el color, la belleza y la realidad están en el ojo del observador.

El búho pescador de Blakiston, en Hokkaido, puede estar buscando las ondulaciones que hace el pez en las aguas poco profundas, pero la mayoría de los búhos buscan la comida «a oído».

En 2018, pasé una hora en una pajarera con Percy, un cárabo lapón, una especie que busca a oído topillos y otros roedores que hacen túneles en la tierra blanda y puede oírlos a una distancia de unos pocos cientos de metros, aunque estén bajo medio metro de nieve. Un cuidador del zoológico, en el museo al aire libre de Skansen, en Estocolmo, Suecia, atrajo a Percy hacia mi brazo con una docena de ratones descongelados. Estar tan cerca de un pájaro tan majestuoso como ése, aunque fuera en la pajarera de un zoo, me dejó sin respiración. El pájaro es enorme, de un metro de altura y metro y medio de envergadura, pero no pesa tanto como el búho de Blakiston. Es todo plumas y, pese al tamaño, su vuelo es silencioso y aterciopelado. Tiene una cabeza enorme y una cara ancha y plana que gira hacia mí como el haz de un faro, para mirarme con esos ojos de color amarillo brillante. El disco facial —el círculo de plumas que rodea cada ojo— actúa como un pabellón auricular o una antena parabólica, que dirige el sonido hacia las colosales y complejas aberturas del oído, las cuales son asimétricas; la abertura del oído izquierdo está más arriba que la del derecho. Esta asimetría permite que el búho identifique la dirección de un sonido desde su percha. Y también que localice a una presa completamente a oscuras, como lo hace una lechuza común o lechuza de los campanarios, con un error de menos de un grado. Cuando va de caza, escucha atentamente volviendo la cabeza a un lado y a otro. Una vez que detecta el murmullo de un roedor, se lanza en picado de cabeza y, en el último instante, adelanta los pies por debajo del mentón para enganchar a la presa.

Si se piensa en dónde cazan los búhos y en las condiciones naturales a las que se enfrentan, la confianza que tiene el de Blakiston en su vista y el cárabo lapón en su oído tienen mucho sentido, dice Jonathan Slaght. Los cárabos lapones cazan en terreno llano, con nieve y en silencio. Los búhos pescadores normalmente cazan en valles fluviales estrechos con cauces poco profundos y rocosos por los que el agua fluye rápidamente. «Si un búho pescador tuviera un oído hipersensible y cazara en estas vías fluviales, se volvería loco», dice. «Hay tanto ruido, que aislar el sonido de la presa en ese tipo de hábitat resultaría imposible. El búho pescador sí tiene un disco facial, pero no es ni aproximadamente tan pronunciado como el del cárabo lapón o el de la lechuza común, que puede percibir cosas en completa oscuridad gracias a su elevada capacidad auditiva.»

Durante mucho tiempo, los científicos creían que las aves más pequeñas que los búhos estaban escasamente dotadas para encontrar la presa a oído porque sus pequeñas cabezas no creaban suficiente «sombra del sonido». Sus orejas estaban demasiado juntas como para generar esa leve diferencia de tiempo interaural que ayuda a un búho a localizar los sonidos. Pero los estudios de las últimas décadas lo desmienten. La urraca australiana puede encontrar las larvas enterradas de los escarabajos porque detecta los tenues ruidos de rascado hechos por las larvas cuando escarban. Cuando la visión es limitada, los mirlos primavera buscan lombrices de tierra mediante el oído. Basta con observarlos en un campo o en la hierba: corren unos pocos pasos, luego embisten y clavan el pico en lo hondo de la tierra, de la que sacan a menudo una lombriz. Los científicos han registrado unas tasas de captura de nada menos que veinte lombrices por hora. Si enmascaramos todo el sonido con ruido blanco, como hicieron los investigadores, los mirlos no tienen tanto éxito ni siquiera aproximadamente.

Un puñado de pájaros utiliza el sonido de sus propias voces para moverse en la oscuridad, entre ellos, los guácharos —también llamados aves de las cavernas o pájaros aceitosos— de la Sudamérica tropical. Estos pájaros fueron descubiertos por el mundo científico europeo en 1799, cuando el naturalista prusiano Alexander von Humboldt siguió a unos miembros de la tribu indígena local a una cueva llamada Caripe, «la mina de grasa», en el nordeste de Venezuela. La expedición siguió un arroyo que llegaba hasta la boca de la cueva. Cuando el grupo se internó en la oscuridad, unos gritos roncos, unos penetrantes chillidos y gruñidos y otros sonidos grotescos y nauseabundos reverberaron contra la rocosa bóveda y su eco resonó en las profundidades. La cueva estaba llena de varios miles de pájaros conocidos como *diablotín* (pequeño diablo) y localmente como *guácharo*, «el que llora y se lamenta». Cuando los guías de Humboldt alzaron las antorchas, la luz reveló la fuente de los espantosos ruidos: miles de nidos en forma de embudo a entre quince y dieciocho metros por encima de sus cabezas. Los hombres dispararon con sus armas hacia arriba y abatieron a dos pájaros, que más tarde fueron examinados por Humboldt. «El guácharo es más o menos del tamaño de nuestras gallinas», escribió, «con la boca de nuestros chotacabras y los andares de un buitre, y tiene un pelo sedoso y tieso alrededor de su ganchudo pico.»

El pájaro aceitoso es la única especie de su género. Su nombre común viene de las crías, que se ponen bastante gorditas antes de abandonar el nido, llegando a pesar un 50 % más que sus padres. Su aceite es limpio e inodoro, escribió Humboldt, «y tan puro que dura un año sin ponerse rancio». Los indígenas conocían el pájaro desde hacía siglos y recogían su grasa para condimentar la comida y para prender antorchas, pero sólo cogían los pájaros que estaban en la entrada de la cueva, de modo que la población de guácharos sobrevivió.

El ave de las cavernas es el único pájaro nocturno frugívoro del mundo. Las enormes bandadas de varios miles de pájaros pasan los días posados y chillando en la oscuridad de la cueva. Cada noche salen en silencio a forrajear en los bosques de los alrededores, donde comen los frutos de la palma y del laurel, que se tragan enteros regurgitando las simientes.

Imaginemos vivir en las profundidades de una cueva sin que entre la luz del día y sin ver ni una sola vez en la vida ninguna iluminación más potente que la de la luna. El pájaro aceitoso ha desarrollado unas herramientas para arreglárselas en su oscuro mundo: tiene unas largas cerdas especiales alrededor del pico que utiliza para la sensación táctil, lo ideal para sondear la fruta a través del tacto y para otras necesidades. Asimismo, posee los ojos más sensibles a la luz de todos los vertebrados de la Tierra, con una elevada densidad de bastoncillos en la retina, en torno a un millón por milímetro cuadrado, lo que le permite ver por la noche mientras se procura alimento a la luz de la luna. Pero en la oscuridad completa de la profunda cueva, donde el pájaro reposa y anida, necesita un sistema de orientación que esté más allá del tacto o la vista.

Hoy en día, damos por descontado que algunos animales usan sonidos reflejados que profieren ellos mismos para detectar objetos en su entorno. Pero cuando Donald Griffin y su compañero de estudios Robert Galambos propusieron por primera vez esta noción en un congreso científico celebrado en la década de 1940, casi todos se lo tomaron a risa. Más tarde, Griffin escribió que un distinguido psicólogo estaba tan escandalizado por su presentación sobre los murciélagos, «que agarró a Bob por los hombros y lo meneó mientras le reconvenía: "¡Es imposible que estés hablando en serio!"».

Los científicos tardaron años en aceptar por completo la idea de la ecolocación, como la denominó Griffin. Décadas después, intrigado por unos informes sobre el nocturno pájaro aceitoso, Griffin examinó a esas extrañas criaturas y reveló un hecho sorprendente: si taponamos los oídos de los pájaros en un espacio oscuro como boca de lobo, chocan contra las paredes; si destaponamos los oídos, las evitan con toda facilidad.

A diferencia de los murciélagos, que emiten sonidos en frecuencias ultrasónicas demasiado altas como para que nosotros las oigamos, los pájaros de las cavernas emiten audibles *clics* que rebotan contra los objetos y proporcionan un mapa acústico de sus alrededores en la oscuridad. Los pájaros cliquean con la siringe, abriendo y cerrando sus cuerdas vocales cinco veces por segundo, lo que coincide con su frecuencia de cinco batidas de ala por segundo cuando vuelan. La bióloga danesa Signe Brinkløv los ha observado cliqueando mientras entran y salen de las cuevas y adaptando el número de *clics* a las condiciones generales de la iluminación. «Al enviar ráfagas de *clics* más largas cuando hay menos luz de luna disponible, generando así una señal con más energía, son capaces de reflejar un mayor eco para una distancia determinada», es la hipótesis que formula Brinkløv, «lo cual incrementa la amplitud de su sistema de ecolocación cuando las condiciones de luminosidad son poco favorables.»

Los pájaros aceitosos no sólo tienen unos bigotes sensibles al tacto, unos ojos sensibles a la luz y una habilidad para la ecolocación, sino que además poseen grandes órganos olfativos, lo que sugiere que el olfato puede desempeñar un papel importante en su forrajeo.

Los pájaros encuentran comida mirando, escuchando y ecolocando. Pero ¿oliendo también?

Muy entrado ya el siglo XX, la gente creía que los pájaros a duras penas podían oler, y mucho menos forrajear con el olfato. Aun cuando unos estudios anatómicos demostraron que algunas aves como los buitres pavo y los pájaros aceitosos tenían enormes bulbos olfatorios —la parte del cerebro encargada de procesar los olores—, seguía imperando el escepticismo sobre si esos bulbos realmente les proporcionaban la capacidad funcional de detectar olores. Observaciones y estudios contradictorios, muchos de ellos deficientemente planteados, contribuyeron a la confusión y crearon la impresión general de que los pájaros sencillamente no utilizaban su equipamiento olfativo.

Cuando Gabrielle Nevitt decidió comprobar la posibilidad de que ciertas aves marinas utilizaran el olfato para localizar a sus presas en el inmenso e indiferenciado océano, se encontró con el mismo escepticismo padecido por Griffin y Galambos. Muchos científicos, si no la mayoría, consideraban absurda la idea de que los pájaros tuvieran olfato. De hecho, este dogma sigue prevaleciendo, dice Nevitt. «Mires el manual de ornitología que mires, lo más probable es que ponga que las aves carecen de un buen sentido del olfato.» Siendo ahora directora del Laboratorio de Ecología Sensorial de la Universidad de California, en Davis, Nevitt ha tardado veinticinco años de brillantes estudios en desenmascarar esta patraña.

Nevitt puede culpar a John Audubon del escepticismo que ha tenido que afrontar. Hace casi dos siglos, el destacado veterano de la ilustración ornitológica plantó la semilla de la duda sobre si los pájaros pueden oler. En una charla abierta al público que dio en 1826, recomendó a la gente que «abandonara la noción tan profundamente arraigada» de que los buitres pavo descubren a su presa por el olfato. Para respaldar su argumento de que los buitres no buscan la carroña por el olfato, Audubon «se había involucrado asiduamente en una serie de experimentos», según sus propias palabras.

De «increíblemente interesantes» califica Nevitt estas investigaciones, no sin cierta ironía.

Para empezar, Audubon rellenó de hierba una piel de ciervo. La colocó boca arriba en pleno campo abierto, con las patas flexionadas y separadas, «como si el animal estuviera muerto y podrido», pese a que en realidad no olía a nada. Para gran satisfacción suya, «un buitre que sobrevolaba el campo a una altura razonable, avistó la piel, enfiló directamente hacia ella y se posó a pocos metros», dijo. «Luego, acercándose a los ojos, que eran unas sólidas bolas de arcilla dura, seca y pintada, atacó primero uno y después el otro.» Audubon dedujo de esta prueba que la capacidad visual del pájaro supera a su sentido del olfato.

Para su segundo experimento, Audubon acarreó un cerdo muerto hasta un barranco, lo cubrió de zarzas y tallos de caña y dejó que se descompusiera durante dos días con el calor de julio, «cuando un cuerpo muerto se pudre y se vuelve horriblemente fétido en poco tiempo», escribió. Esta vez los buitres circunvolaron la cárcava, pero ninguno se acercó al apestoso cadáver. Varios perros, en cambio, sí se acercaron y comieron de él, pese a que el olor era «insoportable». Para los buitres, al parecer, también. Y es que los buitres no saborean la carne putrefacta; prefieren un animal recién muerto. El experimento de Audubon era un poco como si a tus invitados a un cóctel les sirvieras unas ostras pestilentes y dedujeras que no les gusta el marisco.

Los resultados eran «totalmente concluyentes», dijo. «El olfato de estos pájaros ha sido burdamente exagerado.»

Siguiendo la iniciativa de Audubon, observadores posteriores no escatimaron esfuerzos en explicar cómo pueden los buitres pavo encontrar comida oculta si no es por el olfato. Observando o escuchando el zumbido de las moscas, por ejemplo, o contemplando los movimientos de los ratones comedores de carroña y de las marmotas o ardillas terrestres correteando alrededor de un cadáver oculto, o a los perros domésticos husmeándolo con su fino olfato. Tal vez los buitres no tengan unos bulbos olfativos tan grandes para descubrir la presa, teorizaron, sino para detectar la dirección y la calidad de las corrientes de aire con el fin de cernerse.

Afortunadamente, llegó Betsy Bang para echar por tierra la teoría de Audubon. Bang, una ilustradora científica que trabajó en la Universidad Johns Hopkins a finales de la década de 1950, diseccionó y dibujó las cavidades nasales de varias especies ornitológicas para ilustrar los artículos de su marido, veterinario, sobre las enfermedades respiratorias de los pájaros. Al final, creó todo un atlas de las estructuras olfativas del cerebro de las aves, mediante gráficos que indicaban su notable tamaño e importancia en algunas especies. Tal y como lo cuenta Gabrielle Nevitt, «Bang fue una naturalista en ciernes y experta en pájaros, y pensó: "¡Ay, Dios mío, los pájaros tienen sentido del olfato!". Y cuando consultó la bibliografía, debió de pensar: "¡Ay, Dios mío, un montón de manuales dicen que no tienen sentido del olfato!"».

«Parece curioso que los anatomistas hayan destacado tan a menudo los grandes órganos olfativos de ciertas especies», escribió Bang; «sin embargo, casi todos los estudios sobre el aprendizaje olfativo se han hecho con pájaros tan poco dotados como las palomas y han tendido a perpetuar en los manuales la idea de que el sentido químico de los pájaros es mínimo o inexistente.»

Bang escribió una serie de artículos en los que detallaba la prueba anatómica del impresionante olfato que tienen varios pájaros, centrándose en el cerebro y en el sistema olfatorio periférico. Una ilustración mostraba las grandes estructuras de los cornetes nasales en el sistema olfatorio del buitre pavo, que contrasta mucho con las más pequeñas estructuras de los cornetes de los buitres negros. «Betsy no sólo sugería que algunos pájaros tenían un fino sentido del olfato», dice Nevitt, «sino que también introdujo la idea de comparar el sentido del olfato entre especies muy relacionadas entre sí. De un artista a otro, Betsy declaró: "Audubon, estás equivocado. Los pájaros sí tienen sentido del olfato".»

Una década después, el ornitólogo Kenneth Stager reforzó las ideas de Bang demostrando que los buitres pavo sí huelen la carroña y que prefieren cadáveres frescos a cadáveres podridos. En un experimento, Stager escondió el cadáver recién despellejado de un tejón envuelto en periódicos dentro del denso arbusto de la creosota o gobernadora. Apareció un buitre pavo solitario, circunvoló el área primero contra el viento y luego a favor del viento y descendió hasta quedar un poco por encima del arbusto. «Tras una breve inspección de la zona», escribía Stager, «el buitre se dirigió contra el viento directamente hacia el señuelo y, con el pico, extrajo del arbusto de la creosota el cadáver envuelto en papel.»

Esto sólo era el comienzo. Stager también identificó el aroma específico que atrae a los buitres hacia la carroña. El descubrimiento surgió de una conversación fortuita con ingenieros de campo en una empresa petrolera, los cuales llevaban un tiempo dándose cuenta de que los buitres pavo tenían buen olfato y utilizaban a esos pájaros para localizar fugas en las tuberías de gas natural. Los ingenieros habían averiguado que, si introducían mercaptano de etilo en la tubería, podían localizar las fugas por la concentración de buitres pavo sobrevolando la tubería o posados en el suelo cerca de ella. La misma sustancia química sulfurosa que se le añade al gas natural para que la nariz humana pueda detectar una fuga resultó ser la que desprende un animal poco después de morir. Gracias a los experimentos de Stager, ahora sabemos que los buitres pavo se sienten muy atraídos por el olor y pueden utilizarlo para hallar un objetivo tan diminuto como un topillo muerto enterrado en las hojas del suelo del bosque bajo un denso dosel de árboles.

Lo que hace de la nariz de un buitre pavo algo tan hipersensible salió a relucir en 2017, cuando unos científicos reconsideraron la idea de Bang y diseccionaron los cerebros tanto de los buitres negros como de los buitres pavo para compararlos. Gary Graves, un ornitólogo de la Smithsonian Institution, había oído hablar de una operación del Departamento de Agricultura de Estados Unidos para eliminar los buitres negros y los buitres pavo de Nashville, Tennessee, y decidió aprovechar los cerebros de los pájaros recién matados. El buitre pavo, según demostró el estudio, no sólo tiene un bulbo olfatorio cuatro veces mayor que el buitre negro, sino que también tiene el doble de células mitrales, unas neuronas especializadas que transfieren información desde los receptores olfativos hasta las partes del cerebro que la interpretan, permitiendo así que el cerebro distinga entre muchas clases distintas de olores y asocie un olor con un objeto. Con tres veces más células mitrales que un conejo o una rata, un buitre pavo puede detectar las moléculas aromáticas que flotan en el aire, procedentes de la carne en proceso de descomposición, en concentraciones tan pequeñas como una parte mínima por cada mil millones.

¿Qué es exactamente lo que olfatea el ave? Los científicos no están seguros. Podría ser un solo olor como el mercaptano de etilo o todo un cóctel de los cientos de componentes volátiles que constituyen el hedor de la muerte. Cada tipo de tejido en descomposición —músculo, piel, grasa, etc.— desprende su propio perfume. Lo que sí sabemos es que estos pájaros pueden rastrear columnas de olor procedentes de un cadáver, mientras se elevan a gran altura en el aire y luego se centran en él volando en círculo y descendiendo por la columna del hedor hasta que encuentran su fuente.

El buitre pavo o urubú de cabeza roja figura entre los sabuesos del mundo ornitológico, y gracias a su mayor capacidad para encontrar comida al pie de los doseles sólo por el olor, es la especie de buitre más próspera, pues cuenta con aproximadamente dieciocho millones de ejemplares dedicados a limpiar los cadáveres del mundo. Pero no es el único pájaro que tiene un fino sentido del olfato.

Ya en la década de 1960, la fisióloga Bernice Wenzel decidió explorar si los pájaros de diferentes especies tenían olfato. «Bernice era un portento en la materia», dice Nevitt. «Llegó a ser muy conocida por utilizar las mismas técnicas avanzadas para estudiar el olfato de los pájaros que se usaban en la época para estudiar a los mamíferos. Comprobó una gama de taxones con el objetivo de demostrar que la nariz de los pájaros no sólo estaba anatómicamente desarrollada, sino también funcionalmente. Sus estudios complementaron en gran medida las investigaciones anatómicas de Betsy Bang.»

Wenzel halló que todos los pájaros que estudiaba podían detectar olores: las palomas, las codornices, los colibríes, los petirrojos e incluso los carpodacos domésticos y los estorninos. Resulta que los estorninos pintos utilizan el olor para discriminar entre especies de plantas durante la temporada de nidificación, eligiendo plantas verdes frescas que sean ricas en componentes volátiles como la milenrama para forrar los huecos de sus nidos. Las hierbas aromáticas sirven como fumigante para proteger a las crías del montón de parásitos y patógenos que van aumentando con el uso continuado del nido. Destaquemos una cosa curiosa: los pájaros saben distinguir entre el olor de la milenrama y el de otras plantas sólo por temporadas, durante el cortejo y durante la construcción del nido. El pájaro indicador utiliza el aroma para buscar colmenas, y el halcón abejero oriental, un ave de presa de Taiwán, emplea el olfato para rastrear las nutritivas bolitas de masa rellena de polen que los apicultores taiwaneses dan a sus abejas como suplemento alimenticio. El kiwi de Nueva Zelanda, el único pájaro que tiene una fosa nasal en la punta del pico en lugar de en la base, utiliza el olfato para desenterrar gusanos, invertebrados y semillas. Los frailecillos tienen un sentido del olfato tan fino, que pueden encontrar su colonia sólo por el olor desde una distancia de muchos kilómetros. Los carpodacos domésticos son capaces de detectar a los depredadores por el olor. Incluso los patos tienen un sistema olfatorio muy desarrollado. De hecho, pájaros de toda índole utilizan el sentido del olfato para explorar y localizar madrigueras y nidos, para detectar señales químicas durante el cortejo, escoger parejas, evitar depredadores y buscar comida. Pero como ha descubierto Gabrielle Nevitt, los buitres pavo, como soberanos del forrajeo olfativo, sólo tienen un grupo de verdaderos rivales en el mundo ornitológico.

Nevitt está hechizada por el olfato. Nos conocimos en una reunión de dos mil ornitólogos en Vancouver, Canadá, muchos de los cuales aún sostenían las creencias de los viejos manuales en cuanto al olfato de los pájaros. Cuando Nevitt subió al estrado, la anterior manera de pensar de los ornitólogos voló por la ventana. Nevitt comenzó su carrera profesional estudiando el salmón en la Universidad de Washington en Seattle, concretamente su habilidad para encontrar el camino de regreso a casa por el olfato, siguiendo el rastro hasta los ríos de desove donde han nacido. Pero su gran amor siempre han sido los pájaros.

«Muchos de mis colegas de la ornitología parece que se han sentido atraídos hacia este campo porque se criaron observando pájaros salvajes, pero en mi caso fue por "oler" pájaros domesticados», dice. «A mi madre le encantaban los pájaros, y teníamos muchas aves domesticadas con las que jugar. En casa, tanto dentro como fuera, había un loro, un miná común y muchísimas gallinas.» Fueron estos pájaros de compañía, no los libros, los que le enseñaron a Nevitt la conducta de las aves y todo lo relacionado con los sentidos. «Nuestro loro se fijaba mucho en qué tipo de tostada comía, si estaba untada de mantequilla de verdad o de margarina. Yo iba a todas partes con un gallo bantam como muchas niñas llevan una muñeca, y recuerdo el olor perfumado de la base de su cresta y que las plumas de su cuello olían a ciruelo, o a hierba, o a veces a eucalipto. Yo no sabía nada de química, pero imaginaba que sus plumas llevaban el aroma de los alrededores, y siempre acertaba dónde había estado. Nuestro miná olía a polvo, excepto el lóbulo de la oreja. El aliento le olía a fruta o a comida para perros, dependiendo de lo que hubiera comido. La cercanía personal con una gran variedad de pájaros de compañía me brindó una intuición particular que de otro modo no habría tenido.»

En la actualidad, Nevitt cuida de varias aves, entre las que figuran emúes y pavos reales. «Hace unos años, nos fuimos a vivir al campo para poder criar emúes», dice. «Quería estudiarlos porque son basales [cercanos a la base del árbol evolutivo de los pájaros] y tienen grandes bulbos olfatorios, y no había sitio para alojarlos en el campus universitario. Los cogimos de pollitos, pero paradójicamente se convirtieron en unas mascotas muy queridas, en lugar de en objeto de estudios científicos.» Desde entonces ha adquirido pavos, pavones reales y varias gallinas. «Tenemos gansos que actúan como perros guardianes», dice. «También tienen un buen sentido del olfato.»

Cuando Nevitt dejó de estudiar el salmón para estudiar las aves marinas —conocidas como «peces del aire» porque recorren el mar y van a tierra sólo para criar—, parecía un cambio natural. Sin embargo, fue acogido con gran escepticismo. «Me quedé atónita cuando vi lo mucho que me ridiculizaban», dice. «La gente me decía que estaba loca, que nunca lograría una financiación para mis investigaciones.» No obstante, ella persistió y centró su ingenio en las aves marinas de nariz tubular: albatros, petreles, fulmares y pardelas. Estas aves son famosas por el fuerte olor a almizcle que impregna su plumaje. Se llaman de nariz tubular por unos tubos alargados o narinas que tienen sobre su grueso pico superior y que utilizan para eliminar la sal del agua del mar que se tragan y también, como descubrió Nevitt, para otro propósito igualmente vital.

Los científicos sabían que las aves marinas de nariz tubular estaban dotadas de un sofisticado equipamiento olfativo. Minuciosos estudios comparativos del cerebro de los pájaros, como el de Bernice Wenzel, revelaron que el tejido olfativo ocupa más o menos un 37 % del cerebro de un ave marina, frente al aproximadamente 3 % que ocupa en el cerebro de una típica ave canora. Además, los bulbos olfatorios de algunas aves marinas tienen el doble de células mitrales que los de las ratas y seis veces más que los ratones.

Hasta que no apareció Nevitt, sin embargo, nadie había explorado sistemáticamente cómo las aves marinas podían usar su elaborado equipo nasal para seguir el rastro de una presa a lo largo de grandes extensiones oceánicas. Estos pájaros sobrevuelan el mar recorriendo distancias extremas en busca de pequeñas y variables manchas de presas como kril, peces y calamares flotando en la superficie del océano; los albatros llegan a hacer miles de kilómetros en un solo viaje de forrajeo. «Muchas de estas especies rutinariamente viajan en la oscuridad o en condiciones de visibilidad limitada por la niebla o por un cielo muy encapotado», dice Nevitt. «A diario las probabilidades de su supervivencia son, según el proverbio, como las de encontrar una aguja en un pajar.»

¿Cómo lo hacen?

Husmeando componentes aromatizados: una sustancia química en concreto, sulfuro de dimetilo o, por sus siglas en inglés, DMS, generado cuando el kril devora fitoplancton. Durante las dos últimas décadas, Nevitt ha analizado la impresionante habilidad de las aves marinas para detectar cantidades mínimas de esa sustancia química.

Para nuestro olfato, el DMS es ese olor salobre a azufre de la orilla del mar o de las ostras abiertas. Para las aves marinas, es el aroma del sustento. «Los pájaros tienden a ser atraídos no por el olor de la presa en sí», dice, «sino más bien por olores como el DMS, que se desprenden durante las interacciones de la alimentación», un término eufemístico para designar los estragos que causan los depredadores en la presa. En otras palabras, dice Nevitt, «los depredadores tienden a ser unos comensales desordenados, y las aves marinas de nariz tubular se han adaptado a tener muy en cuenta quién está comiendo a quién».

La sensibilidad al DMS también explica por qué las aves marinas consumen plásticos y otros residuos. Los desechos de plástico desprenden el aroma de la sustancia química, haciendo que la basura huela a comida y creando una especie de trampa olfativa para las aves marinas.

Cabría pensar que un ave marina que va husmeando la presa estaría siguiendo un gradiente del olor, es decir, avanzando hacia el hedor concentrado. Pero por encima del océano el flujo del aire no es limpio y ordenado, sino turbulento y agitado. Las columnas odoríferas se parecen más al humo de los cigarrillos; suben en espiral y van a la deriva sobre la superficie del océano. Para cruzar esas columnas, las aves marinas vuelan en zigzag y contra el viento, como también lo hacen los perros de caza, los peces y otras criaturas que siguen el rastro por el olfato.

A los paíños se les da especialmente bien esta estrategia, pues detectan la sustancia química a una gran distancia y planean de acá para allá con las corrientes del viento, sin dejar de olfatear el aire hasta que se concentran en su objetivo. Otras aves marinas que se fían más de las señales visuales siguen a los petreles hacia la comida. Los petreles, por su parte, tienen un olfato como el de una comadreja, lo que posiblemente les ayude a detectar a los progenitores o a las parejas. El ornitólogo Edward Howe Forbush los llamaba «unos pájaros peculiares e inquietantes», con unos hábitos tan extraños, «que desde tiempos inmemoriales los marineros han tenido la superstición de que estas aves son las precursoras de las tormentas y los naufragios». Estos pájaros se crían en madrigueras oscuras, donde los olores constituyen la experiencia sensorial dominante, de modo que están más sensibilizados por las señales químicas. Nevitt ha descubierto que los pollos de los petreles que anidan en madrigueras pueden aprender los olores asociados a la presa cuando aún siguen en el nido. Los pajarillos son capaces de detectar el DMS y el amoníaco (un derivado de la orina de casi todos los organismos marinos) en concentraciones mínimas —un millón de veces más bajas que cualquier otra sensibilidad al olor registrada hasta ahora entre las aves—. Si a un polluelo de paíño boreal se le ofrece una pequeña cantidad de uno de esos olores, el diminuto pajarito recorrerá con la cabeza todo su cuerpo mientras «carraspea» y hace rápidos movimientos encaminados a morder la fuente del aroma.

La primera vez que Nevitt consultó unos mapas de columnas de DMS por el océano, notó algo revelador. Las columnas parecían superponerse a algunas peculiaridades oceánicas como los montes submarinos y otras zonas de afloramiento, donde el fitoplancton tendía a acumularse, así como el kril que comen las aves marinas. Para un ave marina el océano no tiene nada que ver con la indiferenciada extensión de agua que vemos nosotros. Es un rico paisaje de columnas odoríferas que se arremolinan y que reflejan los rasgos oceanográficos y los procesos físicos en los que previsiblemente se acumula el fitoplancton. «Especulamos que los pájaros, con el tiempo y la experiencia, se construyen un mapa de este paisaje olfatorio», dice Nevitt, «y lo utilizan para orientarse por las áreas donde posiblemente haya presas.»

Éste es el tipo de novedad que crea una nueva visión caleidoscópica del mundo: de las aves marinas como sabuesos emplumados, sí, pero también del propio planeta, del aire que circunda al océano como un paisaje invisible lleno de sutiles remolinos que tan sólo perciben criaturas mucho más sensibilizadas que nosotros.

Y aquí viene el colofón: durante un tiempo hemos sabido que colonias de golondrinas risqueras, a semejanza de las colonias de abejas melíferas, hacen las veces de centros de información sobre el forrajeo. Pájaros progenitores que se trasladan de acá para allá con el fin de dar de comer a los polluelos son seguidos hacia las fuentes de alimento por sus vecinos menos habilidosos. Ahora sabemos además que las aves marinas comparten sus conocimientos sobre sitios buenos donde encontrar comida, dando y recibiendo información actualizada sobre dónde poder darse un banquete, especialmente cuando la presa es escasa o impredecible. Águilas pescadoras buscan a otras águilas pescadoras que hayan capturado peces de un cardumen, que se desplaza en cuestión de minutos, y vuelan rápidamente en esa dirección, acortando así su propio tiempo de búsqueda. Los araos comunes se posan en la superficie del mar, a un kilómetro más o menos de sus nidos, para observar a adultos habilidosos que llevan peces a sus polluelos. Esta zona de observación puede funcionar como un centro de información, dicen los científicos, donde los pájaros desinformados se informan sobre el emplazamiento de su esporádica y errante presa.

Pero he aquí el ejemplo que le deja a uno boquiabierto: los cormoranes guanay, que viven y anidan en colonias a lo largo del litoral peruano, forman una balsa flotante de pájaros que, en el transcurso del día, cambia continuamente de orientación para indicar la dirección de las efímeras manchas de presas. Cada cormorán que abandona la colonia para pescar se une a la balsa para orientarse antes de dirigirse a las áreas de alimentación.

Qué curioso. Los pájaros crean una verdadera brújula viviente para encontrar comida.

5

Herramientas ardientes

La comida es a menudo esquiva y efímera, y está repartida de forma irregular, por no hablar de cuando está esparcida a lo largo de miles de kilómetros de océano. En consecuencia, los pájaros no sólo han desarrollado unas orejas peculiarmente asimétricas y unos grandes cerebros olfatorios, sino también unas estrategias sorprendentemente astutas para obtener alimentos difíciles de conseguir, resolviendo problemas complicados y usando herramientas, incluidas las que tal vez sean las herramientas más esenciales para la alimentación de la humanidad.

Las garzas de todo el mundo han aprendido a poner un cebo a sus capturas, colocando con extremo cuidado sobre la superficie del agua hojas e insectos muertos para atraer a los peces. Los martinetes pescadores píos, los martinetes comunes y las garcitas verdosas que viven en los parques han aprendido que el pan que la gente echa a los patos y a los gansos puede atraer también a los pececillos. Se han aficionado a recoger trocitos de pan y colocarlos sobre el agua; luego esperan con una paciencia propia del santo Job a que pique un pececillo para atraparlo con un rápido movimiento de sus largos y afilados picos.

Algunos pájaros acceden a comida encerrada en duras conchas o en algún otro sólido envoltorio, arrojándola al suelo para que se abra con el golpe. Las gaviotas arrojan almejas, y las cornejas y los cuervos tiran nueces. Quizá el más llamativo sea el quebrantahuesos o buitre-águila barbado, ave carroñera como el buitre pavo, pero que disfruta más de los huesos que de la carne. Los huesecillos se los traga enteros; los grandes fémures y cúbitos se los lleva al cielo y los tira desde varios metros de altura sobre afloramientos rocosos, para partirlos y extraerles el tuétano. Tiene sus sitios preferidos para romper huesos, que son conocidos como rompederos. Se cree que esta enorme y encantadora ave fue la que mató a Esquilo al lanzar una tortuga sobre el dramaturgo griego, pues confundió su cabeza calva con una piedra.

Unos corvinos negros que estaban forrajeando en la orilla de un arroyo, en Nueva Gales del Sur, fueron observados mientras desenterraban mejillones enterrados en el barro a bastante profundidad y, luego, abrían los que más se resistían con una herramienta, una concha de mejillón vacía. Con el extremo puntiagudo golpeaban repetidamente el mejillón cerrado hasta que se rompía y se abría. Zarapitos del Pacífico de la parte noroccidental del archipiélago de Hawái han sido vistos cogiendo pedacitos de coral y arremetiendo con ellos contra los enormes huevos de los albatros para perforar la dura cáscara y extraer el contenido con sus largos picos. Un par de guardas del Jardín Botánico de Canberra vieron algunas sitelas pintas sondeando un agujero de un eucalipto con una ramita para sacar larvas. Los trepadores cabecipardos o sitas de cabeza castaña hacen lo mismo utilizando trocitos de corteza de pinos de Virginia o pinos de hoja larga para fisgonear bajo las lascas sueltas de la corteza y devorar todo cuanto haya de comestible ahí detrás. Unos observadores con buen ojo del sur de Texas descubrieron unas charas verdes que usaban ramitas para extraer insectos de las grietas de la corteza en los matorrales secos.

Unos pocos pájaros incluso se fabrican sus propias herramientas, una conducta tan rara como tantas otras en el reino animal. Entre ellos figura el pinzón carpintero de las islas

Galápagos, que selecciona espinas de cactus de diferentes longitudes y las modifica para hurgar en los agujeros y sacar insectos que estén fuera del alcance de su pico, llegando a veces a transportar su espina favorita de un árbol a otro para empalar a su presa. Las cacatúas goffinianas son increíblemente listas a la hora de inventar y manipular herramientas en el laboratorio, pero hasta el momento no se les ha visto hacer eso en estado salvaje. (Esto podría cambiar gracias a un nuevo centro de investigación establecido en 2017 en el territorio propio de la cacatúa, el archipiélago de las islas Tanimbar, en Indonesia.) El cuervo hawaiano, también conocido como «alala», extinguido en estado salvaje, maneja herramientas en cautividad con gran destreza; sondea hábilmente agujeros para sacar comida con unos palitos que, si no son perfectos, pule. Los científicos sospechan que, en otro tiempo, en estado salvaje, debían de utilizar herramientas con regularidad.

El usuario de herramientas más famoso del mundo ornitológico es el cuervo de Nueva Caledonia, descrito en *El ingenio de los pájaros*. Este cuervo construye y conserva sus propias y muy sofisticadas herramientas. Es la única especie, aparte de los humanos, que hace herramientas ganchudas, pequeñas varillas con un gancho en el extremo, que utiliza para extraer larvas y otros invertebrados de los agujeros de los árboles, así como de todos los recovecos de las plantas. Estos cuervos también fabrican elaboradas herramientas ganchudas de las hojas del pandano. Éstas tienen unas pequeñas púas a lo largo del borde que el ave utiliza para adherir a sus larvas. La fabricación de estos utensilios de caza requiere muchos pasos un tanto complicados. Los pájaros hacen varios cortes y desgarros en la hoja antes de extraer de ella una herramienta muy bien diseñada, lo cual sugiere que tienen una imagen de ella en la cabeza antes de empezar a fabricarla.

En 2018, el cuervo de Nueva Caledonia nos mostró que un pájaro puede crear herramientas combinando dos o más elementos... proeza que hasta entonces sólo se había visto en humanos y grandes simios. Para el experimento, los investigadores capturaron ocho cuervos que vivían en estado salvaje en Nueva Caledonia y los llevaron a un centro de investigación de la Universidad de Oxford. Ofrecieron a los cuervos una caja puzle, que los pájaros no habían visto con anterioridad y que contenía un pequeño recipiente para la comida detrás de una puerta con una pequeña ranura abierta por abajo. Les dieron unas varillas largas a los cuervos que los pájaros metieron con prontitud por la ranura y las usaron para sacar la comida por una ventana que había en un lado de la caja. Luego los científicos dieron a los cuervos unas varillas demasiado cortas como para llegar a la comida, unas huecas y otras sólidas, con diferentes diámetros, de modo que unas cabían dentro de otras. Sin entrenamiento ni orientación de ninguna clase, cuatro de los cuervos ensamblaron las piezas en cinco minutos y utilizaron el palo compuesto, ahora más largo, para llegar hasta la comida y para extraerla. Uno de ellos fue capaz de combinar tres o cuatro elementos para hacer una herramienta larga; ésta fue la primera prueba de construcción de una herramienta compuesta de más de dos elementos por un animal no humano. Se trata de un logro verdaderamente asombroso. Los niños no saben hacer este tipo de herramientas de varias partes hasta que no cumplen, como mínimo, cinco años.

La facilidad que tienen los cuervos de Nueva Caledonia con las herramientas sigue poniendo en entredicho nuestras suposiciones con respecto a los límites de la inteligencia de las aves. En 2019, unos investigadores demostraron que estos pájaros eran capaces de planear con antelación algunos movimientos mientras usaban herramientas para resolver un problema, igual que un jugador de ajedrez. El experimento descubrió que los cuervos tenían en cuenta el tipo y la ubicación de útiles que no estaban al alcance de su vista, mientras planeaban una secuencia de conductas relacionadas con el uso de las herramientas. Esta «preplanificación» que utiliza el ensayo y error mental es un componente clave de la previsión humana: la habilidad para idear un plan mentalmente antes de empezar a ejecutarlo.

¿Por qué es importante el uso de herramientas? Porque es excepcional en el mundo animal y porque, como dice el ornitólogo Alexander Skutch: «Es precisamente esta rareza la que lo hace tan instructivo. Es la prueba de que un pájaro resuelve un problema o encuentra un método mejor para llevar a cabo una actividad habitual».

Algunos dicen que cuando nuestra especie aprendió a usar el fuego como una herramienta para cocinar fue cuando nos convertimos en verdaderamente humanos; se dice que esta práctica triplicó el poder de procesamiento del cerebro. ¿Son los pájaros capaces de algo tan asombroso como utilizar el fuego como herramienta de forrajeo?

En una ocasión, desde un helicóptero que sobrevolaba las praderas de hierbas altas de Oklahoma, vi cómo unos gestores de tierras de la Nature Conservancy* prendían fuego deliberadamente a grandes superficies de hierbas altas para contribuir a preservar el protegido vestigio de praderas de hierbas altas más grande que queda en la Tierra. La pradera ardió rápidamente, pues el fuego fue alimentado por una maraña de vegetación muerta y avivado por un fuerte viento del nordeste. El aire se volvió turbio por el calor. Las hierbas de la pradera —andropogon, pasto varilla y la hierba de don Carlos— prosperan con la quema periódica en primavera.

Y también lo hacen, al parecer, los halcones que descu-

* The Nature Conservancy es una organización internacional sin ánimo de lucro, dedicada a la conservación de la biodiversidad y el medio natural. (*N. de la T.*)

bren las columnas de humo desde la distancia y se concentran en las partes quemadas. Es algo digno de verse. Los busardos chapulineros o gavilanes langosteros y los busardos colirrojos o gavilanes de monte, fieros cazadores, sobrevuelan las llamaradas, luego descienden hasta acercarse al frente del incendio para lanzarse sobre los innumerables insectos, pequeñas aves terrestres, serpientes, ratones, topillos y ratas que salen de su escondite por el humo y las llamas. Cuando los investigadores contaron el número de rapaces observadas durante veinticinco incendios en estas praderas, se encontraron con un total de más de quinientos pájaros de nueve especies diferentes, siete veces más que cuando en estas áreas no hay ningún fuego declarado.

Las rapaces cazan en los incendios por todo el mundo —en los pastizales y en las sabanas de Australia, Ghana, Brasil, Panamá, Honduras y Papúa Nueva Guinea— y se dan un festín de presas fáciles que huyen de la conflagración. Existe incluso una palabra para ello: piro-carnívoro. El fuego actúa como un batidor —el que levanta la caza en las batidas—, haciendo que los organismos salgan de la maleza. En las sabanas del sur de África, los cernícalos y los ratoneros africanos revolotean por los incendios forestales y se alimentan de pequeños mamíferos y reptiles heridos, desprotegidos o achicharrados por las llamas. Elanios migratorios del Mississippi han sido avistados dándose un banquete de nubes de insectos que hervían en los incendios de verano de los pastizales de Texas.

Una cosa es explotar un incendio que ya es incontenible, y otra muy distinta es provocarlo uno mismo. Pero parece ser que al menos tres especies de rapaces del norte de Australia hacen exactamente eso. Como las aves de rapiña de cualquier lugar del mundo, los halcones del fuego, como se llaman colectivamente —milanos negros, halcones berigora y milanos silbadores—, cazan en las proximidades de los incendios forestales. Pero algunos testigos han observado a estos pájaros haciendo una cosa radicalmente distinta: internarse en un fuego activo, coger palitos que ya estuvieran ardiendo y luego tirarlos en la maleza o en la hierba no quemadas, propagando así las llamas a nuevas áreas, presumiblemente para espantar a las presas.

Propagar un incendio —transportar varas que estén ardiendo para propagar el fuego— tiene sentido como estrategia de forrajeo. Los incendios forestales atraen a muchísimas rapaces. La competencia es tremenda, y a menudo no hay suficientes presas huyendo del fuego para todos, de modo que un pájaro puede obtener beneficios de provocar un nuevo incendio en alguna otra parte y ser el primero en llegar. Pero dado que esta manera de forrajear existe, es una conducta asombrosa que puede atravesar otra de las divisiones que separan a los humanos del resto de los animales. Durante mucho tiempo, la propagación del fuego ha sido considerada una de esas claras líneas divisorias que diferencian a los humanos. «Por supuesto, esto está profundamente arraigado en nuestro mito sobre qué es lo que separa al hombre de la naturaleza, qué es lo que nos hace superiores», dice Mark Bonta, geógrafo y experto en etno-ornitología, el estudio de la relación entre los pájaros y las personas. «El fuego está considerado una especie de don divino que sólo los humanos pueden controlar.»

Aunque todavía no ha salido a la luz ninguna prueba visual registrada inequívoca —vídeos o fotografías— de la propagación del fuego por los elanios australianos y los halcones berigora, esta conducta es de sobra conocida por los indígenas del Territorio del Norte, Australia Occidental y el norte de Queensland y confirma unos conocimientos aborígenes de larga tradición. Cuando el ornitólogo y abogado australiano Bob Gosford se fue a vivir al Territorio del Norte, hace treinta años, le entró la curiosidad al leer un informe escrito por Waipuldanya Phillip Roberts en un libro, *I, the Aboriginal*, publicado en la década de 1960:

He visto cómo un halcón cogía un palo ardiendo con sus garras y lo tiraba a un sitio fresco de hierba seca a media milla de distancia; luego se quedaba esperando con sus compañeros al enloquecido éxodo de roedores y reptiles abrasados y aterrorizados. Cuando la zona ya estaba quemada, el proceso se repetía en alguna otra parte. A estos incendios los llamamos Jarulan.

El relato de Waipuldanya fascinó a Gosford. Él mismo ya había visto pájaros en los incendios: milanos negros y milanos silbadores descendiendo en picado, zambulléndose, entrando y saliendo de las llamas, revoloteando en torno a las corrientes alimentadas por el fuego. En el Territorio del Norte los incendios son rápidos e intensos y se propagan a toda velocidad, especialmente a finales de la estación seca. Onduladas colinas de spinifex, cenchrus ciliaris y resina de pino, eucaliptos racimosa, algún ocasional eucalipto limón o bosques de eucaliptos con un denso sotobosque de zacate retorcido moreno, crean fuertes cargas de combustible. «Los grandes incendios persistentes pueden atraer a miles de milanos negros», dice Gosford. «Las dos especies de milanos suelen ir directamente a la base del frente del incendio activo, quedándose a escasos centímetros del fuego abrasador. Resulta fascinante observar cómo forrajean estos pájaros en el frente del incendio: pajaritos, insectos, lagartos y serpientes apresurándose a escapar de la base del fuego, mientras los milanos los persiguen implacablemente hasta cazarlos.»

Desde 2010, Gosford se unió a Bonta para explorar si los pájaros realmente estaban provocando incendios en Australia. Bonta estaba interesado en hallar una explicación que pudiera justificar la existencia de vastas extensiones de paisajes «pirofílicos» en el mundo: sabanas tropicales y otros hábitats que antes estaban quemados y ahora se han adaptado al fuego. La caída de rayos por sí sola no justifica suficientemente esos paisajes. Los geógrafos y otros eruditos han defendido durante mucho tiempo la idea de que los humanos eran los responsables de crear y mantener paisajes adaptados al fuego. ¿Es posible que los pájaros también hayan desempeñado un papel en la evolución de estos paisajes?

Con la ayuda del bombero Nathan Ferguson y el naturalista Dick Eussen, Gosford y Bonta empezaron a recopilar informes de testigos oculares sobre pájaros, en especial, milanos negros y halcones berigora que cogen palos ardiendo y provocan fuegos. Muchos de los relatos proceden de indígenas que viven en el bosque, donde los incendios forestales son muy frecuentes, y también de bomberos y guardas de parques no indígenas. Gosford recopiló veinte informes sobre esta conducta extraídos de guardas y bomberos con mucha experiencia en los frentes de los incendios, así como de dos profesores universitarios.

Ferguson, que lleva décadas combatiendo incendios en el Territorio del Norte, dijo que había observado esta conducta de propagación del fuego una docena de veces. En una entrevista que le hicieron Gosford y Bonta en 2018, recordaba la primera vez que había visto ese comportamiento, en 2001, cuando estaba intentando impedir el avance de un incendio para que no alcanzara la estación de radiotransmisión de las afueras de Darwin, la capital del Territorio del Norte. Su equipo de bomberos había llevado a cabo una quema prescrita o incendio controlado, y pensaban que la zona ya estaba a salvo, el perímetro asegurado y el fuego bajo control.

«Había toda una nube de milanos», dijo Ferguson, «y mientras los mirábamos, de repente descendieron en picado y lo primero que vimos fue un incendio a nuestra espalda.... Las condiciones eran perfectas», añadió. «Un día caluroso, con viento, poca humedad y todo seco como la teta de una bruja, de modo que aquello despegó como un cohete.»

Ferguson vio cómo se declaró el incendio: uno de los pájaros arrojó una rama ardiendo sobre una zona no quemada, y al momento brotó otro incendio delante de sus ojos. No daba crédito a lo que veía. «Pensé que era imposible que un pájaro bajara en picado y cogiera algo quemado de un incendio tan virulento.» Pero después de aquello, vio esa conducta de propagación del fuego en numerosas ocasiones, siempre a finales de la estación, cuando las condiciones de extrema sequía constituyen un grave peligro de incendio.

El gerente de una granja ganadera, situada en la orilla oeste de un río de Australia Occidental, describía un incendio forestal que se declaró una tarde en la orilla oriental del río. Fue un incendio de bastante consideración, dice, y soplaban fuertes vientos del este que empujaban el fuego hacia el río. Se puso a buscar algún rescoldo que hubiera atravesado el río y apagó pequeñas manchas de fuego. «Mientras el fuego se extendía por la orilla oriental, enfrente de mí», dijo, «empecé a notar que unos pocos milanos se lanzaban en picado tras el frente del fuego y volvían a aparecer con unos palitos humeantes, volaban hacia mi lado del río y los dejaban caer en el cenchrus ciliaris, a lo largo de la orilla.» Enseguida se formaron pequeños focos de fuego en su lado de la orilla del río que fue incapaz de controlar, hasta que se declaró un incendio en toda regla. «En cuanto brotaron las llamaradas... los milanos (cientos de ellos) se emplearon a fondo en la persecución de sus presas.»

No todos los pájaros que forrajean en los incendios australianos saben cómo provocarlos. Cuando Dick Eussen estaba trabajando para evitar que un incendio de los pastizales traspasara la autopista, vio veinticinco milanos silbadores forrajeando al borde del fuego en extinción. Tan sólo dos de ellos fueron capaces de coger algunos palitos humeantes y dejarlos caer en el lado no quemado de la carretera, haciendo que prendiera la hierba al otro lado de la autopista. Dice que apagó siete fuegos provocados por los dos milanos. Esta conducta parece que tiene lugar sólo en determinadas condiciones, sostiene Bonta, «y probablemente sólo son ciertos individuos o grupos los que saben cómo y cuándo hacerlo».

Los escépticos califican esta conducta de provocar incendios de accidental. ¿Acaso no es más probable que los pájaros sencillamente cojan palos o ramas por casualidad mientras atrapan a la presa?

Los observadores de primera mano lo ponen en duda. Los milanos recogen selectivamente palitos ardiendo y los transportan a zonas no quemadas: al otro lado del río o de la carretera o de un cortafuegos artificial creado por los bomberos. «Los pájaros están muy atentos a lo que pasa a su alrededor», decía Ferguson, «y actúan de una manera muy estratégica. Saben lo que hacen.»

Algunos detractores señalan que no se conocen informes publicados sobre la propagación deliberada del fuego por las rapaces en ninguna otra parte del mundo. Pero tal vez la gente no se haya fijado en esa conducta, dice Gosford. O a nadie se le ha ocurrido preguntar a los lugareños si la han observado. O quizá sólo se han aprendido el truco los halcones de Australia y lo difunden mediante el aprendizaje social.

Unos estudios han demostrado que los pájaros pueden adquirir nuevas estrategias de forrajeo dentro de una comunidad ornitológica y difundirlas a través de las redes sociales hasta que se convierten en conductas consolidadas. El clásico ejemplo de este aprendizaje cultural se registró por primera vez en las islas Británicas en la década de 1920: un grupo de carboneros comunes, una serie conocida por su extraordinaria capacidad para resolver problemas, descubrió que si despegaban el tapón de aluminio de las botellas de leche dejadas junto a la entrada de las casas, podían obtener una comida estupenda de la sabrosa nata que se acumula en la parte de arriba. La táctica comenzó con los carboneros en la ciudad de Swaythling, pero pronto se expandió por una amplia área geográfica y, al poco tiempo, los carboneros ya estaban robando la nata de las puertas de toda Gran Bretaña.

Unos ingeniosos experimentos llevados a cabo en 2014 y 2015, destinados a recrear el escenario del tapón de leche, confirmaron la difusión cultural de nuevas conductas entre los pájaros. La ecologista cognitiva Lucy Aplin adiestró a unos pocos pájaros «demostradores» de dos poblaciones de carboneros comunes salvajes para resolver, mediante dos métodos diferentes, un enigma relacionado con una caja que contenía comida. Cuando Aplin evaluó a las poblaciones en un entorno salvaje, halló que la inmensa mayoría de cada una de las dos poblaciones había aprendido del pequeño grupo de pájaros demostradores su método específico para resolver el enigma.

En Argentina, unas gaviotas dominicanas o gaviotas cocineras descubrieron en la península Valdés una innovación para forrajear que únicamente se propagó entre esa población. En la década de 1970, las gaviotas empezaron a alimentarse de la piel y la grasa del lomo de unas ballenas francas australes en reposo: una terrible innovación para las ballenas, pero según parece, una importante fuente de alimentación para las gaviotas. Unas fotografías de inspección aérea tomadas durante las tres décadas siguientes demostraron que los ataques realizados por las gaviotas se habían incrementado drásticamente; el porcentaje de ballenas lesionadas aumentó del 2 al 99 %, lo que indica que la conducta había sido aprendida y diseminada por toda la población de gaviotas.

Aprendiendo de otros individuos, un pájaro obtiene una información rápida y fiable sobre las estrategias del forrajeo, sin tener que perder el tiempo probando el método de ensayo y error.

Mark Bonta conoce unos viejos informes sobre el carancho o caracara moñudo involucrado en la propagación del fuego en Florida, Texas y Nicaragua. Si esos informes son ciertos, tal vez se trate también de una habilidad aprendida que se ha ido perdiendo generación tras generación. «Al tratarse de una conducta aprendida —y posiblemente enseñada—, el conocimiento de la misma ha podido desaparecer fácilmente en una población de aves», dice Bonta. Asimismo, señala que los ejemplos de pájaros que utilizan herramientas en estado salvaje han tardado mucho tiempo en verificarse. Presenciar y entender una conducta tan rara como la de propagar un incendio requeriría seguir a un grupo de pájaros piro-carnívoros durante mucho tiempo en un terreno difícil. Después de todo, dice Bonta, «tanto Jane Goodall como Dian Fossey tuvieron que convivir con sus objetos de estudio durante largos períodos de tiempo para revolucionar realmente los conocimientos acerca de las sociedades de simios y para descubrir conductas hasta entonces desconocidas». Además, añade, «gran parte de la conducta del uso de herramientas que es aceptada por la comunidad científica no ha sido filmada. Sencillamente la registró un observador cualificado y la hizo pública».

En el mundo de la ornitología y en las comunidades que estudian la ecología del fuego, algunos escépticos han dado su brazo a torcer, pero muchos científicos siguen sin estar convencidos. «Tuvimos que enfrentarnos con la idea, profundamente arraigada en la mente occidental, de que Sólo el Hombre Sabe Usar el Fuego», dice Bonta. «Este prejuicio ha provocado que a la gente le resulte muy difícil tomarse en serio más de cuarenta mil años de conocimientos acumulados sobre el paisaje por parte de los australianos aborígenes. Cualquier grupo del Territorio del Norte y probablemente de otras partes del norte de Australia insisten en que la propagación del fuego es algo que existe realmente.»

Ahora Gosford y Bonta están explorando la correlación existente entre la conducta de propagación de un incendio y las condiciones medioambientales. Sospechan que dicha propagación se produce más a menudo en la estación lluviosa, cuando los fuegos son escasos. Esto indica que las aves posiblemente no desempeñen ningún papel en la mayor frecuencia y gravedad de los incendios forestales de Australia. «Si la hierba está tupida y no se producen incendios o sólo algunos que abarcan pequeñas superficies, los pájaros pueden intentar provocar incendios nuevos o propagar los ya existentes», dice Bonta. «Esto ocurre incluso con las fogatas que se hacen para cocinar; poseemos unos cuantos informes de un fenómeno muy conocido, a saber, el de los pájaros que recogen brasas y las dejan caer en campos no quemados de las cercanías.»

En caso de que exista, la propagación del fuego puede ser la prueba de una cognición muy compleja por parte de estas rapaces, pues implica la comprensión de una secuencia de causa y efecto de dos pasos: primero, que dejar caer palos humeantes incendiará un campo; y segundo, que el incendio resultante hará que las presas salgan de sus escondrijos. Además, si los milanos y los halcones han aprendido a manipular el fuego para hacer salir a la presa, éste sería el primer uso conocido del fuego como herramienta por un animal no humano, derribando así algunas viejas y arraigadas suposiciones: la ortodoxia de que sólo los humanos propagan el fuego, y la de que nuestro singular dominio del fuego ha sido en gran medida lo que nos ha convertido en los amos del medio ambiente. Pero también podría haber sido al revés, dice Bonta. «Podría haberse dado perfectamente el caso de que los humanos, los pájaros y el fuego hubieran evolucionado conjuntamente manteniendo una especie de relación mutualista: tal vez a los humanos en realidad se les ocurrió la idea de utilizar el fuego tras observar a los pájaros. Después de todo, esto es lo que nos cuentan numerosos mitos sobre la propagación del fuego entre los indígenas de Australia y de otros lugares del mundo: que las aves fueron las primeras en provocar incendios.»

Me encanta la idea de que un pájaro con un palito ardiendo pueda dar un vuelco a las antiguas nociones prometeicas sobre la unicidad y el dominio ecológico de los humanos.

6

Tras la senda de las hormigas

En la otra punta del mundo, en las selvas tropicales de Costa Rica, algunas aves neotropicales inteligentes han encontrado otra herramienta extraordinaria para localizar a la presa. Tal vez no sea tan llamativa como el fuego, pero tiene efectos similares y requiere igual ingenio, así como un sólido conocimiento de la conducta no de un elemento, sino de otro tipo de animal.

Al principio se suele oír un sonido como el repiqueteo de la lluvia incipiente, un chisporroteo y un chasquido, sobre todo si el lecho de hojas está seco. Y en ocasiones, el zumbido de las moscas y ruidosos y escandalosos gorjeos, gruñidos, rugidos, silbidos, gimoteos y graznidos.

Luego se ve la causa de todo este alboroto. Una enfurecida masa en forma de abanico de decenas de miles de hormigas guerreras —también llamadas hormigas legionarias o marabunta— pululando por el suelo forestal. Conforme se va acercando la razia, el ruido aumenta. «Lo que se oye son los ruidos que emiten los bichos que huyen de ellas: cucarachas, saltamontes longicornios, grillos, escorpiones, grandes insectos que vuelan, corren o saltan para ponerse a salvo», dice el biólogo Sean O'Donnell. «Son como animales huyendo de un incendio forestal.»

Las hormigas pertenecen al género *Eciton burchellii*, los

minileones de la selva neotropical de Costa Rica, feroces depredadores con mandíbulas en forma de tenazas que capturan a casi todos los artrópodos que les salen al paso. Parten de un nido provisional conocido como vivac. Estos «nidos» están hechos a base de los cuerpos de las propias hormigas vivas unidas entre sí por sus extremidades, creando así un enorme e inestable santuario termorregulado para la reina y sus larvas.

Las incursiones parten del campamento o vivac y recorren el suelo de la jungla, cubriendo salvaje e implacablemente todos los rincones, trepando a los árboles para atacar los avisperos, reduciendo y desmembrando a grandes insectos, mordiendo y picando a serpientes y otros vertebrados, arrollando incluso a los escorpiones más brutales. Las presas que las hormigas guerreras capturan en estas razias, unos 30.000 cadáveres al día, son llevadas de vuelta, en filas trenzadas de obreras, para alimentar de 60.000 a 120.000 larvas de los vivacs.

«La colonia de hormigas sólo envía a una fracción de su mano de obra porque necesita mantener la integridad del vivac», dice O'Donnell. «Pero las razias pueden ser espectaculares, pues forman un tapiz de hormigas más o menos ininterrumpido de una anchura de cuatro a ocho metros, que avanza por el bosque a unos catorce metros por hora.»

Los chisporroteos, chasquidos, gruñidos y gorjeos son las fuertes vocalizaciones de los pájaros neotropicales, que siguen la senda de la razia. Según van avanzando las hormigas, la avalancha levanta enjambres de insectos que intentan huir, saltar e internarse en el sotobosque cercano o trepar por los troncos de los árboles jóvenes, ofreciendo así a los pájaros un banquete de bichitos que aletean desesperados.

Una gran diversidad de pájaros asiste a estas incursiones de las hormigas para encontrar su comida diaria: no menos de cien especies en un lugar determinado. Entre ellas figuran especies de aves de la selva tropical tan dependientes de las hormigas y tan especializadas en encontrarlas y seguirlas, que los diminutos insectos están directamente incorporados a sus nombres: hormiguero ocelado, hormiguero bicolor, hormiguerito moteado. Éstos, junto con determinados trepatroncos —el fuliginoso y el barrado norteño—, obtienen la mayor parte de su alimento de las razias de las hormigas. Pero algunos pájaros más oportunistas también frecuentan las razias, entre ellos, otras especies residentes de hormigueros como el dorsicastaño, los tinamúes, los tráupidos y los momotos o guardabarrancos, y aves migratorias ocasionales como los tordos, las currucas y los vireos, que conocemos de los bosques templados: la reinita de Kentucky o chipe cachetinegro, la reinita canadiense o chipe de collar y el zorzalito de Swainson.

Ninguno de estos pájaros es tan tonto como para comerse las propias hormigas. Más bien lo que hacen es aprovecharse de la labor de las hormigas, bajando en picado y escogiendo a las criaturas que las hormigas han espantado. Se trata de un buen ejemplo de cleptoparasitismo, una forma de alimentarse robando la comida capturada, recogida o preparada por otro animal.

Otros pájaros parasitarios se entrometen en la presa capturada o levantada por otras especies: los dicrúridos, que utilizan la imitación para atrapar a la presa de las suricatas y los turdoides; o los milanos bidentados, que siguen de cerca a los saimiris o monos ardilla en estos mismos bosques costarricenses, atrapando los insectos y pequeños vertebrados espantados por los monos. El martín pescador azul de Australia y Nueva Guinea —un pájaro precioso con una cabeza de color azul real y brillos en tonos violeta— se posa encima del ornitorrinco mientras está comiendo y se lanza a por los peces, ranas y crustáceos molestados por el mamífero; luego regresa a su percha y golpea la presa contra el árbol antes de zampársela de un bocado.

Pero para muchísimas presas pirateadas, los pájaros que siguen a las hormigas son difíciles de vencer. Cada día, en una sola incursión, las aves roban unas doscientas presas grandes de las minúsculas hormigas —más o menos una tercera parte de lo que atrapan a diario en la razia—, arrebatándoles ávidamente saltamontes longicornios, cucarachas, arañas y escorpiones. Las hormigas se resisten a los esfuerzos de los pájaros intentando proteger su comida con las grandes obreras de la casta de los soldados, conocidas como comandantes, que apartan a las grandes presas fuera de la vista escondiéndolas bajo el lecho de hojas o metiéndolas en los escondites de comida que hay a lo largo de la senda del forrajeo.

Los pájaros roban muy rara vez el botín de las garras de las hormigas guerreras, pero no porque corran el riesgo de convertirse ellos mismos en presas. Estas hormigas no son como sus equivalentes africanas, que tienen mandíbulas ganchudas con un borde afilado como un cuchillo diseñado para cortar la piel y la carne. Según O'Donnell, las hormigas safari pueden atacar, matar y comer vertebrados tan grandes como una vaca, un antílope e incluso humanos... si están borrachos o dormidos. Y bebés. «Tienen suficientes obreras como para llevarlo a cabo», dice. E. O. Wilson cuenta que él deja que las hormigas safari barran su casa infestada de bichos en el parque nacional de Gorongosa, en Mozambique, cada cierto tiempo. «No tienes más que salir a tomar un refresco por ahí», dice Wilson. Y al cabo de unas pocas horas, el ejército ya ha pasado, masacrando y llevándose consigo todo animal que encuentra a su paso. Luego, «puedes volver a casa y te encuentras con que te la han dejado perfectamente limpia».

Aunque las hormigas guerreras de Costa Rica no tienen las cortantes mandíbulas de las hormigas safari africanas, con capacidad para despellejar la carne, sin embargo, siguen siendo unos feroces depredadores que pueden hacer el tipo de «limpieza doméstica» descrita por Wilson, barriendo casas rurales situadas en las llanuras cercanas a los bosques y limpiándolas de todo artrópodo viviente: cucarachas, arañas, avispas. También pican, y su veneno tóxico puede ser mortal para los pájaros. El veneno de las hormigas guerreras contiene enzimas proteolíticas que empiezan a digerir las presas de artrópodos de los pájaros y a desintegrarlos y desmembrarlos; de este modo, las hormigas pueden llevarse los trozos de vuelta a la colonia. «Para nosotros la picadura de una hormiga guerrera sólo es dolorosa y desagradable», dice O'Donnell, «pero para un pájaro que pese unos pocos gramos puede ser letal.» El ecólogo Johel Chaves-Campos, que estudia los hormigueros ocelados, vio en una ocasión cómo moría un ave joven después de ser picada en la cara por tres hormigas obreras mientras estaba enredada en una red de niebla.

¿Por qué se molestan los pájaros en acometer una estrategia de forrajeo tan arriesgada? Cualquiera puede pensar que una selva tropical está plagada de insectos. Pero la recompensa merece la pena. Los grandes y jugosos saltamontes longicornios, las cucarachas y otros insectos de gran tamaño preferidos por los pájaros de las selvas tropicales son difíciles de atrapar: se desplazan con facilidad y normalmente están activos por la noche, cuando las aves duermen. Las hormigas concentran el festín. Un hormiguero ocelado puede atrapar unos cincuenta suculentos insectos o artrópodos en unas pocas horas de forrajeo en una razia. Ese mismo pájaro a solas en el bosque tropical tardaría más del doble en conseguir su propio bufet.

No es que seguir a las hormigas sea una tarea fácil. Al contrario. Los científicos no han descubierto hasta hace poco la dificultad y la complejidad del esfuerzo que hacen los pájaros, pues requiere unas sofisticadas habilidades mentales: aprender, recordar, compartir información y, tal vez, incluso planificar el futuro.

La relación entre los pájaros tropicales y las hormigas a las que acechan se conoce desde hace más de medio siglo. Pero ha sido precisamente en la década pasada cuando los investigadores interesados por los pájaros seguidores de hormigas han descubierto algunas de las sutilezas y matices de esta extraña forma de forrajear. Su análisis del vínculo entre los pájaros y las hormigas está cuestionando ideas tradicionales, como la simple competición en los enjambres, y sacando a relucir otras nuevas sobre cómo las aves «estudian» a las hormigas y qué tipo de inteligencia requiere dicho estudio. Al parecer, los hormigueros pueden actuar menos como gaviotas disputándose un sándwich y más como una astuta manada de lobos siguiendo el rastro de un alce. Sus recuerdos pueden tener más cosas en común con la intrincada memoria de un elefante que con la de un reptil. Y a semejanza de las abejas melíferas y las golondrinas risqueras, pueden actuar como centros de información sobre el forrajeo para un anfitrión de otras especies ornitológicas.

«Estas incursiones son intrínsecamente emocionantes, complejas y bellas», exclama O'Donnell. La palabra «bella» se suele referir más a menudo a cosas que podemos ver, como el arcoíris o un plumaje resplandeciente. Pero O'Donnell no está hablando de ese tipo de belleza. Está hablando de un encanto invisible que sólo aparece en las ocultas interacciones entre las criaturas y en la tácita comprensión que un pájaro puede tener de las pautas de los insectos a los que sigue.

Como biólogo de la Universidad Drexel, O'Donnell pasó once años en Costa Rica, de 2005 a 2016, observando más de setenta razias de hormigas guerreras y los pájaros que asistían a ellas, en un intento por comprender sus interacciones. «Cada razia es diferente», dice. «Durante el tiempo que estuve observándolas, me hice una idea sobre las pautas de esas incursiones. De todos modos, podría ir ahora mismo a Costa Rica, pasar un par de semanas observando los enjambres, y vería algo que no había visto nunca antes, algo hermoso y elegante. Puede pasar de todo, y todavía hay muchas cosas que seguimos sin entender.»

Una razia en concreto se le quedó profundamente grabada en la memoria a O'Donnell. Como dijo un reportero, O'Donnell es miembro del «club del colmillo blanco», un grupo muy selecto de biólogos que han sido mordidos por una serpiente muy venenosa y han vivido para contarlo.

Sucedió hace más de una década, cuando O'Donnell estaba con un grupo de alumnos siguiendo el rastro de un enjambre de hormigas guerreras en la selva baja de la Estación Biológica La Selva, una pequeña reserva al nordeste de Costa Rica que, según O'Donnell, es famosa por ser un «foso infestado de depredadores», en palabras de un compañero investigador. Las hormigas estaban vivaqueando en un árbol, justo al lado de uno de los principales recorridos. En las llanuras, las hormigas suelen construir con frecuencia un vivac en una oquedad de un árbol, a veces en lo más alto del tronco. Éste estaba a unos diez metros del suelo. Las hormigas entraban y salían sin parar, bajaban por el árbol y se adentraban en el bosque.

«El juego con las hormigas guerreras consiste en que sigues esa estrecha columna lineal hasta que llegas al frente de la razia, donde se ensancha formando una masa grande, y allí es donde están los pájaros», dice O'Donnell. Él y sus alumnos estaban siguiendo el rastro de la columna por el bosque, buscando el frente de la razia, cuando llegaron a una zona que ofrecía muchas dificultades. «A las hormigas guerreras les gustan los sitios que no nos gustan a los humanos», explica O'Donnell. «Se meten por los sitios más horribles e insospechados, como lugares con árboles caídos, donde todo está enmarañado y con mucha maleza y, a menudo, infestado de serpientes.»

O'Donnell no quiso que sus alumnos pasaran por allí, de modo que entró él solo para ver si las hormigas estaban saliendo por el otro lado. Y, efectivamente, vio que la línea se abría como un abanico formando el frente de la razia, donde se había concentrado una bandada de hormigueros.

«Alcé los prismáticos para mirar», recuerda. «Y entonces... ¡BAM! ¡Oh, Dios mío! Sentí como si un mazo con un clavo en la punta me hubiera atravesado el talón del pie izquierdo.» O'Donnell se quitó rápidamente la bota de goma y el calcetín y sólo vio una herida sanguinolenta... pero no vio el escorpión o la hormiga bala que pensó que podían haberle picado. «El dolor era insufrible. Me han picado un montón de cosas, y algunas dolían, pero esto era algo fuera de serie.»

Luego las cosas empeoraron. O'Donnell empezó a tener alucinaciones, a tambalearse y a perder por momentos la conciencia. «Quería agarrarme a un arbolito para sujetarme e intenté concentrarme en uno que había frente a mí, pero me pareció que había cinco o seis. No es que viera doble; ¡veía séxtuple!» Regresó a la estación, pero la picadura fue mal diagnosticada; le dijeron que le había picado un escorpión o una araña y se lo trataron con un simple ungüento. Al cabo de más de doce horas, sin embargo, O'Donnell empezó a orinar una sangre espesa y negra y estaba convencido de que iba a morir. Por último, lo llevaron al hospital. Cuando los médicos volvieron con los resultados de su análisis de sangre, no dijeron nada, sino que le agarraron, lo llevaron rápidamente a una cama, le clavaron una intravenosa en el brazo y empezaron con el goteo de un antídoto. «Más tarde me contaron que el tiempo que tardaba en coagularse mi sangre era infinito», dice. En otras palabras, no tenía ningún factor de coagulación y los médicos temían una hemorragia y lesiones cerebrales. Al cabo de diez viales de antídoto, mejoró muchísimo. Pero qué era exactamente lo que le había picado siguió siendo un misterio hasta que llegó a casa y su mujer le preguntó si aún conservaba la bota. Cuando ésta la cogió y la arrugó, apareció el agujero del otro colmillo, la inequívoca marca de dos colmillos de una serpiente. «Un colmillo había penetrado en el talón, pero el otro no», dice O'Donnell. «Eso es lo que me salvó la vida.» Todo indica que la serpiente era una cascabel muda, lo que significa que O'Donnell tuvo mucha suerte. La tasa de mortalidad de una picadura de cascabel muda es de en torno al 50 %.

«Esa serpiente probablemente estuviera escondida en el lecho de hojas ocupándose de sus propios asuntos», dice

O'Donnell. «Las cascabeles mudas son cazadoras nocturnas y permanecen tranquilas durante el día. Pero entonces pasaron esas hormigas guerreras, la cubrieron, le picaron y le mordieron. La pobre serpiente seguramente estuviera molesta por las hormigas, de un humor de perros. Y para colmo llegué yo dando traspiés.» Durante años, O'Donnell no pudo volver a esa zona de los árboles caídos de La Selva. Le daba la impresión de que la serpiente, o al menos su espíritu, aún seguía allí presente; así de visceral fue su respuesta a ese lugar. «Si hiciera ese mismo recorrido, sentiría la presencia del mal. Es algo completamente supersticioso, pero muy real.»

Esa experiencia no parece haber amortiguado el entusiasmo de O'Donnell por los enjambres de hormigas ni por los pájaros que los frecuentan. «Las razias son increíblemente emocionantes», dice, «y mucho más sutiles y complejas de lo que imaginábamos.» En primer lugar, no son, como antes se creía, el caldo de cultivo de la competencia y la exclusión. El punto de vista tradicional es que las razias son luchas antagónicas en las que los pájaros compiten ferozmente por los recursos disponibles. Se suponía que a los hormigueros ocelados y a otros hormigueros obligados les gusta quedarse con las colonias de hormigas para ellos solos, expulsando a otros pájaros que quieran meter las narices en sus hallazgos. Con arreglo a Edwin O. Willis, que escribió acerca de los hormigueros en las décadas de 1960 y 1970, los hormigueros ocelados se plantan en las mejores zonas de forrajeo y espantan a los pájaros más pequeños «emitiendo fuertes chasquidos con el pico y zumbidos de alas, como si los atacaran con flechas, a consecuencia de lo cual muchos competidores huyen en cuanto se acerca un hormiguero».

O'Donnell no lo ve de esta manera. Esgrime que los pájaros que frecuentan las razias de las hormigas no se dedican tanto a competir como a coexistir, a compartir recursos y tal vez incluso, deliberadamente o no, a facilitarse la participación unos a otros. «Tener otros pájaros a su alrededor puede ser una ventaja porque se multiplican los ojos y los oídos para detectar a los depredadores», dice. «La comida suele ser abundante en una razia, de modo que los costes por permitir a otros pájaros que asistan a ella son bajos, aparte de que se fomentan más interacciones positivas.»

Cualquiera que haya observado un duelo entre dos colibríes rufos en un comedero de néctar, o a una bandada de gaviotas peleándose por unas patatas fritas abandonadas, o a un par de estorninos luchando hasta hacerse sangre por cualquier nimiedad, sabe qué gran potencial de competitividad tiene el mundo ornitológico. Lo que normalmente se entiende por la lucha por la supervivencia es que se trata de una lucha a muerte para obtener unos recursos limitados. Como dice Noddy Boffin, el famoso personaje de Dickens, uno tiene que «aplastar o ser aplastado».

Pero existen muchísimos ejemplos de forrajeo cooperativo en el mundo de las aves. Los pelícanos sincronizan sus movimientos; forman una línea o un semicírculo de una docena o más pájaros en torno al cardumen, obligando a que los peces se concentren en aguas menos profundas, de tal modo que puedan sacarlos fácilmente desde los lados. Las gaviotas, los alcatraces o piqueros y los cormoranes hacen algo parecido en bandadas mixtas. Cuanto mayor sea el tamaño del grupo, mayor éxito se obtendrá en la caza. Las parejas de cuervos cazan conjuntamente, aprovechándose de una colonia de aves marinas igual que los carteristas se aprovechan de una muchedumbre en la playa: un cuervo vuela hacia un adulto que esté incubando para distraerlo, mientras el otro se cuela y atrapa los huevos o pollos expuestos. Los halcones de Harris o aguilillas rojinegras de Nuevo México cazan juntos en grupos familiares de hasta seis miembros, como lobos alados, para atrapar presas que sean demasiado grandes como para transportarlas uno solo, en la mayor parte de los casos, conejos de cola de algodón y liebres americanas. Este tipo de cacería coordinada por varios miembros de un grupo para capturar y compartir presas grandes sólo se ha visto en unos pocos mamíferos carnívoros: lobos, chimpancés, delfines, leones.

«Cuando observo las interacciones que se producen en las razias de las hormigas, no veo pájaros que rechacen a otros pájaros», dice O'Donnell. Hay comida suficiente para todos. «La razia es tan grande de tamaño y hay tantas presas, que ningún pájaro ni familia de pájaros puede realmente monopolizarla. Todas las aves pueden atiborrarse alegremente.»

Además, las diferentes especies de pájaros que siguen a las hormigas dividen el espacio de forrajeo en los enjambres entre zonas terrestres horizontales y estratos verticales, formando así «gremios» o agrupaciones que explotan sus propios nichos usando diferentes estratos y diferentes estrategias. En las razias de las llanuras, los tororoíes capinegros y los cucos terrestres de vientre rufo se sitúan fuera del frente del enjambre y se alimentan en el suelo, a cierta distancia. Pájaros como el trepatroncos fuliginoso y la tangara cabecigrís utilizan los troncos de los árboles, muy por encima del enjambre. Aves «percheras» como los hormigueros ocelados, los hormigueros bicolor y los hormigueritos moteados aperchan en la vegetación, justo encima de la razia. «Desde arriban otean el enjambre», dice O'Donnell, «y cuando ven algo valioso, se abalanzan sobre la presa y luego vuelven rápidamente arriba para consumirla. Un ataque de precisión, como quien dice.»

La más dominante de las aves percheras de Centroamérica es el hormiguero ocelado, estudiado al detalle por Johel Chaves-Campos durante su observación de más de doscientas razias de hormigas. Precioso, carismático, con un llamativo patrón de plumaje en escamas teñidas de oro y una piel facial de color azul intenso, el hormiguero ocelado a menudo ocupa un lugar privilegiado para el forrajeo, una percha cercana al suelo junto a la primera fila del enjambre. Siendo unos profesionales consumados, los ocelados están perfectamente diseñados para seguir a las hormigas. Con sus fuertes y gruesas patas y las garras curvas, son expertos en agarrarse a ramas y tallos delgados y verticales, y en balancearse hasta adoptar la posición perfecta para lanzarse rápidamente al suelo. Saltan y aletean entre las perchas en busca de algo suculento de un tamaño razonable que haya sido espantado por el enjambre de hormigas guerreras, como por ejemplo pequeños lagartos y cucarachas de hasta cinco centímetros de longitud.

Luego hay también pájaros que van andando por el suelo entre las hormigas, «lo que resulta un tanto sorprendente», dice O'Donnell. Porque si los pájaros son picados por las hormigas guerreras, corren mucho peligro. «Estas aves no van por la periferia para poder salir disparadas», dice. «No; se meten justo ahí abajo, en medio del enjambre. Pero son extremadamente hábiles en esquivar a las hormigas y, en la mayor parte de los casos, evitan ser picadas.» Además, como señala Chaves-Campos, a una hormiga no le resulta fácil inyectar veneno en la carne del pie del pájaro porque está cubierto de escamas. Al hormiguero ocelado que fue picado y murió en la red de niebla le inyectaron veneno porque las hormigas consiguieron alcanzar la cara del pájaro, que no tiene plumas, dice. «En condiciones normales, los pájaros apartan a las hormigas de sus plumas o de sus pies antes de que lleguen a la piel desnuda.» Un hormiguero reacciona ante una mordedura o picadura ocasional pisoteando y picoteando al agresor y lanzándolo por el aire, «mientras se menea y se balancea de acá para allá como si estuviera bailando sobre ascuas encendidas», como lo describía Edwin Willis.

Las razias de las hormigas guerreras pueden ofrecer ricos manjares a los pájaros, pero encontrar los enjambres no es sencillo. Las colonias son difíciles de localizar, pues están irregularmente repartidas por todo el bosque y bien escondidas en el exuberante y sombrío sotobosque. Encontrar un enjambre por casualidad es poco probable, y resulta fácil despistarse y no ver uno que esté a unos pocos metros de distancia.

Por otra parte, las razias son esporádicas. Los pájaros hormigueros no pueden contar con enjambres diariamente predecibles. Cuando las hormigas guerreras cuidan de sus crías, las colonias alternan entre períodos de mucha y de poca actividad. Todo depende de la fase de desarrollo de su prole. Durante el período de dos semanas en que las larvas de las hormigas están creciendo, éstas tienen un apetito feroz y han de ser continuamente alimentadas, por lo que las hormigas trabajan de forma intensa: empiezan sus razias nada más ponerse el sol y no paran hasta siete horas después. Ésta es su fase nómada de máxima actividad. Cada noche cambian sus vivacs a un nuevo emplazamiento, sobre las raíces de los árboles o en contrafuertes, de modo que cada mañana puedan cubrir de presas frescas el nuevo terreno. Luego, cuando las larvas se convierten en pupas (una fase que no requiere alimentación) y la reina pone más huevos (lo que tampoco requiere comida), la colonia entra en una fase estacionaria, con pocas razias, y las hormigas permanecen durante tres semanas en el mismo vivac —por lo general dentro de un árbol hueco—, de donde sólo salen ocasionalmente siguiendo pautas aleatorias y durante un período de tiempo más breve.

Este ciclo intermitente dificulta a los pájaros seguir a diario el rastro de las razias de las hormigas. Pero los hormigueros llevan muchísimo tiempo siguiendo a las hormigas —entre cinco y seis millones de años— y han aprendido sus pautas. Cuentan con la visibilidad de los vivacs en las raíces de los árboles o en los contrafuertes durante la fase nómada, y con la previsibilidad durante la fase estacionaria y oculta. Asimismo, más de veinte especies de hormigueros, incluidos los ocelados y los bicolor, han desarrollado la capacidad para seguir el rastro de las colonias, tanto en el espacio como en el tiempo, y para anticipar los enjambres a lo largo de su ciclo intermitente. Esta destreza fue descrita por primera vez por la bióloga Monica Swartz, a raíz de las observaciones que hizo en el bosque bajo de Costa Rica. Se llama «inspección del vivac» y es una proeza digna de ser destacada.

Para averiguar qué hacen estos expertos hormigueros, Johel Chaves-Campos siguió a determinados pájaros con marcas radiotransmisoras en La Selva, registrando su posición cada diez minutos más o menos, desde el momento en que abandonaban su percha. Se quedaba «velando el vivac» de sol a sol, escondido en un sitio discreto, a unos seis metros de los nidos de las hormigas. Después de más de setecientas horas de rastreo, descubrió que los hormigueros visitan múltiples colonias de hormigas en un solo día para seguir la pista de los diferentes vivacs y del emplazamiento de las razias y para saber qué están haciendo allí las hormigas.

El crepúsculo en la jungla; todavía hay luz, pero se está haciendo de noche. Completamente saciado de un día de atracón, un hormiguero ocelado sigue el recorrido de las hormigas guerreras de vuelta a su vivac. Mira a su alrededor, inspecciona la ubicación y la codifica en la memoria. Si las hormigas están en pleno cambio a un nuevo vivac, el pájaro sigue a la columna migratoria desde el sitio anterior hasta el nuevo. «En cierto sentido, está metiendo a las hormigas en la cama antes de volver a su percha», dice O'Donnell, «que es lo mismo que hacen los investigadores.»

A la mañana siguiente, temprano, el pájaro vuela directamente al vivac, se posa en una percha cercana, a veces a unos pocos centímetros de las hormigas, y mira en el interior del vivac y en el suelo de alrededor para evaluar la actividad de las hormigas. Si éstas están ocupadas en una razia, el pájaro la seguirá hasta su frente y allí forrajeará; si no hay actividad, el hormiguero se desplazará hacia otro vivac para comprobar su disponibilidad para acometer una razia.

Todo parece muy sencillo. Pero tal y como han aprendido los investigadores, vigilar un vivac no es fácil. «Las hormigas hacen cosas engañosas», dice O'Donnell. «Crees que van a vivaquear en determinado sitio y luego vas a la mañana siguiente y no están allí. Emigran a un sitio distinto, y luego vuelven a emigrar, a veces cuando ya ha anochecido.» Si el vivac ha sido trasladado de noche y un pájaro no puede encontrarlo, éste buscará la ubicación del nuevo nido o de la razia de las hormigas a lo largo del sendero de la razia del día anterior.

A veces en su búsqueda, los pájaros vuelven una y otra vez, durante siete días seguidos, a un vivac abandonado. «Es como si quedara un rastro de la memoria que no pueden borrar», dice O'Donnell. «He llegado a ver seguidores empedernidos, hormigueros obligados, volviendo reiteradamente a sitios que ya no estaban ocupados. Hacen todas las cosas que harían si estuvieran allí las hormigas: se acercan, intentan orientarse y miran dentro. Aperchan allí y adoptan un aire desamparado. En ocasiones, mientras observas a los animales, no puedes evitar pensar que están expresando emociones humanas. En este caso, ¡la decepción!»

En realidad, visitar una y otra vez los vivacs y explorarlos minuciosamente es muy razonable. Merece la pena hacer un seguimiento de estos sitios inactivos por si acaso las hormigas no se han movido sino que han entrado en una fase estacionaria, dice Chaves-Campos. Además, conviene mirar de cerca porque a las hormigas se les da muy bien esconderse. A veces vivaquean debajo de una roca o de un tronco hueco o en los contrafuertes de un árbol vivo. A cotas elevadas, incluso se meten bajo tierra en un agujerito tan pequeño que es imposible verlas. «Esto nos ha engañado algunas veces», dice O'Donnell. «Mirábamos y decíamos: "Vaya, se han ido". Y luego, cuando mirábamos más detenidamente, veíamos a unas cuantas obreras y nos dábamos cuenta de que el vivac se había trasladado más hacia el fondo y ya no se podía ver. Partiendo de la base de que los pájaros pueden cometer el mismo error, es lógico que inspeccionen con sumo cuidado porque no resulta inmediatamente obvio que las hormigas se hayan marchado.» De modo que puede tener una explicación eso de regresar a los antiguos vivacs; en ocasiones merece la pena.

Pero O'Donnell también se pregunta si esto se parece a cómo se siente él cuando piensa en el último sitio en el que tomó chocolate. «Posiblemente haya algo profundamente satisfactorio en hallarse en un sitio en el que han estado las hormigas, como un eco gratificante. No es nada infrecuente en los sistemas cognitivos.» Incluido el nuestro.

No hace mucho tiempo, en un largo viaje que hice por una carretera comarcal, me detuve en una tienda para matar el hambre. Impulsivamente, compré una bolsa de cacahuetes M&M's. No había tomado esa golosina desde la época de la universidad, hacía más de cuatro décadas. Mientras conducía metiéndome los cacahuetes en la boca, me vi transportada al pequeño cubículo del cuarto piso de la biblioteca de mi facultad, donde solía acompañar las noches en blanco con una bolsa grande de ellos. Casi podía oler los libros polvorientos, ver la pequeña y luminosa lámpara de escritorio, sentir la dura madera de la silla del cubículo y la absoluta necesidad de esos cacahuetes bañados en chocolate para combatir el agotamiento.

La comida desencadena recuerdos no sólo del alimento en sí, sino de dónde y cuándo lo comiste. Hay una buena razón para que suceda esto. Tan importantes para la supervivencia son los alimentos de gran valor nutritivo y profundamente gratificantes, que el cerebro prioriza su recuerdo y lo almacena en un lugar privilegiado. En el proceso intervienen la dopamina, una sustancia química conocida por su importancia para la sensación de recompensa, y el hipocampo, una región cerebral fundamental para la memoria a largo plazo tanto en los humanos como en las aves.

A través de una minuciosa investigación, Johel Chaves-Campos confirmó que los hormigueros ocelados eran capaces de retener en la memoria la localización de múltiples colonias, así como su disponibilidad para emprender una razia. Como mínimo, los hormigueros ocelados memorizan dónde están las hormigas. Probablemente también comprueben si ha comenzado una razia y, si lo ha hecho, qué dirección ha tomado. Y quizá hagan muchas otras cosas más.

Chaves-Campos constató además otra cosa: un hormiguero ocelado tendía a moverse en línea recta entre los vivacs de la selva tropical, como si supiera con precisión adónde se dirigía, aunque en realidad no hubiera visitado su destino propiamente dicho. Poco antes de abandonar un vivac, el pájaro entonaba un canto a voz en grito —probablemente dirigido a su pareja—, que actúa como «señal de partida», dice Chaves-Campos. Los otros hormigueros ocelados asimismo presentes en el vivac interceptaban la señal y también se marchaban, volando en silencio por la selva tropical y dirigiéndose en fila india directamente hacia otro vivac; iban separados el uno del otro por tan sólo unos segundos, como obedientes niños del jardín de infancia paseando por la ciudad. No serpenteaban ni volaban en diferentes direcciones, sino que iban todos en línea recta de un vivac a otro, como si uno o varios de los pájaros del grupo conocieran exactamente la ubicación.

Pues resultó que sí la conocían. Por poner un ejemplo, un hormiguero de un grupo voló directamente hacia una nueva colonia nómada de hormigas que este pájaro en concreto no había inspeccionado la tarde anterior. Otros miembros del grupo sí la habían examinado mientras las hormigas cambiaban por la noche el nido a un nuevo emplazamiento, situado a cien metros del antiguo. En cada uno de los tres viajes de un vivac a otro, todos los pájaros del grupo volaban directamente y llegaban de manera simultánea, en diez segundos, al sitio nuevo.

«Esto sugiere que estas aves no deambulan buscando colonias de hormigas», dice Chaves-Campos. «Saben adónde ir, o al menos un individuo de cada grupo conoce la ubicación de la colonia. Siguiendo a los que la conocen, los hormigueros descubren colonias de hormigas previamente desconocidas para ellos.»

En otras palabras, los pájaros que inspeccionan los vivacs pueden estar compartiendo información, actuando como heraldos de ricas fuentes de comida para otras aves. Y no sólo para aves especialistas como ellos, sino para otros pájaros que también estén forrajeando. En un experimento con vocalizaciones grabadas, Chaves-Campos halló que los reclamos de especialistas como los hormigueros ocelados y los bicolor atraían también a los generalistas, lo que indica que estos otros hormigueros pueden utilizar las llamadas o reclamos de los expertos como una ayuda para localizar los enjambres sin necesidad de tener que buscarlos por sí solos. A semejanza de los araos comunes y las golondrinas risqueras, las bandadas de hormigueros son como pequeños centros itinerantes de información sobre la comida.

Esto coincide con la noción que tiene O'Donnell de un sistema de forrajeo que no es por fuerza tan ferozmente competitivo como se pensaba antes. «En realidad, es posible que los pájaros estén facilitándose el uno al otro la asistencia a las razias», dice O'Donnell. «Cuando las colonias se desplazan a una nueva ubicación, ese primer día el grupo especializado de hormigueros tienden a estar solos en la razia. Pero al día siguiente la bandada ya está compuesta por generalistas y especialistas, y esos últimos no luchan por echar a las otras especies. Ahora bien, ¿es cooperativismo? ¿Es algo deliberado? No lo sabemos. Pero yo aduciría que, como mínimo, es comensalismo.»

¿Qué pasa cuando estos hormigueros ocelados profesionales no están por los alrededores para dirigir el cotarro? La isla de Barro Colorado, en Panamá, brindó un experimento natural a Janeene Touchton, de la Universidad de Princeton, y a sus colegas. La isla había perdido su población de hormigueros ocelados cuando los pájaros desaparecieron en 1969 a consecuencia de una estación seca muy rigurosa. Durante las siguientes décadas, el más pequeño y más subordinado hormiguerito moteado ocupó el lugar de los más grandes y ahora ausentes hormigueros ocelados, duplicando con creces su densidad de población y cambiando su uso de los enjambres. Estos hormigueritos pasaron de operar como seguidores de hormigas, en cierto modo, más oportunistas, forrajeando en los enjambres sólo cuando se encontraban en su territorio, a pasar la mayor parte del tiempo de forrajeo en los enjambres y a su alrededor, e interactuando con otros pájaros como lo hacen los hormigueros ocelados: una sorprendente muestra de flexibilidad conductual.

O'Donnell cree que los pájaros seguidores de hormigas pueden ser capaces de algo quizá incluso más impresionante que compartir información o la flexibilidad conductual: viajar mentalmente en el tiempo. Se trata de la habilidad de viajar con la mente al pasado para recordar los pormenores de acontecimientos pretéritos —el qué, el cuándo y el dónde— y para utilizar esa memoria con el fin de planificar acciones futuras. Si eso es cierto, los seguidores de hormigas quedarían vinculados a un grupo de élite de pájaros (junto con unos pocos primates) que han puesto en entredicho la idea de que viajar mentalmente en el tiempo es algo únicamente propio de los humanos.

Merece la pena pararse a considerar la naturaleza de esta habilidad.

En vista de algunas actividades humanas relativamente recientes —como introducir kudzu para controlar la erosión o sapos de caña para mantener bajo control a los escarabajos, o las eternas dudas sobre qué hacer con el cambio climático—, podría parecer que nuestra especie es bastante inepta en el uso del pasado para planificar el futuro. Pero la mayor parte de nosotros tenemos, al menos, cierta capacidad para ello. No es algo con lo que hayamos nacido. La habilidad para recordar los detalles de un suceso pasado o para prever episodios futuros aparece en los niños cuando cumplen entre tres y cinco años.

Los psicólogos Michael Corballis y Thomas Suddendorf sugieren que la capacidad humana para retroceder y avanzar mentalmente en el tiempo posiblemente se desarrolló en nuestros antepasados hace aproximadamente 2,5 millones de años, cuando el cambio global hacia un clima más frío y más seco transformó las zonas boscosas del sur y el este de África en pastizales abiertos. «Esto dejó a los homínidos no sólo más expuestos a los ataques de peligrosos depredadores como los "dientes de sable", los leones y las hienas, sino que asimismo les obligó a competir con ellos como carnívoros», escriben. «La solución no era intentar competir en las mismas condiciones», sino más bien forjarse un nuevo «nicho cognitivo» basado en el preciso registro de determinados acontecimientos del pasado, codificando información sobre «quién hizo qué a quién, cuándo, dónde y por qué», y utilizando esta información adquirida para planificar el futuro. Esta capacidad para viajar mentalmente en el tiempo, dice la teoría —más incluso que nuestros pulgares oponibles o nuestra facilidad para el lenguaje—, es lo que dio alas a la mente y a la imaginación humanas y lo que ahora se considera una cualidad determinante del *Homo sapiens.*

Hasta hace bien poco, los científicos pensaban que la nuestra era la única especie que podía hacer ese tipo de avance y retroceso mental. Los otros animales estaban sometidos a la tiranía del presente, al eterno «ahora». No retrocedían mentalmente en el tiempo porque no lo necesitaban. Este punto de vista cambió con los inspirados experimentos que hizo Nicola Clayton con unas charas californianas en la década de 1990. Clayton y sus colegas mostraron que las charas californianas tienen una capacidad increíble para recordar el pasado y utilizan esa información para planear el futuro. Las charas californianas no sólo consiguen recordar dónde han enterrado la comida, sino también qué han enterrado en un lugar concreto y cuándo lo enterraron allí, de tal modo que pueden recuperar primero los alimentos que se estropean rápidamente, como la fruta fresca, los insectos y los gusanos, y guardar para más tarde los menos perecederos, como las nueces y las semillas.

«Qué pobre es la memoria que sólo funciona retrospectivamente», le dice la Reina Blanca a Alicia. Pues bien, estas charas tienen una memoria que también les permite viajar mentalmente en el tiempo hacia delante.

Las charas californianas se roban la una a la otra de sus escondites. Clayton y sus colegas hallaron que las charas que saben que están siendo observadas por otro pájaro trasladan más tarde sus escondites, presumiblemente para evitar ser robadas. Pero esto lo hacen sólo si ellas mismas han expoliado los escondites de otros pájaros en el pasado. De este modo, las charas asocian los recuerdos de sus propios robos en el pasado a la posibilidad de ser robadas en el futuro por otro pájaro, por lo que utilizan este viaje en el tiempo para modificar su conducta ocultadora y para defender sus reservas de los expoliadores.

Hay otros pájaros «ocultadores» que también son auténticos artistas de la memoria. Tienen que serlo. Si eres un pájaro que almacenas tu comida en escondites para un uso futuro y quieres recuperar lo que has escondido, ¿cuál es tu mejor estrategia? Tienes que intentar mirar en todos los posibles escondites, del mismo modo que nosotros buscamos monedas sueltas en los bolsillos de la chaqueta o platillos con alguna moneda por toda la casa. Pero este tipo de caza al azar es ineficiente para satisfacer las verdaderas necesidades alimenticias, como también lo es rebuscar en los viejos bolsillos una cantidad significativa de dinero en efectivo; es mucho mejor recordar dónde guardaste en realidad las provisiones. Pájaros ocultadores como las urracas piñoneras, los carboneros cabecinegros y los cascanueces americanos son capaces de recordar la localización espacial de miles de sus propias provisiones de comida y de recuperarlas con una misteriosa precisión incluso meses después de haberlas escondido, aun cuando hayan cambiado elementos del paisaje como la tierra, las piedras y la nieve. (De hecho, cuando el cascanueces entierra sus semillas, alisa la tierra para eliminar señales de alteración.)

Los científicos sospechan que los pájaros ocultadores rememoran dónde han escondido las cosas creando unos recuerdos visuales específicos de la relación entre el escondite y una serie de pistas visuales y espaciales, sobre todo, puntos de referencia cercanos llamativos, como árboles, tocones y rocas, o más distantes, como montañas y cordilleras. De todas maneras, uno se queda atónito al pensar que un pájaro con un cerebro del tamaño de una nuez pueda retener en la memoria tantos escondites durante períodos de tiempo tan largos.

Igualmente impresionante es la extraordinaria memoria espacial —acompañada de una gran precisión cronométrica— de los colibríes cuando están forrajeando. Si eres un colibrí, atender a las demandas energéticas de un cuerpecito que se mantiene flotando y vibrando en el aire, no es tarea fácil. No puedes malgastar energía visitando por segunda vez flores que ya has succionado hasta dejarlas secas. Cuando un colibrí extrae el néctar de una flor, esa flor tarda un tiempo en reponer sus provisiones. Si visitas la misma flor demasiado pronto, seguirá vacía; si esperas demasiado, un competidor se quedará con tu preciada bebida. Así que has de recordar qué flores has visitado y cuándo... en campos que pueden tener miles de flores. Es como un gigantesco Memorama.*

* Juego de mesa que ayuda a desarrollar la memoria. (*N. de la T.*)

En eso los colibríes son unos auténticos campeones. Estudios de campo muestran que estos diminutos pajarillos pueden recordar no sólo la localización espacial de una flor concreta, sino también cuándo han visitado esa flor, así como la calidad y el contenido de su néctar (las flores varían unas de otras en su concentración de sacarosa) y cuánto tarda en reponerlo. En la Universidad de Edimburgo, Sue Healy y un equipo de investigadores crearon unas flores falsas llenas de azúcar. Un tipo de flor lo rellenaban cada diez minutos, y el otro cada veinte minutos. Los colibríes aprendieron rápidamente cuánto tiempo tenían que esperar para volver a cada tipo de flores.

Los pájaros no localizan las flores en una pradera como uno pueda imaginar, utilizando el color o el aspecto de cada una como señales baliza. El equipo de Healy cambiaba el emplazamiento de sus flores falsas en un orden aleatorio, y descubrió que las aves memorizaban estrictamente la localización. Observaron a un colibrí macho que volaba hacia la ubicación de una flor que ya había visitado previamente. Cuando se acercaba a esa localización, de repente se paró. La flor ya no estaba allí. «Se acerca más, se queda flotando en un espacio tridimensional, gira todo el cuerpo para inspeccionar la escena», escriben los investigadores. «Sigue sin haber ninguna flor. Al cabo de unos segundos, se marcha a buscar el sustento a otra parte, sin darse cuenta de que la flor de la que esperaba alimentarse todavía está en la pradera. La flor tiene el mismo aspecto. Pero se ha desplazado un metro desde su anterior ubicación.»

Cómo recuerdan los colibríes los sitios en los que se encuentra cada flor en concreto, es algo que sigue siendo un misterio. Sin embargo, los investigadores sospechan que los pájaros pueden reubicar una flor mediante la denominada asociación o equiparación visual, guardando en la memoria lo que se ve de un lugar desde la flor —o bien alguna instantánea de uno o dos puntos de referencia, o bien una visión más panorámica de patrones como la luz, el color y el movimiento— y, luego, utilizando esas imágenes como referencia, asocian la visión de ese momento con las «instantáneas» visuales recordadas.

La habilidad para esta gimnasia memorística es crucial para obtener el sustento, pero también puede influir en el éxito del apareamiento. Resulta que la capacidad para recordar el qué, el dónde y el cuándo de la disponibilidad de néctar en el forrajeo cotidiano es un factor clave para el éxito en la supremacía y el apareamiento de, al menos, un tipo de colibrí... mucho más que el tamaño o el armamento de su cuerpo.

Siendo un vecino habitual de los hormigueros de la selva tropical costarricense, el ermitaño colilargo norteño es grande —dentro de los parámetros de los colibríes—, mide el doble que un colibrí de garganta rubí y tiene el pico curvo para sorber el néctar de las flores de heliconia. A semejanza de los pequeños y taimados ermitaños de Trinidad, los ermitaños colilargos norteños macho forman leks en el sotobosque de la selva en los que cantan y se exhiben hasta ocho horas al día durante toda la temporada de cría, que dura ocho meses; es un esfuerzo tremendo que sólo hacen los machos que están en excelentes condiciones físicas. Los machos dominantes pelean por obtener perchas desde las que cantar y, a veces, se atacan entre sí con sus afilados y puntiagudos picos.

Las hembras visitan los leks sólo una vez al día, de modo que los machos tienen que estar presentes y preparados para aparearse durante la larga temporada de crianza. Si se marchan para proveerse de comida, se arriesgan a perder su codiciada percha para cantar, por lo que merece la pena saber dónde están las flores ricas en néctar entre los miles de flores del bosque, con el fin de ir y volver rápidamente. El coste de un solo error es probablemente mínimo, dice Marcelo Araya-Salas, que estudia el colibrí, pero el coste acumulado de cometer múltiples errores durante muchos viajes de forrajeo al día durante 240 días podría dificultar en gran medida la ingesta de calorías del pájaro.

Para explorar si existe una conexión entre la memoria espacial del colibrí y su habilidad para adquirir y defender el territorio de un lek —un elemento fundamental para el éxito en el apareamiento—, Araya-Salas y sus colegas comprobaron hasta qué punto los machos podían recordar la localización de comederos de recompensa para colibríes colocados por él cerca de los leks. Los pájaros que obtuvieron los mejores resultados en estas pruebas resultaron ser los machos dominantes, los que poseían las principales perchas del lek. Cuando se trataba de mantener y defender el territorio del apareamiento en el lek, una buena memoria para localizar la comida tenía más importancia que todas las ventajas físicas: un cuerpo más grande, el tamaño de la punta del pico o incluso la destreza en el vuelo.

Tras una serie de observaciones de los hormigueros que inspeccionan los vivacs en Monteverde, Costa Rica, con su colega Corina Logan, Sean O'Donnell sospecha que dichos hormigueros afrontan dificultades muy parecidas a las de los pájaros que esconden la comida y los colibríes, y son capaces de proezas mentales similares. Los hormigueros tienen que recordar la localización de los vivacs de modo que puedan volver allí a la mañana siguiente (el qué y el dónde de la memoria episódica), así como recordar qué nidos están en la fase nómada (el cuándo). También tienen que llegar allí antes de que las hormigas inicien su razia (de nuevo el cuándo). Obviamente, a un hormiguero le irá mejor si puede rastrear la localización de múltiples colonias y si puede recordar qué colonias en concreto están en fase nómada y dispuestas a emprender una razia.

Además, los pájaros que inspeccionan los vivacs muestran signos de conductas que indican una planificación. Cuando un hormiguero inspecciona un vivac al anochecer, después de haberse dado un atracón durante el día, ya no come; sólo está recabando información. Sólo por la mañana, cuando el pájaro regresa a la localización descubierta por él la noche anterior y encuentra a las hormigas enjambrando de nuevo, es cuando halla su recompensa: el botín de una razia reciente. En otras palabras, los hormigueros no están respondiendo a su estado de ese momento (el de saciedad), sino a una necesidad futura (¡el desayuno!), lo cual sugiere que pueden estar anticipando un suceso futuro: «Comprueban la localización de los vivacs ahora anticipándose al forrajeo de la mañana siguiente».

Las habilidades memorísticas de las charas californianas que ocultan la comida y de los hormigueros que inspeccionan vivacs pueden empalidecer si las comparamos con la sofisticada capacidad humana para viajar mentalmente en el tiempo hacia delante y hacia atrás. Pero ¿quién sabe? Puede que un grillo especialmente sabroso recogido en un excelente enjambre de hormigas sea la versión del hormiguero de la proverbial magdalena de Proust untada en el té. Es posible que haya lugares, como un vivac abandonado y encajonado en las raíces de un árbol, o una mancha en el bosque expuesta a los gavilanes y los halcones, que a un hormiguero le traigan el mismo recuerdo que a Sean O'Donnell le traía el sitio de los árboles caídos infestado de serpientes o sus lugares favoritos para comer chocolate: el inolvidable eco del peligro o de una dulce recompensa.

O quizá, sólo tal vez, dice Chaves-Campos, también desempeñe un papel el olor. Cuando trabajó en La Selva, Chaves-Campos comprobó que los vivacs abandonados olían durante varios días a *Eciton burchellii*, e incluso fue capaz de localizar algunos enjambres de hormigas siguiendo el rastro del olor. Es posible que los hormigueros, a semejanza de los petreles, que se guían por el olor de su presa oceánica, hayan desarrollado la habilidad para seguir el rastro del olor de los insectos que avanzan en enjambres, tan esenciales para su sustento.

EL JUEGO

7

Pájaros juguetones

Mathias Osvath recuerda haber observado a un par de cuervos sobrevolando los ondulados campos de trigo del sur de Suecia; subían, caían y bajaban en picado. De repente, uno de los pájaros plegó las alas hacia un lado y se desplomó al suelo. «Cayó como un pato al que hubieran disparado», dice. «Y luego, ¡bum! Justo antes de golpear el suelo, desplegó las alas y remontó el vuelo.» En otra ocasión, vio un cuervo andando por el suelo, contoneándose como sólo se contonean los cuervos, y de pronto, sin venir a cuento, se derrumbó hacia un lado. «La primera vez que lo vi, pensé: "¿Caerse así sin ninguna razón aparente? Ese pájaro debe de tener algún tipo de enfermedad neurológica".»

Pero aquello no era perlesía ni parálisis; sencillamente estaba jugando uno de los maestros ornitológicos del juego, y era la primera vez que Osvath lo veía. Esa conducta extraña y bobalicona sin un propósito aparente en un pájaro célebre por su seriedad y su inteligencia impactó a Osvath, zoólogo conductista de la Universidad de Lund, como algo extraordinario y digno de ser investigado.

A la mayoría de nosotros no nos viene a la cabeza la palabra «juguetón» para el pájaro que Edgar Allan Poe denominó «lúgubre, desgarbado, horrendo, macilento y ominoso pájaro de antaño». Con su manto negro y sus graznidos, los cuervos se suelen asociar con la aprensión y la muerte. El refrán de «Cría cuervos y te sacarán los ojos» se dice por algo.

La sociedad de los córvidos está llena de luchas y conflictos. Cuando las aves son jóvenes, conviven armoniosamente, pero en cuanto forman pareja, se vuelven territoriales y agresivas en extremo, hasta el punto de matarse unas a otras. Teniendo fama de feroces cazadores, los cuervos son los «piratas negros» que roban los nidos de otros pájaros y picotean los ojos de corderos recién nacidos, «con una voracidad indiscriminada», como los describe el ornitólogo Edward Howe Forbush, dispuestos a aprovecharse de «cualquier cosa comestible, viva o muerta, que puedan atrapar, matar, incapacitar o capturar: carroña, despojos, basura, inmundicias, pájaros, mamíferos, reptiles o peces».

El primer cuervo que vi en mi vida parecía tan sombrío y distante, que se me hizo igual de raro que se pusiera a jugar como que un miembro del Tribunal Supremo saltara de la silla y se pusiera a bailar *break dance* en el suelo de la sala de audiencia.

Y sin embargo, juegan. De hecho, de todos los animales del planeta que brincan, retozan y hacen travesuras, los cuervos figuran entre los más juguetones, tanto como los simios grandes, los delfines y los loros. Los cazadores-recolectores del hemisferio norte lo saben desde hace siglos, dice Osvath. Uno de los mitos de la creación cuenta cómo un cuervo creó a la humanidad sencillamente porque quería tener un compañero de juegos.

Los cuervos dedican un montón de tiempo a jugar, especialmente los jóvenes. Veamos unos pocos ejemplos de sus juegos: recoger ramitas y volar con ellas y, luego, tirarlas y pescarlas en el aire; colgarse boca abajo sujetándose con un pie mientras sostienen un juguete o algo de comida y, luego, pasarse el objeto del pico al pie y del pie al pico, una y otra vez. Un cuervo cautivo fue observado lanzando una pelotita de goma al aire y recogiéndola varias veces seguidas, mientras estaba tumbado boca arriba. Un asesor del libro de Arthur Cleveland Bent *Life Histories of North American Jays, Crows, and Titmice* observó cómo una docena de cuervos se deslizaban por la alta orilla de un río rodando sobre guijarros y arcilla desmenuzada, mientras graznaban a voz en grito con evidente regocijo. «Ese ruido lo oímos a más de un kilómetro y medio, antes de que remáramos río arriba hacia los pájaros, donde nos detuvimos para presenciar su diversión. Los árboles de los alrededores contenían numerosos cuervos que animaban a los deportistas con sus gritos de aprobación o los relevaban cuando los otros se cansaban.»

Dirk Van Vuren, un ecólogo de la vida salvaje de la Universidad de California, Davis, contempló a unos cuervos comunes en la isla de Santa Cruz haciendo bucles acrobáticos como si fueran pilotos de reactores. Mientras volaba, un pájaro rodaba sobre su eje longitudinal, primero a la izquierda y luego a la derecha, noventa veces seguidas. Otro ejecutó lo que se conoce como «giro Immelmann», así llamado por una maniobra de la aviación de la Primera Guerra Mundial con el fin de reposicionar una aeronave para un segundo ataque. Desde abajo, el piloto del avión asciende, se queda en posición vertical y, luego, justo antes de detenerse, da un giro de 360 grados. Este pájaro «hizo un bucle hacia atrás y luego ejecutó medio *looping* interior, que concluyó deslizándose en la dirección contraria», escribe Van Vuren. Un cuervo atrevido llegó a hacer algo que suena como la secuencia ganadora de una figura olímpica del monopatín: seis medios bucles, dos bucles enteros y dos bucles dobles.

Como unos de los animales más juguetones del planeta, los cuervos encarnan un misterio. El juego es una conducta extraña en cualquier animal, dice Osvath. «Hay muchísimas buenas razones para no hacerlo.» Roba mucha energía que podría ser utilizada con otros fines, como por ejemplo para crecer. Asimismo, es intrínsecamente arriesgado. «Si estás en un medio salvaje y todos se dedican a jugar, entonces nadie presta atención a una potencial amenaza. Un pájaro jugando es particularmente llamativo para los depredadores, que nunca se alejan demasiado.» Esta conducta parece, en el mejor de los casos, extravagante, y en el peor, directamente peligrosa. «Jugar ahí fuera tiene que ser muy importante», dice Osvath. «De lo contrario, ¿por qué exponerte de ese modo? Es un mundo de águilas, búhos e incluso lobos. Una distracción en un mal momento puede suponer el fin de tus días.»

¿Por qué juega un cuervo? ¿Qué posibles beneficios puede tener hacer travesuras? ¿Juegan estos pájaros porque son inteligentes, o son inteligentes porque juegan?

Osvath explora estas y otras cuestiones en su granja y aviario de investigación del sur de Suecia, donde lleva una década estudiando a los cuervos y su cognición. Cuando se ofreció para presentarme a sus pájaros, no dejé pasar la oportunidad. Un día de primavera, me recoge en la antigua ciudad de Lund, fundada en la era de los vikingos y donde tiene su sede la Universidad de Lund. Los jardines lucen de color azul, llenos de *Rysk blastjärna*, que traducido literalmente significa «estrellas azules rusas». El aire de la mañana es cálido, pero sopla un fuerte viento por las estrechas y adoquinadas calles, que al parecer son típicas de esta parte de Suecia, así como una fuente de juegos aéreos para los cuervos, que abundan en el campo. En la ciudad son grajos los que se afanan entre las ráfagas de viento, graznando a voz en grito y llevando ramitas en el pico. En torno al campus universitario, las copas de los árboles están repletas de colonias de sus grandes y abultados nidos.

Osvath intentó hacer experimentos con los grajos. «Son inteligentes pero, en cuanto crecen, es difícil trabajar con ellos», dice. «No interactúan con los humanos, aunque te conozcan.» Pero es extraño cómo les atraen las universidades, dice. «Los encuentras en Lund, en Oxford y en Cambridge.» Y por alguna razón, también en Uppsala, la otra antigua y enorme ciudad universitaria de Suecia, muy al norte, más allá de su alcance, donde normalmente no hay grajos. «Sostengo la teoría de que son muy académicos.»

«Pero resulta difícil trabajar con ellos», le digo.

«Sí», dice, «como ocurre con muchos académicos.»

Hacer experimentos científicos con cuervos, en cambio, es fácil. «Son muy curiosos y se implican mucho», dice Osvath. «Si una tarea les parece lo suficientemente interesante, hacen cola para participar en ella. Es divertido estudiarlos, y me hacen reír.» También son tan enrevesados y contradictorios como cualquier personaje de Shakespeare. Son unos pájaros sumamente intelectuales y, sin embargo, a menudo hacen el tonto con sus payasadas. Tienen una jerarquía social estricta y rígida y un orden jerárquico que mantienen mediante luchas y conflictos —forman coaliciones y se propinan palizas los unos a los otros— y, sin embargo, siguen jugando juntos hasta muy entrada la edad adulta. Les encanta fisgonear las cosas, aunque si son nuevas, las temen mortalmente.

«Si llevas por ejemplo una silla al aviario», dice Osvath, «los pájaros se quedarán mirándola durante dos semanas. Y luego, de repente, se animan y tardan cinco minutos en destrozarla por completo. Nunca sabes qué les va a asustar. Puedes pensar: "Oh, cuando les lleve este nuevo dispositivo experimental, se van a llevar un susto de muerte". Pero no se asustan. Y luego, un día, cuando entras en el aviario, se ponen como locos, y no entiendes cuál puede ser el problema hasta que te das cuenta de que llevas unos guantes nuevos. Esa parte de su mente es muy distinta de la de los mamíferos, por lo que a menudo resulta difícil comprenderlos.» Hace unos años, el experto en cuervos Bernd Heinrich publicó un artículo titulado «¿Por qué temen los cuervos su comida?», en el que especulaba que si uno come cadáveres, como comen los cuervos, es conveniente saber que están muertos, de modo que te quedas un buen rato observándolos antes de hincarles el diente. El terrible miedo que tienen los cuervos de algo nuevo y desconocido, conocido por «neofobia», hace que su carácter juguetón resulte aún más extraordinario.

Nos dirigimos hacia el pequeño pueblo de Brunslöv, a unos treinta kilómetros al este de Lund, en la parte de Suecia conocida como Escania, una comarca de campos ondulados salpicados de granjas antiguas. Osvath nació en Lund y fue allí a la universidad. Ahora él y su mujer, Helena, viven en una granja de ciento cincuenta años de antigüedad con muchísimos animales, incluidos ñandúes y tinamúes: dos aves denominadas paleognatas, consideradas las aves vivas más primitivas que existen.

Cuando llegamos, un trío de ñandúes, que están en una jaula al aire libre pegada a la casa, rascan y juguetean en la arena de voleibol de playa que Osvath se trajo para imitar la pampa sudamericana en la que normalmente habitan. Lejanamente emparentados con los avestruces y los emúes, los ñandúes son conocidos en la lengua local guaraní como *ñandú guazu* o «araña grande».

En la época de mi visita, la cocina era el hogar de tres martinetas de cresta o perdices copetonas, unas carismáticas aves del oeste de Argentina, las únicas paleognatas que vuelan, pero tal vez más conocidas por sus espectaculares huevos de color verde lima satinado, los huevos más brillantes y llamativos del mundo ornitológico. Osvath confiaba en utilizar a las martinetas en sus experimentos para comprobar los mecanismos cognitivos de las paleognatas —inhibición, memoria funcional, aprendizaje, permanencia del objeto—, pero estos pájaros tan peculiares resultaron ser demasiado asustadizos como para entrenarlos. «Se asustan si te acercas demasiado a ellos y se ponen a pegar saltos en todas direcciones», dice Osvath. «Les da miedo hasta su propia escudilla de la comida.» En su defensa hay que decir que allí también reside un gato Coon de Maine que se sienta sobre la mesa de la cocina mirando fijamente a las martinetas, así como un lebrel llamado Nimrod que se cree un gato y se pone de pie sobre una mesa que hay al lado. Siendo un perro de caza de campeonato, Nimrod es capaz de perseguir a un venado a sesenta kilómetros por hora, pero puede convivir perfectamente con los pájaros; de hecho, a los pollitos de los cuervos les limpia la cara con la lengua. Una vez le trajo a Osvath un par de pichoncitos. «Abrió la boca y ahí me los dejó», dice Osvath, «ilesos y tan jóvenes que no tenían plumas.» El gato Coon, en cambio, es un asesino, así que quizá no debe extrañar que esas martinetas se pongan un poco nerviosas (aunque Osvath insiste en que son asustadizas incluso en un gran aviario al aire libre).

En su entrenamiento como zoólogo cognitivo, Osvath se centró primero en los grandes simios y adquirió fama cuando en 2008 publicó sus estudios, aclamados como la prueba más contundente de que un animal no humano podía planificar con antelación. A continuación de este artículo tan novedoso vino un informe más bien cómico sobre la conducta planificadora de ese chimpancé macho llamado Santino, que vivía en un zoológico sueco y recogía piedras y otros misiles y los escondía en puntos estratégicos con el fin de utilizarlos más tarde, cuando le viniera en gana, para arrojarlos a los boquiabiertos visitantes.

Osvath desplazó su atención hacia los cuervos en parte, dice, porque los grandes simios se parecen tanto a los humanos que le resultaban «un poco aburridos». «A veces —como científico quizá no debería decir esto—, los cuervos parecen más listos, al menos, en algunas áreas.»

Entre los recientes hallazgos sobre la inteligencia de estas aves figura un estudio de 2019, hecho por Osvath y su alumna de doctorado Katarzyna Bobrowicz, que mostraba que los cuervos tardan sólo la mitad que los humanos en seleccionar un objeto entre una serie de objetos, echando un solo vistazo a las opciones. Este estudio sugiere que en el cuervo el procesamiento cognitivo de la información visual es más rápido que el nuestro; su sistema visual recaba más información por unidad de tiempo que un mamífero. Esa rápida percepción puede afectar también a la velocidad general del procesamiento cognitivo en problemas más complejos. «En muchas tareas superan a los simios, lo que es tan asombroso porque son unos "dinosaurios"», dice Osvath. «E interactuar con ellos es muy distinto que hacerlo con otros pájaros, es algo extraordinario. En este sentido, son más como cachorros de perro en comparación con los grajos y las grajillas occidentales.»

Los córvidos y los simios están separados por 320 millones de años de evolución, pero en lo relativo a la complejidad de su cognición, son sorprendentemente similares, lo que para Osvath plantea algunas cuestiones fascinantes. ¿Acaso los pájaros y los primates desarrollaron sus habilidades de forma independiente? ¿O se basaron en unas habilidades que poseían sus antepasados comunes hace cientos de millones de años? A los ñandúes y los tinamúes los tiene para estudiar la profunda historia evolutiva del linaje ornitológico, comparándolos con los caimanes que posee en una instalación situada a una hora de la granja. Considera a los caimanes unos reptiles sumamente inteligentes, «curiosos, exploradores y socialmente agradables», dice. «Bueno, sólo si te conocen bien. Podrían darte un mordisco bien fuerte, si quisieran. Pero en su lugar, te dan suaves mordisquitos en las botas si quieren que te largues y no te das suficiente prisa en marcharte.» Los crocodilios son importantes para entender la evolución de los sistemas neuronales de los animales porque son los parientes más cercanos de los pájaros modernos y comparten un antepasado con las aves y los mamíferos. «Espero que una perspectiva evolutiva resulte provechosa para comprender tanto la cognición compleja como el juego complejo.»

Osvath ha estudiado los primates y los grajos y otros córvidos con este objetivo de la evolución. Pero lo que le apasiona son los cuervos. En 2008, él y su mujer Helena empezaron a construir su espacioso aviario junto con una sala de observación cerrada que tiene una enorme ventana de placa de vidrio desde donde Osvath puede observar a los cuervos... y éstos pueden observarle a él. Luego la pareja crió a unos cuantos pollitos de cuervo desde que eclosionaron. Antes de que el aviario estuviera terminado, tuvieron durante varias semanas doce polluelos de cuervo en el dormitorio. «Los pollos se despertaban hambrientos todas las mañanas a las cinco, y les dábamos de comer», dice Osvath. «Así es como se crean fuertes vínculos.» Ahora los cuervos se fían casi por completo de los dos y se posan tan tranquilos en sus brazos o en sus hombros. Los alumnos de posgrado de Osvath tienen que aguantar alguna que otra novatada para ganarse la confianza de los pájaros. «Los cuervos los ponen a prueba con frecuencia», dice. «Una vez, dieron varios fuertes picotazos en la cabeza de un investigador de posdoctorado que acababa de llegar, y hasta hubo derramamiento de sangre. Pero después, una vez que has demostrado estar donde te corresponde, se alegran muchísimo de poder trabajar contigo.»

Actualmente, el aviario está dedicado a seis de los «lúgubres y desganados» pájaros, dos parejas, Siden y Juno, y Rickard y Ninguna, así como dos hembras, Tosta y Embla. «Unos nombres un poco ridículos», dice Osvath. «El macho dominante es Siden, que en sueco significa "seda". Aunque de sedoso no tiene nada. Pero lo llamamos Siden porque cuando lo transportamos por primera vez, le atamos una tirita de seda alrededor de la pata.» ¿Y Ninguna? «Cuando les pusimos nombre a los pollitos para el protocolo del experimento, ella era la única que no tenía ninguna anilla, así que escribimos "Ninguna".» Hay un séptimo cuervo en las instalaciones, pero es una hembra salvaje. «Como ella no sabe que es salvaje, está siempre dando vueltas por aquí», dice Osvath. «Y cuando hacemos experimentos, abrimos el aviario y ella viene y participa, y luego al final se marcha. En la sección de ética de las solicitudes de subvención es difícil de explicar: es salvaje, pero su participación es completamente voluntaria.»

Entre los estudios más impresionantes de Osvath figura uno que parece incluir a los cuervos en esa selecta «nidada» de animales —simios y charas californianas— que pueden utilizar las experiencias del pasado para planear el futuro.

Osvath y un alumno de posgrado, Can Kabadayi, enseñaron a cinco cuervos cómo emplear una herramienta especial —una piedra de un peso y una forma determinados— para abrir una caja tipo puzle que contenía un premio de mucho valor. Aunque los cuervos no son usuarios de herramientas por naturaleza, los pájaros espabilaron enseguida y aprendieron el truco en una sola lección: «¡La única vez que se ha observado la utilización de herramientas por una especie no usuaria de herramientas!», exclama Osvath. Cuando los experimentadores se llevaron la caja y ofrecieron a los cuervos una serie de objetos, uno de los cuales era la herramienta funcional que podía abrir la caja, los pájaros cogieron el objeto que sería más útil para ellos si esa caja puzle cargada de un regalo volvía a aparecer en el futuro. Podían esperar hasta diecisiete horas, y eso fue lo que hicieron incluso cuando se les ofreció un premio inferior que les sería entregado inmediatamente; pese a la tentación, los pájaros no «picaron» en la alternativa de menor valor. Escogieron la herramienta especial y la conservaron para asegurarse la posterior y más sabrosa recompensa.

Los experimentadores también les enseñaron a estas aves cómo cambiar esa herramienta por un objeto simbólico, un tapón de botella, que les reportaría una recompensa aún mayor. En las pruebas en las que tenían que canjear algo por un premio más valioso, los pájaros superaron a los simios e incluso a los niños pequeños.

En ambas pruebas, los cuervos mostraron unas habilidades de autocontrol, razonamiento y flexible planificación del futuro equivalentes a las de un gran simio.

Tan listas son estas aves que en ocasiones superan en inteligencia a los que experimentan con ellas. Osvath se vio en apuros con una hembra de este estudio que inventó una manera completamente distinta de abrir la caja puzle, utilizando trozos de corteza que encontró esparcidos por ahí. La hembra tuvo que abandonar el experimento y quedarse en el banquillo.

El suelo del aviario de los cuervos está abarrotado de juguetes —palos, huesos, pelotas, botas, una bala de heno, cubetas para bañarse— y perchas estables y basculantes, que los pájaros usan como barras de equilibrio o trapecios. A menudo, los cuervos se cuelgan boca abajo con los pies enganchados a una rama y las alas tendidas; luego empiezan el juego, primero con un pie y luego con el otro. «Por lo que yo he podido ver, el juego consiste en no desplegar las alas hasta que no sea absolutamente necesario», dice Osvath. «Otras veces se cuelgan boca abajo sujetando un objeto con un pie, luego lo sueltan y con el pico intentan coger el objeto; lo intentan una y otra vez y nunca lo consiguen, pero luego empiezan otra vez desde el principio.» De repente, otros cuervos que están observándolos suelen apuntarse al juego.

El juego no es una conducta fácil de definir en un animal. Tendemos a buscar conductas parecidas a nuestros propios jugueteos infantiles: unos gatitos peleando con un ovillo de hilo, unos terneros retozando o unos cachorritos golpeando un muñeco de peluche. Pero el juego en las especies más remotamente emparentadas con nosotros es más enigmático. «En los cuervos se trata de algo muy obvio porque juegan igual que jugamos nosotros», dice Osvath, «pero podemos no verlo con esa claridad en algunas especies que juegan de una manera que no identificamos. Creemos que lo sabemos cuando lo vemos, especialmente en su forma más extrema, pero es muy difícil de definir.»

De hecho, a menudo el juego se define por lo que no es: es una conducta que no es deliberada, no sirve para ninguna función adaptativa obvia, no mejora las posibilidades de supervivencia y reproducción de un animal, al menos, en apariencia.

No hace mucho tiempo, Gordon Burghardt, psicólogo evolutivo de la Universidad de Tennessee, Knoxville, abordó el problema de crear una definición más positiva del juego y propuso cinco criterios para reconocerlo en cualquier especie. En primer lugar, se trata de una conducta que no es completamente funcional, aunque puede parecerse a conductas que son útiles en otro contexto. Por ejemplo, un cachorro golpeando un juguete imita al lobo cuando derriba a la presa, sólo que el cachorro no acaba comiéndose el juguete (bueno, no siempre, aunque mi perro mezcla de pitbull y labrador ya lo ha hecho en alguna ocasión). El juego es exagerado, torpe y repetitivo —como todas esas florituras excesivas que hacen en pleno vuelo los cuervos de la isla de Santa Cruz— y, con frecuencia, inapropiado. También es espontáneo, voluntario, deliberado, agradable y gratificante. Sólo se inicia cuando el animal está adecuadamente alimentado, sano y sin estrés. En suma, dice Burghardt: «El juego es una conducta repetida y aparentemente no funcional, distinta de otras versiones más adaptativas... y surge cuando el animal está en un ambiente relajado, poco estimulante o sin estrés». En otras palabras, es una especie de adorno de la conducta, pero desde luego no es nada frívolo.

Burghardt admite que esta descripción tan resumida no capta todos los matices del juego, pero ayuda a identificar la conducta de los animales en situaciones que anteriormente se ignoraban o se descartaban o simplemente no se tomaban en serio.

Los naturalistas llevan décadas, o probablemente siglos, sabiendo perfectamente que los animales juegan. Pero se pensaba que esta actividad se limitaba a los mamíferos: humanos, caballos, chimpancés, perros, gatos, nutrias y delfines. En este sentido, la idea de que un pájaro salvaje, o cualquier otra criatura salvaje no mamífera, pudiera tener ganas de divertirse o entretenerse o de desplegar alguna otra actividad que fuera más allá de sus necesidades básicas, parecía un tanto descabellada. Pero en los últimos años, Burghardt y otros han descubierto que el juego surge en los lugares más insospechados del mundo animal. Los pulpos juegan con Legos y lanzan pelotas con sus chorros. Los cocodrilos marinos o de agua salada pegan porrazos a una pelota atada. En el Zoológico Nacional de Washington, D. C., los varanos juegan a esconderse, y los dragones o monstruos de Komodo se ponen a forcejear con sus cuidadores, y alguno ha sido visto robándole a su cuidador una libreta del bolsillo y pasearse luego con ella en la boca, igual que los perros van trotando por ahí con un zapato... sólo que a cámara lenta. Las ranas venenosas de dardo o ranas punta de flecha juegan a pelearse entre ellas. Incluso los peces son conocidos por esquivar y batear pelotas y por llevar ramitas en la nariz manteniéndolas en equilibrio. Burghardt ha visto tortugas de caparazón blando jugar con una pelota de baloncesto, empujándola con el morro, bateándola, persiguiéndola por todo su recinto.

¿Y los pájaros?

Todas las variedades de pájaros arrojan cosas. Abejarucos australianos, currucas y pelícanos arrojan guijarros, y los cormoranes neotropicales y las garcitas verdosas tiran palitos, hojas, vainas y peces por el aire. Numerosas aves parecen disfrutar de una buena cabalgada. Los pingüinos de Adelia surfean sobre hielos flotantes a lo largo de la corriente como las nutrias sobre un tobogán acuático. Los loros arcoíris se columpian desde las ramas de los árboles. Un colibrí de Ana fue visto flotando sobre la corriente de una manguera de agua; luego volvía arriba para repetir el recorrido, una y otra vez. Los verdugos píos juegan a forcejear con palos y también hacen una versión de «el rey de la colina»: uno de los pájaros ocupa una percha grande mientras los otros intentan eliminarle; el ganador ocupa la posición del rey, sólo para ser noqueado por otro pájaro. Andrew Skeoch ha visto un grupo de chovas tumbadas la una al lado de la otra boca arriba, con las patas en lo alto, pasándose un palito con los pies en uno y otro sentido. Ha sido testigo de esta conducta repetidas veces en este grupo en concreto, pero nunca en otros grupos de chovas, de manera que cree que es un juego socialmente aprendido. En su maravilloso libro *Thinking Like a Parrot*, Alan Bond y Judy Diamond escriben que los kakas «entablan violentos combates y peleas, se abalanzan sobre el lomo del otro, dan vueltas mientras agitan los pies en el aire, saltan y se lanzan al estómago del otro sin dejar de batir las alas».

¿Y qué hacen los loros por lo general? ¿Por qué comerse esa flor sentado todo erguido cuando puedes revolcarte por una rama, colgarte de ella patas arriba y mordisquear la flor desde abajo?

Las gaviotas lanzan y atrapan almejas y otros objetos dejándolos caer desde el aire y, luego, bajando en picado para cogerlos de nuevo en pleno vuelo. Esta conducta es más común cuando sopla un fuerte viento, lo cual indica que las gaviotas practican más a menudo ese juego cuando la dificultad es mayor. Los momotos cejiazules de Costa Rica saltan por encima de la comida. Si un momoto ha comido hace poco, «puede pasar al lado de la comida aparentemente ignorándola y, luego, darse la vuelta y abalanzarse sobre ella», escribe Susan M. Smith, de la Universidad Nacional de Costa Rica. O bien «puede mirar por encima del hombro su propia cola y luego girar buscándola, dando a menudo cuatro o cinco vueltas completas antes de parar». En una ocasión, Smith vio un pájaro que dio cuatro vueltas en la misma dirección, se detuvo y, luego, de repente, se lanzó en la dirección contraria. «He visto nueve veces esta práctica de la caza de la cola por parte de cinco pájaros. Ninguno de ellos logró tocársela durante esta conducta.»

A esto llaman algunos «exagerado, torpe y repetitivo».

Los tordalinos arábigos, en especial los jóvenes, practican numerosos juegos, a veces durante varias horas al día, como lucha libre, peleas de gallos (donde dos tordalinos se lanzan de cabeza el uno sobre el otro para intentar hacerle perder el equilibrio a su rival), así como el forcejeo y el rey de la colina.

Los pájaros juegan. No todas las especies juegan tan a menudo o de una manera tan compleja como las especies más extremas, dice Osvath. «Pero si tuviera que jugarme el dinero», dice, «apostaría a que la mayoría de las aves juegan. He presenciado un juego incuestionable en ñandúes y emúes», especies consideradas «primitivas». Incluso aves que no tienen una tendencia general al juego ocasionalmente hacen travesuras. Me quedé fascinada al leer el informe de Joe Hutto sobre las diversiones de los pavos salvajes que tan bien llegó a conocer en los *flatwoods** de Florida: «Los pavos salvajes muy jóvenes son demasiado serios y prudentes como para involucrarse en cualquier actividad que se parezca al juego», escribe, «pero cuando crecen de tamaño y empiezan a madurar, se permiten ciertas libertades y muestran algunas conductas exuberantes que se asemejan al juego: pegan saltos espontáneos, breves y ayudados por el vuelo, y también se agachan y regatean como si hubiera algún adversario imaginario».

Los científicos reconocen tres tipos principales de juego, y los cuervos disfrutan con todos ellos. El llamado juego locomotor se hace utilizando sólo el cuerpo: correr, saltar, patear y dar vueltas. Aproximadamente la mitad de los veintisiete órdenes de pájaros participa de este tipo de juego, desde los pingüinos hasta los colibríes. El juego con objetos viene definido como la manipulación repetida de cosas «inapropiadas»: recoger objetos, hojas, palos, piedras, lanzarlos o dejarlos caer, romperlos, saltar una y otra vez sobre ellos; y lo practican seis órdenes de pájaros, desde las gaviotas, las rapaces y los búhos hasta los pájaros carpinteros, las aves canoras y los loros. Por lo que sabemos, son principalmente estos tres últimos órdenes los que se involucran en la forma de juego más rara y sofisticada, la social, descrita como participación lúdica con otros en un espacio seguro: luchar, cazar y pelearse en broma. Lo que convierte a este tipo de actividad de

* También conocido como Ecosistema del Pino-Hierba de Hoja Larga. (*N. de la T.*)

forcejeo en un «juego» es que recurre a una serie de normas: juego limpio, no infligir daño y, por encima de todo, turnarse, una habilidad social fundamental. De vez en cuando un animal combina diferentes tipos de juego, formando unas pautas mixtas que el investigador Sergio Pellis denomina «superjuego». Osvath ha observado cuervos «superjugando», colgándose boca abajo mientras manipulaban pequeños objetos.

Todo esto hace que el juego parezca algo común entre los pájaros, cuando en realidad sólo está documentado en aproximadamente un 1 % de las diez mil y pico especies ornitológicas. Osvath sospecha que esto se debe a que sólo se ha estudiado minuciosamente ese pequeño porcentaje.

Existen tres requisitos previos para el juego complejo, y el dossier de los cuervos los incluye todos. Esta conducta tiene lugar entre los pájaros que poseen un cerebro grande para su tamaño del cuerpo (los cuervos tienen el tamaño relativo del cerebro más grande de todas las aves); un prolongado período juvenil en que las crías dependen de sus padres (los cuervos pasan al menos cinco meses con su familia); y la costumbre de explotar todas las fuentes disponibles de comida (los cuervos están especializados en ser generalistas en lo relativo a la comida). La mayor parte de los pájaros que participan del juego social tienen un sistema social complejo. Los patos hacen una cosa que se llama holgazaneo coordinado: pasan el rato juntos. Pero el verdadero juego social existe sobre todo entre los pájaros que viven en sociedades complejas, donde las alianzas son fluidas y cambian constantemente, como los cuervos y las urracas australianas o verdugos flautistas.

Cuando intentamos entrar en la sala de observación, próxima al aviario de Osvath, los cuervos me miran con recelo. No podemos entrar porque los pájaros me atacarían. Es época de cría, y las parejas, Siden y Juno, y Rickard y Ninguna, tienen los nidos llenos de pollos. Los cuervos son feroces defensores de sus crías y unos proveedores inigualables, con una destreza cinegética muy eficiente. En una ocasión, dice Osvath, tenía un macho aperchado en su mano. «Alzó el vuelo, miró hacia abajo y vio una rata. En una fracción de segundo, cayó sobre la rata y la mató. La abrió, le sacó los intestinos y fue partiendo la carne en pequeños pedacitos que, todavía calientes, llevó a sus polluelos.»

Desde cierta distancia, observamos cómo Siden desplaza un buen trozo de carne de caballo hasta un sitio próximo a una tina, luego encuentra una bota de goma negra y cubre con ella la carne. Añadiendo unas cuantas briznas de paja, la carne queda oculta. Al menos para nuestra vista. La compañera de Siden, Juno, desciende inmediatamente desde el nido, expolia las provisiones escondidas y se las lleva a sus crías.

Esta ocultación de la carne puede parecer una especie de juego del escondite, pero en realidad sólo guarda relación con esconder la comida. Los cuervos son unos ocultadores magistrales, pero no lo son desde un principio. Unos estudios demuestran que los jóvenes aprenden el arte de un buen escondite mediante el método de ensayo y error. Puede ser un arduo proceso de aprendizaje. Osvath dice que una vez un vecino se encontró una gran masa de carne escondida en las crines de su caballo. El investigador Raoul Schwing, que ocasionalmente ayuda al estudio de los cuervos en un aviario austríaco, habla de escondites aún más inapropiados. «Estás limpiando el aviario y te agachas hacia delante de modo que se te ve el inicio de la raja del culo, y de repente tienes un trozo de carne muerta metida en los calzoncillos y un joven cuervo saltando alegremente a tu espalda, como diciendo: "¡Oh, mira, ya sé esconder las cosas!".»

Los estudios demuestran que los cuervos adultos saben cuándo otros cuervos están espiándolos mientras esconden la comida, y emplean numerosas estrategias para evitar que sus escondites sean expoliados: retrasan la ocultación hasta que los competidores se han marchado, se mantienen alejados de los escondites que ya han hecho si un competidor está presente, utilizan obstáculos como barreras visuales, y buscan sitios para esconder la comida que no puedan ver otros pájaros: tras los árboles, entre las rocas, en alguna caja del aviario, en las cubetas, entre ramas amontonadas o en unas botas viejas. En un ingenioso experimento, Thomas Bugnyar, de la Universidad de Viena, y sus colegas hallaron que los cuervos cuidan de sus escondites para que no sean descubiertos en respuesta al ruido que haga otro cuervo en un cuarto contiguo... pero sólo si la mirilla que separa las dos habitaciones está abierta, y no si está cerrada. Esto indica que los cuervos son algo más que meros «lectores de la conducta» y pueden adoptar la perspectiva de otro pájaro y tener en cuenta lo que otra criatura puede o no puede ver, lo que algunos científicos consideran un componente esencial de la sofisticada habilidad cognitiva conocida como teoría de la mente.

Un pollito de cuervo come unos 750 gramos de carne al día. «El año pasado, sacrificamos en abril un caballo entero sólo para los pájaros de estos dos nidos», dice Osvath. «Para finales de julio ya se lo habían comido. Imagínate cuánto tienen que trabajar estas aves en el medio salvaje. Cuando los pollos son jóvenes, el macho tiene que alimentar a la hembra, a todos los polluelos y a sí mismo.» Esto explica en gran parte por qué, en esa época, los cuervos progenitores no tienen demasiadas ganas de jugar.

Sin embargo, hace unas pocas semanas, los pájaros estaban jugando en la nieve, «cosa que les chifla», dice Osvath. «Hacen todas las cosas típicas de la nieve: se deslizan desde una loma, vuelven a subir y vuelven a deslizarse; a veces, de regreso, con un palito en los pies. Puedes tirarles bolas de nieve; entonces todos se alinean e intentan cogerlas saltando tanto como pueden. A veces, un cuervo se acerca a otro, le agarra una pata y tira de ella; entonces el otro le agarra también una pata y los dos pierden el equilibrio y se desploman en la nieve, cada uno agarrando la pata del otro y, a veces, también con un objeto en el otro pie. Parece cosa de locos.»

A los cuervos también les encanta bañarse... no para estar limpios ni para entrar en calor o para refrescarse, sino para hacer travesuras y chapotear en el agua. Bernd Heinrich lo comprobó en una serie de experimentos orientados a determinar si los pájaros se bañaban cuando estaban sucios o cuando necesitaban cambiar la temperatura del cuerpo. Para ensuciar a los pájaros, los roció de miel y estiércol de vaca, pero eso no alteró en nada su frecuencia de baño. Y tampoco les importaba que hiciera una gélida temperatura de –7 °C en invierno o 32 °C en verano. «La temperatura sencillamente no era un factor determinante», dice Heinrich. Se bañaban cuando les apetecía darse un baño, por pura diversión.

«El primer baño después del crudo invierno de Suecia es divertidísimo de ver», dice Osvath. Los cuervos acuden en tropel a las tinas y cubetas que él llena por los alrededores del aviario. Se ponen en el borde y se zambullen una y otra vez entre graznidos y chapoteos.

Los cuervos son célebres por su habilidad para inventarse todo tipo de juegos. «Si vas a diferentes aviarios de cuervos, verás como los pájaros juegan a juegos distintos inventados por ellos mismos», dice Osvath. «Enséñales un juego nuevo, y aprenderán enseguida las reglas.» En la década de 1960, Eberhard Gwinner, el inspirado zoólogo que reveló el calendario interior de las aves migratorias, dirigió su atención hacia la conducta de juego de los córvidos —cuervos, cornejas negras y grajos—, anotando cómo algunos cuervos ideaban sus propios y nuevos juegos, que otros cuervos imitaban y seguían practicando incluso después de que el inventor se hubiera marchado, lo que equivalía, dice, a una cultura del juego.

Si a un cuervo le das una jarra o un florero vacío, meterá la cabeza dentro para oír su propia voz, dice Osvath. «Es la misma clase de juego sensorial que practican los niños; resulta divertido hablar dentro de algo que te altera la voz.» Los polluelos de los cuervos se acurrucan en un rincón y no paran de gorjear. Un cuervo macho que estaba cuidando Osvath se había lastimado un ala cuando era joven. Para que no la forzara, el pájaro fue alojado en un aviario más pequeño cerca de una alambrada eléctrica que rodeaba a los caballos de la granja. La alambrada hace *clic*, y los caballos retroceden al oír el sonido. El cuervo macho aprendió a imitar el *clic* sólo para burlarse de los caballos. «Seguramente pensaba: "¡Qué guay, al hacer eso, puedo mover toneladas de carne!"», dice Osvath. «Esto se convirtió en una llamada de exhibición con su propia marca de fábrica: se inflaba para parecer más grande y profería ese pequeño *clic*.»

Algunos pájaros tiran repetidamente objetos y se quedan escuchando el ruido que hacen. Unas cacatúas Galah de Nueva Gales del Sur fueron vistas lanzando guijarros al tejado metálico de una casa de campo. Se sabe de pergoleros moteados orientales macho que recogen conchas de un montón y las tiran dos o tres veces sobre la pila, aparentemente sólo para oír cómo tintinean. En su libro *Avian Play*, Millicent Ficken anota que unas jóvenes currucas mosquiteras han sido observadas haciendo lo mismo. «A uno de los pájaros se le cayó accidentalmente en un cristal una piedra que hizo un ruido como un campanilleo; los demás pájaros se mostraron muy interesados, y muchos de ellos se pusieron a tirar piedras en un plato.»

Este tipo de juego vocal o acústico no encaja en ninguna de las tres categorías formales del juego; tal vez sea una cuarta categoría. Algunos científicos sugieren que el «subcanto» —los sonidos suaves, aleatorios, «casi de adulto pero no del todo» que profieren las aves canoras jóvenes— puede ser una forma de juego vocal. Estudios realizados por Lauren Riters, de la Universidad de Wisconsin, y otros muestran que la práctica del canto y el, así llamado, «canto no dirigido» de cualquier tipo, fuera de la temporada de cría y a cualquier edad, es intrínsecamente gratificante para un pájaro, pues se activan los mismos patrones opiáceos que en la experiencia del placer. Si tal es el caso, si cantar fuera del contexto de cría es una forma de juego para las más de 4.500 aves canoras, también conocidas como *oscines*, entonces las estimaciones del juego en tan sólo un 1 % de las especies ornitológicas se quedan muy cortas.

El primer año que la hembra de cuervo salvaje apareció por el aviario, Osvath la vio jugando con un milano real que tendría más o menos su edad. Los dos pájaros pasaban el rato juntos, posados el uno al lado del otro, y ocasionalmente practicaban juegos aéreos. Unas veces iniciaba las travesuras el milano real y otras veces el cuervo.

Que jueguen unas especies con otras no es tan raro, pero a menudo resulta sorprendente. YouTube está lleno de vídeos divertidos: un perro y un poni peleándose amistosamente; un gatito luchando en broma con un cervatillo; una urraca jugueteando con un cachorro; un pastor alemán acariciando con el hocico a un guacamayo; un chihuahua acurrucado con un pollito; un canguro acariciando con entusiasmo a un perro como si le estuviera diciendo: «¿Quién es un buen perro? ¡Tú! ¡Tú eres un buen perro!» y, quizá lo más asombroso, una lechuza común o lechuza de los campanarios retozando con un gato, o unos huskys siberianos jugando a pelearse con unos osos polares, incluso dejándose abrazar por ellos.

«Los animales enseguida entienden cuándo otro animal está jugando», dice Osvath, «aunque sea de una especie diferente. Eso puede verse en humanos, simios, perros, gatos y pájaros. Debe de haber una señal conservada, una conducta característica que todos —o al menos la mayoría— los vertebrados entienden.» Algunos animales poseen señales de juego distintivas, como cuando el perro se agacha con las patas delanteras separadas, la grupa alta y meneando el rabo; o la expresión que adoptan los chimpancés, un híbrido entre una mueca y una sonrisa; o la manera en que los babuinos se inclinan para mirar entre sus patas. Pero hay otras señales, dice Osvath, como una zancada llena de vitalidad o unos movimientos exagerados. En una ocasión Osvath jugó con un oso pardo en un zoo; corría hacia un extremo del recinto, pegaba la nariz al cristal y luego corría hacia el otro extremo. «El oso entendió inmediatamente el juego», dice. «Los chimpancés harían lo mismo; lo captan enseguida.» Unos vídeos de internet muestran a pingüinos nadando de un lado a otro en las cisternas de un zoo y jugando con los visitantes humanos a juntar el pico y la nariz. Por lo general, los pájaros invitan a jugar ladeando la cabeza, dando volteretas sobre su lomo, acercándose con cautela a un compañero de juegos o, simplemente, saltando de acá para allá.

Osvath ha descubierto que el juego de los cuervos comienza cuando todavía son jóvenes, incluso antes de que los pollos hayan echado plumas. «Pudimos observarlos en el nido unos cuarenta días después de haber eclosionado, cuando ya eran lo bastante grandes como para asomarse por el borde, y estaban jugando como locos —dándose tirones y mordiscos y picoteando trozos del material del nido—, tanto solos como juntos.» Una tercera parte del tiempo que las crías estaban en el nido la pasaban jugando, ocupando sólo el segundo puesto después del tiempo que pasaban durmiendo y siendo tres veces superior al tiempo que pasaban aprendiendo a volar. «Más tarde, de jóvenes, esto es más o menos lo que hacen todos ellos», dice Osvath, «jugar y comer.» Las ganas de jugar entre las crías parecían contagiosas. Cuando un pájaro empezaba a jugar, enseguida se le unía otro.

Más tarde, Osvath descubrió que este contagio del juego no era una simple cuestión de la, así llamada, «sincronización conductual», cuando los pájaros alinean sus conductas y hacen todos lo mismo, el uno al lado del otro. Si un cuervo estaba dedicado al juego con objetos, otro podía estar empezando con el juego locomotor, y otros con el juego social.

«Son las ganas de jugar lo que parecía ser contagioso», dice Osvath. El contagio emocional positivo también lo encontramos en otras especies de animales como, por ejemplo, en ratas y en chimpancés. Recientemente, unos científicos han hallado que las emociones negativas de los cuervos también pueden ser contagiosas. Cuando un cuervo ve que sus aliados se afanan con una tarea que no les proporciona una recompensa o ve su decepción en respuesta a una comida poco apetitosa —pero no la comida en sí misma—, entonces su propio interés por la comida disminuye. Este tipo de contagio emocional, tanto positivo como negativo, es considerado un componente esencial de la empatía.

Aunque no podemos ver el nido de Siden y Juno por dentro, probablemente los pollos estén en pleno juego, arrancando trozos del suelo de su nido y retozando el uno con el otro en ese espacio reducido: travesuras y payasadas que se reflejan en la cara de este pájaro... de tan sombría fama. Incluso mientras hablamos —y además en temporada de cría—, uno de los machos adultos, Rickard, se desliza de acá para allá por un tronco colgado de dos cadenas y lo convierte rápidamente en un vigoroso columpio.

Osvath tiene curiosidad por saber por qué los cuervos se han unido al selecto club de jugadores excepcionales en el mundo animal. Sólo unos pocos animales destacan por su conducta lúdica compleja e innovadora: los grandes simios, los delfines, los loros y los córvidos. Este tipo de juego parece que sólo surge esporádicamente en el árbol filogenético de los animales, y en ramas muy distantes. De los aproximadamente treinta filos que hay en el reino animal, sólo tres parecen contener especies que juegan. Y dentro de estos tres, no todos los linajes parecen tener especies juguetonas. En la rama ornitológica del árbol, los máximos jugadores —loros y córvidos— sólo están remotamente emparentados, pues los separan noventa y dos millones de años de evolución.

Que el juego —y en especial el juego complejo— sea desigual entre los animales sugiere que ha evolucionado independientemente múltiples veces y que, en cierto sentido, puede ser importante. Pero su propósito ha sido siempre un misterio, el hueso más duro de roer, dice Osvath. «Todavía seguimos sin saber por qué lo hacen.»

El punto de vista tradicional es que el juego tiene una función única: perfeccionar las destrezas para la vida diaria necesarias en la edad adulta, como cazar o luchar. «Lo primero que piensa la gente es: "Ah, estarán practicando"», dice Osvath. La idea se remonta a Karl Groos, que en 1898 publicó un libro titulado *The Play of Animals.* «El juego de los animales jóvenes sirve para que se adapten a las tareas que han de desempeñar posteriormente en la vida», escribe Groos. «Sin duda, el juego no es el hijo del trabajo», sino que más bien «el trabajo es el hijo del juego», el campo de entrenamiento de la lucha por la vida.

No existen muchas pruebas experimentales en favor de un vínculo entre el juego juvenil y la experiencia adulta, pero tiene sentido. Osvath ha observado cómo los cuervos jóvenes juegan con casi cualquier objeto que encuentran: ramitas, piedras, bayas incomestibles, tapones de botellas, trocitos de conchas marinas y cristales. Este tipo de juego a una edad temprana puede ayudarles a distinguir entre objetos seguros y objetos peligrosos. Y parece ser que manipular objetos ayuda a los cuervos jóvenes a desarrollar sus habilidades ocultadoras: a idear cómo camuflar de la mejor manera posible sus provisiones y a usar barreras visuales para ocultar el fruto de sus esfuerzos de los indiscretos ojos de los expoliadores. Thomas Bugnyar y sus colegas descubrieron asimismo que esconder objetos jugando, también conocido como ocultamiento «estúpido» —esconder cosas incomestibles para jugar como piedrecitas, ramitas y cosas de plástico de muchos colorines—, les da a los cuervos la oportunidad de evaluar las habilidades expoliadoras de otros cuervos sin arriesgarse a perder comida de valor, información que más tarde podrán utilizar para el genuino ocultamiento de comida.

También resulta fácil ver cómo el juego social complejo al principio de la vida da lugar más tarde a unas relaciones sociales más fluidas, promueve los vínculos sociales, establece las jerarquías de dominio y enseña a los animales cómo interactuar con otros de manera positiva.

Asimismo, tiene sentido que el juego locomotor —zambullirse, bajar en picado, etcétera— puede ser útil en el aprendizaje de cómo evitar a los depredadores. Pero sin duda sería una exageración afirmar que el *looping* aéreo de un cuervo o dejarse caer como una piedra desde el cielo puede ser útil en este contexto. «Son tan ágiles en el aire, que ningún águila podría dañarlos nunca», dice Osvath. «Y su juego locomotor suele consistir en desafiarse a sí mismos y luego en aumentar la dificultad, por ninguna otra razón que hacer que el juego ofrezca mayores dificultades. Se ponen trabas a sí mismos, lo que puede verse en muchos animales que consideramos inteligentes.» Por ejemplo, cogen un objeto con un pie y lo arrastran de una manera muy torpe, y luego lo llevan hasta el final de una rama larga y delgada e intentan mantener el equilibrio. «Ése es el típico juego de los cuervos», dice Osvath, «hacer cosas que nunca harían normalmente, cosas que no tienen sentido en ningún contexto biológicamente relevante.»

Gordon Burghardt sugiere que acciones juguetonas como el soplar burbujas (como si fueran pompas de jabón) de los delfines, y las piruetas que hacen los chimpancés, así como la manera de correr con los ojos cerrados de algunos monos y simios, pueden haberse originado en la práctica o el entrenamiento para alguna función en particular, pero luego, con el paso del tiempo evolutivo, estas acciones pasaron a convertirse en algo meramente lúdico, y «quedaron desligadas de ese sistema funcional subyacente».

Osvath está de acuerdo en que ciertos tipos de juego pueden haber evolucionado como un derivado del entrenamiento y, luego, haber empezado a desempeñar una función diferente. «Y esa función puede ser distinta para diferentes animales», dice. O puede haber ocurrido lo contrario: que, por ejemplo, las exploraciones lúdicas orientadas a los objetos en los primeros ancestros de los córvidos hayan dado lugar a la innovación del ocultamiento.

El juego puede ser una manera de entrenarse para lo inesperado. Hace medio siglo, Eberhard Gwinner sugirió que el juego determina la notable flexibilidad conductual de los cuervos, permitiéndoles desarrollar «un repertorio [más] diverso y receptivo» de conductas frente a los retos medioambientales. Esta idea ha sido retomada recientemente por Marc Bekoff y sus colegas, los cuales proponen que «el juego tiene la función de aumentar la versatilidad de los movimientos y la capacidad para recuperarse de *shocks* repentinos... y de situaciones estresantes. Esto es por lo que los animales buscan y crean deliberadamente situaciones inesperadas en el juego y se someten, también deliberadamente, a situaciones desventajosas». El juego permite a los animales explorar una serie de opciones en un entorno seguro.

También es posible que reduzca el estrés. En algunos animales jóvenes, unos niveles bajos de corticosterona, la hormona del estrés, van asociados a la práctica de numerosos juegos. Los animales sin estrés son quizá más propensos a jugar. Pero también existe la posibilidad de que el juego alivie el estrés, tanto en el momento como en respuesta a sucesos estresantes en el futuro. Algunos tipos de lucha lúdica o en broma, por ejemplo, incluyen elementos de la lucha real y activan las mismas vías neuroquímicas en el cerebro de un pájaro que la respuesta de lucha o huida. Creando pequeños picos de un estrés leve en circunstancias seguras, la lucha lúdica podría alterar la percepción del estrés de un pájaro, de tal modo que la próxima vez que el ave se encuentre con una dificultad verdaderamente estresante no se traumatice tanto y se recupere más deprisa.

Una manera de averiguar para qué sirve el juego, dice Osvath, es impedírselo a un cuervo y ver qué hace. «Pero esto sería casi imposible de llevar a cabo porque tendrías que refrenar físicamente al pájaro, lo que no sólo sería poco ético, sino que además le desconcertaría y le provocaría un estrés extremo.»

Las ratas de laboratorio privadas de juego no desarrollan cerebros normales. Los científicos descubrieron esto alojando ratas jóvenes con adultas, lo que inhibe sus impulsos juguetones. Las ratas jóvenes, que disfrutaban del resto de las interacciones sociales —tacto, olfateo, etc.—, pero no del juego, no desarrollaron una corteza prefrontal normal. Así pues, ésta es otra posible finalidad del juego en todos los animales: un saludable desarrollo del cerebro.

Osvath tiene lo que él llama una «hipótesis muy tambaleante» en relación con esto. «Ni siquiera es una hipótesis, sino sólo una idea», dice, pero es intrigante. Es posible que el juego, especialmente para los cuervos adultos, tenga una función regeneradora del cerebro. Sabemos que el nacimiento de nuevas neuronas —la neurogénesis— tiene lugar en las aves que esconden su comida en invierno, sobre todo en el hipocampo, la parte del cerebro encargada del aprendizaje, la memoria y la regulación del humor. (Hay pruebas que sugieren que los humanos también tienen capacidad para crear nuevas neuronas en el hipocampo a lo largo de la vida.) «Puede que sea como el sueño, otro misterio», reflexiona. «Lo necesitas para regenerar y consolidar los recuerdos.»

Por supuesto, hay una explicación inmediata de por qué juegan los cuervos, dice Osvath: porque es divertido. «Se supone que los científicos no deberíamos decir eso, pero casi todos nosotros —entre bambalinas, por así decirlo— suscribiríamos que los animales que vemos jugando se lo están pasando bien, y que la diversión puede ser para ellos una formidable recompensa.» En un reciente estudio sobre el juego con objetos en las cornejas, los cuervos y las grajillas occidentales, Osvath y varios colegas de la Universidad de Oxford y el Instituto de Ornitología Max Planck hallaron que si a los cuervos se les ofrece la posibilidad de elegir entre comida y objetos de juego, casi siempre eligen la segunda opción. «El juego con objetos era tan importante que fueron capaces de decir no a la comida», dice Osvath.

Unas investigaciones sugieren que los pájaros poseen el potencial para experimentar la diversión del mismo modo que lo tienen los mamíferos. En un ensayo titulado «¿Tienen los pájaros la capacidad de divertirse?», los científicos cognitivos y expertos en córvidos Nathan Emery y Nicola Clayton sugieren cautelosamente que la respuesta es sí. En la mayoría de los animales, el juego parece ser un poderoso estimulante para la liberación de dopamina, que se activa en el sistema de recompensa del cerebro, y también para la de opiáceos endógenos, esenciales para la sensación de placer. Aunque todavía no sabemos si en los pájaros se producen unos procesos similares, sí sabemos que poseen los mismos apuntalamientos neuronales de la diversión y la recompensa. «Parece que la dopamina desempeña un papel esencial en la recompensa de los pájaros y ha sido hallada en regiones cerebrales análogas», escriben Emery y Clayton, «lo cual indica que asimismo controla la búsqueda de estímulos que induzcan a la recompensa en los pájaros.» También sabemos que el juego social y el canto no dirigido en las aves están estrechamente vinculados con la actividad de los opiáceos endógenos del cerebro, los cuales pueden inundar las áreas del cerebro relacionadas con las sensaciones del placer y la recompensa.

El sistema de recompensa ocupa un lugar importante en todo cuanto hace un animal, dice Osvath. Es la razón por la que comemos y practicamos el sexo. Es la razón por la que algunos observamos pájaros y algunos los estudiamos. «Muchos de nosotros hacemos cosas sin una finalidad concreta», añade Osvath; «nos dedicamos a la ciencia, a la cultura, a escribir libros; estas cosas las hacemos principalmente porque nos gusta hacerlas. Esto está muy relacionado con nuestra conducta exploradora o lúdica. Es completamente inútil estudiar los pájaros o ir a la Luna o investigar cualquier campo que no tenga una aplicación práctica. Se trata de adquirir unos conocimientos básicos, y eso es muy interesante para nosotros y aprendemos mucho de ello, pero en realidad no es más que un juego.»

8

Los payasos de las montañas

Entrar en el aviario de keas del Instituto de Investigación Messerli es como si fueras la tía favorita llegando a una reunión familiar animada y bulliciosa. Los pájaros salen disparados para saludarte como una multitud de niños, anadeando a toda pastilla, graznando, arracimándose a tus pies y tirando de tus bolsillos, como diciendo: «¿Qué me has traído? ¿Qué me has traído?».

Hay dos laboratorios que estudian los keas, uno recién establecido en Nueva Zelanda por Alex Taylor, un investigador de la Universidad de Auckland, y el que estoy visitando yo, situado en la otra punta del mundo, en los preciosos, verdes y ondulantes campos de la Baja Austria. En este laboratorio, inaugurado hace treinta años por el biólogo cognitivo Ludwig Huber, colaboran dos universidades de Viena, y ahora está emplazado en el Centro de Investigación Haidlhof, a las afueras de la ciudad de Bad Vöslau. Incluye aviarios de laboratorio para cuervos, dirigido por Thomas Bugnyar, de la Universidad de Viena, y para keas, que dirige Raoul Schwing, de la Universidad de Medicina Veterinaria de Viena. Schwing lleva el laboratorio de keas con la ayuda de su administradora, Amelia Wein, que se ha ofrecido para acompañarme a dar una vuelta por el aviario y dejarme ver cómo dan de comer a los keas por la tarde. Estamos en abril, en plena temporada de cría de los keas, y también de los cuervos, pero Wein me dice que puedo entrar perfectamente en el aviario de keas y conocer a los pájaros. De todos modos me advierte: «Deja fuera del aviario todo lo que puedas: el teléfono, el reloj, los pendientes, todo».

Ahora veo por qué. Los keas se me acercan de uno en uno con ese curioso bamboleo de los loros. Exploran cada pulgada de mi cuerpo dándome tirones de los vaqueros, la blusa, los calcetines y los zapatos, examinando cada prenda con una curiosidad muy peculiar, y dando empujoncitos a las cosas, de una en una, con sus largos y curvos picos, como hacen los niños pequeños cuando ven algo nuevo con el dedo índice. De hecho, me recuerdan a mis hijas cuando eran pequeñas, que me agarraban del pelo o de los pendientes y chillaban de puro deleite al tirar con fuerza, y luego intentaban desenredar sus pequeñas manitas de la maraña de pelo. De repente, los pájaros descienden hasta mis zapatillas de deporte y se entretienen con los cordones, tirando de los lazos hasta deshacerlos. Wein se echa a reír. Miro hacia ella y está literalmente cubierta de keas, dos en los hombros y uno sobre su cabeza, que le ha quitado hábilmente el pasador de plástico y ahora está dándole tijeretazos en el pelo, como si hubiera sido peluquero en una vida anterior. A sus pies, otro pequeño grupo roe sus zapatos. Se quita uno de los pájaros del hombro. «¡No! ¡Esta blusa me gusta!»

Todas las blusas y camisetas de Wein están llenas de agujeritos hechos por los picos de los keas, me cuenta. Una de las actividades favoritas de los pájaros es agrandar los agujeros y las perforaciones. También les encanta cogerte con el pico un dedo o el lóbulo de la oreja o el tendón de Aquiles y apretarlo... no muy suavemente. «Si sus picos fueran como los de otros loros», dice Wein, «a todos nos faltaría algún dedo.» Pero el pico del kea no está hecho para cascar nueces ni para sacar semillas de su cáscara, como la mayoría de los picos de los loros, sino que más bien tiene forma de gancho, lo ideal para arrancar plantas de raíz —lilas, margaritas, zacates retorcidos morenos—, para voltear piedras o troncos y para explorar, parece ser, cualquier cosa que se cruce en su camino, como cubos de basura, paneles solares, coches, tiendas de campaña y cordones de zapatos.

Los keas son unos loros grandes y robustos; tienen el lomo de un precioso color oliva, y el obispillo y la parte interior de las alas de un fogoso naranja rojizo. Siendo los más extravagantemente juguetones de todos los pájaros, reciben el nombre de «los payasos de las montañas» en su región natural, los Alpes Neozelandeses, y son reconocidos por sus grandes cerebros y su sofisticada inteligencia... y también por ser maliciosos y destructivos.

Los aviarios de keas y cuervos de Haidlhof son objeto de una intensa investigación sobre la cognición y el juego en las dos especies. Según te acercas al centro, las colinas están llenas de..., en fin, no precisamente de música, sino de una cacofonía de gritos y chillidos de alborozo. El aviario de los keas alberga veintiocho pájaros, la mitad adultos y la mitad jóvenes, todos ellos descendientes de pájaros que sobrevivieron al brote del virus del Nilo Occidental, que hace unos años azotó con crudeza a Europa. A todos les han puesto un nombre Schwing y sus colegas: Plume, Papu, Pancake, Coco, Frowin, Pick, John, Lilly y Willy, y el acreditado genio del grupo, Kermit. Desde que Schwing se unió al laboratorio en 2008, ha estado explorando la excepcional inteligencia del kea, así como su audacia, su curiosidad, su carácter juguetón y su inusual conducta social, una constelación de rasgos que hacen de este loro algo verdaderamente único en el mundo ornitológico.

«Siempre digo que los keas son unos pájaros raros dentro de un grupo de pájaros realmente extraños», dice Schwing. «Los loros en general son raros, pero los keas elevan esa rareza a otro nivel, tanto en su evolución como en su historia natural y en su conducta.» El kea es el único loro alpino del mundo que vive en unas condiciones invernales de montaña. Junto con el kaka y el kakapo, forman una familia distinta de una rama antigua que se desvió de otros loros, como los periquitos y las cacatúas, hace aproximadamente entre cincuenta y cinco y ochenta millones de años. Algunos de los rasgos del kea se parecen extrañamente a los de un halcón. Cuando están volando se asemejan más a un ave de presa que a un loro, y para ser loros su siringe —su órgano vocal— es bastante primitiva, más parecida a la del halcón. Poseen vocalizaciones complejas, aunque no son capaces de imitar la voz humana como lo hace una cacatúa o un loro yaco, también llamado loro gris de cola roja. Pero los keas son tan descarados y tan parecidos a los humanos, que no puedes evitar preguntarte qué dirían si supieran hablar.

Los cuervos y los keas están considerados los dos pájaros más juguetones del planeta, pero no podrían ser más distintos en su comportamiento. «La idea inicial de este centro era comparar los cuervos y los keas», dice Schwing, «dos pájaros de tamaño parecido de los dos grupos que están considerados más inteligentes, los córvidos y los loros.» Ambas aves viven en grupos sociales grandes y complejos. Los dos tienen un estilo de forrajeo flexible y generalista, y a los dos se les da bien resolver problemas.

Pero, al parecer, ahí terminan las similitudes. Por un lado, los keas viven juntos en relativa armonía, mientras que los cuervos son muy territoriales y tienen una sociedad con una estricta jerarquía impuesta mediante la lucha. Luego están las profundas diferencias en su actitud con respecto a las novedades. Los cuervos, como sabemos, son muy quisquillosos con las cosas nuevas. Los keas se sienten atraídos por ellas como las hormigas por el azúcar. Poseen una curiosidad inagotable y no tienen miedo de nada. Mientras que un cuervo se puede quedar semanas mirando un objeto desconocido antes de tocarlo, al kea cualquier cosa nueva le incita a la investigación inmediata: «Hum... ¿qué será esto? ¿Qué puedo hacer con ello?».

«Su gran amor por las cosas nuevas es un misterio», dice Alex Taylor. «Estos pájaros se mueven entre bosques subalpinos y áreas alpinas. Allí no hay muchas cosas nuevas que les puedan atraer la atención. Que hayan desarrollado esa avidez por lo novedoso es realmente extraño. Sin embargo, encaja perfectamente con su disposición al juego.»

Jorg Massen, un colega de Schwing que estudió los cuervos con el laboratorio de Bugnyar, no acababa de creerse la distinción entre la neofilia de los keas y la neofobia de los cuervos, de modo que hizo una prueba informal. Se sentó cerca del aviario de los cuervos, a los que había criado a mano él mismo y con los que había trabajado estrechamente, de modo que le conocían bien. Como esperaban cosas buenas de él, se le acercaron para ver qué estaba haciendo. Massen arrancó el faro de su bicicleta y, en cuanto lo encendió, los pájaros huyeron. Luego se dirigió al aviario de los keas. Los keas le veían pasar por su aviario todos los días, así que le conocían, y cuando se sentó a su lado, le ignoraron. Hasta que encendió la luz y, al instante, se vio rodeado por un caótico batiburrillo de keas alborotados.

Esta dicotomía afecta a cómo entrenan los diferentes laboratorios de Haidlhof a los estudiantes para que aprendan a trabajar con los dos pájaros, dice Schwing. Con los cuervos se les pide a los alumnos que se queden fuera del aviario unas dos o tres semanas, para que los cuervos tengan oportunidad de conocerlos antes de que se les dé permiso para interactuar con ellos en cualquier sentido. «Con los keas hacemos lo contrario», dice Schwing. «Adiestramos a los estudiantes enviándolos al aviario junto con los cuidadores, para que les ayuden en las tareas de limpieza, de modo que los keas los vayan conociendo en un contexto rutinario. Porque una vez que empezamos con la prueba, no queremos que los estudiantes sean tan novedosos e interesantes para los keas, que éstos ignoren lo que se supone que tienen que hacer los alumnos y sencillamente empiecen a jugar con esa persona nueva a la que no habían visto nunca con anterioridad», explica.

«Yo diría que los cuervos son tan atrevidos como los keas, pero sólo con las cosas y las personas a las que conocen. A los keas les encanta todo lo que sea novedad. Esta diferencia —que a los cuervos les atraiga lo que ya conocen, y a los keas lo que no conocen, todas las cosas novedosas— hace que su comportamiento sea muy distinto, lo cual significa que hemos de tener mucho cuidado a la hora de diseñar nuestros experimentos e interpretar las conductas. Yo siempre soy cauteloso; parte de mi cerebro está siempre pendiente de serlo, de estar alerta. Pero eso a los keas no les pasa.»

¿Por qué un pájaro que vive en las montañas ha desarrollado una mente que anhela la novedad y desea estar todo el rato jugando? ¿Juegan los keas por las mismas razones que otros pájaros?

Cuando Schwing se une a nosotros en el aviario, está claro que es el «tío favorito» de la reunión familiar. Los pájaros se agolpan a su alrededor profiriendo el largo, fuerte y agudo *keee-ee-aa-aa* que dio a esta ave su nombre maorí. Es una «llamada de contacto» que un kea usa para saludar a otro.

Diciendo que estos pájaros emplean vocalizaciones nos quedamos cortos. Son tremendamente estridentes, parlotean sin cesar, maúllan, chillan, trinan y se gorjean el uno al otro... o a cualquiera que esté dentro del aviario o fuera pero cerca. Cuando escucho mis grabaciones digitales de las conversaciones con Schwing y Wein, el jaleo que arman los keas es de tal volumen, que apenas distingo las voces humanas.

Schwing lleva una docena de años estudiando estos pájaros, incluidos más de cuatro años que estuvo investigándolos en su hábitat autóctono, los Alpes Neozelandeses. «Si alguna vez te has preguntado cómo de verdes son las montañas de Nueva Zelanda», Schwing señala un pájaro que le mordisquea la goma de sus zapatillas deportivas, «así de verdes son. Si miras a los keas con los prismáticos volando por encima del bosque, cuando aterrizan en los arbustos, es como si hubieran desaparecido. Es increíble lo bien que armonizan con la vegetación.»

Los keas se camuflan muy bien. Pero lo que no tienen son conductas que los puedan proteger de los depredadores. De hecho, más bien ocurre lo contrario. Su conducta parece diseñada para que una flecha luminosa señale su cuerpo grande y verde y para distraerlos de todo tipo de vigilancia. Esta clase de conducta atrevida se debe a que los keas tienen muy pocos depredadores naturales en su hábitat autóctono. Allí viven dos grandes aves de presa, el aguilucho lagunero del Pacífico y el halcón maorí —«este último, considerado una de las aves de presa más agresivas del mundo», dice Schwing—, pero ni el aguilucho ni el halcón han sido jamás vistos matando a un kea. «De hecho, el halcón maorí pesa la mitad que el kea», señala Schwing, «y en realidad los keas acosan a los halcones lanzándose sobre ellos en picado y sin dejar de emitir todo el rato llamadas de juego, como si dijeran: "¡Venga, apúntate a la diversión!".»

En el pasado, era otra historia. El gran aguilucho de Eyles, con una envergadura de hasta dos metros y medio, y la gigantesca águila de Haast, considerada una de las águilas más grandes y pesadas jamás descritas, dominaban la isla. Ambos se extinguieron, pero en su época fueron unos depredadores peligrosos y tal vez fueran la razón de la evolución del críptico colorido del kea.

Schwing conoció su primer kea en el medio salvaje durmiendo en una microtienda de campaña para una sola persona, comprada por cuatro perras. «La tienda era ridículamente pequeña; literalmente, sólo cabía yo, y habría dos centímetros y medio entre mi cara y lo alto de la tienda», recuerda. Para que se ventilara mientras dormía, había dejado un poco abierta la cremallera. Antes de que amaneciera, se despertó sobresaltado por un ruido justo encima de su cabeza y se encontró mirando directamente a los inquisitivos ojos de un kea, que había metido la cabeza por la abertura de la cremallera. «No estoy seguro de quién de los dos se asustó más.»

Aquello fue el principio de una relación amorosa. Schwing fue la primera persona que hizo una tesis doctoral sobre los keas salvajes. Durante dos años, grabó sus vocalizaciones y luego las clasificó en siete categorías, desde ese chirrido agudo de la llamada de contacto, que atraviesa perfectamente largas distancias aunque haga viento, hasta un suave silbido apenas audible pero con efectos casi mágicos en quien lo oye (Schwing lo ha bautizado como la «llamada caricia»). Algunos de los keas de Messerli utilizan esta llamada o reclamo de silbido con Schwing, pero en un entorno salvaje es extremadamente rara. De las casi veinticinco mil llamadas que grabó, sólo veinticuatro emplean este silbido. Schwing cree que es una comunicación muy personal entre un pájaro y otro que parece decir: «Quiero tener contacto íntimo». Un vídeo que hizo de la llamada silbido muestra a un macho posado en un banco. Una hembra aterriza y se acerca a él para arreglarle las plumas con el pico, pero él la echa. Entonces ella vuelve a subir de un salto y silba suavemente. De inmediato, él baja la cabeza y permite que ella se acerque y lo acicale. «En el aviario tenemos pájaros que pueden ser muy alborotadores y un poco rudos», explica Schwing, «pero cuando otro pájaro emite el silbido, se vuelven muy apacibles.» Schwing sospecha que estas vocalizaciones son en realidad manifestaciones del estado emocional interno de las aves.

Mientras estaba grabando en uno de sus centros de investigación, un mirador para turistas, un kea le robó el bolígrafo a Schwing. Cuando éste siguió al pájaro hasta un arbusto, encontró debajo un tesoro oculto de cosas hurtadas a los turistas: dos chupetes, cuatro pares de gafas, trocitos de antenas y aislantes de caucho de los coches y, efectivamente, su bolígrafo. Un desafortunado turista escocés perdió en el mismo sitio un fajo de billetes cuando un kea lo cogió del salpicadero. Lo gracioso de esto, dice Schwing, es que ocurrió después de que Nueva Zelanda se hubiera pasado al dinero plástico, que no se deteriora. «Ni siquiera lo puedes romper», dice. «De manera que en algún lugar de las montañas, doce mil dólares neozelandeses revisten ahora el nido de keas más bandidos del mundo.»

Estos pájaros tienen una acusada vena maliciosa y son unos vándalos redomados. En los campings de los Alpes Neozelandeses los keas se han hecho famosos por descender en picado hacia los vehículos aparcados y robar los manguitos del motor o por roer agujeros en los techos de las caravanas. Durante un estudio de campo, Schwing necesitaba moverse, por lo que alquiló un coche. «Sabía lo bastante como para tener cobertura completa por daños y perjuicios», me contó, «pero no quiero ni saber lo que pensaron cuando lo devolví. Estaba hecho trizas.» Me enseña una foto. «Ésta es la antena del coche. El kea tardó tres minutos en desenroscarla. No en quitarla o arrancarla, sino ¡en desenroscarla!»

A semejanza de los cuervos y los loros yacos, los keas tienen un cerebro grande en relación con el tamaño de su cuerpo y densamente poblado de neuronas. «Casi todos los aspectos de su conducta delatan inteligencia», dice Schwing. El aviario de Austria tiene una pequeña cabaña con un ordenador de pantalla táctil que permite a los investigadores estudiar las facultades cognitivas del kea, como por ejemplo comprobar su habilidad para llevar a cabo tareas que requieran un razonamiento por analogía. Si los pájaros pulsan la respuesta correcta en la pantalla, reciben un premio. «Todos se ponen en fila fuera de la pequeña cabaña porque les encanta utilizar la pantalla táctil», dice Wein. Para su tesis de máster, Wein estudió el reconocimiento de objetos en forma de imágenes, investigando si el kea es capaz de asociar lo que aprende de las fotografías de la pantalla táctil con objetos reales, y viceversa. Enseñó a los keas que una de las imágenes era positiva y acarrearía una recompensa, y que la otra era negativa y no tenía premio. «Aprendieron a toda velocidad a asociar lo que conocían de las imágenes con los objetos reales», dice Wein, «de modo que ya en la segunda sesión acertaron al cien por cien.»

A los keas también se les da muy bien aprender los unos de los otros. Para comprobarlo les hace la prueba de la «extracción del tubo». El interior de un pequeño tubo está embadurnado de una recompensa —mantequilla, la comida favorita de los keas—, y el tubo se halla en la parte inferior de un largo palo vertical. Para lograr el premio, el kea tiene que deslizar el tubo hasta el extremo superior del palo, lo que requiere trepar por el palo mientras empuja el tubito con el pico. Los keas consiguen hacerlo a los pocos intentos, pese a no haber visto nunca antes ese artilugio. Pero es que cuando un kea observa a otro, imita la estrategia del primero y completa la tarea al primer intento.

Kermit es el mago del grupo de Messerli. Plantéale a Kermit un problema y lo resolverá en cuestión de segundos, casi siempre al estilo bullicioso propio de los keas. Los pájaros que le rodean observan e imitan sus acciones. No hace mucho tiempo, un equipo de científicos enfrentó a Kermit y a algunos otros keas con un puzle: una caja de plexiglás con una recompensa sobre una pequeña plataforma interior que sólo se podía ganar insertando una varilla en una abertura y llevándola hacia la comida para sacarla de la plataforma. Para los keas, con su pico curvo, no es una tarea fácil. No pueden coger una herramienta y alinearla con su cabeza, como es capaz de hacerlo un cuervo de Nueva Caledonia, por lo que tienen menos control sobre la punta de la herramienta. Kermit descubrió la solución valiéndose de un recurso excepcional: primero sostuvo la herramienta en el pico de manera lateral, luego se la pasó al pie y luego, con el pico, la colocó en la posición apropiada en el pie; finalmente metió la herramienta por la abertura con el pico y maniobró hasta tocar la recompensa.

«Kermit es muy perseverante y no se frustra con facilidad», dice Wein. «Si no lo consigue, lo más probable es que algo le falle a tu experimento.»

Estos pájaros son listos, tenaces y tienen una gran capacidad de concentración. En un pequeño aviario sólo dedicado al estudio, la alumna de posgrado Thirsa van Wichen está comprobando si a los keas les gusta trabajar para conseguir comida. Los estudios demuestran que los animales prefieren afrontar algún tipo de dificultad a la hora de forrajear. A los gatos, por ejemplo, les encantan los puzles relacionados con la comida —dispositivos que desarrollan su instinto de caza e impulsan la actividad física—, y esto, además, según se ha demostrado, disminuye su estrés. Lo mismo cabe decir de los keas. Les chiflan los pequeños puzles que desarrollan sus habilidades relacionadas con el forrajeo. Nuestra presencia no distrae en absoluto a los pájaros; están tan concentrados en la tarea, que ni siquiera alzan la vista.

Una vez que los keas han aprendido a resolver un problema o a usar un artilugio, ya no lo olvidan. Schwing saca una caja de madera que utilizó hace unos años en un experimento muy elaborado para poner a prueba la capacidad cognitiva del kea y su habilidad para cooperar. La caja de madera se eleva sobre unas patas, y la base es una bandeja que desciende si se acciona convenientemente. En el experimento, la bandeja estaba repleta de premios: bolitas de zanahoria mezcladas con queso cremoso. Unidas a la bandeja había cuatro cadenas que salían por sendos agujeros hechos a un lado de la caja. Para soltar la bandeja y acceder a los premios, cuatro keas tenían que tirar simultáneamente de las distintas cadenas... y seguir tirando hasta que la bandeja se soltara. Si sólo tiraba un pájaro cada vez, la cadena se resbalaría sin mover la bandeja. Si alguno de los pájaros se retiraba demasiado pronto, la bandeja retrocedería quedando fuera del alcance.

Los resultados fueron impresionantes. Kermit abrió el camino y, tras un poco de entrenamiento, los otros keas aprendieron enseguida a tirar todos a la vez —y a perseverar—, de modo que todos obtuvieron sus premios.

Un par de años más tarde, un equipo de rodaje y fotografía de la National Geographic Society quiso sacar fotos de los keas resolviendo cooperativamente el puzle de la caja de madera y las cadenas. «Yo no tenía muchas esperanzas», recuerda Schwing. Los keas llevaban más de un año sin ver la caja puzle. Pero cogió los cuatro pájaros que consideraba los mejores y los puso en un compartimento de espera mientras el equipo colocaba las cámaras.

«Era temporada de cría, de modo que había cierta tensión; no paraban de perseguirse el uno al otro», dice. «Y pensé: "Vaya, esto no tiene buena pinta". Pero en el momento en que les abrí la puerta para que tuvieran acceso a la caja, se pusieron todos en fila india, dejando entre ellos una distancia entre pico y cola inferior al tamaño de un cuerpo. Y formando ese grupo de cuatro, se encaminaron directamente hacia la caja, sin hacer caso de los fotógrafos ni de las luces ni de nada; fueron allí, encontraron cada uno su sitio y tiraron de las cadenas.

»Lo hicimos varias veces, para que el equipo pudiera sacar todas las tomas. El fotógrafo acabó tumbado con la cabeza tan cerca de uno de los keas, que estaba bloqueando el acceso a la cadena. El pájaro pasó por su lado y, con el pie, apartó la cabeza del fotógrafo para poder llegar a la cadena y tirar de ella.

»No tuvieron el menor problema en recordar lo que tenían que hacer», dice Schwing. «Y era digno de verse lo increíblemente concentrados que estaban.»

Ahora, en cuanto Schwing pone la caja en el suelo del aviario, todos los keas acuden corriendo como locos y se arremolinan caóticamente en torno a la caja; los pájaros jóvenes y sin experiencia tiran de las cadenas de dos en dos armando un gran alboroto, mientras los adultos los dejan jugar. Es el caos propio de los loros.

En el parque nacional Fiordland de Nueva Zelanda, los keas han averiguado cómo hacer saltar las trampas puestas para los armiños, un mamífero invasivo que asola la isla. Las trampas están alojadas en sólidas cajas de madera diseñadas para evitar tal desastre, pero los keas han aprendido a hacer saltar las trampas con un palo de las dimensiones precisas o quitando los tornillos de la tapa. A veces sus esfuerzos se ven recompensados con huevos o cualquier otro cebo; otras veces sólo con un fuerte estallido. Incluso han llegado a arrancar las trampas y hacerlas rodar por los farallones.

Tanto arrojo y tanta curiosidad pueden poner a un pájaro en apuros. «A veces se pasan de listos», dice Schwing. «Hace unos meses, un hombre disparó a siete keas en su propiedad porque habían "desinstalado" la antena parabólica de su tejado.»

A semejanza de los cuervos, los keas son oportunistas y «extractivos» en el forrajeo... otro rasgo común entre los pájaros que juegan. Sin embargo, hasta hace poco, su conducta de forrajeo en el medio salvaje ha sido en gran medida un misterio. En las décadas de 1950 y 1960, el guarda de un parque, J. R. Jackson, llevó a cabo los primeros estudios de campo sobre los keas, recabando numerosos datos y observaciones acerca de su territorio, su comida y su población. «Se entregaba por completo a su trabajo», dice Schwing, «hasta el punto de que pasaba horas en el vertedero que hay cerca del paso de Arthur, donde se congregaban los keas; se metía en un saco de arpillera y miraba por el borde. No se movía aunque pasara gente dando patadas al saco.» Jackson descubrió que los pájaros anidan en el suelo, en túneles y oquedades, cerca de troncos, rocas y salientes rocosos, y a menudo hay un camino trillado que conduce a la entrada del nido. Hay cinco o seis artículos atribuidos a Jackson, pero se cuenta que tenía montones de anotaciones para artículos que nunca tuvo oportunidad de publicar... antes de que se perdiera por las montañas.

Alan Bond y Judy Diamond, de la Universidad de Nebraska, estudiaron los keas del paso de Arthur desde la década de 1980 y escribieron un libro fascinante sobre el «pájaro de las paradojas». Fueron los primeros en señalar su índice inusualmente alto de juego social y juego con objetos en comparación con otras especies, y asimismo exploraron sus hábitos relacionados con la cría y la alimentación.

Los keas explotan numerosas fuentes de comida, posiblemente, las más variadas del mundo ornitológico. Comen muchas cosas diferentes porque tienen que hacerlo —el entorno alpino ofrece escasos recursos alimenticios—, de manera que estas aves se han convertido en «auténticas omnívoras», escriben Bond y Diamond, «con un interés tan amplio por los alimentos vegetales y animales que casi iguala al de los humanos». Nacidos vegetarianos, comen una enorme variedad de especies de plantas y —como sabemos— han averiguado cómo diseccionar las plantas venenosas para extraerles sólo las partes comestibles. Además, son carroñeros y, cuando pueden, también comen carne viva, incluida la de los traseros de las ovejas.

«Me gustaría decir que no hacen eso», dice Schwing, «pero lo hacen.» Con esto se han ganado la enemistad de los ganaderos de ovinos. Corren rumores de que a los keas les encantan los riñones y que por eso mordisquean el trasero. Pero Schwing no comparte esta opinión. «Los pájaros sencillamente tienen por objetivo una zona que esté desprotegida», dice. «Hoy en día, las ovejas de Nueva Zelanda están desprovistas de sus largas colas. Cuando son corderos, se las atan y llega un momento en que se caen por sí solas.» (Lo que da lugar a unas escenas siniestras y morbosas, dice, como campos llenos de colas por todas partes. «La primera vez que lo ves, dices: "¡Madre mía, son las orugas más grandes que he visto en mi vida!". Luego caes en la cuenta: "¿No serán acaso...?"».)

«El problema es que la cola larga de una oveja cumple una función, que es la de espantar cosas de las partes del lomo a las que no llegan», dice Schwing. «Yo creo que los keas se concentran en la única zona en la que las ovejas no los alcanzan, desde donde pueden introducirse en la carne tierna y blanda que hay entre las costillas y las caderas. Eso es lo que mordisquean y picotean.»

Desde 1890 hasta 1971, el gobierno ofrecía una recompensa por los keas muertos. Los métodos para matar a los pájaros iban desde cebos envenenados hasta un arma especial para matar keas, según cuenta George Marriner, que escribió un libro sobre este pájaro en 1908. Marriner describía al kea como «el pájaro vivo más curioso e inquisitivo» y como «un compañero de lo más animado y gracioso», y al mismo tiempo alardeaba de matarlos «a todas horas, desde los primeros albores hasta el último y leve resplandor de la luz del día». Hasta que finalmente se garantizó su total protección bajo la Ley de la Vida Silvestre de Nueva Zelanda, en 1986, fueron sacrificados más de ciento cincuenta mil keas.

«Informarse sobre la inteligencia del kea para el aprendizaje social podría de hecho beneficiar a los ganaderos de ovinos», dice Schwing. ¿Cuál es la mejor manera de abordar el problema de que los keas ataquen a las ovejas? «Eliminar al joven macho que ha iniciado la práctica de alimentarse de las ovejas antes de que propague ese conocimiento dentro del grupo», aconseja. «Si quitas de en medio a ese joven macho —porque casi siempre es un macho joven, al que denominamos una "personalidad innovadora"—, entonces las ovejas y los pájaros podrán volver a vivir en paz hasta que llegue otro joven macho con sus innovaciones.»

Si la inteligencia y el forrajeo innovador son los ingredientes clave entre los animales que juegan, también lo es un período juvenil prolongado. Los keas se apuntan también este tanto, ya que tienen una «infancia» de cuatro a ocho años. «Esto es muchísimo tiempo incluso para un loro», dice Schwing. Los keas no son tan longevos como la mayoría de los loros. Un loro amazona suele vivir unos ochenta o noventa años. Las cacatúas de moño amarillo o cacatúas galerita tienen un promedio de vida de sesenta y cinco, pero pueden llegar a vivir ciento veinte años en cautividad si están bien cuidadas. «Los keas sólo viven cuarenta años como máximo», dice Schwing. «Así pues, aunque su fase juvenil sea de tan sólo cuatro años, esto supone el 10 % de su máxima expectativa de vida, lo que es muchísimo tiempo si se compara con casi todas las otras criaturas.»

En el momento oportuno, un joven llamado Skipper, nacido el año anterior, se desliza hacia nosotros con unos andares chulescos acentuados por sus patas combadas, insolente y adorable, con el plumaje todo hinchado. Se sabe que es un ave joven porque tiene una mancha amarilla en torno al pico, un aro amarillo alrededor de los ojos y una pequeña corona amarilla. Se contonea y se pavonea como si fuera el amo del cotarro.

Y lo es.

«Ésta es otra cosa genial de estos pájaros», dice Schwing. «Durante su larga infancia, los jóvenes disfrutan de una posición privilegiada en la jerarquía social de los keas. Esto puede verse incluso en los polluelos. Cuando la comida está servida —una mezcla de semillas, frutos y verdura colocada en pequeñas plataformas alrededor del aviario—, los adultos se ponen a comer tranquilamente. Llega un polluelo, hurga un poco por el suelo y luego, viendo que hay manjares más suculentos arriba, se encarama en la plataforma y, con una absoluta impunidad, coge la comida que están tomando los adultos, arrebatándosela literalmente del pico. He observado cómo esto ocurre con diferentes adultos y distintos pájaros jóvenes; se lo he visto hacer tres o cuatro o cinco veces. Ni una sola vez un adulto ha expulsado al joven ni le ha quitado la comida. Las aves jóvenes siempre se salen con la suya.»

En ocasiones, Schwing y Wein tienen que criar a mano a los pequeños keas e incorporarlos al grupo. «En otras especies de loros, si crías pollos a mano y los metes en el grupo, lo más probable es que los maten porque se establece siempre una clara diferenciación entre quién pertenece al grupo y quién no», dice Schwing. «Tienes que ir habituándolos poco a poco al grupo durante meses —metiéndolos en una jaula en el grupo— e introducirlos paulatinamente de esta manera.» Pero con los keas pasa todo lo contrario. «En el momento en que permitimos que los keas adultos tengan acceso a un pájaro joven, los machos casi se pelean entre sí por ver quién consigue dar de comer a estos pájaros ajenos y desconocidos. El primer día que los polluelos llegan al grupo, los atiborran de comida. Los pobres se ponen a batir las alas para deshacerse de los adultos porque sencillamente no les entra más comida.»

Esto contrasta con el estricto orden jerárquico que rige en la sociedad de los cuervos, tal y como lo ilustra una anécdota de un experto observador de pájaros que estaba sentado en la terraza de la casa de un amigo, en los bosques de California. Detrás de la casa hay un nido de cuervos en un árbol muy grande, y el amigo ha estado entrenando a los cuervos residentes para que se acerquen a él y cojan ratones muertos de una varilla. El amigo escribe:

> Un día vino volando un cuervo pequeño y se metió un ratón en el buche. En cuanto el cuervo se lo tragó, otro cuervo más grande, tal vez la hembra del nido, llegó chillando como loca al joven cuervo, al que hizo vomitar el ratón. La hembra lo recogió y se lo llevó al nido, dejando al cuervito plantado y cabizbajo en el borde de la terraza. La hembra volvió a descender, aún chillando, y con sus alas golpeó múltiples veces al pequeño cuervo a los dos lados de la cabeza. Otro incidente sobre la jerarquía de la alimentación en los grupos de cuervos; se suponía que el joven cuervo tenía que haber compartido el ratón muerto con los polluelos en lugar de comérselo él solo... y pagó un precio.

«Los keas simplemente tienen acendrada esa mentalidad de "los jóvenes primero"», dice Schwing. «Lo vemos en las poblaciones cautivas, y lo vemos en el medio salvaje. Los jóvenes y los pollitos pueden acercarse a cualquier pájaro y quitarle tranquilamente la comida.»

Sin embargo, en cuanto un joven kea llega a la pubertad, todo cambia. Cuando un pájaro se acerca a la madurez sexual y pierde su moñito amarillo y los círculos amarillos de los ojos y su plumaje se oscurece, el trato especial llega a su fin, y el joven se precipita hacia el rango más bajo de la escala social. «Es como si, durante un tiempo, les privaran de viento a las velas», dice Wein. Pero el período juvenil, tan excepcionalmente largo, y la posición privilegiada de los pájaros jóvenes en la estructura del grupo les ofrece muchísimo tiempo libre para disfrutar de un juego casi constante.

No son sólo los jóvenes los que retozan sin parar. Los pájaros adultos son igual de osados y juguetones. Parece que se han tomado al pie de la letra el dicho que a veces se atribuye a George Bernard Shaw: «No dejamos de jugar porque nos hacemos viejos, sino que nos hacemos viejos porque dejamos de jugar». En cualquier parte del aviario, los keas están sumidos en frenéticas peleas amistosas. Juegan a cerrarse el pico el uno al otro, se retuercen, dan volteretas y se pelean tumbándose uno boca arriba y el otro saltando sobre su tripa como un gatito. Se acechan y le agarran al otro del pico o de los pies, luchan propinándose lo que Schwing describe como patadas kung fu. Frowin, un adulto maduro, está jugando con una hoja; la lanza al aire y la pesca al vuelo. A los keas les pueden encantar las novedades, pero también se entretienen con cualquier cosa que lleve allí toda la vida; simplemente, empiezan a lanzársela los unos a los otros.

En las montañas de Nueva Zelanda, Schwing vio muchos de estos, así llamados, «juegos de suelo». Esperaba ver el consabido tira y afloja de objetos. «Eso era básicamente lo que se tiende a pensar que constituye el juego de los keas», dice. «Ello se debe a que Bond y Diamond eligieron como lugar de estudio un vertedero del valle, donde a los keas les gustaba congregarse. Bajan allí para pasar el rato donde haya gente y comida.» Los investigadores vieron keas tirando de huesos o prendas de ropa por los dos extremos, arrojando al aire piedras, tapones de botellas y nueces, y un grupo de polluelos que parecían haber encontrado su diversión favorita en una larga pieza de gasa quirúrgica «con la que se paseaban por allí pisándola, saltando sobre ella y empujándola con el pie».

Pero tal y como señala Schwing, los vertederos se localizan normalmente en valles, en los que corre poco el aire y, por lo tanto, el olor no se propaga. Eso significa que hay poco viento, o ninguno.

Cuando Schwing estuvo grabando y observando a las aves salvajes en su hábitat natural de las altas montañas, vio que la forma más popular de juego entre los keas salvajes era aérea —perseguirse, darse patadas y hacer acrobacias de vuelo—. Su lugar de estudio era el mirador Deaths Corner,* en el parque nacional del paso de Arthur, un sitio al que van con frecuencia los keas. El mirador se ganó su nombre por un enorme precipicio que desciende doscientos metros y ofrece una vista que se extiende casi hasta el océano. Cerca del aparcamiento hay una inmensa torre eléctrica en la que les encanta posarse a los keas. Es una buena ubicación para el forrajeo y un sitio al que acuden muchos turistas, que tienden a ofrecer golosinas. Pero lo más importante, según Schwing, es que «los grandes acantilados y el inmenso valle crean muchas corrientes ascendentes, lo que proporciona a los keas la posibilidad de volar realmente deprisa y hasta muy lejos con un gasto mínimo de energía». En pleno vuelo, un pájaro puede colocarse a lomos de otro, o bien se persiguen los dos echando una frenética carrera aérea, o se ponen a hacer *loopings*, y a veces hasta vuelan boca abajo, o hacen espirales o acrobacias hombro con hombro y después aterrizan en el lugar exacto del que habían despegado.

También planean aprovechando las corrientes ascendentes pero quedándose quietos, lo que requiere inclinar muy suavemente las alas segundo a segundo. «El juego consiste en permanecer en el mismo sitio», dice Schwing. «Se podría

* El Rincón de la Muerte. (*N. de la T.*)

aducir que eso no es un juego, sino un planeo para estudiar el paisaje desde arriba, como hacen los halcones. Sólo que los keas lo hacen a unos pocos metros del suelo, de modo que gastan muchísima energía para mantenerse en una posición horizontal estable, sin obtener nada a cambio en términos de visión panorámica. No te puedes ni imaginar cuánta energía consume hacer esto, hasta que llega otro pájaro traído por el viento y el que estaba planeando decide unirse a él. Un leve cambio en la posición de las alas y... ¡hop!, desaparece.»

Lo que realmente fascinaba a Schwing era el reclamo tan especial que profieren estas aves sólo mientras están jugando: un suave, chirriante y divertido gorjeo. Las señales visuales del juego son comunes entre los animales: la cara que ponen los primates, el arqueamiento de los perros y de los gárrulos coronigrises... Pero los sonidos de juego son más raros, y sólo se han observado en ratas, saimiris, chimpancés y el mono tití cabeciblanco o tamarino algodonoso. Para explorar las llamadas de los keas en el entorno salvaje como parte de sus estudios doctorales, Schwing puso altavoces y cámaras de vídeo en el mirador de Deaths Corner en un frío y lóbrego invierno. Eligió deliberadamente la peor estación del año para el estudio y salió cuando peor tiempo hacía, un día sombrío, frío y con llovizna, cuando ningún pájaro en sus cabales tendría ganas de ponerse a jugar. Por los altavoces puso cinco sonidos grabados que duraban cinco minutos cada uno, el gorjeo de la llamada de juego; otras dos llamadas del kea; una llamada de un pájaro común en la zona, la petroica neozelandesa o de la isla Sur; y un tono simple estandarizado.

Los breves vídeos de los resultados son para morirse de risa. Dos keas adultos pasando el rato sobre un muro de piedra, dedicados a sus asuntos entre la niebla y la llovizna. Al fondo se oye la grabación del gorjeo, la llamada de juego, y de repente los pájaros se miran entre sí, prorrumpen en chillidos y se lanzan a jugar, persiguiéndose como dos tontos el uno al otro, aleteando arriba y abajo, cogiendo piedras y lanzándolas al aire, jugando como locos durante los cinco minutos que dura la grabación.

«Con los reclamos del gorjeo, los juegos aumentaron de forma drástica», dice Schwing, «en un 500 %.» Keas de todas las edades se apuntaban al instante, y los adultos maduros, tanto machos como hembras, entablaron algunos de los más vigorosos y prolongados combates. El juego entre animales muy maduros del sexo contrario es raro en el mundo animal, y cuando ocurre, normalmente forma parte de la conducta del cortejo o bien sirve para reforzar vínculos sociales antes de la caza. Pero entre los keas no tiene nada que ver con la comida o el sexo. Se trata de jugar por jugar.

Los keas no se pusieron a buscar la fuente del sonido, dice Schwing, lo que le lleva a pensar que la llamada no es tanto una invitación —«Ven a jugar conmigo»— como una inspiración —«¡La hora de jugar!»—. En el mismo instante en que cesó la llamada de juego grabada, dejaron de jugar.

«Oír el reclamo de juego impulsaba la intrínseca motivación de los pájaros ante todo lo que sea jugar», explica Schwing. Es el mismo tipo de contagio emocional que afectaba a los polluelos de cuervos, y también se parece mucho a las risitas contagiosas que surgen entre amigos íntimos. Schwing se apresura a decir que no está llamando «risa» al gorjeo. Pero sí ve cierta analogía entre la llamada de juego y la risa humana porque, especialmente entre los niños pequeños, tienen efectos similares: son conductas positivas que desencadenan conductas positivas en otros. Oír a la gente reírse nos pone de mejor humor. Pon la grabación de la llamada de juego de los keas a un grupo de gente que no ha oído en su vida a un kea, y se echarán todos a reír diciendo: «¡Oh, qué alegre suena!». Pónsela a los keas, y empezarán a lanzar cosas al aire, a perseguirse el uno al otro, o bien, si no hay otros pájaros a su alrededor, a jugar consigo mismos.

¿Por qué tienen los keas una llamada de juego que es tan contagiosa? ¿De qué le sirve a un loro contagiar a otros la alegría?

Schwing está empeñado en averiguarlo... y en entender, para empezar, por qué son tan juguetones los keas. Cree que guarda relación con su sistema social y la naturaleza casi utópica del mismo. Los keas no tienen la conducta jerárquica normal que puede verse en otros animales muy sociales. En la mayoría de las comunidades sociales de aves, el estatus dentro del grupo se establece a través de la lucha. Los keas no tienen el mismo tipo de orden jerárquico, dice Schwing. No pelean por la supremacía. «En los cuatro años que estuve haciendo trabajo de campo en Nueva Zelanda, jamás vi a dos keas adultos luchando», dice. «Ni una sola vez.» De hecho, sólo vio un incidente que se asemejaba un poco a una lucha, y fue entre dos pájaros jóvenes que querían comer un cadáver por el mismo orificio.

En el medio salvaje, los keas no tienen una auténtica jerarquía, sino que su organización social es más bien fluida. «Si vas a lo que denomino un punto caliente de las montañas, donde te encuentras con aglomeraciones de treinta keas, verás que se mezclan en grupos muy fluidos», dice. «Puede que lleguen dos pájaros, luego otros seis, a continuación tres se van volando, después llegan otros cinco, luego cuatro emprenden el vuelo y se alejan... Realmente, están todos muy mezclados.» En otras especies muy sociales, este tipo de mezcolanza crearía tensiones y peleas.

Esa clase de intercambio se produce también en otras especies, dice Schwing, «pero no en tal abundancia ni a un ritmo tan increíblemente rápido. Entre los cuervos es posible que lleguen pájaros nuevos y otros se marchen... pero a lo largo de varias semanas. Entre los keas se producen cambios en una hora de, a lo mejor, la mitad del grupo. Si tuvieran una verdadera jerarquía, estarían luchando todo el rato.»

A cambio, aduce Schwing, juegan. Retozan, hacen el payaso, se pelean en broma y tontean como sucedáneos de la lucha jerárquica. Jugando juntos con tanta frecuencia, crean una tolerancia en sus grupos que evita la necesidad de una jerarquía basada en la lucha. En otras palabras, utilizan el juego como mediador social. En este sentido, el juego de los keas se parece mucho a las bromas entre humanos, que a menudo son una manera de tantear los límites o la tolerancia. Tal y como señala Amelia Wein, los keas parecen tener cierto olfato para hacer exactamente lo más irritante en el momento más inoportuno: tirar de los flecos de la fregona que los estudiantes usan para limpiar sus aviarios, hacerte agujeros en la blusa, desatarte los lazos de los cordones de los zapatos... En su capacidad para gastar bromas, los keas pueden estar revelando un elemento esencial de la perspicacia social. Bromear y hacer el payaso en los humanos y otros primates requiere un conocimiento de otras mentes. «No puedes burlarte de otra gente a no ser que sepas a la perfección lo que hay "en sus mentes"», escribe el psicólogo Daniel Stern. Es divertido porque te das cuenta de cómo se siente el objeto de tus bromas. En otras palabras, el juego social requiere una aguda inteligencia social.

Y también contribuye a ella. Como ha demostrado el investigador Sergio Pellis, el juego cambia el cerebro social. Jugar con otros modifica la conexión entre las neuronas de la corteza prefrontal, y estos cambios posiblemente intercedan en el desarrollo de la competencia social de cualquier animal. Los pájaros que han sido privados del juego en su juventud no jugarán en la edad adulta, y es posible que luchen por introducirse en agrupaciones sociales. En Messerli hay un solo kea hembra que ocupa su propio y pequeño aviario. Fue criada aisladamente en un zoológico y nunca ha experimentado el juego. Ahora es incapaz de jugar y además tiene problemas para estar con otros keas. De un solo pájaro no se puede extraer una teoría. No existen pruebas de causa y efecto entre la privación del juego de este pájaro en sus primeros años de vida y su actual malestar social, y hay otras muchas posibles razones que lo expliquen. Pero el ejemplo es intrigante.

Si la conducta de juego de los keas es una especie de mediador o facilitador social que posibilita la tolerancia y realmente la aumenta en un grupo, reflexiona Schwing, entonces contar con la llamada de juego del gorjeo, «un sonido que se propaga y surte un efecto directo en la emoción, la tolerancia y las ganas de jugar de todos los pájaros que pueden oírla, [...] aumentaría exponencialmente el efecto de la mediación o facilitación social».

En cierto sentido, por tanto, los keas parecen entender el viejo proverbio de los payasos: «Ríete y el mundo reirá contigo».

En el otro extremo del globo terrestre, en la Reserva de Vida Silvestre Willowbank, en Christchurch, Nueva Zelanda, Alex Taylor y Ximena Nelson están trabajando para entender si la llamada del gorjeo es realmente análoga a la risa humana y si podría haber emociones positivas más profundas subyacentes a dicha llamada o reclamo.

Willowbank es una reserva de la vida salvaje dedicada a mantener las poblaciones de las especies autóctonas amenazadas con fines educativos y para los programas de cría y suelta. Los trece keas que hay allí se han convertido en objeto de una serie de estudios diseñados por Taylor y Nelson para explorar el gorjeo de juego. ¿Funciona como la risa humana? ¿Tiene un efecto similar en el bienestar del kea? ¿Disipa los conflictos y reduce el estrés?

Nelson es una kiwi* nativa que lleva investigando los keas desde 2010. Taylor es relativamente novato con la especie. Ha trabajado años con el cuervo de Nueva Caledonia, considerado por muchos el ave más inteligente del mundo. Estos

* Nombre familiar con el que se conoce a los neozelandeses. (*N. de la T.*)

cuervos son listísimos y unos usuarios de herramientas magistrales, dice Taylor, pero tienen muy poca tolerancia con las novedades y no juegan nunca. «No puedes encontrar dos pájaros más distintos en lo relativo a la disponibilidad para el juego. Los keas se hallan en el extremo opuesto del espectro.» Pero Taylor ve la llamada del gorjeo y la conducta de juego del kea de la misma manera que ve el uso de herramientas por parte del cuervo de Nueva Caledonia: como un medio para explorar la mente de un pájaro.

La primera impresión que le causaron a Taylor los keas fue la misma que a todo el mundo, dice. «De repente, te ves inmerso en una profunda interacción con un animal que está intentando trepar a tu hombro o robarte los cordones de los zapatos o mordisquearte la oreja o tirar de la correa de tu bolso o quedarse con tu cámara o con tu bolígrafo. No sé de ningún otro animal que sienta ese inmenso amor por las novedades y por interactuar con ellas. Tal vez un mono o un gran simio... Pero desde luego, ningún otro pájaro.»

Willowbank es un lugar mágico, dice Taylor. «Suelo enviar allí a los estudiantes para ver qué tal se les dan los pájaros. En cinco minutos ya tienen que arreglárselas no sólo con un kea, sino con cinco, seis, siete u ocho pájaros que quieren interactuar con ellos. ¿Qué mejor entrevista de trabajo para un joven estudiante?» El objeto de investigación favorito de este lugar es un kea llamado Kati, que ha perdido el pico superior. Schwing y Wein lo rescataron de las montañas después de que una trampa le pillara el pico y perdiera la mandíbula superior. «No podría haber sobrevivido en el medio salvaje», dice Schwing, «así que llamamos a Willowbank y les dijimos: "Hemos encontrado un kea hembra completamente sana, ¿la cogemos?". Dijeron: "Claro que sí, Raoul, adelante, cogedla".» Luego descubrieron que Kati era un macho y le cambiaron el nombre por el de Bruce, pero todo el mundo la sigue llamando Kati. Ahora es la estrella de Willowbank, una perfecta embajadora de los keas, y además participa con entusiasmo en los estudios científicos. «Trabajar con ella es una gozada», dice Taylor. «Está realmente interesada por trabajar en los experimentos, es muy audaz.»

Taylor ve la carismática y extravagante especie de Kati como un fascinante enigma evolutivo. «¿Hasta qué punto se parecen estas aves a los humanos en lo que respecta a las emociones?», se pregunta. «Los keas son unos pájaros extremos, pero si somos capaces de entender cómo piensan y sienten, comprenderíamos mejor a nuestra especie.»

Los científicos sospechan que la risa ha podido evolucionar desde el jadeo y la respiración dificultosa durante las peleas en broma y el cosquilleo entre nuestros antepasados primates, que se utilizaban como señal de que todo iba bien, de que era un buen momento para socializar, jugar y explorar juntos. Se remonta, como mínimo, al ancestro común de humanos y simios, es decir, a hace entre diez y diecisiete millones de años, pero probablemente se remonte más atrás todavía. Los circuitos neuronales de la risa residen en partes del cerebro que son muy antiguas, pues datan de nuestros primeros antepasados mamíferos.

Cuando el neurocientífico Jaak Panksepp observó a las ratas jugando en su laboratorio de la Universidad Estatal de Washington en la década de 1990, notó que sus bulliciosas travesuras iban acompañadas de extraños gorjeos y chirridos, conocidos como vocalizaciones ultrasónicas. Entonces se preguntó si esos sonidos emitidos durante el juego podrían ser una forma ancestral de la risa. Él y sus colegas exploraron los circuitos cerebrales involucrados en las vocalizaciones de las ratas y hallaron que dichos circuitos se correspondían con una vía de recompensa que hay en una parte antigua del cerebro de los mamíferos, conocida porque se activa durante los sentimientos de optimismo, alegría y entusiasmo. Los pájaros tienen esas mismas vías. Como escribe Panksepp: «Las formas ancestrales del juego y de la risa existían en otros animales eones antes de que los humanos apareciéramos con nuestro "ja, ja, ja" y con nuestro repertorio verbal».

La risa en los humanos es mucho más que una reacción ante algo divertido. Es una herramienta básica de la comunicación, una piedra angular de la sociedad, que atenúa las tensiones y crea vínculos sociales. Asimismo, mejora tanto el humor como el bienestar. «Cuando nos reímos, nos sentimos felices y optimistas», dice Taylor. «Actuamos más amablemente, no discutimos tanto, nos sentimos menos estresados e incluso ganamos en salud.» Mediante una serie de ambiciosos experimentos, él y Nelson están buscando esas reveladoras «firmas» de la risa humana en el gorjeo del kea. ¿Se sienten los keas felices cuando gorjean o, al menos, más optimistas? ¿Mejora la llamada del gorjeo los vínculos sociales y atenúa los conflictos? ¿Reduce el estrés y proporciona otros beneficios para la salud? ¿Y le afectan las condiciones del entorno? Todos estos factores son indicadores de una analogía significativa entre la llamada del gorjeo y la risa humana.

Para empezar, la pareja planea poner a prueba a los keas para averiguar si el gorjeo cambia el estado mental de los pájaros poniéndolos más contentos, como nos ocurre a nosotros con la risa.

Esto puede parecer una antropomorfización, es decir, proyectar la experiencia humana en la conducta de un animal, pero resulta que existe una prueba sólida y bien establecida para comprobar el optimismo en los animales. He aquí la versión del kea: al pájaro se le enseña que una caja grande contiene siempre comida y una pequeña no contiene nada. Luego aparece una caja de tamaño mediano. «Un animal optimista adoptará una perspectiva del "vaso medio lleno"», dice Taylor, «y dará por hecho que la caja mediana es como la grande y se dirigirá a ella sin vacilar.» ¿Qué pasa si en esta situación el kea oye una llamada de gorjeo? ¿Se acercará a la caja mediana más rápidamente?

Taylor y Nelson están también ideando experimentos a fin de crear leves conflictos entre los keas, para ver si, poniendo una grabación del gorjeo, se atenúa la tensión entre los pájaros, y para investigar si el gorjeo del kea y el humor se ven afectados por el entorno.

Sabemos que algunas personas padecen un trastorno afectivo estacional cuando los días se acortan. Sabemos que la luz del sol sube el ánimo humano. Nelson y Taylor se preguntaron si las emociones positivas de un kea y las ganas de jugar se ven igualmente afectadas por el entorno natural. Nelson es una apasionada esquiadora y pasa mucho tiempo al aire libre. Durante el tiempo que estuvo estudiando a los keas, notó que los días soleados, tras una fuerte nevada, los pájaros hacen lo que haríamos nosotros: gorjean y juegan más a menudo que los días grises y lluviosos.

Nuestra pregunta es la siguiente, dice Taylor: «¿Vemos que los keas gorjean y juegan más cuando las condiciones medioambientales son buenas?». El equipo está buscando respuestas en el campo —han enviado a un estudiante de doctorado a las montañas para que observe y registre cuánto gorjean y juegan los keas cuando hace sol y cuánto en los días sombríos— y también en el laboratorio, donde los keas son tratados con luces brillantes en invierno para ver si eso desencadena más llamadas de gorjeo, más juegos y un mayor optimismo.

Esto contribuye perfectamente al bienestar de los keas, a que se sientan a gusto, dice Taylor. Él y Nelson planean llevar sus investigaciones un paso más allá y preguntarse si el gorjeo de los keas tiene el mismo efecto psicológico en los pájaros que la risa en los humanos, si reduce los niveles de cortisol, la hormona del estrés, y si acaso mejora el proceso de curación; dichas investigaciones irán acompañadas de algunas aplicaciones prácticas.

A semejanza de los niños, los keas padecen de intoxicación por plomo. Se sienten atraídos por el plomo de las viviendas antiguas y los refugios de los senderistas, dice Taylor, por la misma razón que a los niños les atraen los pedacitos de pintura debido a su sabor dulce. Pero para los pájaros, como para los niños pequeños, el plomo es muy tóxico, pues obstruye el aparato digestivo de un pájaro y desactiva su sistema inmune. El problema está muy extendido, y en centros de rehabilitación de Nueva Zelanda docenas de keas envenenados por el plomo son tratados con antibióticos y antiinflamatorios. Taylor y Nelson se preguntan si escuchar a diario las llamadas de gorjeo podría acelerar su curación.

«Sería asombroso hallar que existe una coincidencia, en términos de su función, entre la risa humana y la llamada de gorjeo del kea, cuando se sepa qué sensación provoca ésta en los keas», dice Taylor. «Si podemos demostrar que la llamada de gorjeo del kea hace que los pájaros se sientan más optimistas y más amistosos, que se ve afectada por el tiempo meteorológico, que realmente reduce su estrés y mejora su salud, eso plantearía cuestiones verdaderamente interesantes sobre la evolución de la emoción y, en general, provocaría —eso esperamos— más interés en nuestro campo por las emociones de los pájaros. También podría cambiar la actitud del público ante el kea, que pasaría de ser una peste destructiva a convertirse en un loro emocionalmente inteligente, capaz de reír y alegrarse, lo que a su vez contribuiría a su conservación.»

Con tan sólo entre tres mil y siete mil individuos —según las estimaciones— viviendo en el medio salvaje, el kea está clasificado como una especie en peligro de extinción. Las investigaciones de Nelson y Taylor sobre el juego del kea prometen al menos hacer frente a la amenaza que sufre este pájaro.

No hace mucho tiempo, los empleados de la Agencia de Transportes de Nueva Zelanda se quedaron desconcertados al encontrar conos de tráfico utilizados durante la construcción de una carretera esparcidos al azar junto a la entrada del túnel de Homero, lejos de donde el equipo encargado de las carreteras los había colocado cuidadosamente. Las cámaras de vídeo capturaron imágenes de algunos jóvenes keas machos empujando los conos y recolocándolos, a veces, dejándolos en mitad de la autopista, justo fuera del túnel.

Seguramente los pájaros sólo estaban divirtiéndose un poco, dice Taylor, pero también puede haber un motivo que provoque su locura. Cuando los coches aminoran la velocidad para evitar los conos, los keas se acercan a las ventanillas para investigar y buscar comida y «juguetes». Este tipo de interacción entre los keas y los coches se da también en otros lugares de la isla Sur, en cualquier sitio donde haya pájaros y atascos de tráfico. «El problema es que los keas que salen a la carretera acaban heridos o muertos», dice Taylor, «y no es ésa la interacción que queremos que tengan con la gente.»

En 2018, Taylor y Nelson fueron al túnel de Homero, cerca de Milford Sound, para comprobar la situación por sí mismos. «Se me hizo un nudo en la garganta», recuerda Taylor. «Había una fila de coches parados haciendo cola para entrar en el túnel, y los keas estaban en mitad de la carretera, pasando el rato y buscando comida. Se posaban en el techo de los coches, o bien intentaban pasar por debajo o entrar por las ventanillas. De pronto salieron del túnel, en la otra dirección, enormes camiones de dieciocho ruedas que hacían un ruido atronador, y los keas se quitaron de en medio, pero por los pelos.»

Taylor también contempló un episodio inquietante entre una mujer y un pájaro muy persistente. «El kea está en el techo del coche, y ella lleva la ventanilla bajada, pero no puede enfocarlo bien con la cámara desde allí», recuerda Taylor. «Así que sale del coche para sacarle una foto, y el kea se baja del techo y va hacia la puerta abierta. Y en realidad sólo quiere entrar en el coche porque sabe que allí dentro hay comida. Sin darse cuenta, la señora cierra la puerta de un portazo y no pilla la cabeza del kea por un par de centímetros. El pájaro, que apenas se arredra, va hacia la ventana abierta, y entonces ella, presa del pánico, se lía a golpes con él. Toda la situación fue un desastre», dice Taylor. «Es exactamente el tipo de interacción negativa que uno aborrece.»

«Son cosas que pasan continuamente», dice Nelson. «No es culpa del kea, sino el resultado de una conducta humana decididamente torpe.»

En el pasado, el Departamento de Conservación de Nueva Zelanda tuvo que lidiar con unos keas inquisitivos que causaban problemas en los proyectos forestales proporcionando a los pájaros una escalera de mano para distraerlos y mantenerlos alejados de la costosa y peligrosa maquinaria. Eso le dio una idea a Nelson: construir una especie de parque infantil para keas al lado de la carretera y convertirlo en algo más atractivo y tentador para los keas que los coches, metiendo dentro una gran variedad de juguetes —columpios, barras para trepar, escaleras, puzles y flotadores— y cambiándolos con frecuencia, redistribuyéndolos y renovándolos con regularidad para mantener el interés de los pájaros. «La idea es que los keas se sentirán atraídos hacia ese lugar y también los turistas que quieran observarlos y sacarles fotos», dice Taylor. Ayudará a que los keas se sientan más motivados por el juego que por la comida. «Si hay alguna especie para la que jugar y los objetos nuevos sean más importantes que comer una patata frita, ése es el kea.»

«Aquí el reto estriba en averiguar qué es esencialmente hierba gatera para los keas, o sea, objetos con los que les chifle jugar», dice Taylor, «y luego procurar que tengan un suministro continuo de nuevas variantes de esos juguetes.» El plan es convertirlo en un proyecto de ciencia ciudadana, el Gran Proyecto Neozelandés de un Parque Infantil para Keas, se le ocurre a Taylor, «y hacer que los niños de los colegios y cualquier otra persona nos envíen dibujos de juguetes que consideren realmente atractivos para los keas. Y luego esos dibujos podríamos construirlos y ver cómo los keas interactúan con ellos».

Qué divertida reciprocidad entre especies: por un lado, la gente jugando a encontrar juguetes apropiados para los keas y, por otro, los keas ofreciendo con sus juegos entretenimiento a la gente.

EL AMOR

9

Sexo

Siempre me ha encantado el aspecto refinado del ánade real o azulón macho, su iridiscente cabeza verde rematada por una especie de estrecha gargantilla blanca y esas manchas de color violeta claro enmarcadas por unas franjas blancas en las alas. Pero entre estas anátidas, los machos sin pareja tienen una fama muy merecida por su espantosa conducta de apareamiento. Grupos de patos macho se abalanzan sobre una hembra renuente, atacándola a veces con tal violencia y tan masivamente que la matan durante el proceso. Los patos yoyuyo también son conocidos por esta brutal práctica; docenas de machos intentan aparearse con una sola hembra.

Esto contrasta claramente con el besuqueo de los frailecillos atlánticos, un suave roce de los picos como anticipación del sexo. O con la presentación —de tierna apariencia— de pétalos de flores por el ave lira soberbia macho. O con las mutuas atenciones que se prodigan los inseparables de Fischer, esos dinámicos loros del tamaño de una pinta oriundos de Tanzania, que forman parejas cariñosas como tortolitos. Las parejas de inseparables se acurrucan, se acicalan el uno al otro y se dan mordisquitos con el pico, lo que viene a ser el equivalente ornitológico del beso. Después de una separación o de haber sufrido estrés, se dan de comer el uno al otro para de ese modo reafirmar su vínculo. Cuando un macho se acerca a la compañera, se aproxima y se aleja meneando enérgicamente la cabeza y gorjeando; a continuación, regurgita algo de comida en la boca de ella. Si uno de los dos muere o desaparece, el otro lo añorará muchísimo. Lo mismo cabe decir de las parejas de los difamados azulones. Cuando se emparejan, permanecen juntos toda la temporada y refuerzan sus vínculos con exhibiciones previas a la cópula durante las que no paran de menear y sacudir la cabeza.

En cuanto a variedad, la vida sexual de las diferentes especies de pájaros es difícil de superar.

A primera vista, sus órganos reproductores parecen todos iguales. Tanto el macho como la hembra tienen una cloaca, un orificio que en el macho se hincha durante la temporada de apareamiento y sobresale de su cuerpo. Cuando los pájaros se aparean, se frotan brevemente sus cloacas hinchadas, permitiendo así que el esperma del macho pase de su cloaca a la de ella y luego vaya hasta el aparato reproductor de ésta para fecundar el óvulo. (Las cloacas de los pájaros tienen también un papel decididamente menos sexy: el de excretar la orina y las heces.)

La mayoría de los pájaros no tienen pene. Pero hay excepciones. Algunas especies de patos, gansos y cisnes tienen un órgano parecido al pene humano que se inserta en la hembra. Estas aves acuáticas figuran entre el 3 % de las especies de aves vivas que aún conservan el falo hallado en sus ancestros reptiles. Algunos patos —como esos brutales azulones macho— tienen unos falos impresionantes en forma de sacacorchos en el sentido contrario a las agujas del reloj, que crecen hasta alcanzar el tamaño de su cuerpo y que utilizan para depositar el esperma lo más adentro posible del aparato reproductor de la hembra, con el fin de aumentar las posibilidades de fecundar sus óvulos. La longitud se corresponde con el grado de copulación forzada que los machos imponen a los patos hembra, dice la bióloga Patricia Brennan.

Es el resultado evolutivo de una carrera armamentística

sexual. Hasta hace bien poco, todo el interés se centraba en el pene de los patos, pero en realidad —como ha descubierto Brennan— en esta historia anatómica el protagonismo es «femenino», a pesar de la extrema violencia sexual. Brennan ha descubierto que las hembras han desarrollado sus propios genitales «rococó», un aparato reproductor en forma de espiral en el sentido de las agujas del reloj —es decir, en sentido inverso al pene del macho— que incluye hasta tres ramales con compartimentos ciegos que dificultan la llegada del esperma a sus óvulos. «Los azulones hembra tienen voto a la hora de elegir qué esperma fecunda sus óvulos», dice. «Hasta un 35 % de las copulaciones con un azulón hembra son forzadas por machos no deseados; sin embargo, estos machos sólo son padres del 3 al 5 % de la descendencia de ella.» Con una copulación forzada, la hembra mantiene su tracto genital apretado, cerrando así el paso al largo falo del macho o forzándolo a desviarse hacia uno de esos callejones sin salida, para que su esperma no pueda fecundar los óvulos de la hembra. Si ella realmente quiere aparearse con su pareja, puede relajar las paredes del tracto y permitir el paso a su semen. Asimismo puede expulsar el esperma por la cloaca defecando justo después de la copulación.

En cuanto al acto sexual en sí mismo, muchos pájaros copulan rápidamente en uno o dos segundos, un «beso cloacal» que en efecto transfiere esperma. Constituyen notables excepciones el bufalero piquiforme y el carricerín cejudo, que pueden tardar más de media hora. El carricerín macho «se sube al lomo de la hembra y la pareja se pone a saltar entre la vegetación como dos ratones», escribe el ornitólogo británico Tim Birkhead. El loro vasa, oriundo de Madagascar y de las cercanas islas Comoras, posiblemente bata el récord. Una pareja fue observada copulando durante 104 minutos, con las cloacas acopladas, la cola del macho enrollada bajo la cola de la hembra, las alas de ella cubriendo el cuerpo del macho.

Algunos pájaros tan sólo copulan una vez y logran la fecundación a la primera, mientras que otros, como es el caso de los azores comunes, copulan hasta seiscientas veces para conseguir una sola nidada de huevos. ¿Por qué tantos intentos? Si eres un ave de presa y tienes que pasar largos períodos de tiempo cazando lejos de tu compañera, es difícil evitar que ella practique el sexo con otros machos. Múltiples apareamientos pueden diluir el semen adquirido de otros machos en tu ausencia.

La mayor parte de los pájaros lo hacen al aire libre, en un nido o en un trozo de suelo o en una rama, o también, ocasionalmente, como en el caso de los picabueyes, sobre el lomo de otro animal, como por ejemplo un búfalo cafre. Los vencejos comunes, unas aves que pasan casi toda la vida arriba, comiendo y durmiendo mientras vuelan, se aparean sobre todo en el nido, pero se sabe de algunos que en ocasiones copulan volando, el macho encima y detrás de la hembra. Las gaviotas lo hacen en la playa.

En cambio, los tordalinos arábigos recorren largas distancias para ocultar el acto sexual, copulando fuera de la vista de los miembros de su grupo, tal y como hacen los humanos.

Practicar el sexo a escondidas es algo que se considera muy natural en todas las culturas humanas. Los yanomami de Venezuela, por ejemplo, quedan para sus encuentros amorosos lejos de las aldeas y fuera de la vista de todo el mundo. Las parejas casadas malekula de Melanesia regresan de una cita a casa cada uno por una dirección distinta. Y las parejas mehinaku de Brasil sólo mantienen relaciones sexuales en lugares secretos. De hecho, la tendencia al sexo en privado se ha considerado un rasgo humano universal que puede haber influido en la evolución de las emociones humanas y de la cognición avanzada.

Y ahora llegan las investigaciones del etólogo Yitzchak

Ben Mocha sugiriendo que los tordalinos arábigos también se toman la molestia de ocultar sus momentos más íntimos. Otros animales ocultan de manera ocasional sus actos sexuales, como por ejemplo los chimpancés y los babuinos, y también unas pocas especies de aves como el acentor común y el acentor alpino. Pero son normalmente machos subordinados los que hacen eso para evitar ser hostigados por los machos alfa más dominantes de sus grupos. Entre los tordalinos arábigos, incluso los miembros más dominantes del grupo ocultan sus copulaciones del resto del grupo social. Hasta donde alcanzan nuestros conocimientos, dice Ben Mocha, ésta es la única especie, aparte de los humanos, en la que los individuos ocultan las interacciones sexuales aunque no se espere que sean interferidas por otros miembros del grupo social.

Estos pájaros, que viven en los áridos desiertos de la península arábiga, crían en grupos cooperativos que se mantienen mucho tiempo cohesionados; una pareja dominante cría a los polluelos con ayudantes que colaboran en dar de comer a los pollos, en defender el territorio y en protegerse de potenciales depredadores. Ben Mocha descubrió que la pareja dominante no sólo practica regularmente sexo fuera de la vista del resto de los pájaros del grupo, sino que además utiliza algunas sofisticadas habilidades cognitivas para hacerlo. Un pájaro dominante se escapa y se dirige a un lugar que sólo sea visible para su pareja. El pájaro señaliza el momento del encuentro atrapando algún objeto arbitrario con el pico —un palito o la cáscara de un huevo— y lo menea de acá para allá para que lo vea su destinatario y luego cabecea levemente, teniendo muchísimo cuidado de hacer la señal cuando ningún otro tordalino lo está mirando. En un caso, una hembra se hallaba posada en lo alto de un arbusto y el resto del grupo estaba forrajeando a un lado; un macho se cambió al lado opuesto del arbusto y, desde allí, hizo señales a la hembra. Esto indica que los tordalinos pueden ser capaces de distinguir su propia perspectiva visual desde un punto de vista alternativo; lo que supone una habilidad cognitiva avanzada conocida como «toma de perspectiva».

Según Ben Mocha, esta conducta puede también comportar un engaño táctico que utiliza una señal o una exhibición para despistar o engañar a otro individuo. El objeto que un tordalino macho o hembra coge para usarlo como señal suele ser una ramita o una hoja que podría ser perfectamente utilizada con algún otro fin, como por ejemplo para construir el nido: una manera de ocultar a los otros que en realidad se trata de una señal. Cuando se acerca otro tordalino, el pájaro que está haciendo la señal tira el objeto y hace como que no está pasando nada interesante. «Entonces el pájaro que observa no puede saber si era una invitación al apareamiento o si, por ejemplo, estaba buscando material para el nido», explica Ben Mocha.

Una vez que un tordalino recibe la señal y decide cooperar, los dos pájaros se escapan juntos —cuando nadie los ve— para copular detrás de un arbusto o un árbol. Unos segundos más tarde, se reintegran en el paisaje «como si no hubiera pasado nada», explica Ben Mocha.

«No creo que intenten ocultar el hecho de haber practicado sexo, sino solamente el acto como tal.» En esto los tordalinos también se parecen a los humanos. «Piensa en una boda humana», dice Ben Mocha. «La novia y el novio convidan a muchos invitados a la ceremonia. Todo el mundo sabe lo que ocurrirá después de la ceremonia, pero nadie lo ve.»

¿Por qué estos pájaros se toman tantas molestias para ocultar sus actos sexuales?

«No lo sabemos», dice Ben Mocha, «ni en el caso de los pájaros ni en el de los humanos. Seguimos sin estar seguros de por qué los humanos ocultan el sexo socialmente legitimado (es decir, el que no vulnera las normas sociales y, por lo tanto, no se espera que sea interferido por otros humanos). Abrir la puerta a una comparación entre distintas especies puede arrojar cierta luz sobre la evolución de esta conducta», añade. «Yo creo que los humanos ocultan el sexo legitimado por razones muy similares a las del tordalino», pero eso aún queda pendiente de estudio. «Nuestras pruebas muestran que los tordalinos no ocultan la práctica sexual para evitar la depredación o la interferencia por los subordinados ni tampoco para dar a entender su supremacía», afirma. Posiblemente lo hagan para no «irritar» a sus ayudantes, a quienes confían la crianza de sus vástagos, lo que sería una manera de evitar tensiones sociales y de mantener la unidad en el grupo social de los tordalinos, asegurándose así la cooperación de los ayudantes, que no tienen posibilidad de aparearse.

Así pues, la ocultación de la práctica del sexo por parte de los tordalinos puede ser otro ejemplo —como el juego en los keas o la señalización facial en los queleas comunes— de la hábil destreza de los pájaros para hallar un equilibrio en las relaciones sociales con el fin de mantener la paz y la cooperación. Tal vez su propósito no sea muy distinto al de los humanos.

Nuestro punto de vista sobre la práctica sexual de los pájaros ha cambiado de manera radical con los años. Conductas que antes nos parecían raras o anómalas ahora las concebimos como normales.

En este sentido, merecen especial mención los pingüinos de Adelia. Los hábitos sexuales de los pingüinos fueron registrados por primera vez por George Murray Levick. Como cirujano del equipo en una expedición británica a la Antártida en 1910, Levick pasó doce semanas observando cuatro grandes colonias de pingüinos de Adelia que vivían en Tierra de Victoria. Publicó varios informes científicos sobre los pingüinos, así como un pequeño libro ilustrado titulado *Antarctic Penguins*, que ofrece una introducción encantadora, aunque anticuada, sobre estos curiosos pájaros:

> El pingüino de Adelia parece un hombrecito muy elegante vestido con un traje de gala, ya que con su color blanco resplandeciente por delante y su espalda y hombros negros tiene un aspecto completamente inmaculado. Su porte delata a alguien seguro de sí mismo cuando se te acerca por la nieve con una curiosidad que nunca lo abandona. Cuando está a uno o dos metros de ti, mientras te quedas observándolo en silencio, se detiene adelantando la cabeza con movimientos espasmódicos, primero hacia un lado, luego hacia el otro, y utilizando el ojo derecho e izquierdo alternativamente durante su inspección.

Levick observó que los machos reclaman su propio territorio, reúnen piedras para construir un nido, y cuando llegan las hembras, entran en una especie de frenético delirio. Echan la cabeza hacia atrás, picotean la nieve y sueltan una serie de roncos gorjeos y graznidos, «una salva de sonidos guturales lanzados hacia un cielo que no responde», escribe, «un *chant de satisfaction*». Luego viene el acercamiento del macho a la hembra. «Por regla general, el macho coge una piedra y la coloca delante de ella [...], se levanta y, bonitamente, la rodea arqueando el cuello con gracia, la apacigua con suaves sonidos guturales y le hace le amor. Entonces los dos suelen adoptar una actitud de "éxtasis", meneando sus cuellos a uno y otro lado mientras se miran cara a cara, y después surge entre ellos una perfecta complicidad; con esto queda firmado un solemne pacto. Resulta difícil describir con palabras la delicadeza de esta preciosa escena.»

No tan delicadas eran las que Levick consideró las conductas sexuales «depravadas» de los pingüinos. Éstas escandalizaron tanto a Levick, que escribió sus observaciones en griego, para que la inmensa mayoría de la gente no pudiera leer lo que, según él, eran unos pasajes ofensivos. Un signo de los tiempos: pese a estar ya redactado, el informe de cuatro páginas sobre este aspecto de su conducta fue declarado en 1915 no apto para su publicación con los informes oficiales de la expedición. El informe permaneció languideciendo en el Museo de Historia Natural de Tring, en Gran Bretaña, hasta 2012, cuando Douglas Russell y sus colegas lo descubrieron y encontraron las observaciones de Levick precisas, válidas y dignas de ser publicadas, pese a estar anticuadas y a que ocasionalmente abandonan la objetividad científica.

A Levick le horrorizó sobre todo la conducta de los machos sin pareja, «unos vándalos», así los llamaba, «cuyas pasiones parecen haber escapado a su control». Escribió con una especie de jadeante indignación al referirse a los machos que se apareaban entre sí, con hembras heridas, con pollos, con pingüinos muertos e incluso con el propio suelo:

> Hoy he visto otro acto de asombrosa depravación. Una hembra que en cierto modo había sido herida de gravedad en los cuartos traseros se arrastraba penosamente sobre su barriga. Me estaba preguntando si debería matarla o no, cuando un macho la vio pasar y se acercó a ella. Tras una breve inspección, la violó deliberadamente mientras ella fue incapaz de ofrecer resistencia.
>
> Esta tarde he visto un episodio extraordinario. Un pingüino estaba practicando la sodomía sobre el cuerpo de un pájaro de cuello blanco, de su propia especie, muerto. [...] Para estos pingüinos no parece haber crímenes lo suficientemente viles y rastreros.

Levick no veía la conducta de los pingüinos en su contexto. Lo cierto es que muchísimos pájaros interactúan sexualmente con miembros muertos de su propia especie. Esta conducta ha sido observada entre los charranes embridados, las golondrinas comunes, los aviones zapadores y las alondras de Stark. No se trata en modo alguno de lo mismo que si un humano mantuviera relaciones sexuales con un cadáver, sino que esta conducta puede ser explicada en el contexto de nuestros conocimientos modernos sobre la conducta animal.

Bueno, más o menos.

Existe incluso un término para ella, «conducta daviana»,* acuñada por Robert Dickerman, conocido como el biólogo que puso un bonito nombre a la necrofilia. Dickerman especulaba con que la postura de «lordosis» de una ardilla terrestre muerta, con el lomo arqueado hacia abajo, puede desencadenar el deseo de copulación de un macho sexualmente excitado. Y de hecho, cuando el biólogo David Ainley llevó a cabo un experimento con los pingüinos Adelia y una pingüino hembra muerta congelada en esa postura, observó que los machos más viejos consideraban el cadáver de la hembra irresistible.

Sin embargo, un reciente estudio sobre las interacciones entre cuervos americanos salvajes y pájaros muertos cuestiona la idea de que los intentos de apareamiento inadecuados sean provocados por el estímulo de la postura de copulación. Pero, ciertamente, la cosa no es tan simple. Kaeli Swift y John Marzluff hallaron que durante la temporada de cría los cuervos también intentaban aparearse con un cuervo que parecía vivo en una postura neutral, de pie, y con un cuervo que estaba tumbado en el suelo en la postura de «muerto», con las alas pegadas al cuerpo... (este último esfuerzo acompañado de muchas protestas). Puede que no sea la postura de copulación por sí misma la que provoque excitación, dicen los científicos. Una postura de muerto causa alarma, y no es raro que ésta vaya seguida de una conducta sexual. Esta respuesta de «sexo tras alarma» ha sido también observada en los diamantes mandarines, los mosqueros cardenales y las avocetas comunes. Swift y Marzluff apuestan por las hormonas. «Puede ser que los cambios

* En referencia a una estrofa humorística sobre un ermitaño llamado Dave. (*N. de la T.*)

endocrinos relacionados con la crianza reduzcan la capacidad de algunas aves para procesar la información contradictoria.»

En cualquier caso, la bibliografía ornitológica está llena de historias «davianas», ahora mejor comprendidas, pero todavía dolorosas de aceptar. Entre las más famosas figura el primer caso documentado de necrofilia entre patos azulones del mismo sexo.

En 1995, el director del Museo de Historia Natural de Rotterdam, Kees Moeliker, oyó un fuerte golpe contra la fachada acristalada de la nueva ala del museo, lo cual no era nada inusual, pues el cristal era como un espejo y los tordos, las palomas y las chochas solían colisionar frecuentemente con el edificio en el pasado. «Un *bang* o un agudo *tic* en la ventana significaba trabajo para el departamento ornitológico», escribe Moeliker. Cuando miró hacia fuera para indagar, vio un azulón macho muerto tumbado en la arena y otro que disfrutaba enérgicamente de la situación. «Sobrecogido, observé muy de cerca la escena desde el otro lado de la ventana», escribió Moeliker. El disfrute del macho duró setenta y cinco minutos, y el necrófilo azulón «abandonó de mala gana a su "pareja"», relataba Moeliker. «Puse el pato muerto a buen recaudo y abandoné el museo. El azulón aún seguía allí llamando *rep, rep* y, al parecer, buscando a su víctima (la cual para entonces ya estaba en el congelador).»

Moeliker formuló la hipótesis de que los dos se hallaban en pleno «intento de violación en vuelo», cuando pequeños grupos de machos cazan a una sola hembra en el aire y la fuerzan a bajar para violarla. Cuando uno de los machos chocó contra la fachada acristalada y murió, contó Moeliker a *The Guardian*, «el otro fue a por él y no obtuvo ninguna respuesta negativa... bueno, no obtuvo respuesta de ninguna clase».

La investigación de Moeliker puede haber herido los sentimientos de alguien, pero no por el informe sobre la práctica sexual entre dos machos. En su día, Levick no tenía ni idea de cómo interpretar la conducta de los pingüinos con los de su mismo sexo, ni si únicamente la practicaban ellos. En la actualidad, sabemos que es corriente en el mundo animal.

Los científicos han comprobado la conducta sexual entre parejas del mismo sexo en un amplio abanico de especies, desde los bonobos o chimpancés pigmeos, las ovejas y los delfines, hasta la serpiente jarretera, el guppy o lebistes o pez millón, y los escarabajos de la harina. También en más de ciento treinta especies ornitológicas, entre las que figuran las ocas o gansos comunes, los calamones pukeko, las garcillas bueyeras, los combatientes y varios tipos de gaviotas, como la plateada, la californiana y la de Delaware. En algunas poblaciones salvajes de gaviotas occidentales, hasta un 15 % de las hembras forman vínculos de larga duración con gaviotas de su mismo sexo: hacen rituales de cortejo, bailes sincronizados, ceremonias de entrega de regalos (trocitos de comida) y construyen el nido juntas. Unos investigadores que estudiaron a una colonia de albatros de Laysan en Hawái informaron de que un tercio de todas las parejas constaba de hembras que cortejaban y copulaban, se acicalaban la una a la otra y compartían la incubación de los huevos y otras responsabilidades de la crianza.

En la última o dos últimas décadas, algunas parejas de pingüinos del mismo sexo en cautividad han atraído la atención internacional por su conducta sexual y por criar a los pollos entre los dos. Nos referimos a los pingüinos barbijo machos Roy y Silo, del Central Park Zoo de Manhattan, a finales de la década de 1990, que ignoraban a las hembras de su recinto, exhibían una conducta de éxtasis, entrelazaban sus cuellos, se vocalizaban el uno al otro, mantenían relaciones sexuales y, por si todo eso no fuera suficiente, construyeron un nido juntos e intentaron incubar una piedra redonda parecida a un huevo. Después de que un cuidador del zoológico diera a la pareja un huevo fértil, un pollo hembra llamado Tango eclosionó, y entre los dos la criaron dándole calor y alimentándola hasta que estuvo lista para echar plumas.

Unos años más tarde adquirieron protagonismo dos parejas macho del mismo sexo de pingüinos de Humboldt. Eran Z y Vielpunkt, del zoológico de Bremerhaven. Y Jumbs y Kermit, del Wingham Wildlife Park de Kent, en Inglaterra, que primero se unieron en 2012 y, al cabo de dos años, empezaron a cuidar de un huevo que les había dado el personal del parque cuando la madre había sido abandonada por su pareja. Jumbs y Kermit criaron al pollo con tanto éxito, que incluso el propietario del parque los consideró como «los mejores padres pingüinos que hemos tenido hasta ahora».

Los científicos a veces hablan de la aparente «paradoja» de las relaciones sexuales entre dos del mismo sexo —que van en contra del supuesto propósito del sexo, la procreación— e intentan analizar cómo podría esta conducta beneficiar biológicamente a un animal.

En algunos pájaros, por ejemplo, podría proporcionar práctica a los machos jóvenes: una oportunidad para perfeccionar sus habilidades relacionadas con el cortejo para utilizarlas más tarde con una pareja del sexo contrario. Ésta era la idea de unos científicos de la Universidad de California, en Irvine, cuando iniciaron el estudio de unos periquitos machos, que normalmente mantienen relaciones sexuales entre ellos antes de alcanzar la madurez. Si estos machos estaban practicando para un cortejo «real» con hembras, cabría esperar que los machos que pasaban más tiempo ensayando tuvieran luego más éxito con las hembras. Sin embargo, el estudio reveló justamente lo contrario. En un artículo titulado «Los buenos tipos acaban en última posición», los científicos hallaron que aquellos machos que tenían más relaciones sexuales con los de su mismo sexo, a la hora de encontrar una pareja hembra tenían menos suerte. Y es que los machos parecían estar utilizando estas interacciones —cabecear intensamente, frotarse los picos y otros enérgicos movimientos— para evaluar sus propias condiciones físicas frente al vigor que presentaban otros machos. Los periquitos forrajean en grupo para estar protegidos —la multitud proporciona seguridad— y prefieren seguir a algunos individuos. Las interacciones entre los del mismo sexo, sostiene la teoría, pueden ayudar a estos pájaros tan sociales a escoger a sus líderes.

En el caso de los carpinteros belloteros, la conducta de monta del macho con el macho y la hembra con la hembra, justo antes de que los pájaros se retiren a sus dormideros por la noche, puede aumentar el vínculo social en las relaciones, como ocurre en las alianzas entre los delfines nariz de botella, o puede restar tensión a las situaciones tensas, como en el caso de los bonobos.

Para los albatros de Laysan criar un pollo de albatros requiere la cooperación de los dos progenitores. Cuando hay escasez de machos para la crianza, las hembras se asocian. Los charranes rosados y las gaviotas de California hacen lo mismo; así se arreglan mucho mejor para la crianza de los pollos que las hembras solas.

Esos padres pingüinos del mismo sexo dieron lugar a muchos argumentos de uno y otro signo sobre la naturaleza de las relaciones entre los del mismo sexo. Pero lo que realmente nos aporta el conocimiento de estas parejas, asegura la bióloga evolutiva Marlene Zuk, es una ventana abierta hacia lo que puede significar el sexo en el mundo ornitológico. «Quienes no están familiarizados con la vida de los animales en el medio salvaje a menudo dan por hecho que la práctica sexual tiene lugar de una forma rápida y metódica, únicamente encaminada a la procreación», escribe. De hecho, se trata de algo que, en definitiva, es mucho más complicado. En este sentido, y en tantos otros relacionados con la naturaleza de los pájaros, puede haber versatilidad y variedad en cuanto al «propósito» de la práctica sexual, tanto entre los del mismo sexo como entre miembros de sexo contrario. Y cabe la posibilidad de que, en algunos casos, la razón por la que existen esas parejas sea más simple: aman a quien aman.

10

Una salvaje seducción

Naturalmente, la práctica sexual de las aves es mucho más que un rápido e instintivo deseo de copular. Pero a mi juicio, lo más asombroso es el preámbulo del acto en sí. Detalles como las rosas y los bombones entre los humanos no tienen nada que hacer al lado de las salvajes, fastuosas y exuberantes exhibiciones del cortejo de las aves.

Estoy escribiendo esto el día de San Valentín, y pocas cosas se me ocurren más románticas que el canto y el baile de las grullas de Manchuria o grullas de coronilla roja. Una vez las vi en Hokkaido, unas aves altas y elegantes que, alzando las alas y arqueando el lomo, apuntaban al cielo con el pico y emitían al unísono un reclamo tan primigenio, que un escalofrío me recorrió la espalda. Y mientras las grullas proferían su llamada, empezaron a danzar: saltaban juntas por el aire con sus magníficas alas lanzando destellos, en un ritual de cortejo que parecía expresar un compromiso: «Te he amado, te amo y te amaré siempre».

El chochín hiemal o saltapared cholino del este, un pajarito furtivo de color pardo que se desliza como un ratón por la hojarasca del suelo de las zonas boscosas, seduce a su pareja sólo con el canto. Pero ¡qué canto! Una compleja concatenación de los tonos más dulces, que suben y bajan formando una ondulante melodía. Cantada ésta con una fuerza capaz de reventar los pulmones —con una energía vocal, para su tamaño, diez veces más potente que el cacareo de un gallo—, «hace que casi te estallen los oídos», dice el naturalista Arthur Cleveland Bent, y utiliza unos tonos sorprendentes, fascinantes, rápidos, prolongados y penetrantes, «que expresan al mismo tiempo la alegría más desenfrenada y la más tierna desolación».

En cuanto a heroicas proezas físicas prenupciales, pocos pájaros superan a la collalba negra macho, una especie pequeña que cría en acantilados y en laderas pedregosas al oeste del África septentrional y en la península Ibérica. Estos pájaros de unos cuarenta gramos transportan en vuelo un promedio de kilo y medio de piedras para esperar a las hembras en nidos hechos en las oquedades de cuevas y acantilados. Esto es como si un humano que pesara setenta kilos llevara cuatro mil quinientos kilos de piedras. Un solo macho puede acarrear con el pico ochenta piedras en media hora. Esto lo hace en parte para construir una base para su nido, pero también para impresionar a su pareja, demostrando así su fuerza y la potencial calidad de sus cuidados paternales.

Algunos pájaros son exhibidores que actúan solos, como el chochín hiemal o la cacatúa enlutada, un loro extravagante que corteja a su pareja con un *ratatá* como ritmo de amor. A este pájaro se le da tan bien el tamborileo que es conocido como el Ringo Starr del mundo ornitológico, a lo que también contribuye su plumaje, propio de una estrella del rock: un cuerpo de color gris humo, de lo más «gótico», sólo interrumpido por unas manchas de color rojo encendido en las desnudas mejillas y una briosa y desenfadada cresta.

Robert Heinsohn descubrió por primera vez el singular talento musical de la cacatúa cuando estaba haciendo trabajo de campo con el loro ecléctico en la península del cabo York, en el norte de Australia. Heinsohn es fundador del Difficult Bird Research Group, un equipo de científicos dedicados a estudiar un puñado de pájaros que «están extremadamente amenazados, son difíciles de encontrar, habitan en el medio salvaje y en terrenos agrestes y se desplazan por el paisaje». La cacatúa enlutada encaja en este grupo a la perfección. Este pájaro es en realidad una especie de Nueva Guinea que ha ido a parar a las selvas tropicales de la punta de la península. Es sumamente tímido y esquivo, difícil de encontrar y difícil de estudiar.

«Un día oí un golpeteo que venía del borde de la selva tropical y pensé: "¿Qué es eso?"», recuerda Heinsohn. «Así que me acerqué, digamos, a hurtadillas y allí estaba esa preciosa cacatúa enlutada macho con una cresta bien grande y tiesa que le sonrojaba las mejillas; en un pie sostenía un palo con el que golpeaba un árbol. Y así siguió durante media hora. Era increíble. Al cabo de un rato averigüé que había una hembra por allí que no le quitaba el ojo de encima.»

El macho inicia su actuación fabricando una herramienta. Con su gran pico ganchudo corta de un árbol una vara de un tamaño considerable, le quita el follaje y luego la reduce al tamaño de un lápiz. Ya de por sí, esto es un milagro. Fabricar herramientas de cualquier tipo es algo raro en el mundo natural y casi siempre tiene lugar en un contexto de forrajeo. «Aparte de los humanos, ésta es la única especie que conocemos que hace una herramienta para exhibirse o con fines musicales», dice Heinsohn. Sosteniendo este palillo de batería perfectamente diseñado con el pie izquierdo, la cacatúa lo golpea contra su percha o contra el tronco hueco de un árbol. Si la cosa funciona, añadirá un silbido agudo como un alarido o alzará las plumas de la cresta, y luego empezará a balancearse y a hacer piruetas, y las manchas de sus mejillas desnudas adquirirán, con el aporte de sangre, un tono rojo brillante.

Heinsohn y su colega Christina Zdenek pasaron siete años grabando en el campo y obtuvieron ciento treinta secuencias que luego analizaron para intentar comprender la naturaleza y la función del tamborileo. Según Zdenek, que hizo la mayor parte de las grabaciones, de cada cien horas de grabación sólo conseguían capturar una sesión de tamborileo. Pero su trabajo mereció la pena. El equipo descubrió que las cacatúas producen un golpeteo rítmico regular, como los baterías de las bandas de rock occidentales. Y no todos los pájaros golpean con el mismo ritmo. Cada macho tiene sus cadencias distintivas personales y un estilo de percusión diferente. «A unos machos les gusta el ritmo rápido y a otros más lento», dice Heinsohn, «y algunos hacen pequeñas florituras al inicio de su actuación.» Los pájaros marcan siempre el mismo ritmo, un ritmo tan único y personal que las otras cacatúas pueden reconocer a un macho sólo por el sonido.

Además, parece ser que el hábito surge a través del aprendizaje o la cultura. «Aunque estas cacatúas también viven en Nueva Guinea y en Indonesia», dice Heinsohn, «sólo han visto tamborilear en la península del cabo York. Presumiblemente, un macho espabilado dio con una conducta que gustó a las hembras, y los demás la aprendieron a tal velocidad que se extendió por toda la población.»

El descubrimiento del ritmo musical en el medio salvaje respalda la afirmación de Darwin de que el ritmo posee un atractivo estético en todas las especies y puede reflejar algún aspecto de la función cerebral compartido desde la antigüedad. Como escribió en *El origen del hombre*: «La percepción, si no el disfrute, de las cadencias musicales y del ritmo probablemente sea común a todos los animales y, sin duda, depende de la naturaleza fisiológica común de los sistemas nerviosos».

Por lo que sabemos, no existen conjuntos de percusión en el mundo de las cacatúas. La actuación de la cacatúa enlutada para ganar el favor de la hembra es siempre un solo. Sin embargo, otros pájaros machos se reúnen en grupos para alardear de sus mercancías, para pavonearse y cantar y presumir colectivamente de su maravilloso plumaje ante posibles compañeras, sobre todo en los leks. No hay nada como una dura competencia para provocar el lucimiento. De hecho, esa manera conjunta de cortejar de las aves va asociada a algunas de las formas más extravagantes de la exhibición prenupcial.

Dependiendo de la especie, un lek puede estar en espacios pequeños y congestionados, o en zonas de exhibición más dispersas, más grandes y separadas. Las agachadizas reales macho se exhiben juntas cada primavera en pequeñas áreas abarrotadas situadas en los valles fluviales de Rusia y Polonia. En un grupo apretado, extienden las alas y alardean del blanco plumaje de su cola mientras profieren sonidos guturales y silbantes, estridentes y similares a los de los ventrílocuos, como burbujas de aire emitidas desde una ciénaga cuyo eco resuena por todo el campo para atraer a las hembras en la oscuridad. Algunos se exhiben infatigablemente durante toda la noche, llegando a perder el 7 % del peso de su cuerpo. Las hembras se pasean por esa feria carnavalesca juzgando las actuaciones. No ganan nada por aventurarse a elegir un macho, salvo los genes: ni beneficios materiales o protección, ni compañía o ayuda en la crianza. Sólo esperma. Después de aparearse, las hembras se marchan solas a construir un nido y a criar a su prole.

Podría parecer imprudente que los machos se exhiban juntos en grupos tan densos, separados tan sólo por unos pocos cuerpos, donde hay mucha competencia y también mucho riesgo de acoso. Pero seguramente se vean atraídos por estos puntos calientes porque hay mucho tránsito de hembras o porque es la ubicación favorita de algún macho que tiene muchísimo éxito y confían en interceptarle sus conquistas. O tal vez sea más fácil para las hembras encontrarlos cuando están juntos codo con codo. O simplemente porque se sienten seguros arropados por una multitud.

El ritual parece que se remonta a los tiempos de los dinosaurios. Unos científicos que trabajan en el oeste de Colorado han hallado recientemente pruebas de exhibición en el lek de un gigantesco dinosaurio depredador conocido como *Acrocanthosaurus*, un tetrápodo de once metros y medio con el lomo crestado y con plumas y crestas, que vivió en los humedales del oeste de Norteamérica durante el período del Cretácico Inferior. El equipo descubrió cincuenta enormes raspaduras en lo que se piensa que fueron las zonas de exhibición del dinosaurio, lo cual sugiere que estos gigantescos animales bailaban como los pájaros para seducir a las posibles parejas. Las marcas de los raspones, de 1,80 metros de diámetro, están irregularmente agrupadas y se parecen a las huellas que dejan los avestruces, los frailecillos y los kakapos durante el cortejo. Una prueba circunstancial, sin duda. Pero resulta divertido imaginar a estas enormes criaturas moviéndose con todo su peso y haciendo los mismos preámbulos que los pájaros, pero en versión dinosaurio.

No todos los leks de las aves son iguales. En algunos reinan los conflictos y la competencia, como las, a veces, brutales exhibiciones de peleas del urogallo de las artemisas o gallo de salvia, el pájaro más estrafalario de Norteamérica y el equivalente ornitológico a un pistolero del Oeste. Los urogallos se pavonean con su picuda cola extendida como un abanico, el blanco y brillante plumaje del pecho inflado, los amarillos sacos de aire esofágicos hinchados, y se rodean unos a otros como boxeadores mientras inundan el aire de extraños sonidos silbantes. Las hembras circulan a su alrededor, pero el macho que ofrece el mejor espectáculo gana la posición principal, en el centro de la pista, y las hembras se arremolinan a su alrededor como si fuera una estrella del pop.

«Los urogallos de las artemisas se exhiben el uno al lado del otro y se tiran un buen rato zurrándose de lo lindo con las alas», dice Emily DuVal, profesora asociada de biología en la Universidad Estatal de Florida. Los machos de muchas especies creadoras de leks incurren en este tipo de feroz competencia por encontrar pareja; son rivales que combaten vigorosamente. Pero en un puñado de especies, los machos hacen algo inusual que ocupa el otro extremo del espectro social: cooperan.

Veamos por ejemplo los saltarines cola de lanza, unos pájaros que crían en leks dispersos de Centroamérica y Sudamérica. Tienen «una manera de cooperar extraña, asombrosa, diferente y compleja», dice DuVal. Para atraer a las hembras, un macho alfa y uno beta hacen duetos perfectamente sincronizados y exhibiciones de baile con once elementos únicos, que van desde volar lentamente como una mariposa haciendo *clic clic* con las alas, dando vueltas alrededor de la percha y profiriendo llamadas *pip pip* al posarse, hasta bailes que son como el juego de la pídola, rebotes arriba y abajo, y saltos hacia atrás y hacia delante. «Lo que esperas ver en las especies creadoras de leks es una ardua competencia», dice DuVal, «y aquí te encuentras con una situación en la que los machos colaboran formando alianzas de cooperación que pueden durar hasta seis años.»

Pero he aquí el busilis: sólo el macho dominante de cada pareja consigue aparearse con las hembras que atraen los compañeros. ¿Por qué renuncia un pájaro macho a sus propias oportunidades de apareamiento para ayudar a otro macho a asegurar las suyas? ¿En qué se beneficia el copiloto?

DuVal está resolviendo este enigma. Lleva estudiando estos pájaros en la isla Boca Brava de Panamá desde 1999. Su área de estudio incluye unas treinta parejas de machos, cada una presidiendo una zona de exhibición de un tamaño considerable —de unos 500 a 4.500 m^2— y cada una con una percha de exhibición elegida por ella. Las parejas de machos se oyen, pero no se ven unas a otras. DuVal ha puesto muchas cámaras de vídeo para capturar su conducta de cortejo cuando las hembras los visitan.

En una reunión anual de especialistas en la conducta animal, nos sentamos en un banco al sol mientras ella me enseña vídeos de los pájaros de una cámara que tiene colocada en su patio trasero en Panamá. «Gracias a una feliz coincidencia, el macho que tuvo más éxito estaba justo en nuestro porche de atrás», me dice.

Los machos están muy elegantes con su plumaje de cría

negro, el lomo de un azul intenso y la corona y la cresta de un rojo subido. La cámara los atrapa sobre una rama baja y torcida, pero la acción da comienzo más arriba. Al principio, los pájaros están posados el uno al lado del otro en un árbol alto, dando a conocer su alianza con reclamos tan bien sincronizados, separados por tan sólo una décima de segundo, que suenan como un solo pájaro pero en estéreo, una estereofonía suntuosa y resonante. Cuando una hembra entra en el área, los dos machos empiezan a emitir a la vez una serie de silbidos y reclamos coordinados, y se ponen a volar lentamente como una mariposa para atraerla a la percha de exhibición. Cuando ella se acerca, se ponen a dar saltos verticales, arriba y abajo, como dos fríjoles saltarines. Si ella llega hasta la percha, los brincos van en aumento hasta convertirse en el juego de la pídola, en el que cada macho salta encima del otro y permanece inmóvil en el aire a pocos centímetros de la hembra. Ésta se pone enseguida a pegar brincos hacia atrás y hacia delante para mostrar su interés. «Luego, a menudo sin fanfarrias de ninguna clase, uno de los machos se marcha», dice DuVal, «y el macho alfa se queda para representar un solo de vuelo lento, para atrás y para adelante, en los pocos metros que rodean a la percha de exhibición. De repente, sube a una percha alta, profiere un único *pip* y luego, a toda velocidad, desciende hacia la hembra trazando un arco, gira bruscamente en el último segundo frenándose con las alas, y luego, desde encima de ella, aletea hacia abajo emitiendo con las alas el suave sonido *uuush...* que, según parece, es fundamental.» Esta bajada en picado puede hacerla hasta diez veces seguidas. Entre una y otra, se desliza alrededor de ella con su lento y elaborado vuelo, y la hembra sincroniza sus saltitos hacia atrás y hacia delante con los *clics* que él hace con las alas.

Las exhibiciones pueden durar casi tres cuartos de hora. «Pueden ser agotadoras», dice DuVal. «Algunos machos acaban jadeando con la boca abierta de par en par.» Pero este alfa está en plenas condiciones físicas. Pega unos brincos espectaculares, rebotando desde la percha, y termina su actuación haciendo una reverencia a la hembra, la cual baja las alas y alza levemente la cola. Entonces él se lanza al aire, cambia de dirección y aterriza sobre el lomo de la hembra para copular, mientras mantiene las alas rígidamente erguidas. «Tardé tres años en poder ver los detalles de ese último salto del macho previo al apareamiento», dice DuVal. «Durante los primeros años del proyecto yo no tenía cámara. Ahora contamos con estas localidades de primera fila.» A continuación, la hembra se queda unos minutos acicalándose y luego alza el vuelo para terminar de construir su nido para el polluelo que criará ella sola.

«Toda la exhibición parece un ballet representado por tres pájaros, más que una actuación con un solo espectador», dice DuVal. «Aunque las cosas suelen salir con una exquisita precisión, también hay excepciones a la regla. En ocasiones se producen situaciones conflictivas. La cooperación no significa necesariamente que todos coincidan y estén de acuerdo.»

En uno de los videoclips que me enseña, la hembra parece entusiasmada, pues no para de dar saltitos hacia atrás y hacia delante mientras los machos aún siguen en las primeras fases de la exhibición. Baja las alas para solicitar una copulación con el macho beta, que se muestra contentísimo de poder satisfacer sus deseos. Pero el macho alfa no lo consiente. Salta en plena copulación sobre el macho beta, lo derriba de la percha y lo ahuyenta. Casi inmediatamente, el macho alfa reanuda su exhibición de cortejo empezando por su habitual solo, el que sigue al baile más cooperativo de los dos machos. La hembra, mientras lo mira, defeca, lo que probablemente limpie su cloaca de la mayor parte del esperma dejado por el macho beta. Cuando vuelve el alfa, hace una reverencia y luego copula.

Le pregunto a DuVal por el momento que elige la hembra para defecar. «Todo entra y sale por la cloaca; es un único agujero», explica; «de modo que si tienes esperma que no vas a utilizar, una manera fácil de limpiar el sistema es defecar. Después de una clásica exhibición, las hembras se estiran hacia arriba y pliegan la cola: siempre me ha parecido que podrían estar tomando las medidas necesarias para conservar el esperma transferido... y luego se quedan allí acicalándose. En ocasiones, algo parece que no cuadra; entonces, en lugar de estirarse y plegar la cola, la hembra defeca y se marcha.»

El copiloto ha desaparecido de la vista. ¿Por qué canta y baila una y otra vez poniendo todo su empeño, si luego se queda sin premio?

No es que los machos beta se beneficien genéticamente por ayudar a un pariente. DuVal ha comprobado que no tienen un parentesco cercano con sus compañeros alfa. Cooperar con un macho alfa aumenta sus posibilidades de convertirse más tarde ellos mismos en alfas. Pero no es que hereden el territorio ni que hagan cola para esperar a tomar el relevo si un macho alfa muere. DuVal halló que los betas cuyos compañeros alfa habían sido eliminados del experimento no siempre tomaban el relevo del puesto vacío del alfa, y si lo hacían, rara vez permanecían en su nuevo estatus de una temporada de cría a otra. Es un misterio aún por desentrañar. «Los machos pueden vivir diecisiete o más años, y no actúan por intereses a corto plazo, sino que toman las decisiones sobre su carrera a un plazo increíblemente largo», dice DuVal. «Una de las cosas gratas de este trabajo es hacer un seguimiento de los pájaros "desde la cuna hasta la tumba" en el medio salvaje, lo que nos permite comprender cómo estas conductas merecen la pena a largo plazo.»

En el mundo del lek también destacan las aves del paraíso. En Nueva Guinea y en el lejano nordeste de Australia vive un grupo de cuarenta especies completamente distintas en cuanto a su plumaje extravagantemente ornamental —capotillos en la nuca, colas de un metro de longitud, plumas fusionadas como filigranas o lengüetas de plástico, plumas como alambres rematadas por pequeñas raquetas palmeadas—, que utilizan en unas exhibiciones prenupciales complejas y a menudo excéntricas y descabelladas. No se conocía mucho acerca de estas aves hasta que Ed Scholes, del Laboratorio de Ornitología Cornell, pasó un tiempo estudiándolas en el campo y examinando la anatomía de sus exhibiciones. Algunos machos cambian de forma, explica Scholes, y pasan de ser pájaros normales a algo que no se parece en absoluto a un ave, adoptando la forma de extrañas flores de color o de negros círculos uniformes. Entre las más llamativas está el ave del paraíso soberbia, que ensancha su capotillo ornamental para formar un collarín oval de un negro intenso que rodea la parte superior de su cuerpo, de tal modo que su cabeza desaparece y sólo se ve una enorme y robusta cara con rasgos azules que se asemeja al emoticono de carita sonriente, sólo que no sonríe sino que da un poco de miedo. El ave del paraíso roja se cuelga boca abajo, permitiendo así que los dos alambres de su cola enmarquen las alas formando un corazón perfecto.

La especie conocida como ave del paraíso de Carola representa una elaborada exhibición de danza de auténtica bailarina. Estos pájaros viven en los tupidos bosques del interior montañoso de Nueva Guinea. Sus complicados cortejos salieron a la luz cuando Scholes y el fotógrafo y compañero ornitólogo Tim Laman los observaron en Papúa Nueva Guinea. El macho es negro, tiene más o menos el tamaño de un arrendajo y una serie de extrañas plumas como alambres en la cabeza que le salen desde detrás de los ojos, además de barbas en el mentón y una preciosa esclavina. Construye una pequeña pista de exhibición en el bosque con, al menos, una percha central que ocupa toda la longitud del área, donde las hembras se pueden posar para mirar. Despeja la pista de desechos y extiende un felpudo de hongos epifíticos como base para la danza. Su elegante juego de pies comienza con un giro horizontal a la percha, luego inclina la cabeza hacia atrás y hacia delante, y después da una serie de saltos enormes de un extremo a otro de la pista. Luego viene un balanceo y bamboleo vigoroso, primero con las alas extendidas y aleteando y, después, con las alas muy plegadas. Cuando Laman fotografió este movimiento con una velocidad de obturación lenta y una ráfaga de flash, la imagen reveló que el macho menea la cabeza trazando un número ocho perfecto. Para la emblemática parte de la exhibición como bailarina de ballet, el pájaro se coloca las plumas de los flancos alrededor del cuerpo como si fuera un tutú, y luego inicia una intrincada danza de cuatro fases —reverencia, paseo, pausa y contoneo— que incluye veintitrés elementos diferentes.

¿Por qué tienen los pájaros unas exhibiciones previas al apareamiento tan extravagantes y ornamentadas?

Darwin consideraba esta cuestión tan vital, que dedicó la mayor parte de su segundo libro más famoso a este tema. En *El origen del hombre* formula que muchas exhibiciones elaboradas de los animales machos son el resultado del tipo de evolución que él denomina «selección sexual». Las hembras se encaprichan con los machos que tienen ciertos rasgos superiores a otros machos. Los machos elegidos tienen más descendencia, la cual hereda estos rasgos, que de este modo pasan a la siguiente generación y así se extienden a la población. Las estrafalarias exhibiciones que vemos hoy son el eco de las elecciones que hicieron las hembras en un pasado muy remoto.

La selección sexual como resultado de la elección del macho por parte de las hembras explicaría la evolución de las extrañas barbas de los campaneros y los paragüeros, las plumas en cascada de algunas aves del paraíso y la espectacular cola del pavo real, un ornamento que Darwin encontraba tan inexplicablemente incompatible con cualquier contribución a la supervivencia de su portador que —como escribía en una carta dirigida a Asa Gray— «¡me pone enfermo!». La selección sexual puede contraponerse a la selección natural impulsando la evolución de unos rasgos extravagantes del cortejo del macho que, en realidad, obstaculizan tareas de supervivencia como encontrar comida y evitar a los depredadores. De esta manera, los machos pueden acabar con unas características y unas exhibiciones tan elaboradas que resultan engorrosas, pero tienen tanto *sex appeal* que son perpetuadas por la población.

El motor de las diversas y exuberantes exhibiciones sexuales de la naturaleza, argumentaba Darwin, es la preferencia femenina. «Si un hombre puede proporcionar en poco tiempo belleza y un elegante carruaje a sus coquetas gallinitas, con arreglo a su estándar de belleza», escribió, «no veo una buena razón para dudar de que los pájaros hembra, al seleccionar durante miles de generaciones a los machos más melodiosos y espectaculares, con arreglo a su estándar de belleza, pueden ejercer una influencia notoria.»

Aunque la tesis de Darwin era elegante, fue acogida con frialdad. Sus coetáneos manifestaron un profundo escepticismo ante la idea de que «el gusto por lo bello» pudiera explicar tanto espectáculo como se da en la naturaleza; asimismo mostraron directamente su incredulidad ante el hecho de que un animal, sobre todo un animal hembra, pudiera tener un sentido estético lo suficientemente sofisticado como para hacer sutiles distinciones. Alfred Russel Wallace sostenía, en cambio, que los ornamentos y las exhibiciones de los machos derivaban de «un excedente de fuerza, vitalidad y capacidad de crecimiento que es capaz de gastarse sin provocar lesiones». El cortejo y sus exhibiciones estaban dominados por los machos y la competencia entre ellos, y la principal finalidad de ese despliegue de exuberancia era dar ventaja a los machos cuando competían o entraban en conflicto con otros machos.

La idea de que un pavo real desplegando su vistosa cola o

un ave del paraíso colgada boca abajo en una postura tan extremadamente vulnerable podrían estar intentando intimidar a otro macho más que exhibiendo su esplendor ante una hembra, puede parecer absurda. Pero durante décadas, después de la publicación de *El origen del hombre*, prevaleció el punto de vista de Wallace. «Rara vez o nunca elige la hembra», escribió el filósofo y psicólogo Karl Groos en 1898. «Ella no es la adjudicataria del premio, sino más bien una criatura cazada.»

Ahora sabemos que en realidad la hembra suele ser más a menudo la cazadora, el árbitro de los machos, y que su elección impulsa la evolución de la exhibición sexual del macho. Pero aún seguimos esforzándonos por comprender cómo lo hace. ¿Qué buscan las hembras? ¿Y cómo distinguen entre un show de primera categoría y una chapuza?

No son preguntas fáciles de responder. Lo que importa es la perspectiva del pájaro, no la nuestra, y a menudo es difícil adoptar el punto de vista del ave. Por ejemplo, el plumaje y otros rasgos físicos utilizados para la exhibición sexual pueden parecernos sosos a nosotros, pero si añades la percepción ultravioleta, ya es otra historia. En un estudio clásico de finales de la década de 1990, unos biólogos aplicaron un bloqueador solar, que absorbía la luz ultravioleta, a las plumas de unos herrerillos comunes machos y descubrieron que eso afectaba al grado de atracción que ejercían sobre las hembras. Asimismo, unos científicos han descubierto recientemente que el cuerno homónimo del alca unicornia —una protuberancia preparada para la selección del apareamiento—, aparentemente incoloro para nosotros, en realidad brilla con la luz ultravioleta y salta a la vista de la hembra como una señal sexual.

Los humanos estamos restringidos no sólo por nuestros limitados sentidos, sino también por nuestra percepción del tiempo. En el mundo ornitológico las cosas ocurren deprisa, a veces tanto que nosotros no podemos verlas. Para explicar esto en las conferencias, Mike Webster, del Laboratorio de Ornitología Cornell, muestra un vídeo en tiempo real, hecho por la bióloga Lainy Day, de un saltarín negro macho exhibiéndose en los bosques de Guyana. En la película, parece que el saltarín macho simplemente está dando saltitos arriba y abajo. Luego, Webster pone el vídeo de alta velocidad de Day, que muestra cientos de imágenes por segundo, tal y como lo vería el saltarín hembra. La audiencia se queda boquiabierta y sin apenas aliento. Entre un saltito y otro, el macho da una voltereta de 360 grados, un salto mortal demasiado rápido como para que nosotros podamos verlo.

Los prodigios del vídeo de alta velocidad también han revelado los sensacionales trucos hechos por los azulitos coroniazul, unas aves canoras oriundas de África. Tanto los machos como las hembras hacen unos rápidos movimientos de pies mientras cantan y se balancean. Cuando Nao Ota, de la Universidad de Hokkaido, filmó a los pájaros a trescientas imágenes por segundo, descubrió que las aves bailaban claqué de un modo perfectamente acompasado con sus cantos.

¿Qué sienten realmente las hembras cuando ven el cortejo de un macho? ¿Y qué criterios siguen a la hora de elegir a su pareja? Estas preguntas obsesionan a Mary Caswell Stoddard, que estudia las extraordinarias exhibiciones previas al apareamiento o cortejos nupciales del colibrí coliancho.

Consideremos el trabajo que le cuesta a un macho de esta especie cortejar a una hembra. Primero sale disparado hacia arriba, casi verticalmente, como un pequeño cohete, batiendo las alas cuarenta veces por segundo hasta que alcanza un lugar mágico en el aire, a treinta metros de altura. Se detiene y se queda suspendido en el aire unos pocos segundos; luego, con una ráfaga de batidas de alas, ejecuta una poderosa bajada en picado precipitándose a una velocidad que desafía a la muerte hacia su objetivo: una hembra posada por debajo del nadir en forma de U de su vertiginoso descenso. Cuando la alcanza a esa velocidad, la deslumbra con las plumas de su gorjal, procurando mostrárselas desde el ángulo perfecto para atrapar la luz. Luego hace lo mismo en la otra dirección; batiendo la rueda verde de sus alas, sube y sube hasta alcanzar esa mágica altura. A continuación, desciende de nuevo en picado... y lo repite todo tantas veces como se lo permita su pequeño cuerpecillo... en ocasiones, hasta docenas de veces por hora.

Es «uno de los cortejos más raros y más espectaculares del mundo», dice Stoddard. La exhibición resulta aún más demencial si se analizan los detalles, que es lo que han hecho Stoddard y su colega Benedict Hogan en el aire enrarecido de Gothic, Colorado, donde se halla el Laboratorio Biológico Rocky Mountain (RMBL, por sus siglas en inglés) y adonde llegan para criar unos trescientos colibríes colianchos, después de haber pasado los meses del invierno en América Central. La mayor parte de lo que conocemos de estos pájaros deriva de estudios llevados a cabo en el RMBL (cariñosamente conocido como «Rumble»),* una de las más grandes y más antiguas estaciones de investigación biológica del mundo, emplazada a más de 1.500 metros de altura en una antigua ciudad fantasma de la época de las minas de plata de Colorado, en el siglo XIX. Observamos a los colibríes fuera de una cabaña de investigación en una campa florecida de aguileñas, lupinos, jacintos de los bosques y trompetas escarlata.

Stoddard estudia cómo la evolución determina la diversidad del color, el dibujo y la estructura en el mundo natural. Aquí, en el RMBL, ella y sus colegas —Hogan, Harold Eyster y David Inouye— están explorando cómo usan los colibríes el color para encontrar flores y seducir a parejas en el medio salvaje. Por de pronto, el equipo está investigando la habilidad del colibrí coliancho para distinguir colores que sólo difieren un poco entre sí. Un par de estos pájaros que se alimentan de néctar, tan especialmente dise-

* Ruido, estruendo. (*N. de la T.*)

ñados, están posados sobre unos trípodes, enfrente de unos dispositivos LED hechos a medida que emiten uno o dos colores. Sólo uno de los tonos va asociado a una recompensa azucarada, de modo que los pájaros tienen que elegir de manera acertada. A menudo los dos colores, como por ejemplo verde y verde ultravioleta, son completamente indistinguibles para el ojo humano, pero los pájaros aprenden enseguida, a lo largo del día, a hacer las distinciones. «Resulta algo mágico ver esta expresión de su diferente entorno visual», dice Eyster.

Oyes a los colibríes antes de verlos, pues hacen con las alas una especie de trino metálico y estridente. No son más grandes que mi pulgar, pero tienen fama por su audacia, su inteligencia, sus acrobacias y su mera belleza. Cuando los españoles llegaron por primera vez a las Américas, describieron estos pájaros como «joyas voladoras». De repente, uno se lanza disparado hacia mi cara, como un abejorro, se para en seco y queda suspendido en el aire delante de mí, como si yo fuera una flor, mostrando su gorjal entre rosa y magenta, como si fuera el reflejo de una esplendorosa puesta del sol volcánica. Luego, súbitamente, se marcha.

El coliancho pertenece a una tribu de colibríes zunzuncitos o elfos de las abejas, conocida por sus espectaculares exhibiciones de bajadas en picado. Es un criador promiscuo, si se tiene en cuenta que cada macho a menudo se aparea con varias hembras en una sola temporada de cría. El desenlace ha sido muy raramente observado por el ojo humano. No se forma ningún vínculo de pareja. Tras el apareamiento, la hembra construye su delicado nido a base de telas de araña y gasa, envolviéndoselas alrededor del cuerpo hasta que adquiere la forma de un cuenco. Luego lo cuida ella sola, y también cría sola a su nidada.

Los científicos sabían desde hace tiempo que estos colibríes ejecutan unas bajadas en picado descabelladas durante sus exhibiciones, que lanzan destellos desde sus brillantes gorjales y que emiten unos sonidos especiales. Christopher

Clark, ahora biólogo en la Universidad de California, Riverside, descubrió que estos sonidos no son vocalizaciones sino «sonaciones», unos ruidos mecánicos que hacen los pájaros cuando el aire pasa por las plumas, especialmente modificadas, de sus alas o de sus colas, y las hace vibrar. Probablemente, los pájaros son capaces de hacer algunos de estos sonidos durante un vuelo normal, pero el zumbido generado por la cola lo reservan sólo para sus bajadas en picado.

Lo que seguía siendo un misterio era cómo confluyen todos estos elementos y qué puede ver la hembra mientras está posada en un arbusto justo por debajo de la base del salto en picado. Esta información es esencial si quieres comprender estas exhibiciones y cómo se originaron, dice Stoddard. Tienes que entender la perspectiva de la hembra. «Pero como las exhibiciones son tan dinámicas y operan en tres dominios diferentes —movimiento, sonido y color—, son difíciles de estudiar», dice. «Tuvimos que encontrar las herramientas apropiadas para cuantificar cómo se producen juntas esas complejas señales y cómo son percibidas por la hembra.»

En primer lugar, Stoddard y Hogan hicieron grabaciones de vídeo y audio de cuarenta y ocho bajadas en picado, utilizando una cámara GoPro colocada cerca de la cabaña de investigación, con un *software* de rastreo de la imagen, y averiguaron la trayectoria y la velocidad de cada bajada en picado. Luego utilizaron unos análisis acústicos que trazan el sonido de la bajada en picado, para medir el momento exacto en que los machos hacen este extraño zumbido o chasquido con sus plumas caudales —Stoddard lo describe como un pequeño *nieh, nieh*— y calcularon cómo le sonaría a la hembra al llegar a sus oídos.

Averiguar qué pasaba con los destellos que lanzaba el gorjal del pájaro tenía su miga. La garganta iridiscente del colibrí consta de plumas que están estructuralmente coloreadas, de tal modo que su aspecto cambia de forma brusca del magenta al negro, dependiendo del ángulo de visión de la hembra y de la iluminación. Los colibríes de Ana se saben este truco y bajan en picado hacia el sol para que su rojo gorjal emita destellos hacia la espectadora, maximizando así su espectacularidad. Como escribía uno de los primeros observadores: «El efecto es el de una pequeña brasa que de repente desciende hacia el observador, aumentando de brillo y de dimensión conforme se acerca, para acabar pareciendo un estallido de color cuando pasa por encima del objetivo de la exhibición».

Para intentar comprender cómo el colibrí coliancho hembra puede ver el color cambiante del gorjal en la exhibición de la bajada en picado, Stoddard y Hogan recurrieron a una anticuada fuente de información: una colección de pieles de colibrí del Museo Americano de Historia Natural de Nueva York. «Construimos un peculiar escenario giratorio imprimido en tres dimensiones para las pieles de los pájaros», dice Hogan, «y luego fotografiamos los especímenes desde diferentes ángulos utilizando una cámara sensible a la luz ultravioleta, para capturar la visión de conos receptores de cuatro colores de los colibríes.» Para calcular qué aspecto podían tener los colores para un pájaro, con su capacidad para ver la luz ultravioleta, utilizaron una serie de herramientas, entre otras, el programa informático TetraColorSpace de Stoddard. Combinando las fotografías con su rastreo de la posición del cuerpo del macho en su trayectoria de vuelo en forma de U, pudieron calcular cómo veía la hembra el gorjal.

Una vez sincronizado todo —el movimiento, el sonido y los destellos del gorjal—, se reveló la pirotecnia de la bajada en picado. Cuando un macho desciende con el pico por delante, va aumentando la velocidad hasta que, en la base de la curva en forma de U, cuando está muy cerca de la hembra, alcanza la velocidad máxima. Según Christopher, que estudia las similares bajadas en picado de los colibríes de Ana, el promedio de la máxima velocidad que alcanza un colibrí en plena exhibición asciende a unos 385 largos de cuerpo por segundo, casi el doble que un halcón peregrino bajando en picado para perseguir a una presa o que una golondrina lanzándose desde una gran altura, y —en términos relativos— supera la velocidad máxima de un avión de combate provisto de poscombustión (150 largos de cuerpo por segundo) o la de una lanzadera espacial durante la reentrada en la atmósfera (207 largos de cuerpo por segundo). Cuando el pájaro se desvía de la bajada en picado para evitar estrellarse, experimenta unas fuerzas g hasta diez veces superiores a la fuerza de la gravedad. A esa velocidad un piloto humano de un avión de combate podría quedar ciego o desmayarse. El colibrí no. Llegando a todo gas a la base de su U, empieza a emitir el zumbido con la cola. Cuando se acerca, la hembra oye un tono más agudo del zumbido, y cuando se marcha, un tono más grave. Éste es el efecto doppler, el mismo fenómeno que genera el cambio de ruido de una bocina cuando un coche pasa a tu lado y sabes si el coche va a toda pastilla o a una velocidad normal. El sonido le da a la hembra información sobre la velocidad del macho. Cuando él entra en el campo de visión de ella, su gorjal centellea con un vivo y sexy color magenta; luego —en cuestión de 120 milésimas de segundo— cambia bruscamente del rojo brillante al verde oscuro, casi negro, cuando él pasa por encima de ella.

En otras palabras, en la base de su bajada en picado, cuando está más cerca de la hembra, el macho despliega todos los medios. «Sincroniza estos elementos clave —máxima velocidad, el zumbido de sus alas y el dinámico centelleo de su brillante e iridiscente gorjal— de modo que tengan lugar todos a la vez justo cuando pasa por encima de la hembra», dice Stoddard, «provocando una gran explosión sensorial de señales con el fin de seducirla.»

Como todo estudio que se precie, las investigaciones de Stoddard y Hogan suscitan más preguntas que respuestas.

¿Qué componentes de la exhibición del macho le importan realmente a la hembra? ¿Su velocidad? ¿Su zumbido? ¿Su resplandeciente gorjal o su rápido cambio de color del rojo al negro? ¿Y qué parte de su mente puede evaluar las sutiles diferencias entre la bajada en picado de un macho y la de otro?

«No lo sabemos», dice Stoddard. «Tal vez no sea sólo que el macho alcance una gran velocidad», reflexiona. «Quizá no se trata sólo de ese asombroso sonido mecánico ni de su llamativo colorido. Posiblemente, lo que de verdad importa es su ajustada sincronización de los tres trucos.» Sin embargo, a los investigadores les parece que no hay mucha variación en el grado de sincronía entre los descensos en picado de los diferentes machos; todos ellos practican una sincronización ajustadísima. «Si todas las bajadas en picado se parecen entre sí a nuestros ojos», dice Stoddard, «¿qué sutiles distinciones nos estamos perdiendo?» Stoddard se pregunta si puede ser la precisión del objetivo del macho, su habilidad para ofrecer su espectáculo justo ante los ojos de ella, mientras está posada directamente debajo de él.

Sea como sea, es la visión del ojo del pájaro lo que importa o, para ser más exactos, del ojo de la hembra. Ella es la única que evalúa la actuación del macho y decide si merece la pena como compañero. Y al hacerlo, está determinando la conducta del cortejo —esos disparatados rituales para ligar— de toda su raza.

Entender la experiencia de una hembra y sus preferencias puede arrojar luz sobre cómo ha evolucionado desde el principio esta extraña y compleja exhibición.

Hay unas cuantas teorías al respecto, dice Stoddard. La primera es que las hembras extraen información sobre la calidad del macho a partir de los diversos aspectos de su exhibición. «Una posibilidad es que los machos que van más aprisa, que brillan más y que están mejor sincronizados son genéticamente más sanos», dice Stoddard. Éste ha sido durante siglos el punto de vista dominante sobre muchas de las señales que nos envían los animales. Y para numerosos científicos, ésta es la explicación más convincente del atractivo que ejercen los rasgos o exhibiciones extravagantes. El macho que ofrece el mejor espectáculo tiene los mejores genes.

Incluso las exhibiciones más simples pueden ofrecer a las hembras información sobre la calidad del macho. Un pingüino de Adelia hembra, por ejemplo, puede saber por el áspero graznido de un macho lo gordo que está y, por tanto, lo bueno que será como padre. Criar con éxito una familia en la Antártida requiere los esfuerzos incondicionales de dos progenitores pingüinos. El macho y la hembra se turnan a la hora de incubar los huevos y cuidar de los polluelos, mientras el otro progenitor busca comida. Como comentaba Levick, los machos son los primeros en llegar a las zonas de cría, reclaman su territorio y construyen un nido. Cuando llegan las hembras, éstas quieren saber cuánto tiempo será capaz un macho de empollar los huevos sin tener que vagar por ahí en busca de comida. Un macho alardea de su volumen echando la cabeza atrás y marcándose un graznido como el rebuzno de un burro. Unos científicos han descubierto recientemente que la grasa que rodea su laringe influye en la consistencia de su tono y en la firmeza de su llamada o reclamo. Las hembras escuchan con atención este glotal regalo y se quedan con los machos más regordetes.

A partir del complejo y melodioso canto de un chochín hiemal macho, una hembra puede obtener información fiable sobre su vigor y su condición, incluida la calidad del cerebro y su desarrollo. Las aves canoras macho que están en malas condiciones o que han experimentado estrés cuando estaban desarrollándose, como consecuencia de una enfermedad o escasez de comida o demasiada competencia por parte de los hermanos, no desarrollan sistemas de canto neurológicamente sanos y son incapaces de entonar cantos atractivos y de alta calidad. Las hembras escogen a un compañero basándose en sutiles variaciones en los rasgos acústicos de su canto, que son señales fiables de su vigor y de su salud genética.

O consideremos lo que divulga la exhibición acrobática de un saltarín cuellidorado. El truco del cortejo del macho de emitir un audible chasquido con las alas, que consigue golpeando a toda velocidad las alas juntas sobre su lomo, se basa en unas contracciones musculares rapidísimas. El saltarín puede juntar las alas más de cien veces por segundo. Y es capaz de proferir ese chasquido mientras brinca de percha en percha, y luego termina su show saltando con media voltereta hacia el suelo y haciendo un aterrizaje tan perfecto que avergonzaría a un gimnasta olímpico. Matthew Fuxjager, de la Universidad Brown, ha descubierto que las hembras se aparean con machos que hacen sus exhibiciones unos fragmentos de segundo más deprisa. Curiosamente, las hembras detectan esas mínimas diferencias.

Estas exhibiciones físicas —saltar, bajar en picado, golpetear unas alas con otras, cantar y bailar simultáneamente— revelan el vigor de un macho, su capacidad para realizar una y otra vez ejercicios que requieren mucha energía. El vigor no se puede simular; está considerado como una señal «honesta» de la condición del macho, de modo que las hembras quisquillosas eligen a los machos que representen las actuaciones motrices más vigorosas. Por la velocidad de una bajada en picado de un colibrí coliancho macho y por cómo centellee su gorjal, una hembra es capaz de juzgar su destreza física. «Puede que no esté interesada en lo roja que tiene la garganta, sino en lo rápidamente que pasa del rojo al negro», dice Stoddard, «lo que tal vez indique la geometría y la velocidad del descenso en picado, lo que a su vez puede guardar relación con el vigor del macho.»

Así pues, de estas exhibiciones tan elaboradas las hembras pueden obtener información sobre la forma física y la calidad del macho, sobre sus «buenos genes».

Ésta es una idea, dice Stoddard, pero hay otras. La teoría de «la eficiencia de las señales», por ejemplo, que puede ser denominada la hipótesis de «la baliza luminosa». Las señales complejas pueden haberse desarrollado no porque estén transmitiendo información sobre la calidad, sino porque son capaces de comunicar eficientemente: «¡Aquí hay un macho que está listo para aparearse!». Cuantas más señales hagas, y cuanto más brillantes, estrepitosas y centelleantes sean, más visible serás para los miembros del sexo contrario. Algunos científicos sostienen que las hembras de ciertas especies ornitológicas se sienten atraídas por esos «estímulos exagerados» de los machos —rasgos más grandes, más luminosos y más estruendosos— simplemente porque así los localizan con mayor facilidad. Las hembras que pueden localizar rápidamente a un macho corren menos peligro de ser devoradas por un depredador y pueden permitirse pasar el tiempo y gastar energía en el forrajeo y en la búsqueda de un nido.

Tener más de un medio de exhibición —el sonido, la vista y el movimiento— y sincronizarlos puede también ayudar a la hembra en la —así llamada— integración sensorial, es decir, en convertir el aporte sensorial procedente de múltiples sentidos en un todo coherente. Esto no se diferencia mucho de la sincronización entre el movimiento de los labios y la voz que pueden requerir los humanos para comprender el habla.

Además, cuanto más compleja sea la señal, más probable será que la hembra le preste atención. Si una señal simple es repetida una y otra vez, la hembra se acaba acostumbrando a ella y su interés posiblemente se desvanezca. Por regla general, los pájaros prestan menos atención al ruido constante que a un esporádico o inesperado sonido, como la llamada del halcón o la rama que cruje bajo la zarpa de un depredador.

Asimismo, el hecho de poseer un componente visual y otro auditivo supone que, en condiciones difíciles, tienes dónde respaldarte, dice Stoddard. «En un día ruidoso, siempre te quedará tu resplandeciente gorjal. En un día nublado o sin mucho sol, tu gorjal puede no llamar tanto la atención, pero el zumbido generado por tu cola seguirá siendo audible. Estas señales juntas garantizan que la hembra se dé por enterada, aun en el caso de que la comparación entre un macho y otro que resplandezca más o sea más rápido no ofrezca mucha información.»

Estas dos explicaciones —los «buenos genes» y las «balizas luminosas»— tienen en común que las exhibiciones vistosas se han desarrollado porque son útiles: porque señalizan la calidad o reclaman la atención hacia un macho que esté cortejando.

Sin embargo, existe otra perspectiva, dice Stoddard, más controvertida pero de lo más fascinante. La extravagante bajada en picado del colibrí puede haberse desarrollado por una razón más caprichosa: «¡Sencillamente porque es una maravilla!», exclama. «Y a las hembras les encanta, y eso basta para que surja una presión selectiva por las cosas estéticamente agradables.»

Como decía Emerson, es posible que la belleza se justifique por sí sola.

La idea de que las exhibiciones complejas han surgido por razones puramente estéticas —no porque sean objetivamente informativas, sino porque son subjetivamente placenteras para el que elige— es antigua: se remonta a Darwin y fue desarrollada, hace un siglo, por el genetista Ronald Fisher. A lo largo de las generaciones, decía Fisher, los rasgos extremos y la atracción por ellos han evolucionado de manera conjunta, dando lugar al «modelo fisheriano de selección desbocada», también llamada «selección autorreforzadora». Dos científicos han retomado recientemente estas ideas, Michael Ryan, un biólogo evolutivo de la Universidad de Texas, en Austin, y Richard Prum, un ornitólogo de Yale. En su libro *La evolución de la belleza,* Prum retoma la idea de Darwin y la rebautiza como la hipótesis de «la belleza que simplemente sucede». Las hembras desarrollan una afición arbitraria por ciertos rasgos estéticos del macho, aunque no sean informativos: un salto acrobático, una serie de plumas estrafalarias, un pico fluorescente, el zumbido de las plumas de la cola. Sus descendientes heredan los rasgos que a ellas les parecen bonitos y sexis, así como la predilección por ellos, y luego estos rasgos se propagan por una población a través de la «selección desbocada».

En otras palabras, los colibríes colianchos bajan en picado, lanzan destellos y emiten zumbidos no para alardear de su calidad genética, sino porque a las hembras les gusta lo que ven.

«Cuando Ben y yo sometimos a discusión la exhibición de la bajada en picado del coliancho con Rick», dice Stoddard, «éste dijo creer que la asombrosa bajada en picado —con su ajustada sincronía y su combinación de múltiples rasgos sensoriales— podía ciertamente haberse desarrollado simplemente porque las hembras la encontraban preciosa y sexy. Punto final.»

«¿Cuál de estas hipótesis es la verdadera? No lo sabemos. Puede ser una combinación de las tres», añade Stoddard.

La bióloga evolutiva Marlene Zuk ha sugerido cómo podrían obrar conjuntamente estas teorías. Cuando contemplas un rasgo muy elaborado, dice Zuk, ya sea la cola de un pavo real o la complicada exhibición de la bajada en picado, y te preguntas: «¿Qué está pasando aquí?», en realidad estás formulando varias preguntas. ¿Cómo ha llegado ese rasgo hasta aquí? ¿Por qué ese rasgo y no algún otro? ¿Y cómo se ha mantenido en una población? Un rasgo centelleante puede atraer inicialmente a una hembra por su predisposición sensorial y luego convertirse en algo más común a través de la selección desbocada. Tal vez ese rasgo de lanzar destellos llegue a asociarse con unos genes fundamentales para la salud, dice Zuk, como por ejemplo para la resistencia a los parásitos —la idea favorita de Zuk—, lo que indicaría una mayor calidad en los machos. Se trata de una especie de matrimonio entre la hipótesis de la baliza luminosa y la teoría de los buenos genes.

Sea cual sea la razón de la evolución de los asombrosos cortejos de algunas aves, a menudo suelen tener una cosa en común: requieren una potencia cerebral compleja. Los largos repertorios de canciones del chochín hiemal, las coordinadas exhibiciones de los colibríes, los cantos colaboradores y las acrobacias de los saltarines cola de lanza son conductas que precisan habilidades motrices coordinadas por el cerebro. ¿Acaso las complejas exhibiciones previas al apareamiento son también una manera que tienen los pájaros de hacer alarde de su inteligencia? ¿Será que las hembras quisquillosas eligen compañeros que sean unos «cerebritos»?

Algunas respuestas están surgiendo a raíz de una familia de pájaros que lleva el cortejo hasta extremos insospechados. Los pergoleros machos no sólo ofrecen algunos de los espectáculos de exhibición más intrincados de todas las especies —que incluyen la construcción, la decoración, el canto y el baile—, sino que además manipulan la experiencia de las hembras ante su deslumbrante show.

11

Quebraderos de cabeza

Una mañana de septiembre estaba yo sentada en un pórtico, en la pequeña ciudad australiana de Baradine, cuando vi un pergolero moteado oriental macho cortejando a una hembra en su pérgola, a diez metros de donde me hallaba. La pérgola estaba bien camuflada bajo unos matorrales del patio trasero de alguien, y a los pájaros no parecía incomodarles mi presencia. A simple vista, el pergolero moteado oriental no llama demasiado la atención: un pájaro delgado y compacto del tamaño aproximado de un zanate común o grajo bronceado, con un soso plumaje marrón, una pincelada de color crema pálido en el vientre y una pequeña corona lila, discreta cuando no lanza llamaradas de color. Pero lo que no tiene de plumaje llamativo lo suple con creces su vistosa conducta de exhibición.

Se hallaban conmigo unos pocos miembros del Australian Wildlife Sound Recording Group, confiando en capturar el alarde de llamadas y cantos imitados del pájaro. A primera hora de la mañana, sin embargo, reinaba el silencio.

Pero no dejaba de ser un silencio espectacular. Los pergoleros son aves creadoras de leks, igual que los saltarines, las aves del paraíso, los urogallos de las artemisas y los colibríes, que construyen leks dispersos por un amplio territorio. Para atraer a las hembras, los machos construyen pérgolas, estructuras hechas a base de palitos y ricamente decoradas con objetos ornamentales. Estas estructuras no son nidos; en ellas no se cría a los polluelos. Más bien son teatros para la seducción, el escenario que utiliza un pergolero macho como telón de fondo de su canto y de su baile para seducir a las hembras que lo visitan. De las diecinueve especies de pergoleros, quince construyen pérgolas, cada una con una estructura diferente y distintos tipos de ornamentación, a cuál más vistosa en su propio estilo. Los pergoleros de Macgregor construyen una especie de torre hecha de ramas y palitos de hasta un metro de altura y la rodean de musgo y montones de insectos, nueces y frutos. Los pergoleros satinados machos recogen objetos azules y pintan el interior de sus pérgolas, mascando agujas secas de araucaria de Australia y aplicando la pasta marrón resultante al interior de las paredes de su pérgola. Tan sólo los humanos y algunos pocos animales crean unas estructuras más fastuosamente decoradas. Cuando Jared Diamond se encontró en Nueva Guinea con la cabaña del pergolero pardo, del tamaño de un niño, maravillosamente entretejida y suntuosamente cubierta de cientos de flores, bayas y otros objetos naturales, el biólogo conductista llamó a los pergoleros «los pájaros más intrigantemente humanos».

Los pergoleros moteados tienen merecida fama de ser extremos dentro de una familia de aves extremas. Atesoran una gran variedad de objetos, entre los que figuran conchas y huesos de oveja, de emú... o de cualquier cosa que se pueda esparcir por ahí. El ornitólogo Alec Chisholm observó que una pérgola de Nueva Gales del Sur contaba con más de mil trescientos huesos. «Imagínense la fuerza del impulso decorador que hace que un pájaro lleve en el pico, uno por uno, recorriendo largas distancias, ese elevado número de huesos sólidos y pesados», escribía Chisholm. También se quedó maravillado ante las dos mil quinientas cáscaras de caracoles que descubrió en otra pérgola de un pájaro; «son bien voluminosas para el tamaño del pico del pájaro», y, no obstante, las había acarreado desde una distancia considerable.

La pérgola de este macho era una joya: dos paredes construidas no a base de palitos apretados como los de su primo más famoso, el pergolero satinado, sino a base de hierba y paja, formando un pequeño pasillo flanqueado por paredes transparentes, donde se refugia la hembra durante el cortejo. La zona de exhibición relucía de docenas de fragmentos de vidrio verde, tornillos, tapones de latas, trocitos de joyas rotas, paja, piedras, vainas de semillas de varios árboles autóctonos y unos cuantos jirones de cintas rojas, además de plástico y alambre. Muchos de los objetos estaban clasificados por el color y formaban pequeños apilamientos de cosas verdes y cosas blancas. Dentro del hueco de la pérgola, donde estaba la hembra, había una magnífica colección de canicas de cristal claro que lanzaban destellos a la luz del sol.

El macho entró por la izquierda y empezó a pavonearse mientras recorría desenfrenadamente la pérgola de un lado a otro, colisionando a veces contra su propia pared. Cogió un trocito de cinta roja en el pico y se puso a brincar con ella, luego lo arrojó tan arriba que fue a parar fuera de la pérgola, a una ramita que colgaba por encima. Con un efecto dramático, exhibió su pequeña y refulgente cresta rosa. Agachó la cabeza como un carnero, echó las alas atrás y se puso a temblar y vibrar de la cabeza a la cola. Luego, de repente —para deleite de mis compañeros—, se lanzó a proferir toda clase de sonidos: zumbidos, chirridos, silbidos, tañidos, gangueos, *chirrr, skraa,* graznidos, gorgoteos, gorjeos, todo ello al compás de sus movimientos de baile. Algunos de estos reclamos eran chirriantes, metálicos y estridentes; otros eran como notas musicales silbadas. A semejanza del ave lira soberbia, el pergolero moteado es un maestro de la imitación, famoso por imitar el ronroneo de los conejos, el maullido de los gatos, el ladrido de los perros, el crujido de las ramas, incluso el retumbar de los truenos, así como numerosas voces de pájaros, incluido el punzante grito del milano silbador.

Mientras tanto, la hembra se mantenía a distancia, saltando por el área de exhibición, pero siempre manteniendo una pared de la pérgola entre ella y su potencial compañero, mirando a través de la fina hierba para observarlo desde una posición segura y privilegiada. Los pergoleros macho se exhiben en leks extensos. Los pergoleros hembra, como las hembras de otras especies creadoras de leks, sólo reciben de los machos el esperma, pero ninguna asistencia en la construcción del nido ni en la crianza. Ellas juzgan la idoneidad de un macho por su pérgola y por su show. Los machos de los pergoleros moteados con pérgolas bien construidas consiguen más apareamientos que los que construyen pérgolas más chapuceras, de modo que el diseño de la pérgola del macho y el contenido de su espectáculo están cuidadosamente elaborados y concebidos para influir en lo que va a ver la hembra. Científicos que han pasado largas y laboriosas horas observando, filmando y grabando el cortejo de una serie de especies de pergoleros han descubierto lo astutos y perspicaces que pueden ser estos pájaros a la hora de preconcebir la experiencia de una hembra.

Según Gerald Borgia, que lleva más de tres décadas estudiando los pergoleros, y Jason Keagy, un biólogo evolucionista que trabaja en la Universidad de Illinois, en Urbana-Champaign, los pergoleros moteados macho colocan estratégicamente adornos de diferentes colores y tamaños para construir una serie de sucesivos escenarios, para que los vea la hembra según se va acercando a la pérgola hasta que entra en ella. En la penumbra que hay bajo los árboles o arbustos, donde el macho suele construir su pérgola, conviene tener una baliza que llame la atención de la hembra y que la avise de su presencia, de manera que en el perímetro de su pérgola el pájaro coloca adornos grandes y visibles, como por ejemplo huesos, que actúan como señales a larga distancia para atraer a las hembras hacia ese lugar. En su pequeño jardín paisajístico, el macho crea un caminito estrecho y desprovisto de grandes ornamentos, a veces tapizado de piedras planas o palitos, donde hará su exhibición de canto y danza. Cerca del camino, es posible que apile huesos, formando así un telón de fondo blanco para su refulgente cresta rosa. «Cuando pusimos unas vértebras y algún otro adorno grande en la senda», dicen los científicos, «fueron rápidamente eliminados para despejar el camino.» Una vez que la hembra ha saltado al interior de su pequeña pérgola de paja, se encuentra con las posesiones más apreciadas por el macho, centelleantes gemas esmeradamente colocadas en el hueco central de la pérgola con el fin de estimularla.

Los machos a menudo recorren la ruta que han emprendido las hembras para llegar hasta la pérgola, dicen los científicos. «Esto les permite ver los distintos escenarios como los ven las hembras y construirlos de modo que se ajusten perfectamente a las preferencias de éstas.» Una vez que la hembra está en el núcleo central de la pérgola, ese estrecho espacio entre sus paredes determina cómo se coloca y qué ve mientras el macho la corteja. Borgia sostiene que, con el paso del tiempo, los pergoleros moteados macho han podido modificar las paredes de sus pérgolas para que la hembra se sienta más segura y vea que corre menos riesgo. «Una exhibición intensa y agresiva del macho es atractiva para las hembras porque proporciona información sobre su vigor en general y, en última instancia, sobre su calidad genética», dice. Pero también puede ser amenazante. Las finas paredes de la pérgola pueden funcionar como un filtro, «permitiendo que la hembra vea las agresivas y enérgicas exhibiciones del macho desde una posición resguardada».

El pergolero grande, una especie que vive en el noroeste de Australia, se toma incluso más molestias para manipular la percepción de sus glorias por parte de la hembra. Estos pájaros construyen pérgolas con una avenida de hasta un metro de longitud, flanqueada por dos paredes paralelas recubiertas de tallos de paja densamente apretados, que desemboca por los dos extremos en una pista de exhibición con objetos cuidadosamente dispuestos. Los machos reúnen objetos pálidos como piedras, huesos y conchas emblanquecidas —a veces cientos de ellas—, con el fin de crear un fondo claro para objetos de colores más vivos, como varas verdes o frutos rojos. Laura Kelley y John Endler han hallado que los pájaros ordenan cuidadosamente estos objetos pálidos por su tamaño. Esto por sí mismo no es sorprendente. Al fin y al cabo, al construir su casita en forma de cono, el humilde gusano trompeta selecciona y clasifica granos de arena y los junta con precisión, de modo que los más pequeños queden en el extremo estrecho y los más gruesos en el extremo ancho. Pero el pergolero aventaja al gusano. Dispone sus objetos para crear una ingeniosa ilusión de perspectiva forzada, que está calculada para hacer que tanto él como sus objetos de color le parezcan más grandes a la hembra cuando ésta mira desde la pérgola. Para crear esta ilusión, los pájaros usan la misma técnica que utilizan los humanos para colocar mosaicos: empiezan desde el centro —el centro de la pista— y van trabajando hacia fuera en las dos direcciones. Cuando los científicos destruyeron esa ilusión colocando los objetos más pequeños delante y los más grandes detrás, el pergolero rápidamente reordenó las piedras para restaurarla. Por una buena razón. Cuanto mejor conseguido esté el efecto de perspectiva, más posibilidades tendrá el pájaro de aparearse.

Pero aún hay más. Cuando se exhibe un pergolero grande, se pone al borde de una de las entradas de la avenida, de tal modo que la hembra sólo vea su cabeza; luego recoge un adorno y lo exhibe delante de la hembra antes de arrojarlo por la pista y cambiarlo por otro objeto decorativo nuevo. El color resalta ante el monótono fondo blanco grisáceo de los huesos y las piedras. Como promedio, alardea de cinco objetos por cada exhibición, alternándolos con un rápido fogonazo de su cresta magenta. Y aquí viene lo más asombroso; en su exhibición, los machos aumentan el impacto de los colores con una técnica especial: construyen el interior de sus avenidas con palitos rojos que crean una luz rojiza dentro de la pérgola, cambiando así la percepción visual de la hembra. La exposición a esta luz rojiza durante un minuto o más da lugar a una adaptación cromática en los ojos de la hembra, alterando así su percepción de los objetos de color que exhibe el macho. El resultado es que la hembra experimenta unas sensaciones cromáticas más fuertes, especialmente con ciertos tonos, como el magenta de la cresta del macho. Éste también utiliza la estructura de su pérgola para esconder objetos de modo que la hembra no pueda verlos y, luego, de repente, los muestra para atraer su atención. Las hembras se quedan más tiempo en la pérgola cuando un macho presenta objetos con una gran variedad de colores y numerosos cambios entre ellos durante su exhibición. Los rápidos destellos de múltiples colores consiguen mantenerlas atentas. Además, el macho procura alternar entre objetos de colores muy contrastados, como un fruto verde y su propia cresta rosa, y objetos de poco contraste, como palitos marrones; de este modo maximiza con eficacia las novedades y las sorpresas de su exhibición... del mismo modo que un ave lira macho combina su repertorio con una gran variedad de sonidos imitados con el fin de dar pábulo a la fantasía de la hembra y mantenerla interesada.

Me quedé hechizada por la actuación de ese pergolero moteado; igual que la hembra, según parece, pues permaneció allí mirando embelesada más de un cuarto de hora.

Imagino que al macho le habría echado una mano algún otro pájaro mayor que él. La experiencia cuenta mucho en el mundo del pergolero. Hacer una exhibición realmente buena puede llevar una buena parte de su vida. Los machos jóvenes parece que aprenden de sus mayores los detalles más delicados del oficio; durante su larga adolescencia, hacen con regularidad visitas a las pérgolas que están en plena actividad y observan cómo organizan los adultos sus espectáculos. Para eso hace falta usar el cerebro. Los jóvenes machos han de aprender y recordar los elementos de una exhibición coronada por el éxito: qué novedosa decoración o qué imitaciones funcionan a la hora de fascinar y estimular a una hembra y qué cosas la aburren. Por ejemplo, al componer sus intensos y sincopados bailes y cantos, los machos con experiencia pueden tener en cuenta la sensibilidad de la hembra a la que están cortejando y modular su actuación para atenuar la amenaza, alternando entre elementos muy vigorosos y otros más suaves. Los jóvenes pergoleros machos aprenden estos trucos.

En este sentido, el diseño de la pérgola y el estilo de la exhibición pueden haber sido culturalmente transmitidos, igual que los dialectos del canto de los pájaros y las artes y las costumbres humanas. Joah Madden, de la Universidad de Exeter, y sus colegas tienen buenas pruebas al respecto. Han descubierto que, dentro de un área, distintas poblaciones de la misma especie de pergolero difieren en cuanto al diseño y la ornamentación de su pérgola. En un parque de Queensland, Madden halló que todas las pérgolas de una localización geográfica en particular usaban decoraciones similares, y no precisamente porque estos adornos fueran los únicos disponibles. Los pergoleros del parque tenían igual acceso a todo tipo de ornamentos: cáscaras de mejillones, cuarzo blanco, cáscaras de huevos de emú, plástico rojo y negro, cristal azul. Pero los pájaros del norte parecían preferir el cuarzo blanco; los del sudeste, el plástico rojo y negro y los adornos de metal; y en el oeste prevalecía el vidrio azul y morado.

Como la pérgola de un macho y su particular canto y baile llevan su firma, un macho adolescente que aprende a los pies de uno más adulto puede continuar su tradición.

Al final, sólo un porcentaje mínimo de exhibiciones —incluso entre los adultos con práctica— logra el objetivo del apareamiento. Borgia halló que sólo 53 de los 1.284 cortejos que observó entre los pergoleros moteados dio por resultado la copulación. Las hembras son muy melindrosas. A menudo, visitan las pérgolas de diferentes machos, comprobando repetidas veces su diseño y sus exhibiciones hasta que eligen a una pareja.

¿Qué es lo que las seduce? El vigor y la sensibilidad de la actuación del macho, la calidad de la construcción de su pérgola —la cantidad usada de finas hierbas, el conjunto escultórico, la simetría y la verticalidad de sus paredes— y, lo más importante, el número de huesos y los adornos de cristal. Todo esto lo juzga comparándolo mentalmente con las habilidades de los otros machos que haya visitado, detectando las diferencias en cuanto a calidad de la decoración y número de adornos, y recordando estas diferencias según va de una pérgola a otra.

Puede que no se conforme con contar los adornos o con juzgar la destreza constructiva o la habilidad para el baile y el canto, dice Gerald Borgia. Seguramente esté seleccionando a un macho que reúna todos estos requisitos. Los huesos y cristales no significan para ella diferencias en la calidad de un macho, dice Borgia, sino más bien su estrategia táctica general, que ella reconoce como una señal de su potencia cerebral. Asimismo, la hembra de los pergoleros grandes puede utilizar la habilidad de un macho para encontrar objetos apropiados y transportarlos a su pérgola, así como la calidad de esa ilusión creada por él de una perspectiva forzada, como señales de su inteligencia y de su habilidad para aprender de la experiencia; en definitiva, la hembra utiliza estos rasgos para juzgar su valor como pareja.

Darwin planteaba que los individuos listos son los preferidos como compañeros de apareamiento, de tal manera que la elección de pareja podría contribuir a la evolución de las habilidades cognitivas tanto como los ornamentos y el canto. Un compañero «avispado» puede ofrecerle a la hembra ventajas directas —como una mejor extracción de la comida y un mejor refugio en caso de que cambien las condiciones medioambientales, lo cual puede aumentar las posibilidades de su supervivencia y el número de sus descendientes—, o bien ventajas indirectas como una prole con mejores capacidades cognitivas, lo que puede contribuir a su salud, a su longevidad y a su éxito en la reproducción.

Pero la elección de pareja por su cognición no es una cosa fácil de demostrar. En el caso de los pergoleros, los investigadores pueden inferir que las hembras prefieren compañeros con una superioridad cognitiva basada en conductas secundarias asociadas a la inteligencia: una pérgola fantástica, un canto y una danza fuera de serie. Pero esto es sólo una coincidencia. Las quisquillosas hembras no están observando directamente el rendimiento cognitivo de sus potenciales compañeros.

Un nuevo e ingenioso estudio ofrece una prueba más directa de que, al menos, algunos pájaros hembra realmente prefieren que su pareja sea inteligente. En 2019, Jiani Chen, una investigadora del Instituto de Zoología de la Academia China de las Ciencias, y sus colegas lo comprobaron con los periquitos, esas pequeñas cotorras australianas que normalmente se tienen como animal de compañía. (El nombre inglés *budgerigar* se dice que viene de la palabra indígena australiana *betcherrygah*, que significa «cotorra buena»: *betcherry*, «bueno», y *gah*, «cotorra».)

Yo me crié con un periquito, un valiente y pequeño macho llamado Gre-Gre, que todas las mañanas demostraba su capacidad para resolver problemas recorriendo el laberinto de cajas de cereales que yo ponía alrededor de mi cuenco de cereales para evitar que se posara en el borde del cuenco y me robara mis copos de trigo. Mis esfuerzos se vieron invariablemente condenados al fracaso.

Como la mayor parte de los loros, estos pájaros son listos por necesidad. Los periquitos son oriundos del árido interior de Australia, donde fuentes de comida como los insectos y las semillas a menudo son imprevisibles y difíciles de encontrar y extraer. Para sobrevivir, una cotorra australiana ha de poseer habilidades cognitivas para resolver el problema del forrajeo, o bien tener una pareja que sepa hacerlo. A diferencia de los pergoleros, los periquitos hembra dependen de sus compañeros para el suministro de comida, mientras ellas incuban, crían y alimentan a sus pollos, de modo que conseguir un macho al que se le dé bien encontrar comida es una gran ventaja.

En el experimento, a cada hembra se le ofrecía la compañía de dos machos para ver cuál prefería. Luego, los investigadores pasaron una semana entrenando al macho «menos preferido» con un puzle de forrajeo, enseñándole a abrir un recipiente engañosamente traslúcido lleno de semillas. Después, a cada hembra se le permitió mirar cómo el macho entrenado (pero previamente despreciado) resolvía con destreza, una y otra vez, el puzle, y entremedias, ver cómo el macho no entrenado (pero previamente escogido) se quedaba completamente perplejo ante la tarea. En sus compartimentos, las hembras tenían sus propias cajas puzle llenas de semillas y cerradas con cinta adhesiva, de modo que eran conscientes de la dificultad de la tarea en cuestión. Después del período de observación vino el de estimación. Una vez más, a las hembras se les pidió que eligieran entre los dos machos. Curiosamente, todas ellas cambiaron sus preferencias y eligieron a los machos que antes habían rechazado pero que habían demostrado ser expertos en resolver problemas.

Éste podría ser un ejemplo inequívoco de la idea de que «la inteligencia es sexy». Aunque hay explicaciones alternativas —las hembras podrían interpretar la habilidad del macho para abrir el recipiente como muestra de una fuerza física superior, por ejemplo—, tiene sentido que una conducta ingeniosa en la tarea del forrajeo atraiga a los periquitos hembra, y que observar esto directamente y encontrarlo atractivo podría contribuir a la evolución de las facultades cognitivas que subyacen en este tipo de habilidades.

Si un macho utiliza una impresionante potencia cerebral para crear una exhibición o para resolver un problema de forrajeo, la hembra lo iguala en su habilidad para evaluar los esfuerzos del macho. Al fin y al cabo, ella ha modelado sus exhibiciones.

Cuando se trata de preferencias y exigencias, nos recuerda Michael Ryan, «la verdadera acción reside en el cerebro». Independientemente de que un ave hembra elija a su pareja por su espectacular plumaje, por su elaborado canto y baile, por su destreza acrobática o por su agilidad mental, la sede de su criterio se halla en su cerebro, el cual ha desarrollado fuertes habilidades discriminatorias que le permiten evaluar con prontitud la calidad del macho y distinguir entre sus potenciales compañeros. Pensemos en las sutilezas que esto lleva implícito. Un colibrí coliancho hembra es capaz de analizar bajadas en picado complejas y multifacéticas que a nosotros nos parecen casi idénticas. Los saltarines cuellidorados hembra distinguen diferencias de fracciones de segundo en la exhibición acrobática de un macho. Un pergolero moteado hembra evalúa la arquitectura, la decoración y la actuación de numerosos machos y retiene estas comparaciones en la memoria.

Tan atónitos como podemos quedarnos por la inventiva de un pergolero macho, deberíamos asombrarnos igualmente por la capacidad de la hembra para juzgarlos, por lo sensibles que deben de ser sus percepciones, por su refinado sentido de la estética y por su sofisticado poder de discriminación, que impulsan a los machos a adoptar conductas tan extremas y a desarrollar su inteligencia y sus dotes estéticas para conseguir los favores de la hembra.

¿Y qué ocurre cuando ya está hecha la elección? ¿Se elige solamente una vez? ¿Son los pájaros fieles a sus parejas?

Ni mucho menos.

Es bien conocido que la monogamia sexual en el mundo ornitológico —una vez considerada la manera predominante de aparearse— es en gran medida un mito. Este antiguo criterio se remonta a la década de 1960, cuando el biólogo evolutivo David Lack recopiló información sobre lo que entonces se conocía acerca de los sistemas de apareamiento entre los pájaros y dedujo que más del 90 % de las especies eran monógamas. Dos décadas después, la dactiloscopia del ADN dio un vuelco a este criterio, revelando que la mayoría de los pájaros, incluidas las aves socialmente más monógamas, tenían muchas «aventurillas». Nidos de aves emparejadas contenían frecuentemente pollos de padres que no eran los machos que les procuraban provisiones y los defendían.

Esta revelación sirvió para ilustrar la complejidad y la diversidad de los sistemas ornitológicos de apareamiento y disipó la romántica noción acerca de las fieles y abnegadas parejas de pájaros monógamos, hasta el punto de que actualmente la monogamia exclusiva en una pareja de aves se considera algo excepcional. Entre el puñado de auténticos monógamos figuran los cisnes mudos, los buitres negros americanos, los guacamayos rojos, las águilas calvas, los albatros de Laysan, las grullas trompeteras, los cóndores de California y los frailecillos atlánticos. En el otro extremo del espectro se encuentran los campeones del sexo «extramarital», las urracas australianas o verdugos flautistas y los maluros espléndidos o ratonas australianas franjeadas. La disparidad entre el sistema de unión social de los maluros espléndidos —los pájaros forman vínculos de pareja de por vida— y su sistema de apareamiento sexual es sencillamente espectacular. Unos estudios han demostrado que hasta dos tercios de los descendientes que hay en los nidos de los maluros espléndidos han sido procreados por machos ajenos al compañero habitual:

estamos ante el mayor número de cornudos registrado entre las especies de pájaros.

Al principio, se daba por descontado que los machos eran los principales perpetradores de tanta infidelidad, que hacían escapadas en busca de «copulaciones extramaritales» con otras hembras, diseminando así su esperma —y sus genes— tanto como fuera posible. Se creía que las hembras eran las víctimas, que padecían la indignidad de compartir con otras hembras las atenciones de su compañero social y, lo que es peor, como decía el biólogo británico Tim Birkhead, que se veían sometidas a la «copulación extramarital forzosa».

Estos criterios cambiaron en la década de 1990, cuando los científicos iniciaron el seguimiento por radio de las hembras, desde los maluros espléndidos hasta las reinitas encapuchadas, y descubrieron que las hembras eran las que más se dedicaban a la prostitución.

El ecólogo evolutivo Andrew Cockburn lleva desde 1987 estudiando las aves lira soberbias en el Jardín Botánico Nacional de Australia. Ha dedicado mucho tiempo al estudio de los sistemas de apareamiento peculiares. Comenzó su carrera investigando los antequinos, un grupo de pequeños marsupiales parecidos a los ratones que ostentaban el extraño fenómeno de la semelparidad: poco después de aparearse, los machos mueren. Pero después de tirarse años estudiando estos extraños mamíferos, dice, se dio cuenta de que «no se lo estaba pasando tan bien recorriendo la selva tropical infestada de sanguijuelas, como uno de sus alumnos de posgrado mientras analizaba las intrincadas vidas sexuales de las aves lira soberbias en el Jardín Botánico de Canberra, infestado de cruasanes».

Durante la última década más o menos, Cockburn y sus colegas han descubierto que las aves lira hembra toman las riendas del espectáculo de poner los cuernos, haciendo furtivas escapadas en busca de aventuras amorosas antes de que abran las panaderías. Pocos días antes de poner los huevos, en las oscuras horas previas al amanecer, las hembras abandonan los arbustos, donde duermen con su grupo social, y se dirigen al territorio de sus machos favoritos. Éstos son machos que, meses antes de la temporada de cría, han estado abandonando sus territorios y exhibiéndose ante hembras que viven a unos siete territorios del suyo. A menudo, los machos mejoran estas exhibiciones con un canto a base de trinos y con una de esas presentaciones florales de apariencia tan cortés como delicada. Después de observar a una hembra sin ser visto, un macho se acerca a ella con el pétalo rizado de una flor amarilla en el pico y adopta una pose erizando las plumas de las mejillas y de la corona, bajando la cola y exhibiendo las brillantes plumas azules y negras de su magnífico plumaje, meneando el cuerpo de acá para allá para maximizar el contraste con el pétalo amarillo. Las presentaciones de pétalos de flor, por tanto, no son para encontrar una pareja social, sino para encontrar sexo con la pareja de algún otro. Llegado el momento, los machos hacen saber dónde están a las hembras que hacen escapadas y anuncian su disponibilidad cantando durante el coro al alba. Sólo las aves madrugadoras consiguen ligar.

Que los machos y las hembras hagan escapadas de este tipo tiene mucho que ver con cómo crían a sus polluelos. La *mélange* de sistemas de apareamiento que se da entre los pájaros refleja unos estilos de crianza radicalmente diferentes.

LA CRIANZA

12

La crianza en libertad

Cuando me llegó la llamada telefónica de Tim Low, yo estaba esperando en la estación de Brisbane, en Queensland, a punto de coger un tren que me llevara a su casa de Indooroopilly, un suburbio situado a seis y pico kilómetros del centro de la ciudad. Low dijo con una voz apagada que sonaba como un susurro: «Soy yo». «Estupendo», dije, «llegaré tan pronto como pueda.» El recorrido en tren duró doce minutos, pero luego a Low y a mí nos costó bastante encontrarnos en la estación, y para cuando llegamos a la casa, el pájaro había desaparecido. Low dijo que no tardaría en volver, así que pasamos el tiempo observando las zarigüeyas que vivían en las vigas de su garaje, con sus largas colas colgando como serpentinas. Algunas partes de Indooroopilly fueron en otro tiempo selva tropical, y aún quedan árboles remanentes como el eucalipto gris y el gomero manchado, junto con árboles de la selva plantados y muchos animales. Los eucaliptos grises presentan arañazos de las zarigüeyas y de los koalas. La casa de Low ha sido visitada por una gran variedad de criaturas salvajes. En una ocasión, de noche, Low oyó ruidos en el dormitorio y, a la mañana siguiente, cuando se despertó, encontró una serpiente pitón en su mesilla de noche, a pocos centímetros de su cara. El ruido lo había producido la serpiente al tirar de la mesilla el reloj y otras cosas mientras iba de camino a la cama.

Confié en que el pájaro por el que había ido estuviera en el patio de atrás.

Es un patio pequeño lleno de maleza y sin nada que pueda llamarse césped. Pero en un rincón hay un enorme montículo de hojarasca y tierra construido por una de las aves más extrañas del planeta, el talégalo cabecirrojo o pavo de matorral, famoso por su peculiar forma de criar y por un misterioso talento que le permite tener una conducta tan inusual.

Low es uno de los naturalistas más renombrados de Australia, pero este pájaro no le había escogido por su tendencia ecologista. Como cualquier vecino te puede contar, los talégalos cabecirrojos están por todas partes, y su número va en aumento. Los jóvenes machos que buscan terrenos para la nidificación los encuentran en los frondosos suburbios de Brisbane y Sídney.

«Este montículo está mal construido; probablemente lo haya hecho un joven macho sin experiencia en la arquitectura», dice Low. «Demasiada tierra, sin el suficiente material vegetal.» Golpea el montículo con el pie, y se cae un trozo. Esto hará que el pavo venga corriendo, aclara.

Y efectivamente. Oímos un crujido en el patio contiguo del vecino y nos asomamos al porche para ver el regreso del pájaro.

El pavo de matorral es tan grande como los pavos americanos, de color tenue excepto por una extraña serie de apéndices en la cabeza y en el cuello, la cara de color rojo escarlata, y la carúncula, una bolsa de piel flácida que rodea la base de su cuello, de color amarillo vivo, como si le hubiera salpicado un equipo que estuviera pintando las rayas de la carretera. La carúncula la utiliza en su exhibición del cortejo, cuando profiere un grave *bum.* Pese a su nombre y a presentar similitudes físicas superficiales, este pájaro no está emparentado con los pavos americanos. Es el más grande de las veintidós especies de la familia de megápodos, así llamados por el tamaño de sus pies, utilizados para excavar.

Este pavo está casi siempre silencioso, aunque de vez en cuando nos llegan algunos suaves cloqueos y gruñidos mientras se pasea alrededor del montículo al que Low le había dado una patada. Parece que está sacando material del agujero más que rellenándolo; deshaciéndolo más que reconstruyéndolo. Sin embargo, dos meses antes, el pájaro había trabajado duro en su construcción, arrancando hierba, plantas y hojas de un área enorme del patio de Low y apilándolo todo en su montículo. «Era muy sistemático», dice Low. «Trabajaba por recintos, limpiando un trozo del suelo del patio y luego otro, hasta dejar sólo la tierra y el montículo. Resultaba tan fascinante como espantoso ver el daño que estaba causando mientras arrancaba la hierba y cavaba agujeros en el suelo.»

Will Feeney, un investigador de la ornitología que vive en las afueras de Brisbane, me habló de un conflicto similar con un pavo de matorral macho. Acababa de plantar en el huerto perejil, albahaca, romero, tomates, pimientos y fruta de la pasión. Esa noche oyó ruido en el patio, como si estuvieran escarbando. «Todo el mundo nos había hecho advertencias con respecto a los pavos», recuerda, «pero yo dije: "No pasa nada. El año pasado no hizo nada y seguramente tampoco haga nada este año".» Por la mañana, cuando salió al patio, descubrió que todo el huerto había desaparecido y había ido a parar a ese montículo del pavo: algo así como el día de Acción de Gracias, pero al revés. «Se cargó unos quinientos dólares del huerto», dice. «Desde entonces he sostenido una guerra cruenta con ese pavo. Me llevo unos cuantos cubos de su montículo y los echo al huerto porque es una tierra magnífica. Y luego viene él y se lo vuelve a llevar.»

Un talégalo cabecirrojo o pavo de matorral macho tarda casi tres meses en construir su montículo; reúne entre dos y cuatro toneladas de hojarasca y tierra para crear una maciza estructura cónica del tamaño aproximado de un coche, de un metro o metro y medio de altura y un diámetro de casi siete metros. Todo este esfuerzo tiene un solo propósito: crear una incubadora para sus huevos.

En cierto sentido, todos los pájaros abordan la paternidad del mismo modo: incuban huevos fuera de su cuerpo. Los huevos han sido descritos como un «envoltorio perfecto», robustos, autosuficientes y capaces de hacer una cosa extraordinaria: alimentar y proteger a un pollo que está en pleno desarrollo. Pero aquí termina la uniformidad.

Los huevos varían de tamaño: desde los minúsculos huevos Tic Tac de los colibríes, hasta los huevos de quince centímetros de longitud y un kilo trescientos de peso de un avestruz, los cuales requieren cincuenta y cinco kilos de presión para que revienten. También varían de forma: desde la elipse de un talégalo maleo, un gran megápodo, hasta la esfera casi perfecta de un nínox pardo y las lágrimas de los araos comunes y las aves playeras. Hasta hace poco, no se sabía casi nada sobre la razón de esa amplia variedad en la forma de los huevos ni sobre su función. Los científicos creían que la forma del huevo podía tener algo que ver con el tipo de nido del pájaro —su tamaño y su forma de copa o bóveda o simplemente escarbado en la arena—; o con su ubicación: en la rama de un árbol o en una cueva o al borde de un acantilado, donde podría rodar (un pájaro que anida en los acantilados, por ejemplo, podría tener un huevo cónico que rodaría en un círculo estrecho y ceñido); o con el número de huevos de su nidada y cómo se pueden agrupar de modo que las hembras los incuben cómodamente.

Eso cambió en 2017, cuando Mary Caswell Stoddard y sus colegas desarrollaron un programa informático llamado EggxTractor, para analizar las formas de unos 50.000 huevos que representaban a 1.400 especies. De cada especie recopilaron también datos sobre la masa corporal del adulto, el número de pollos por nidada, la dieta y la ubicación del nido.* El análisis, que comparaba 1.400 especies, reveló que la

* Merece la pena señalar que el estudio de Stoddard fue posible gracias a la colección de huevos de un museo, reunida por obsesivos colec-

ubicación del nido tiene poco que ver con la forma del huevo. Tampoco tiene que ver con el tamaño del nido ni con el tamaño de la nidada. En cambio, hay tres factores que guardan una estrecha relación con la forma de los huevos: la masa corporal de un pájaro adulto, su historia evolutiva y, curiosamente, la proporción entre la longitud y la anchura de las alas del pájaro, un indicador de la habilidad para el vuelo. ¿Qué relación puede tener la forma del huevo con la conducta de vuelo? El equipo sospecha que tiene algo que ver con la adaptación al vuelo propulsado. Formulan la hipótesis de que el vuelo influye en el llamado «plan corporal» de un pájaro. Se trata de lo aerodinámicos y estilizados que han de ser su esqueleto y sus músculos, pues esto influye en la forma de un huevo que se adapte a su oviducto. Las aves muy voladoras como las grullas trompeteras, las aves playeras y los araos comunes, con cuerpos más estilizados, tienden a poner huevos más alargados y asimétricos, mientras que las aves poco voladoras como los carraos y las lechuzas ponen huevos más simétricos y esféricos. Los búhos que vuelan mejor ponen huevos que son ligeramente más elípticos. «Pero esto no significa que la habilidad para el vuelo sea el mejor indicador de la forma del huevo para todos los pájaros», dice Stoddard. «Si te centras en un clado en particular, como las aves playeras, puedes encontrarte con que hay otros factores que son mejores indicadores. Es como decir que entre los vertebrados del mundo, los animales camuflados son por regla general pardos o verdes, pero si nos ocupamos de los vertebrados que viven en el Ártico, la regla ya no se sostiene, pues normalmente son blancos, haciendo

cionistas desde finales del siglo XIX hasta mediados del siglo XX, los cuales fueron capaces de encontrar huevos en nidos ocultos, extraer su contenido y formar con ellos amplias colecciones que finalmente fueron donadas a los museos. Aunque esto ha dado pie a unos conocimientos maravillosos, como los de Stoddard, la entusiasta recolección ha puesto a muchas especies en peligro, y hoy en día coleccionar huevos es ilegal.

juego con la nieve.» Otro ejemplo más de cómo los pájaros se resisten a las generalizaciones indiscriminadas.

Los nidos en los que son puestos estos huevos polimórficos son tan variados como los pájaros que los construyen, desde unos pocos arañazos en la arena o en la grava de un charrán ártico, hasta las oscuras madrigueras de los mérgulos y los elaborados nidos entretejidos de los tejedores comunes y los tejedores enmascarados, unos globos huecos de hierba verde, cada uno de los cuales —como se ha descubierto recientemente— lleva «la firma» del artista individual. Los nidos comunales de los sociables tejedores pueden alojar hasta quinientos pájaros del tamaño de un gorrión en pequeñas cámaras, que son como apartamentos, que permanecen frescas en verano y calentitas en invierno y que, algunas veces, acogen los nidos de otras especies —pinzones, carboneros y herrerillos, agapornis, barbudos asiáticos y halconcitos africanos— y que pueden aguantar el peso de un guepardo que se tumbe a tomar el sol. El nido más pequeño que se ha registrado es el del colibrí zunzunito o elfo de las abejas, de un diámetro minúsculo, y el más grande, un nido de un águila calva de Saint Petersburg, en Florida, que tenía una anchura de tres metros y una profundidad de seis metros y pesaba cerca de tres toneladas.

Últimamente, los científicos han descubierto que el nido abierto en forma de copa o cuenco, que tan familiar nos resulta hoy, probablemente se desarrolló a partir de una variedad cubierta o techada en más del 60 % de las especies ornitológicas. Los nidos abovedados eran la forma ancestral para todas las aves paseriformes, un grupo que incluye a todas las aves canoras. Los nidos abiertos han evolucionado al menos cuatro veces distintas. Son más vulnerables a los depredadores y al tiempo meteorológico, pero más sencillos de construir, y su buena visibilidad facilita a los pájaros detectar y rechazar a los parásitos de puesta.

Los pequeños somormujos construyen una plataforma flotante para sus nidos, hechos a base de palitos y vegetación acuática, de modo que se desliza por el agua. Los tocos y los cálaos crían a sus polluelos en tres cavidades que el macho cierra con una barrera de lodo, excrementos de pájaro y palitos, encerrando dentro a la hembra con las crías; sólo el pico de la hembra puede atravesar la barrera para recibir comida traída por el macho —ratones, ranas y fruta—. Varias especies de vencejos de Brasil —el negruzco o ahumado chico, el barbiblanco, el acollarado— anidan en sitios aparentemente inverosímiles. La científica brasileña Renata Biancalana, que estudia estos pájaros poco conocidos, con sus alas en forma de hoz y su alto vuelo danzarín, halló que construyen pequeños nidos en forma de copa en paredes de roca cortadas a pico, detrás de las cascadas, en oquedades y grietas —húmedas, goteantes y constantemente rociadas de agua— inaccesibles a los depredadores. Conduciendo por el campo en Kalimantan, Borneo, se pueden ver enormes estructuras de hormigón de tres pisos con unas minúsculas ventanas, estructuras que son mucho más grandes que cualquier casa de la región. Éstas son casas hechas para el salangana nidoblanco, un pájaro que hace el nido en forma de cuenco con su propia saliva solidificada. Estos pequeños nidos blancos de unos cinco centímetros de diámetro están considerados una exquisitez en forma de sopa de nido de ave, una de las comidas más caras del mundo; de ahí que sean «recolectados» en edificios diseñados para asemejarse a las enormes cuevas de roca donde anidan normalmente los pájaros.

Una vez estuve paseando por una exposición de nidos en un festival ornitológico de España que presentaba sorprendentes materiales de nidificación. El copetón viajero o somormujo cazamoscas y algunos otros pájaros son conocidos por intercalar en sus nidos pieles de serpiente mudadas. Los gorriones emplean pelo de perro y colillas de cigarrillos —la nicotina posiblemente aleje a los parásitos—, y los trepadores o saltapalos canadienses embadurnan los bordes de sus nidos con una brea tóxica de conífera para atrapar y matar a los intrusos. Los picaflores, unos pájaros pequeños, activos y de mucho colorido —llamados, en inglés, *chili peppers* o guindillas—, construyen preciosos nidos en forma de bolsa que cuelgan de las ramas frondosas, hechos a base de hojas y fibras de hierba entrelazadas con telas de araña. Los horneros comunes o alonsitos, grandes reinitas horneras de Sudamérica, recogen barro, paja y estiércol y los llevan a la rama de un árbol. Cuando el sol cuece el barro, crea una sólida estructura esférica con un agujero en el centro, como un horno de barro. Las zacuas mayores, también conocidas como oropéndolas de Moctezuma, tejen unos nidos pendulares de hasta casi dos metros de longitud a base de hojas de parra y fibras de plátano. Una especie africana del pájaro moscón también crea un elaborado nido en forma de pera a base de telas de araña, ortigas, hierba y pelo de animal. Presenta una forma abovedada, pero tiene dos entradas: una falsa, que conduce a una pequeña cámara también falsa, y una segunda y auténtica entrada cubierta por una tapa que se sella con pegajosas telas de araña.

«No hay duda de que la construcción de nidos por los pájaros constituye una conducta asombrosa», dice Sue Healy. «Quizá tan asombrosa como el punto de vista predominante, según el cual dicha conducta no refleja nada más que los genes, es puramente instintiva y está gobernada por una simple serie de reglas.»

Sue Healy es catedrática de zoología en la Universidad de St. Andrews, en Escocia, y lleva más de una década sosteniendo que la construcción de los nidos de los pájaros es cualquier cosa menos algo simple, pues requiere unas sofisticadas habilidades cognitivas, por lo que debería ser considerada como equivalente a la fabricación de herramientas. Al fin y al cabo, construir un nido implica crear una estructura nueva a partir de un gran número de objetos: palitos, barro, musgo, hierbas, plumas, pieles de serpiente, telas de araña... Requiere tomar decisiones sobre la ubicación, previa información, y elegir los materiales apropiados para resguardar a las crías de los elementos y para ponerlas a salvo de los depredadores. Y a menudo requiere la coordinación y la colaboración entre los machos y las hembras. Los pájaros moscones, por ejemplo, construyen juntos como pareja durante dos semanas, el uno trabajando en la estructura exterior del nido, y el otro en el revestimiento. (Es el único tiempo ininterrumpido que pasan juntos, una aventura amorosa de una quincena.) Healy hace también hincapié en unos estudios del cerebro que demuestran que, cuando los pájaros construyen nidos, se activan algunos circuitos neuronales que afectan al aprendizaje motriz, a la conducta social y a la recompensa.

Es toda una campeona en la investigación de esta área. «Aún quedan muchas lagunas en nuestros conocimientos», dice. «Tenemos descripciones de nidos de tan sólo aproximadamente el 75 % de las especies. Sabemos quién construye los nidos, los machos o las hembras o los dos, en tan sólo un 20 % de las especies.»

Healy quiere entender cómo sabe un pájaro qué nido construir y dónde construirlo. «Cada vez hay más pruebas de que los pájaros construyen sus nidos de una manera flexible, en respuesta a las condiciones climatológicas y a los materiales de los que disponen en su entorno», dice, «y sabemos que utilizan su propia experiencia del pasado a la hora de tomar decisiones.» Esto significa que la conducta de la construcción de nidos no está programada ni es fija. Al menos en algunos casos, puede ser aprendida.

El método clásico para determinar si una conducta es puramente instintiva o tiene un componente de aprendizaje es el denominado «experimento de privación»: privar a un animal de una experiencia mientras es joven y, luego, ver si de todas maneras realiza impecablemente esa conducta a la primera oportunidad que se le presenta. Healy señala que los mirlos primavera y los picogruesos pechirrosa que han sido criados a mano no saben construir un nido en condiciones, y sugiere que, en el medio salvaje, en estas especies, la experiencia es importante para los que construyen un nido por primera vez. Más pruebas: los pájaros que construyen nidos elaborados aprenden y se convierten en mejores constructores de nidos con el tiempo. La intrincada tejedura de los tejedores —su habilidad para entrelazar, enrollar y entretejer materiales herbosos y crear nudos hechos con el pico para sujetarlos y asegurarlos— mejora con la práctica. Además, esos patrones de nidos tejidos con una «firma» individual por los tejedores comunes y los tejedores enmascarados sugieren que los pájaros desarrollan su propio estilo con el tiempo, y ese estilo es tan distinto y coherente que los científicos han comprobado que podrían identificar al constructor específico de noventa y seis nidos con —aproximadamente— un 80 % de precisión.

Healy observa asimismo que muchas aves modifican la ubicación de sus nidos dependiendo de su propia experiencia. ¿Una temporada de cría coronada por el éxito? Quédate en el mismo sitio. ¿Una sin éxito? Cámbiate a otro sitio para la siguiente temporada. Esto es aplicable a especies que van desde los carpinteros escapularios y los cuitlacoches rojizos hasta los suimangas pechinaranja o nectarinas de pecho amarillo y los hormigueros moteados. Un estudio reciente ha demostrado que si hay por los alrededores arrendajos que expolian los nidos, un colibrí hembra emplazará su nido cerca o debajo del nido de un halcón. Cuando los halcones están presentes, los arrendajos forrajean más arriba para evitar ataques, dando así lugar a un espacio de nidificación en forma de cono «libre de enemigos», debajo del nido del halcón, donde los colibríes pueden criar a sus polluelos en paz. Algunos pájaros también aprenden de la experiencia de otros individuos a la hora de tomar decisiones sobre la construcción del nido. Cuando las gaviotas tridáctilas o los frailecillos silbadores fracasan en su intento de crianza, utilizan información sobre el éxito relativo o el fracaso de vecinos que estén criando para decidir dónde construir su siguiente nido.

Los pájaros adaptan la manera de construir sus nidos a las posibles amenazas tanto de los depredadores como del tiempo. Los estorninos soberbios, que construyen sus nidos dentro de las espinosas acacias, tienden a elegir árboles defendidos por la especie más agresiva de las hormigas de la región, «presumiblemente porque las hormigas ayudan a proteger el nido de los depredadores», dice el ecólogo Dustin Rubenstein. El chochín criollo, que construye su nido en una caja con un agujero de entrada grande que podría invitar a los depredadores, levantará una pared alta de palitos entre el agujero y la copa del nido, probablemente para disuadir a los intrusos. Sophie Edwards, una de las alumnas de Healy, descubrió que los diamantes mandarines crean diferentes estilos de nidos en función de las distintas temperaturas. Los pájaros que construyen nidos a una temperatura de 17 °C añaden más material a sus nidos, por lo que éstos resultan un 20 % más pesados que los nidos de los pájaros que construyen a 30 °C. Ésta puede ser una novedad esperanzadora, pues sugiere que algunas aves muestran una conducta nidificadora flexible en respuesta a la temperatura ambiental, lo que podría ayudarles a adaptarse al cambio climático.

Los nidos de los frailecillos silbadores no tienen nada de particular —son meros arañazos en la arena, como el del charrán ártico—, pero su manera de defenderlos sí es especial. Si un gato se acerca al nido de un frailecillo, un pájaro progenitor puede fingir que tiene un ala rota, arrastrándola medio abierta y de lado. La única vez que lo vi, hubiera jurado que el pájaro estaba paralizado o herido. Pero sólo es una artimaña. El frailecillo crea la ilusión de que sería un objetivo fácil, reduciendo así el interés del gato y alejándolo del nido antes de que el pájaro se marche volando para ponerse a salvo.

Hay otras formas más agresivas de proteger el nido. Es corriente oír historias de gansos y cisnes siseando y arremetiendo contra los intrusos batiendo las alas, o de gaviotas picoteando a cualquiera que se acerque a sus nidos (o haciéndose caca encima de cualquiera que las moleste). Pero la temporada de nidificación no es en ninguna parte tan aterradora como en Australia, donde los niños que van de camino al colegio, los empleados de correos, los ciclistas, los que pasean al perro, los recogedores de basura y la gente que simplemente está dando un paseo por el parque viven aterrorizados por la crianza extremadamente protectora de un fiero pájaro: el verdugo flautista o urraca canora.

Más vale no entrar en el recinto de una urraca que esté criando. Casi todos los australianos han aprendido esto de la peor manera posible. El 85 % han sido atacados en algún momento de su vida, dice Darryl Jones, profesor de ecología conductista en la Universidad Griffith de Brisbane, conocido como «Doña Urraca». Su tocaya no guarda relación con la urraca común, miembro de la familia de los córvidos, sino que pertenece a una familia endémica del Asia Austral que incluye a los currawongs y a los verdugos. De éstos, solamente las urracas se abalanzan en picado.

Ya sólo en Brisbane se hallan documentados entre 800 y 1.200 ataques al año, y éstos son sólo los que han sido notificados. Yo estuve allí a finales de agosto y primeros de septiembre de 2017, justo cuando empezaba la temporada de nidificación, y las historias que oí eran escalofriantes. Los pájaros se abalanzan en picado, a menudo por la espalda, y te picotean la cabeza, el cuello y la cara con su poderoso pico y te arañan con las uñas. Las heridas son frecuentes, normalmente pequeños cortes y rasguños, pero a veces los daños son más graves, como extremidades rotas o lesiones en los ojos. «Hay miles de personas heridas todos los años», dice Jones. «La gente sufre horribles accidentes cuando va en bici. Y cada año hay alguien que ha perdido un ojo. De manera que es un verdadero problema.»

Magpie Alert, un sitio web social que rastrea los encuentros de las urracas, invita a la gente a que notifique los ataques y calcula las estadísticas. El año en el que estuve allí, el website registró 3.642 ataques y 591 heridas. La sección de comentarios del sitio es muy elocuente. El día en el que estoy escribiendo esto, «MQ» informa de lo siguiente: «Esa misma urraca me atacó a mí el año pasado y me dejó sangrando. Hoy ha atacado tres veces a mi hija y la ha dejado sangrando muchísimo y aterrorizada».

Los que se abalanzan en picado son casi siempre machos. Y sólo algunos machos son así de agresivos, en torno al 10 %. «Si el porcentaje fuera más alto, no creo que Australia fuera habitable.» Los machos sólo descienden en picado cuando hay crías en el nido, un período que dura unas seis semanas, y luego esas bajadas en picado se interrumpen abruptamente.

No está claro por qué estos pájaros consideran a los humanos una amenaza tan grande. «Si fueran gatos o perros o serpientes o algo así, tendría sentido», dice Jones. «Pero que yo sepa, la mayor parte de la gente que ha sido atacada no se ha subido nunca a un árbol ni se ha comido una cría de urraca. La cuestión es un tanto peliaguda. Yo creo que sencillamente son hipersensibles.»

Parece ser que las urracas están especializadas. En torno al 50 % de ellas son urracas especializadas en peatones; sólo atacan a los peatones. Las urracas expertas en ciclistas sólo se abalanzan sobre los ciclistas. Y luego hay urracas especializadas en picotear a los carteros, esos empleados de correos que van en pequeñas motocicletas recorriendo las calles de buzón en buzón. En su investigación, Jones ha hallado que las urracas que atacan a los ciclistas, atacan a cualquiera de ellos. Y las que atacan a los carteros, atacan a cualquier cartero.

«Creemos que las urracas que persiguen a los ciclistas y a los carteros no hacen distinciones», dice Jones. Cree que esto tiene algo que ver con la velocidad. «Si vienen detrás de ti, y te paras, te bajas de la bici y te pones a andar, se quedan como diciendo: "¿Dónde está esa cosa rápida que estaba yo persiguiendo?".»

Sin embargo, las urracas que van tras los peatones sólo atacan a determinadas personas. «Eso es lo otro más importante que hemos descubierto», dice Jones. «Estas aves reconocen a los individuos. Viven en un pequeño territorio y nunca lo abandonan, de modo que conocen a todos los humanos que viven por los alrededores. Ven crecer a los niños, y los recuerdan. Estos pájaros son muy muy listos. Nos observan e interpretan nuestra conducta.» Las urracas viven un promedio de veinte años y, durante ese tiempo, son capaces de recordar hasta treinta rostros humanos, dice Jones, «de modo que si molestas a una urraca en una sola ocasión, serás atacado una y otra vez».

Nada de esto evitó que los australianos la votaran como su ave favorita, querida por su alegre canto a primera hora de la mañana, descrito por unos como «trinos y gorjeos» y por otros como «risitas y gargarismos», dependiendo de a quién se le pregunte, aunque ninguna de estas descripciones refleja la maravillosa musicalidad del canto de este pájaro. Las urracas canoras o verdugos flautistas pueden ser también muy dóciles, por lo que a menudo son cuidadas como mascotas. En su infancia, Jones tenía como mascota lo que describe como una maravillosa y pícara urraca llamada Gymmy. La urraca conocida como Penguin adquirió fama por su papel en salvar a una familia de Sídney de la desesperación. «Todo el mundo las adora», dice Jones. «Uno de cada dos equipos deportivos se llama las Urracas.»

Los de Vancouver están menos enamorados de las cornejas que defienden sus nidos de una manera similar. Allí los ataques durante la temporada de nidificación, desde abril hasta bien entrado julio, abarcan desde un solo pájaro que se abalanza en picado y es capaz de hacer sangrar, hasta «bandas» errantes de pájaros que persiguen a los individuos en bloque. Estos pájaros también son expertos en reconocer caras humanas y guardan rencor a quienes perciben como una amenaza para sus nidos. Jim O'Leary fundó la versión canadiense de Magpie Alert, llamada CrowTrax, que registra los aproximadamente 1.500 ataques de cornejas que se producen en la ciudad cada temporada de anidación. Dice que es el factor sorpresa lo que hace que los ataques sean tan desagradables. «No es como cuando ves a un perro gruñendo, que te puedes preparar», le contó a un reportero del *Vancouver Courier*. «Generalmente las cornejas te atacan por detrás. Y eso es muy ofensivo.»

Tanto las urracas como las cornejas que hacen bajadas en picado sólo están protegiendo sus nidos, dice Jones. «El descenso en picado es una señal; está queriendo decir que te mantengas alejado. ¿La solución más sencilla? Evita ese sitio. Nunca vuelvas allí. Así no te pasará nada.»

Desde una fiera protección hasta la negligencia más absoluta: las estrategias de la crianza en el mundo ornitológico abarcan un espectro abrumador. Algunos pájaros minimizan los cuidados de la crianza utilizando el calor geotérmico para incubar sus huevos, o bien poniéndolos al cuidado de otras especies. Otros cuentan con el cuidado biparental, el cuidado sólo de la hembra, el cuidado sólo del macho, y la crianza cooperativa (pájaros que se agrupan para criar a sus descendientes). Y también se dan muchísimas anomalías y casos especiales.

Los cuidados biparentales por un macho y una hembra que están unidos como pareja es la práctica más común y tiene lugar en más del 80 % de las especies. Hace unos cuantos años, cuando Andrew Cockburn calculó el predominio de cada estilo de crianza entre los pájaros, halló que dos formas de crianza eran mucho más comunes de lo que creían los científicos: el cuidado sólo por parte de la hembra (que se produce en más de 770 especies, es decir, en un 8 % de las especies) y la crianza cooperadora (que tiene lugar entre más de 850 especies, es decir, en un 9 % de las mismas), cuatro veces más de lo que se había calculado con anterioridad. En Australia, la crianza cooperativa se da en casi una de cada cinco especies. Las primeras estimaciones a la baja son otro ejemplo de la estrechez de miras de los naturalistas europeos, así como de la baja densidad de científicos que estudien la amplia y distintiva biota de Australia. Basándose en recientes estudios del ADN, algunos científicos sugieren que la crianza cooperadora, como los nidos abovedados y el canto de las hembras, puede haber sido la norma entre los ancestros de muchas familias ornitológicas.

La crianza sólo por parte de la hembra es más común entre pájaros que se alimentan sobre todo de fruta y néctar de los árboles tropicales, lo cual es muy frecuente. Para estas especies, los cuidados del macho son de escaso valor, dice Cockburn, «permitiendo así que las hembras elijan libremente entre los machos por sus buenos genes, no por los beneficios directos que pudiera reportar el macho, como un territorio magnífico o el aprovisionamiento paterno». Muchas de ellas son especies ornitológicas que crean leks, como los colibríes, los saltarines, los pergoleros y las aves lira. La hembra elige un macho entre la multitud y luego se marcha a criar a su nidada ella sola.

Más difícil resulta encontrar un patrón común entre las noventa especies en que los papás crían ellos solos a los descendientes. Éstas abarcan desde los emúes y los casuarios, que incuban a sus crías —los casuarios, durante más de cincuenta días sin abandonar el nido e incluso sin levantarse—, hasta la jacana crestada, que es conocida por hacer un fardo con sus pollos y atarlos debajo de las alas si están en peligro, transportándolos así hasta un lugar seguro con las patitas colgando por fuera.

Veamos las anomalías y los casos especiales: los pájaros moscones, que colaboran en hacer sus nidos en forma de lágrima, parece que tienen un sistema de crianza un tanto extravagante. O bien el progenitor macho o el progenitor hembra puede abandonar el nido durante la fase de poner los huevos, dejando a su pareja sola al cargo de las crías. En un escandaloso tercio de los casos, los dos progenitores abandonan el nido, abdicando de todo cuidado parental.

Luego están los infames loros eclécticos, con madres que matan a sus crías macho.

Debido a su vistoso plumaje, que parece un árbol de Navidad, los loros eclécticos son populares como mascotas. Pero nadie había realizado estudios de campo sobre la especie hasta que Robert Heinsohn comenzó con su investigación en 1997. Nada sorprendente, en realidad. Los pájaros anidan en oquedades a unos cien metros de altura en el dosel de remotas selvas tropicales de Nueva Guinea y en la punta de la península del cabo York, donde los estudió Heinsohn. «Probablemente no fueron capaces de volar hasta Australia», dice. Los loros no son expertos voladores, y hay un estrecho de ciento doce kilómetros entre Nueva Guinea y el cabo York. Él cree que posiblemente sí llegaron a Australia hace más de diez mil años, cuando el nivel del mar era más bajo y había puentes terrestres que conectaban las masas de tierra.

A Heinsohn le llevó ocho años de agotador y espeluznante trabajo de campo averiguar el doble misterio de su extraño colorido y de su extraña conducta.

Los primeros nidos que encontró estaban en unas oquedades en la «Higuera de los contrabandistas», una magnífica y vieja higuera que aún conservaba puntas de metal oxidadas que asomaban por el tronco, puestas allí por contrabandistas para poder trepar por la higuera y coger crías de loro para el mercado de mascotas. Uno de los primeros descubrimientos de Heinsohn fue que las hembras casi nunca abandonan las oquedades de sus nidos, ni siquiera cuando los pollos han madurado ni tampoco cuando ya han echado plumas. Oquedades buenas en las que quepa una familia de grandes loros, en un árbol de la selva tropical que sobresalga por encima de los otros árboles (lo ideal para protegerse de las serpientes pitón y de otros depredadores), y que estén iluminadas por la luz del sol, hay tan pocas y están tan lejos, que las hembras permanecen en el árbol de su nido hasta once meses para evitar que sea ocupado por usurpadores. «No sólo hay pocos árboles en los que se pueda anidar, sino que muchas de las oquedades que tienen se anegan con demasiada regularidad como para poder criar en ellas a la descendencia», dice Heinsohn. «Incluso los pollos grandes se pueden ahogar cuando las cavidades se llenan de agua durante las lluvias torrenciales. De manera que las hembras han optado por ese truco de quedarse en casa y hacen lo imposible —incluso luchar a muerte— por aferrarse a sus oquedades.»

La única manera que tiene una hembra de conseguir hacer esto, dice Heinsohn, es tener machos que vayan a alimentarla. Tres, cuatro, cinco, o hasta siete machos recorren al mismo tiempo la selva en busca de fruta, y cuando regresan a la oquedad, juntan los picos y le regurgitan la pulpa y las semillas. Cuando Heinsohn miró el ADN de los machos que atienden a una sola hembra, descubrió que no estaban emparentados con ella y que tampoco eran los padres de sus pollos. «Los machos tienen que competir muy vigorosamente por tener acceso a una hembra con una buena oquedad», dice. «Y acaban compartiendo a la hembra. Ella se aparea con muchos de ellos para que todos se crean que son los papás. Así que la hembra tiene a todos esos machos saliendo a buscar comida para alimentarla, y eso le permite quedarse en el mismo sitio y proteger esa valiosísima joya.»

Los machos, mientras tanto, también visitan a otras cuatro o cinco hembras en busca de sexo.

«Es un sistema de apareamiento distinto del de cualquier otro loro», dice Heinsohn. Carece de la monogamia social y de los deberes paternales compartidos que se ven en la mayoría de los loros... y todo se debe a la escasez de oquedades en las que poder anidar.

Ahí estriba también su excepcional colorido. Entre la mayoría de los pájaros que anidan en oquedades, como los loros, el plumaje de los sexos suele ser parecido. Como la hembra está escondida en el nido, no tiene que fundirse con el entorno, de modo que la selección sexual encaminada a ostentar colores brillantes o un plumaje espectacular ha llevado a ambos sexos en la misma dirección. Pero en el caso del loro ecléctico, los papeles que desempeñan el macho y la hembra se han diferenciado tanto —el uno es puramente defensivo y el otro sólo se encarga del forrajeo—, que las presiones selectivas a las que están sometidos son completamente distintas. Ésa es la razón por la que rompen con todas las reglas de la coloración ornitológica. «Su coloración invertida no guarda relación con sus roles sexuales invertidos, sino con la ardua competencia que hay por las escasas oquedades en las que poder construir el nido», dice Heinsohn. «Al final, todo es una cuestión de escasez.»

Las hembras han desarrollado un brillante plumaje de color bermellón que es visible desde muy lejos, que contrasta con las frondosas ramas verdes y que funciona como una llamativa señal luminosa para otras hembras, como diciendo: «¡Esta oquedad está ocupada!». Los machos, en cambio, han desarrollado en el lomo un plumaje del mismo color verde que la selva tropical, que les brinda una protección de camuflaje frente a los depredadores aéreos mientras forrajean para ellos mismos y para sus parejas.

Heinsohn descubrió que el plumaje de los machos también se componía de una coloración ultravioleta, un factor que es importante durante el cortejo. «Son verdes y están camuflados cuando quieren estarlo. Pero en el momento en que salen a la radiante luz del sol —alrededor de los huecos en los que anidan, por ejemplo—, sacan a relucir el ultravioleta y se vuelven muy brillantes a ojos de otros loros», incluidas las hembras a las que cortejan. «Guardan un ingenioso equilibrio entre el camuflaje frente a sus enemigos, cuando lo necesitan, y la vistosidad para su propia especie.»

La extraña conducta que algunas veces se ha observado en las madres —matar a sus hijos machos nada más eclosionar— también se puede atribuir a la escasez de oquedades. No todos los nidos de estas cavidades están construidos de igual manera, dice Heinsohn. Los hay secos, que son estupendos para la cría, y los hay peores, con una tendencia a inundarse con las fuertes lluvias, donde se ahogan los pollos y los huevos. Los pollos hembra del ecléctico generalmente echan las plumas una semana antes que los machos, de modo que las madres tienen más posibilidades de reproducirse con éxito empeñando todos sus esfuerzos maternales en los pollos hembra. Si una hembra que tiene el nido en una oquedad inundable, incuba a un pollo macho y a uno hembra, se deshará del macho para acelerar el desarrollo de su hermana. Y como los pollos salen del huevo con un color distinto con arreglo a su sexo, las madres pueden decidir su destino a las pocas horas de eclosionar. Esto ocurre tan rara vez, que no afecta al equilibrio entre los sexos de la población, dice Heinsohn. «Siempre y cuando no lo haga con demasiada frecuencia, puede salirse con la suya.»

El ecléctico puede llevarse el premio a la maternidad más inusual. Pero entre los pájaros abundan las anécdotas sobre crianzas sorprendentes e inesperadas. En el río Mississippi fueron observadas dos águilas calvas macho y una hembra construyendo un nido. Una cámara web de Nevada dejó constancia en 2018 de una pareja de búhos cornudos hembra compartiendo la crianza de los pollos: la primera vez que esta conducta ha sido observada en la especie. Ese mismo año, un fotógrafo detectó en Lake Bemidji, en Minnesota, una serreta grande con setenta y seis polluelos, que no podían ser todos suyos. Más bien, como era una hembra mayor con experiencia en criar pollos, las otras hembras dejaban sus descendientes a su cuidado como si se tratara de una guardería.

En el santuario de la vida salvaje, a pocos metros de mi calle, hay una corneja hembra llamada Juno que llegó al centro con un ala dañada hace unos quince años. No puede volar, pero hace las veces de una madre suplente de las crías de corneja que son llevadas al santuario cada primavera, dándoles literalmente cobijo bajo sus alas, alimentándolas y adiestrándolas. «Les enseña cómo estar en el mundo de modo que puedan cuidar de sí mismas cuando sean liberadas», me contó un empleado.

¿Acaso no es conmovedora la ternura de este pájaro?

Las aves también acogen a las crías de otras especies. Basta con leer a la ornitóloga Marilyn Muszalski Shy, sus ya clásicas reseñas de incidentes que se producen en la crianza entre especies, para encontrar historias de colimbos árticos criando una nidada de eíderes de anteojos, un búho cornudo haciéndose cargo de tres ratoneros de cola roja, o un gorrión cantor y un cardenal norteño criando a una nidada de ambas especies. Yo me sentí especialmente reconfortada por unos informes sobre la vigorosa y persistente alimentación de un pájaro por otro de una especie diferente: un azulejo gorjicanelo macho dando de comer a los polluelos de un chochín criollo, incluso peleándose con los padres del chochín por alimentar a los pajaritos; un chochín criollo, a su vez, alimentando a unas crías de carpintero escapulario mientras su compañera incubaba los huevos en su propio nido... y seguía dándoles de comer incluso después de que eclosionaran sus propios huevos. Otro chochín criollo llenó una pajarera de material para anidar, pero luego no encontró pareja, y entonces se puso a alimentar a tres picogruesos cabecinegros con orugas y otras cosas hasta que echaron las plumas. Como si esto no fuera suficiente, luego dio de comer a una familia de pollos de gorriones comunes o pardales. Cuando una nidada de pitirres americanos se quedó huérfana tras una tormenta eléctrica, un pibí oriental o bobito de bosque alimentó a los expósitos durante diez días hasta que echaron plumas. De manera similar, una pareja de estorninos que había perdido su nido numerosas veces porque el canalón de desagüe que habían elegido como sitio para anidar se desbordaba con el agua de la lluvia, finalmente renunció a sus esfuerzos por nidificar y cuidó de algunas crías de mirlos primavera.

Recientemente han salido a relucir más ejemplos. En un parque de Michigan, una pareja de grullas canadienses fue observada criando a un ansarón junto con su propia prole. Y en Colorado, unos fotógrafos captaron a un trepador enano dando de comer a unos pollos de azulejo de las montañas; de paso, hicieron también un poco de limpieza por ellos, sacando del nido sacos de heces. Dos científicos del norte de Delaware registraron el primer caso conocido de un zorzal maculado ofreciendo comida y atención sanitaria a un nido de zorzalitos rojizos, pese a que sus padres estaban presentes. Los científicos grabaron toda la actividad en vídeo, y cuando analizaron la grabación, descubrieron que el zorzal superaba a los padres: limpiaba con más brío que cualquier zorzalito, se deshizo de veintiséis sacos de excrementos frente a los seis del zorzalito macho, y suministró alimentos a los cuatro pollos setenta y ocho veces frente a las treinta y tres veces que lo hizo la hembra y quince veces que lo hizo el macho. Asimismo, daba significativamente más de comer que a sus hermanos al más pequeño y más débil de la nidada.

¿Por qué cuidan los pájaros a las crías de otras especies? Shy menciona la sugerencia que hace Richard Dawkins en *The Selfish Gene*, según la cual la adopción puede representar un fallo del instinto paterno y «no proporciona ningún beneficio reproductivo a los padres adoptivos, sino que es una pérdida de tiempo y de energía que podría ser invertida en su propia familia». O también podría ofrecer práctica en lo que Dawkins denomina «el arte de la crianza». Shy sugiere que podría haber otras causas probables: que el nido contenga crías de ambas especies; o que el nido de los ayudantes se haya destruido o esté cerca del nido «receptor»; o que las llamadas de las crías hambrientas, independientemente de la especie a la que pertenezcan, puedan ser como una irresistible orden de comparecencia. Esta última hipótesis me parece la más probable, pues los ejemplos de alimentación entre especies son simples testimonios de la poderosa atracción que ejerce la crianza.

Estoy intrigada por los dos polos opuestos de la paternidad ornitológica: el grupo de los que crían y el grupo de los que no crían. En el 10 % de las especies, desde los corvinos negros hasta los carpinteros belloteros, muchos adultos se alían para mimar a sus crías hasta que sean completamente independientes, a veces, durante muchos meses o incluso años. Por otro lado, un pequeño número de especies, en torno al 1 % de las aves, se evitan la molestia de criar, delegando por completo el trabajo en otros pájaros. Un grupo aún más pequeño pone en manos de la tierra la incubación de las crías y las deja completamente a su suerte.

El talégalo cabecirrojo o pavo de matorral es uno de ellos.

«Estos pájaros son singulares en todos los sentidos, pero sobre todo en su manera de criar», dice Darryl Jones. «Han contribuido a convencer a John Gould de que en Australia abundan las anomalías.» Conocido como «el Hombre que Susurra a los Pavos», además de como «Doña Urraca», Jones ha pasado las tres últimas décadas descifrando la vida reproductiva de estas aves. Cuando llegó por primera vez a Brisbane en la década de 1990 para hacer el doctorado sobre los pavos de matorral, tuvo que viajar a las selvas tropicales de Papúa Nueva Guinea para encontrarlos. Hoy en día, se han trasladado a zonas pobladas de todo el sudeste de Queensland y están medrando como pájaros urbanos y construyendo sus enormes montículos en parques, jardines, patios traseros e incluso en las entradas de las casas.

Ya sea en el bosque tropical o en los suburbios de una ciudad, la construcción de un montículo de incubación es un esfuerzo hercúleo que causa estragos en el cuerpo de un pavo de matorral macho. Mientras lo construye, puede llegar a perder hasta un 20 % del peso de su cuerpo. Y estos pavos rara vez utilizan el mismo montículo dos años seguidos, de modo que cada temporada de crianza reanudan sus esfuerzos. No es, pues, sorprendente que un macho defienda su montículo a capa y espada y no lo deje desatendido por mucho tiempo, ni siquiera para comer. Tim Low y yo no teníamos por qué habernos preocupado.

«Estos pájaros son los ingenieros más espectaculares de todos los animales por el impresionante cambio que pueden producir los individuos en un ecosistema», dice Jones. «En la selva tropical, la materia orgánica de la capa de humus es el motor que impulsa la nutrición del bosque», explica. «Los pavos de matorral remueven toda la materia orgánica de un gran círculo de cien metros de radio; todas las semillas, toda la fruta, todo va al montículo y allí es compactado, de manera que en realidad manipulan la mismísima estructura del bosque.»

Allá donde esté ubicado, ya sea en la selva tropical o en un patio trasero de las afueras de una ciudad, el montículo actúa como un enorme montón de compostaje. El calor lo genera la vegetación fermentadora, la actividad metabólica y la descomposición de una inmensa y variada cantidad de hongos, bacterias y pequeños invertebrados que prosperan en el húmedo interior del montículo. «De manera que en realidad están aprovechando sagazmente este proceso natural», asegura Darryl Jones. «Pero es una máquina, y necesita ser alimentada para que se mantenga a una temperatura constante.»

Y ahí es donde interviene el talento secreto del pavo de matorral macho: todas las mañanas, cava un estrecho agujero en la base del montículo y mete la cabeza en la cálida materia para tomarle la temperatura. Es capaz de detectar los más leves cambios de temperatura y manipularla añadiendo o quitando vegetales frescos y húmedos, manteniendo así la temperatura de sus huevos, que están incubándose, muy cerca de los óptimos 32 °C.

Lo que no está claro es por qué funciona como un termómetro tan sensible. Varias partes de su cuerpo han sido propuestas como el sensor: los pies, la piel desnuda de su cabeza o la bolsa del cuello. Pero Jones considera más probable que el sensor esté en el paladar o en la lengua. Mientras trabajan en el montículo, los pájaros se llenan el pico de materia orgánica. «Puedes verlos degustándola», dice. «Cogen un bocado y luego», Jones chasquea varias veces con la lengua, «la manipulan por toda la boca y la empujan contra el paladar.» Dependiendo del resultado, abren el montículo y añaden materia orgánica para ajustar la temperatura.

Este pavo también presta mucha atención a las vicisitudes del tiempo, con arreglo a las cuales cambia la forma del montículo. Si llueve torrencialmente, el montículo se puede saturar y la temperatura puede bajar de repente, así que añade más materia orgánica en la parte superior para facilitar la escorrentía de la lluvia, y cuando deja de llover, abre el montículo para que se seque.

Los talégalos leipoa o faisanes australianos, megápodos que habitan en el desierto y primos del talégalo cabecirrojo o pavo de matorral, son los maestros de la manipulación sofisticada de la temperatura. El término inglés *malleefowl*, que designa a los talégalos leipoa, procede de la palabra aborigen *mallee* o *mali*, unos eucaliptos frondosos de poca talla que estos pájaros utilizan como hojarasca para sus montículos. Los faisanes australianos emplean tanto microbios como el sol para calentar sus montículos. En primavera se produce la fermentación. En verano se sirven del calor solar, pero las aves han de tener cuidado de que los montículos no se calienten demasiado en los meses más calurosos; para evitarlo, apilan arena en lo alto de sus incubadoras. En otoño, cuando disminuye el calor del sol, un faisán australiano mantiene el montículo caliente quitando la arena durante el día para que se caliente y volviéndola a colocar encima durante la noche. Cada vez que el pájaro abre el montículo, tiene que desplazar cerca de una tonelada de arena.

«Realmente, estos pájaros no salen ganando nada al construir los montículos en una zona tan árida», dice Jones. «Construirlos en la selva tropical ya es una tarea bastante dura.» Posiblemente se trasladaran a las regiones centrales de Australia hace milenios, cuando estas zonas eran más húmedas. En el *outback*, interior remoto y semiárido de Australia, los montículos de arena de veinte metros de anchura se cree que son obra del extinguido talégalo leipoa gigante. «En aquella época tenía sentido, pero luego Australia se ha ido secando progresivamente», dice Jones. «Ahora son los reyes absolutos de la manipulación de la temperatura, pero también corren peligro de extinguirse.»

Los megápodos macho construyen todas estas «propiedades inmobiliarias» para seducir a las hembras. Pero son las hembras las que deciden cuándo son propicias las condiciones para poner los huevos en los montículos y —lo más importante— quién va a fecundarlos.

Retomemos por un momento el tema del amor y la elección de pareja: entre los pavos de matorral no existe vínculo de pareja. Tanto los machos como las hembras practican el sexo con muchos congéneres. Y los machos poseen un equipamiento que lo demuestra, dice Jones, «un dispositivo "suministrador de esperma" enorme e impresionante: un extraño falo bicéfalo tan llamativo que les permite practicar el sexo a los pocos días de eclosionar».

Jones afirma que los pavos de matorral hembra hacen la mejor elección de pareja de todos los pájaros. «Y cuando digo "todos", no exagero», dice. Éste es su argumento: «Como no están obligadas a ocuparse de la crianza ni de la incubación, lo único que les preocupa es producir huevos», dice. Y producen muchísimos, un promedio de doce, pero pueden llegar a poner hasta veinte, es decir, un huevo cada cinco, seis o siete días, «dependiendo de cuánta comida haya disponible por los alrededores», añade Jones. Son unos huevos grandes que pesan más de un cuarto de kilo, lo que en total asciende aproximadamente al triple de lo que pesa la hembra. Casi todas las aves eligen una pareja por temporada, dice Jones. Se aparean una vez, y ese apareamiento fecunda a toda la nidada. «Pero los pavos de matorral hembra eligen la fecundación de cada uno de esos doce a veinte huevos. Cada vez que ponen uno, toman una decisión muy consciente sobre qué macho va a fecundarlo.»

La hembra se pasea por los alrededores haciendo frecuentes visitas para evaluar los montículos y a los machos que los atienden; puede llegar a hacer una docena de visitas o más al día. En parte está buscando a un macho con buenos genes, de modo que éste tiene que desplegar todo su colorido y otros atributos fisiológicos, como su habilidad para proferir un *bum* utilizando su llamativa carúncula amarilla. (La carúncula se expande, se llena de aire, «de modo que toda la garganta se infla una barbaridad», dice Jones, y luego, inhalando aire por las fosas nasales, emite un sonido tipo *bum* de baja frecuencia, como si fuera un urogallo de las artemisas.) Pero ella sobre todo anda buscando una incubadora buena y estable. Como todas las estructuras tienden a parecerse, la hembra utiliza la competencia del propietario del montículo como medida, y suele preferir a los machos que defienden sus montículos de una manera más bien asidua. «El macho ha de ser diligente e ingenioso para que la incubadora funcione bien», explica Jones. «Y ha de estar presente junto a su montículo y dispuesto a defenderlo.»

Algunos machos sencillamente no dan la talla. «Construyen montículos gigantescos que parecen perfectos, pero nunca reciben la visita de ninguna hembra, y no sabemos por qué», dice Jones. «Creemos que construyen esos enormes montículos porque como no atraen a las hembras, no tienen otra cosa que hacer. "Vaya, hoy no viene ninguna hembra. ¿Qué podría yo hacer? Pues agrandar un poquito más mi ya descomunal montículo".»

Una vez que la hembra ha elegido al macho y su montículo, luchará ferozmente para impedir el acceso de otras hembras, picoteándolas, golpeándolas y propinándoles aletazos. Luego se apareará. Los pavos copulan en lo alto del montículo. No parece un encuentro demasiado romántico; es más propio de los azulones que de las grullas. El macho se sube al lomo de la hembra y la agarra por la piel del cuello por si acaso intenta escaparse. «Los machos son casi siempre agresivos», dice Jones. Se abalanzan sobre las hembras y les dan picotazos, unas veces con suavidad pero otras con tanta violencia, que la hembra tiene que protegerse levantando un ala, y aun así pierde algunas plumas.

Para poner los huevos, la hembra cava lentamente un profundo agujero cónico en el centro del montículo, sin la ayuda del macho, que a menudo interrumpe su trabajo y la hostiga a base de picotazos en la cabeza. Después de treinta a cuarenta y cinco minutos de excavación, se llena el buche del sustrato caliente para comprobar la temperatura del montículo: también ella tiene esta misteriosa habilidad. Sólo tarda unos minutos en poner los huevos; luego el macho la expulsa del montículo y rellena el agujero. Entonces ella se larga y nunca más vuelve a ocuparse de los huevos ni de las crías. La verdad es que no se le puede reprochar esta conducta, tal y como se las gasta el pavo.

Mientras tanto, el macho sigue atendiendo y protegiendo su montículo. Hará frente a cualquier cosa que suponga una amenaza para sus huevos, como los varanos arborícolas, llamados «goannas», de casi dos metros de longitud, que a veces asaltan los nidos, excavan los montículos y roban los huevos. «Los pavos les tiran cosas a la cara de una patada», dice Jones. «Tienen unas patas muy fuertes.» Jones se ha pasado media vida excavando él mismo los montículos para comprobar cómo van los huevos y las crías. «Normalmente, los machos se ponen a un metro de distancia y no paran de tirarme palos y piedras.»

Durante los aproximadamente cuarenta y cinco días siguientes, mientras papá sigue trajinando con la hojarasca y comprobando la temperatura con el pico y echando a patadas a los gigantescos goannas, los embriones de estos huevos profundamente enterrados dentro del montículo van creciendo en un ambiente de extrema humedad y una elevada presión de gas. Cuando están listos para eclosionar, los pollos utilizan su lomo y sus pies para salir del cascarón.

Lo que ocurre a continuación es milagroso: los pollos eclosionan dentro de un mundo oscuro, húmedo y sofocante, literalmente sepultados bajo toneladas de basura. Hay poco oxígeno y mucho dióxido de carbono tóxico. «Comienzan su vida al fondo de un metro de porquería y piedras y palos», dice Jones. Cada pollo se tumba de espaldas y, usando los pies, raspa la materia orgánica de arriba y va comprimiendo con el lomo la basura desprendida. Esto le lleva dos días y medio, durante los cuales va escarbando poco a poco hacia arriba, abriéndose camino a través de la densa tierra mezclada con hojarasca del montículo y descansando con frecuencia para recuperarse.

Cuando el pajarito sale por fin a la luz del día, lo hace como el pollo más avanzado de todas las especies ornitológicas, pues al instante es capaz de defenderse por sí mismo, correr, alimentarse y volar. «Los pollos del pavo de matorral son tan precoces, que casi requieren su propia terminología», dice Jones. Tienen que serlo. Cabría pensar que, después de tanto esfuerzo, el padre de los pollos los estará esperando con un bocado de comida. Pero no. En realidad, es una amenaza. «Si un pollo tiene la mala suerte de cruzarse con papá al salir», dice Jones, «el padre no tiene ni idea de lo que es el pollo. Para él es simplemente algo horrible que hay en su montículo. Y entonces —lo he visto muchas veces— le da un puntapié y lo empotra contra un arbusto.»

Los pollitos sobreviven a este rechazo paterno. A lo que ya no sobreviven —y esto es lo peor de estar privado de los cuidados parentales, dice Jones— es a los gatos y perros y zorros y goannas que los rodean con la intención de comérselos. «No hay ningún progenitor que les diga qué aspecto tiene un depredador, cómo tienen que comportarse si aparece un gato, cómo esconderse, qué hacer.» Aproximadamente el 97 % de los pollos de pavo de matorral no superan la primera semana de vida.

Parece una manera de reproducirse increíblemente inverosímil e ineficiente. Pero por lo visto funciona.

Hace cincuenta años, en la zona de Brisbane, «los pavos de matorral eran poco más que un recuerdo», escribe Tim Low, «unos sombríos habitantes de la primitiva selva tropical que perduraban como viajeros ocasionales en la periferia de los bosques». Era raro cruzarse con un pavo de matorral. Ahora estos pájaros se hallan en posesión de prácticamente todos los suburbios que rodean la ciudad. Su incremento ha sido descrito como «el tsunami de los pavos».

«En los últimos veinte años, la población ha aumentado un 700 %», dice Jones. «Ya no tengo que ir a la jungla de la remota Nueva Bretaña para estudiarlos; basta con que salga por la puerta de atrás. Nunca habría pronosticado que estos pájaros pudieran llegar a convertirse en una especie urbana coronada por el éxito. Lo digo porque son ¡aves de la selva tropical! Ya lo tienen bastante crudo en la selva; pero es que en la ciudad además hay perros y gatos y piscinas y coches —y muchas más presiones— y, sin embargo, las cifras hablan por sí solas. Si cada hembra pone veinte huevos, entonces sólo hacen falta dos para mantener la población. Si sobreviven más de dos, entonces la población crece, y eso debe de ser lo que está pasando.»

Al menos entre los pavos de matorral y otros megápodos, uno de los progenitores pone algo de energía al servicio de todo el proceso de la crianza. Entre los parásitos de puesta, sin embargo, los dos progenitores renuncian a todas las obligaciones, pues ponen los huevos en los nidos de otras especies y dejan a su cargo la labor de criar a los pollos. Son conocidos como los gorrones del mundo de la crianza ornitológica. Pero ¿es justo que los llamen así?

13

Los mejores observadores de pájaros del mundo

En las zonas boscosas del norte de Mozambique, un recolector de miel perteneciente al pueblo yao se mueve entre los arbustos profiriendo una fuerte llamada que suena como un trino, *brrrr*, seguido de un breve *hm*. Al principio no pasa nada. Pero luego entre los árboles aparece un pájaro silvestre del tamaño de un estornino. Con su lomo oscuro y el pecho pálido, se acerca al recolector. Lo que sigue a continuación es una especie de búsqueda del tesoro en colaboración. El pájaro, un —así llamado— indicador grande, responde a la llamada del recolector con su distintiva llamada parlanchina que difiere de su canto territorial, un agudo *tirr-tirr-tirr*, y va volando de árbol en árbol guiando al recolector por el bosque. Revolotea de percha en percha emitiendo su persistente llamada. El recolector lo sigue. Este patrón de guía y seguimiento se repite hasta que el pájaro encuentra el tesoro: un nido de abejas escondido en lo alto de un latifolio o árbol de hoja ancha, o remetido en la grieta de una roca o en un termitero. Una vez que está cerca del nido, el indicador se posa cerca y profiere una «llamada de indicación», en un tono más suave y con largas pausas entre las notas.

Esta conducta no la provoca una llamada humana cualquiera. Entre los yao tiene que ser esa llamada que se asemeja a un trino y un gruñido: *brrrr-hm*. Para los hadzas de Tanzania es un silbido melodioso. En unos experimentos recientes, la bióloga evolutiva Claire Spottiswoode y sus colegas pusieron la grabación de la llamada del trino-gruñido del recolector de miel de los yao, y también el canto de la tórtola de El Cabo y luego rastrearon las respuestas de los pájaros. En dos de cada tres intentos con las llamadas del trino-gruñido, los pájaros respondieron guiando a los recolectores de miel y llevándolos directamente a un nido de abejas en más del 80 % de las incursiones.

Así pues, los pájaros y los humanos se comunican. «Los recolectores de miel utilizan estas llamadas especiales para dar a entender a los indicadores que están ansiosos por seguirlos, y los indicadores emplean esta información para elegir compañeros que parezcan buenos colaboradores», dice Spottiswoode. También puede funcionar al revés: que sea el pájaro el que convoque inicialmente a un compañero humano con su fuerte llamada parlanchina de «ven aquí».

El pájaro señala literalmente el camino hacia los nidos de abejas ocultos; a partir de sus llamadas y su vuelo y de dónde se va posando, los recolectores de miel deducen la dirección y la distancia al nido. Después de que los recolectores recogen la miel (ahumando a las abejas), dejan la cera del panal, muy energética, para que los pájaros se den un banquete.

El indicador grande se ganó su nombre latino, *Indicator indicator*, debido a esta relación cooperadora única —y probablemente muy antigua— con los recolectores de miel africanos, confirmada por primera vez por el ecólogo keniata Hussein Isack en la década de 1980. Las dos partes se benefician limpiamente. Los pájaros, especializados en una dieta a base de cera de abejas, no pueden obtener tanta cera sin la ayuda del recolector, que aturde a las abejas y abre sus nidos, y los recolectores a menudo necesitan la ayuda de los indicadores para encontrar pronto y eficientemente los nidos, una fuente de calorías importante para ellos.

Por lo que sabemos, ningún otro animal salvaje colabora con los humanos de una forma tan directa. «De todas las relaciones entre personas y animales salvajes», escribe Elizabeth Pennisi en la revista *Science*, «pocas son tan conmovedoras.»

Conmovedoras desde una perspectiva humana, tal vez. Pero los indicadores son como Jekyll y Hyde. Menos enternecedora es su tendencia al cainismo, pues asesinan a sus hermanastros en los oscuros nidos de sus padres adoptivos.

Los grandes indicadores son parásitos de puesta, esos padres y madres holgazanes que, en cuanto a la crianza, se hallan en el extremo cero del espectro ornitológico. Las hembras ponen los huevos en los nidos de otras especies y engañan a los involuntarios padres de acogida para que críen a los polluelos parasitarios, a menudo a costa de su propia prole.

El parasitismo de puesta es extremadamente raro en el mundo de los vertebrados. Se produce en unos pocos tipos de peces y en algunas especies de hormigas, abejas, avispas, escarabajos y mariposas, pero no en reptiles ni mamíferos. En el mundo de los pájaros, sólo el 1 % de las especies, alrededor de cien, son —los así llamados— parásitos obligados, que dependen de esta manera de reproducirse. La estrategia es arriesgada, pero a algunos pájaros parece que les funciona. Ha evolucionado independientemente al menos siete veces en diferentes linajes ornitológicos, como patos, indicadores, pinzones y vaqueros, y tres veces en diferentes tipos de cucos.

En los últimos años, los científicos han descubierto que este sistema de crianza tan poco habitual está generando algunas de las conductas más intrigantes del reino animal: sofisticadas artimañas, agudeza para la detección de patrones, ingeniosos sistemas encubiertos para compartir información y complejas estrategias para la toma de decisiones. Todo ello gracias a la guerra de «donde las dan, las toman» entre el parásito y el anfitrión.

Los indicadores grandes a menudo eligen como hospedador o anfitrión al abejaruco chico, un precioso pájaro de color canela del tamaño aproximado de un gorrión, con el lomo verde brillante y la garganta amarilla. Anida en angostos túneles excavados en el techo de agujeros mucho más grandes cavados por cerdos hormigueros. El indicador hembra incuba el huevo dentro de su cuerpo durante un día, antes de soltarlo en el nido del abejaruco. Esto significa que su pollo eclosionará antes que los huevos del hospedador, con el fin de prepararse para lo que viene después: asesinar a sus compañeros de nido. El arma que utiliza el pollo es un par de ganchos afilados como agujas que tiene en la punta del pico y que utiliza para apuñalar a sus hermanos adoptivos, uno tras otro, a medida que van eclosionando. (Un intrépido zoólogo probó en su propia carne la potencia cortante del indicador; contaba que tenía la lengua perforada por el gancho superior.)

Los científicos llevan décadas sabiendo que los indicadores matan a sus compañeros de nido. Pero la naturaleza verdaderamente ruin del acto no había sido nunca contemplada hasta que Claire Spottiswoode y su equipo filmaron las matanzas *in situ*, en condiciones naturales, utilizando unas cámaras colocadas en los oscuros nidos subterráneos de los abejarucos.

Las tenues imágenes infrarrojas de las grabaciones de vídeo parecen enteramente de Hitchcock; es como ver una espeluznante y escalofriante versión ornitológica de *Psicosis*. A ciegas y completamente a oscuras, el pollo del indicador busca a tientas a sus compañeros de nido recién eclosionados, cortando el aire al azar hasta que da con la carne. Luego pincha repetidamente a sus víctimas y les da mordiscos y las sacude hasta que mueren de hemorragia subcutánea. Unos pocos minutos de picotazos bastan para matar a un pollo de abejaruco, pero a veces la muerte es un proceso lento y brutal que puede durar hasta siete horas.

Viendo la película, no se entiende por qué los abejarucos

padres hospedadores o anfitriones no acuden en ayuda de sus acosados y maltratados —¡y apuñalados!— descendientes. Pero ahí abajo reina la oscuridad, y los abejarucos no tienen demasiada visión nocturna. Las imágenes muestran incluso a los padres anfitriones intentando alimentar a un pollo de indicador que no para de ensañarse con sus propias crías de abejaruco. Esta efectiva conducta asesina asegura que sólo sobreviva el pollo del indicador y monopolice el nido y los cuidados parentales de sus involuntarios hospedadores.

Los indicadores no son los únicos que se comportan de esta manera tan atroz. Muchos pollos de parásitos de puesta matan a las crías de su anfitrión nada más eclosionar. El cuclillo crespín o cuco rayado de Latinoamérica emplea la técnica del indicador de apuñalar a sus compañeros de nido con los ganchos afilados como agujas que tiene en el pico. El pollo del cuco común adopta la estrategia de «izar desde una altura», que puede verse en *La ventana indiscreta*, de Hitchcock, izando un huevo del anfitrión o incluso un pollo recién eclosionado hacia una pequeña hendidura que tiene en mitad del lomo y luego, con las patas apoyadas en los lados, levantándolo y sacándolo del nido... todo ello con los ojos cerrados. El pollo parece un malévolo y pequeño luchador levantando a un niño pequeño y sacándolo al alféizar de una ventana. Parece increíble que un polluelo minúsculo, ciego y desnudo pueda ser tan criminal.

Los pollos parasitarios esconden otros trucos en la manga. Con el fin de embaucar a sus anfitriones padres para que les traigan más comida, los pollos del cuco Horsfield, una especie asiática, muestran unas manchas amarillas brillantes que tienen debajo de las alas, cuando los padres anfitriones les dan de comer. Esas manchas de las alas parecen bocas abiertas de pollos y además emiten una resplandeciente luz ultravioleta, conjunto de señales que constituye un estímulo tan irresistible para los progenitores hospedadores, que alimentan a los polluelos de cuco con raciones superiores a las normales. Si todo sale con arreglo a lo planeado, el pollo parasitario, que recibe un plus de la alimentación habitual, crece y crece hasta alcanzar a veces un tamaño monstruoso en comparación con el del progenitor anfitrión. La visión de un chochín común posado en el lomo del gigantesco pollo del cuco común, diez veces más grande que él, para llevarle comida a la boca, o la de un pequeño mielero empenachado esforzándose por calmar el apetito del robusto pollo del cuco pálido que sobrevuela su nido, figura entre las más extrañas de la naturaleza y es capaz de desgarrar el corazón de cualquiera.

El naturalista británico Gilbert White denominó la forma de reproducirse del cuco «un monstruoso ultraje al cariño materno» y «un abuso del instinto». ¿Cómo es que estos pájaros se salen con la suya con esa estrafalaria conducta, que se desvía tanto de la conducta de la crianza normal? ¿Por qué las especies anfitrionas se dejan engañar tan fácilmente, incubando alegremente huevos ajenos y dando de comer a los pollos de una manera distinta que a los suyos, a veces exagerada y casi cómica? ¿Por qué no expulsan a los impostores y rescatan a sus propios vástagos de esa prematura y violenta muerte?

De niña veía a los parásitos de puesta de mi propio barrio, tordos cabecicafés, como unos tipos verdaderamente malos. Merodeadores y tramposos, acechaban los nidos que tanto trabajo les había costado construir a los pájaros «buenos» que adoraba —vireos, currucas, pinzones y mosqueros—, introduciéndose sigilosamente por los bosques y matorrales en busca de algún nido no vigilado en el que poner los huevos, espantando a los pajaritos anfitriones que estaban siendo criados a base de hacer breves y ruidosos revoloteos que imitaban el vuelo de los halcones depredadores.

Cuando un tordo hembra encuentra un nido y todavía no es el momento apropiado para que ella ponga huevos, es posible que destruya los huevos y las nidadas, obligando así a los hospedadores a empezar de nuevo para sincronizarse con el calendario de esa hembra. Los pollos que eclosionan de sus propios huevos normalmente no expulsan a las crías anfitrionas que comparten su nido, sino que compiten de manera feroz con ellas. Muchos de los pollos anfitriones, más pequeños, no tienen la más mínima posibilidad de ganar al pollo del tordo y acaban muriendo de inanición.

El ornitólogo Arthur Cleveland Bent decía que el tordo era «un vagabundo holgazán y un impostor». Incluso tienen un aspecto poco recomendable, con su antifaz de color pardo. En cualquier caso, son capaces de engañar a más de ciento setenta especies ornitológicas diferentes —de un tamaño que abarca desde el reyezuelo sencillo hasta la loica común— y hacerles renunciar a su propia prole para criar a los pequeños tordos.

¿Cómo sabe un pollo de tordo cabecicafé que es un tordo y no un reyezuelo o una loica? Cuando unos polluelos son acogidos en los nidos de otras especies, casi todas las especies se dejan influir por la impronta del padre adoptivo y aprenden sus conductas, sus cantos e incluso las decisiones sobre la selección de pareja. «Sin embargo, de alguna manera, los parásitos de puesta evitan recibir esa impronta», dice Matthew McKim Louder, que estudió a los tordos cabecicafé en la Universidad de Illinois, en Urbana-Champaign. «Es como si desarrollaran un sentido de sí mismos», añade. Durante décadas se creía que esto era una mera cuestión de instinto. Pero en 2019, Louder y sus colegas publicaron unos hallazgos según los cuales las madres del tordo cabecicafé utilizan una «llamada de cháchara o llamada parlanchina» especial que proporciona a los polluelos una información clave: la conciencia de sí mismos. «Las hembras del tordo cabecicafé profieren la llamada de cháchara en diferentes contextos sociales», dice Louder. «La llamada funciona como una contraseña acústica para sus polluelos, a los que sirve de guía para saber de quién han de aprender, de modo que aprendan los cantos de su especie e identifiquen a las parejas apropiadas.» De hecho, escuchar la contraseña transforma el cerebro de los pajaritos, haciendo que la región auditiva del cerebro entre en una fase de preparación para aprender los cantos de su propia especie. De esta manera, un tordo madre les cuenta a sus pollitos quiénes son y en qué se han de convertir: en un parásito de puesta, y no en un miembro de su especie anfitriona.

Para sus hospedadores, el tordo cabecicafé no es ni más ni menos que una pesadilla. Recientemente, los investigadores han descubierto que un tordo hembra observa con mucha atención los nidos de los que se adueña, y si los anfitriones expulsan los huevos ajenos, la hembra causará estragos en el nido y atacará de forma salvaje los huevos perforándolos, posiblemente para forzar a los anfitriones a construir un nido nuevo, que a su vez será parasitado, una estrategia conocida como *farming*. O quizá, como revancha, castigará a los hospedadores destruyendo su nido y toda la nidada que haya en su interior. Estas tácticas mafiosas pueden explicar por qué algunos pájaros hospedadores no se deshacen de los huevos parasitarios del tordo. Un anfitrión puede aprender que si no le sigue el juego al tordo, los parásitos pueden regresar y arremeter contra su nido. Y como el tordo es tan prolífico produciendo huevos, porque pone hasta cuarenta huevos por temporada (si lo comparamos con una especie anfitriona típica, como lo es el vireo o verderón ojirrojo, que no pasa de diez), abundan las oportunidades de este tipo de revanchas.

A los tordos se les da bien lo que hacen, tan bien que parecen estar contribuyendo a la desaparición de docenas de especies de aves canoras norteamericanas que ya están al borde de la extinción por la degradación de su hábitat, como por ejemplo el amenazado vireo aceitunado menor y la reinita de Kirtland.

Pero ésta es la cara oscura de una historia mucho más compleja e intrigante, e incluso bonita. Los parásitos de puesta pueden ser los mayores tramposos de la naturaleza en cuanto a su reproducción, pero desde luego no son vagos ni holgazanes. Las hembras en particular muestran mucho ingenio y valor. Y su manera de reproducirse ha dado lugar a una carrera armamentística coevolutiva tan feroz como fascinante, provocando que tanto los parásitos como los hospedadores alcancen extremos inimaginables de astucia en lo relativo a su conducta de adaptación. Dicha carrera está cambiando la propia naturaleza de la comunicación dentro de una especie —estimulando el desarrollo de claves visuales y contraseñas vocales únicas—, y también posiblemente de la comunicación entre las especies, generando así una especie de lenguaje ornitológico universal. Podría estar incluso impulsando la evolución de nuevas especies. Y todos estos cambios se producen tan rápidamente que parecen estar ocurriendo justo delante de nuestros ojos.

Al noroeste de Brisbane, Will Feeney está explorando en el monte bajo esta épica carrera armamentística. Feeney, experto en las interacciones de los cucos con sus hospedadores, supervisa un proyecto sobre la naturaleza de los parásitos de puesta y su efecto en los pájaros que parasitan, para el Environmental Futures Research Institute de la Universidad Griffith. Él y su equipo están aquí por la compleja comunidad que representan los cucos parasitarios y sus anfitriones, que crían en estas regiones: unos pájaros que están estrechamente vinculados en una carrera en la que se juegan la vida y que configura, entre otras cosas, su cuerpo, los huevos, los descendientes, su conducta y su cerebro.

Es un tipo de carrera diferente de la imaginada por los científicos. Hasta hace poco, mucho de lo que sabíamos acerca de los parásitos de puesta lo sabíamos sólo por los estudios hechos en Europa, que tiene dos especies de cucos, y en Norteamérica, que tiene una. «En esas dos áreas sólo encuentras tres de las cien especies que existen en el mundo», dice Feeney, «y sin embargo, más o menos el 90 % de las investigaciones sobre los parásitos de puesta se han hecho allí. En Australia tenemos diez especies, siete de ellas aquí mismo.» Hasta ahora, de las investigaciones de Feeney se deduce que las siete especies parasitan a más de un anfitrión, y la mayor parte de los anfitriones se ven afectados por varias especies diferentes de cucos. «En lo relativo a los parásitos de puesta, este lugar puede reflejar mejor lo que pasa en el mundo en general», dice; «hay muchos cucos que suponen una amenaza para numerosos hospedadores diferentes, y pueden verse unas interacciones entre ellos muy curiosas. De modo que podemos preguntarnos: ¿qué ocurre realmente en estos sistemas? ¿Se trata sólo de esa carrera armamentística coevolutiva entre dos especies, un anfitrión y un parásito, como hemos dado por hecho? ¿O es más bien algo parecido al concepto de Darwin de una "ribera enmarañada", donde muchas especies de cucos que parasitan continuamente a múltiples especies de anfitriones impulsan no sólo la evolución de las especies individuales, sino también la de comunidades enteras de hospedadores?»

Éste es uno de los enigmas que Feeney está intentando resolver en su trabajo de campo. «Este sitio ofrece la posibilidad de formular nuevas preguntas sobre cómo se relacionan unos pájaros con otros», dice, «sobre cómo la información se transfiere no sólo entre individuos de la misma especie, sino también entre especies distintas, lo cual resulta fascinante. También es una tarea tan difícil que la convierte en una especie de desafío. Pero nos dijimos: qué demonios, vamos a intentarlo.»

El sitio en el que trabaja Feeney está en una serie de parques que hay al pie del monte Nebo y del monte Glorious, delimitados por un lado por el lago Samsonvale. No es lo que se dice un paisaje inmaculado; casi todo son antiguos pastos y tierras de labranza que en su día estuvieron cultivadas, ahora en barbecho y cubiertas de matojos, el hábitat perfecto para los pequeños pájaros que anidan en el suelo estudiados por Feeney: maluros espléndidos y sericornis de cejas blancas, y los cucos que los atormentan.

El lago Samsonvale es obra de la mano del hombre. En la década de 1960, Brisbane adquirió el terreno, forzó a la gente a que se marchara, y construyó una gran presa para crear una reserva de agua para la ciudad. Cuando escasea la lluvia, el nivel del agua del lago baja tanto que se pueden ver las antiguas vías del tren que lo atraviesan. Abundan las cercas con ganado en su interior. Hay plantas invasoras como la lantana, un arbusto grande y florecido originario de Centroamérica y Sudamérica considerado una de las peores malas hierbas de Australia y que forma marañas densas e impenetrables. Sin embargo, también hay sorprendentes bosquecillos de araucarias australianas, una especie que ha sobrevivido desde la época de los dinosaurios, y manchas de selva tropical con majestuosas y vetustas higueras. Cuando los árboles dan fruta, es un foco de atracción para la eBird,* con más de doscientas cuarenta especies registradas, una mezcla inusual de especies arbustivas y lacustres. Cuando hay sequía, es incluso un refugio para las especies de muy tierra adentro, como el cuco pálido. Feeney dice que la gente que vuela a través de Brisbane hace escala aquí para poder ver un perico pálido o una pareja de pardalotes —moteados o estriados— y, tal vez, una preciosa bandada de mieleros escarlata, el mielero más pequeño de Australia. También se puede encontrar algún pájaro doméstico paseando por allí, como la pintada común o gallina de Guinea, abandonada por alguien en un viejo cementerio. (Feeney señala su misterioso parecido con Jar Jar Binks, el torpe exiliado de *Star Wars*. Su parecido es tan asombroso, que uno se pregunta si el personaje no estará inspirado en este pájaro como modelo.)

En un bando de la guerra armamentística están los maluros espléndidos, los sericornis de cejas blancas y otras pequeñas especies parasitadas. En el otro, siete especies de cucos,

* Una base de datos de observaciones sobre aves que proporciona a científicos, investigadores y naturalistas aficionados datos en tiempo real sobre la distribución y abundancia de éstas. (*N. de la T.*)

desde el cuclillo menudo, un pájaro del tamaño aproximado de un gorrión, hasta el parásito de puesta más grande del mundo, el cuco tucán, de sesenta centímetros de longitud, que habitualmente pone sus huevos en los nidos de aves grandes como los verdugos píos, los verdugos flautistas o urracas canoras, las cornejas y los cuervos.

Por el momento, Feeney se ha centrado en el cuco flabeliforme, un pájaro delgadito gris azulado con una garganta de color naranja pálido que parasita a varias especies de maluros espléndidos, sericornis de cejas blancas y acantizas, en especial, la acantiza parda. También está echando un vistazo a los cuclillos broncíneos, incluido el de Horsfield, un pequeño cuco nómada que se adentra en un territorio de cría sólo durante unas pocas semanas y pone una serie de huevos en diez o doce diferentes nidos de anfitriones, uno en cada nido, la mayoría en los de los maluros espléndidos. El pichón del cuco habitualmente eclosiona uno o dos días antes que la cría del maluro espléndido y de inmediato se pone a desalojar todos los huevos y polluelos del hospedador. De este modo, los maluros pierden a todas sus propias crías y luego invierten cerca de cincuenta días en criar al pollo parasitario del cuco.

Los maluros espléndidos son unos pajaritos impresionantes en todos los sentidos: aguerridos, llenos de nervio y energía y fieros defensores de sus nidos. El término «maluro» (*wren* en inglés) ha sido utilizado en el Viejo Mundo durante siglos para describir a uno de los pájaros más pequeños de allí, el chochín común (*Eurasian wren* en inglés). Los maluros de Australia fueron, por tanto, etiquetados por colonos nostálgicos de su tierra natal y, comprensiblemente, enamorados de estos valientes —y similares— pajaritos de su nuevo país. Y lo de «espléndido» surgió en algún momento del siglo XX como algo, en palabras del ornitólogo Ian Rowley, «demasiado cursi para que el australiano medio lo utilizara en el habla cotidiana». Astutos y atrevidos, en continuo movimiento, me recuerdan a los pequeños y descarados cucaracheros de Carolina o ratonas carolinenses que viven en mi región, sólo que los maluros espléndidos tienen una cola larga y expresiva ladeada como la de un sinsonte y, a diferencia de los maluros de Norteamérica y Europa, presentan un magnífico colorido. Los machos de los maluros soberbios o ratonas australianas franjeadas y de los maluros espléndidos están salpicados de un azul brillante en la caperuza y el lomo. El maluro variegado lleva una corona azul celeste a juego con las plumas que le tapan las orejas. El maluro dorsirrojo presenta un toque de color púrpura, y la ratona australiana de corona morada o maluro coronado, una regia corona de color malva. En palabras del investigador de maluros Andrew Katsis: «Parece que los ha vestido el Cirque du Soleil».

Mientras vamos andando, se oyen llamadas y cantos de las distintas especies de maluros procedentes de los eucaliptos y del monte bajo de las acacias: el pitido de los soberbios, que va escalando hasta convertirse en un reclamo enérgico, bullicioso y ondulante; el trino metálico de los variegados, que parece una pequeña máquina de escribir; el débil, agudo y sinuoso canto del dorsirrojo. Todos los maluros crían facultativamente en cooperación (lo cual significa que no crían necesariamente de este modo todo el tiempo, sino sólo en respuesta a las circunstancias), con parejas que a menudo cuentan con ayudantes para defender el nido y alimentar a las crías. Entre agosto y febrero, cuando aquí es la temporada típica de la crianza, una hembra de maluro construirá hasta ocho nidos abovedados y, en cada uno, pondrá nidadas de tres o cuatro huevos que incuba ella sola. Esto puede parecer excesivo, como si el mundo tuviera que ser invadido por estos pequeños arlequines. Pero los depredadores se llevan a dos tercios de sus crías, y si no tiene cuidado, los parásitos de puesta se llevarán al resto.

Feeney está siguiendo el rastro de los dos bandos de la carrera armamentística y está estudiando los efectos que ésta puede tener en el cuerpo, el cerebro y la conducta de los pájaros.

Vamos en fila india por un camino lleno de maleza y arbustos secos, buscando los banderines de color naranja que marcan los nidos hallados por los diez «descubridores de nidos» del equipo de investigación de Feeney. Por encima de nuestras cabezas pasa un elanio australiano. Luego, un milano silbador. Estamos a finales de agosto, cuando termina el invierno austral, en la antesala de la primavera. Un invierno cálido y lluvioso, ideal para la irrupción de insectos, anuncia aquí una temprana temporada de crianza. El año pasado, los cuclillos de Horsfield pusieron sus primeros huevos el 11 de noviembre, hacia finales de la primavera australiana. Este año, la puesta ha empezado tan a principios de la temporada, que Feeney apenas ha tenido tiempo de reunir a todo su equipo de investigación. Algunos de los maluros y de los cucos ya han echado plumas; son los pocos que han sobrevivido al embate de los depredadores: serpientes, antequinos, varanos arborícolas, azores comunes, currawongs, pequeños halcones, zordalas crestadas y cucaburras.

Es un arduo camino el que recorren tanto el cuco como el hospedador para lograr una reproducción coronada por el éxito.

«Creo que en torno al 10 o 15% de los nidos del Reino Unido fracasan por la depredación», me cuenta Feeney. «Aquí se acerca más al 70 u 80%. He tenido años en que las crías no llegaban a echar plumas por culpa de los depredadores, más o menos, en los primeros cincuenta nidos. Una vez vi a una zordala crestada oriental destrozando furiosamente un nido a base de picotazos.»

Mientras caminamos, me fijo en que los miembros americanos del equipo de Feeney llevan unas altas polainas de goma. Cuando les pregunto por qué las llevan, cruzan las miradas. «Por las serpientes». A ninguno de los miembros australianos del equipo parece preocuparles las serpientes, ni siquiera las mortales serpientes marrones orientales, tan habituales por aquí. Abundan en las afueras de casi todas las ciudades grandes y pequeñas de Queensland, donde causan las mordeduras de serpiente más graves. Si se las provoca, se levantan y muerden salvajemente. Las muertes humanas son raras. Pero según un reciente boletín de noticias, un hombre murió al cabo de menos de una hora de haber sido picado por una serpiente marrón en su patio trasero, situado en las afueras de una ciudad, mientras intentaba proteger a su perro.

Me miré los pantalones vaqueros y las zapatillas.

«No te pasará nada», dice Feeney. Me veo obligada a tomarle la palabra. Nacido en Queensland, Feeney fue adiestrador de serpientes en su adolescencia y se encargaba de retirar serpientes marrones de los semisótanos de las casas. Él y su equipo les han dado el apodo de «fideos peligrosos». Las serpientes marrones son consideradas agresivas, dice, «pero en realidad son tremendamente asustadizas y lo normal es que se aparten de tu camino». Hace una pausa. «De todas formas, tiene unos colmillos diminutos. Aunque te mordiera los vaqueros, no los atravesaría.»

Los pájaros que anidan en el suelo de aquí no tienen esa suerte. Las serpientes marrones orientales atacan o bien por la entrada del nido o por un agujero que hacen en la parte de atrás de éstos. Luego atrapan todo lo que haya dentro, huevos o pollos. En la página web de Feeney hay un haiku escrito por la investigadora de maluros Lauren Smith:

Tiny fairywren
*Who is your father? *snake chomp**
Guess we'll never know

[Maluro, chiquitín.
¿Quién es tu padre? *Se lo zampa la serpiente*
Me parece que nunca lo sabremos.]

Los nidos son difíciles de ver, en especial los de los sericornis de cejas blancas, que tienden a enterrar sus nidos en lo hondo de los arbustos y la maleza. «Nos sentamos a esperar, observamos a los pájaros y los seguimos», dice James Kennerley, un alumno de posgrado de Feeney y Andrea Manica, de la Universidad de Cambridge. «En una ocasión vimos un sericornis hembra mordisqueando el algodoncillo que había en un charco y le seguimos la pista hasta que regresó a su nido, enterrado en un arbusto de lantana. También estamos aprendiendo a oír las llamadas suplicantes de los polluelos.»

Feeney y Mike Webster, del Laboratorio de Ornitología Cornell, dirigen juntos el trabajo de campo. Entre todos los equipos de investigación encuentran unos setecientos nidos al año, los monitorizan cuidadosamente durante los ocho meses de la temporada de crianza, comprobando si hay huevos —del anfitrión y del cuco— y contabilizan y fotografían todo lo que encuentran. (Kennerley está creando una fototeca de los huevos.) También sacan de los nidos los pollos del cuco, los miden, los pesan metiéndolos boca abajo en una lata —de las que sirven para guardar las películas— y colocándolos en una báscula. Luego los atan y les extraen muestras de sangre. Su objetivo es monitorizar al detalle los éxitos que obtienen en la crianza estas especies sometidas a una ardua lucha por la supervivencia, y entender quién sale ganando, quién sale perdiendo y cómo son las reglas del juego.

Pese al banderín anaranjado, el nido del maluro dorsirrojo es difícil de encontrar, pues está tan enterrado entre la densa vegetación de hierba y matojos, que casi resulta invisible. Feeney mete dos dedos en el agujerito de la delicada masa abovedada de hierbas secas, hojas y palitos, y suavemente saca tres huevos, todos ellos de color blanco rosáceo y cubiertos de manchitas marrones rojizas. Dos pertenecen al anfitrión; uno, ligeramente más grande, pertenece al cucillo de Horsfield.

Tradicionalmente, los huevos han sido considerados como el principal campo de batalla en la carrera armamentística entre los parásitos de puesta y los hospedadores. La historia viene a decir más o menos lo siguiente: un parásito de puesta aborda a una nueva especie anfitriona obligando a su víctima a aceptar su huevo y a criar a su vástago. Con el tiempo, el anfitrión desarrolla la habilidad para detectar los huevos ajenos y expulsarlos. Entonces el parásito pone huevos que imitan el color y la forma de los huevos del hospedador, hasta tal punto que resulta imposible distinguirlos. El anfitrión, por su parte, tiene dos maneras de defenderse: o bien cambia el aspecto de sus propios huevos, o bien aumenta su habilidad para distinguirlos de los del intruso. Y así sucesivamente. Se trata de un arriesgado juego evolutivo de ping-pong. Por cada defensa que desarrollan sus anfitriones, los cucos toman represalias desarrollando unos métodos aún más arteros para engañarlos. Cada movimiento tiene su contrapartida.

Este proceso de adaptación recíproca da lugar a algunos resultados asombrosos.

Por una parte, los cucos de todo el mundo han desarrollado unos huevos magníficamente falsificados. Sus hospedadores, por otra parte, han adquirido una capacidad de distinción tan excepcional, que reconocen el huevo de un cuco casi completamente idéntico a los suyos salvo por alguna pequeñísima diferencia. Es un proceso de aprendizaje un tanto complejo; no se trata tanto de detectar el huevo ajeno en el nido como de aprenderse al detalle el aspecto de los propios huevos.

Algunas especies de hospedadores han desarrollado además otra manera de defenderse: poner huevos con un dibujo único, a base de manchas y garabatos, que varía de una hembra a otra. Mary Caswell Stoddard y sus colegas han examinado recientemente cómo algunas especies de aves canoras británicas que son el objetivo del cuco común parasitario pueden responder al mimetismo de los huevos del cuco poniendo unos huevos que tengan un dibujo especial. «Si los anfitriones lo están pasando mal por tener que pelearse con los cucos», dice, «una manera de facilitar el trabajo es crear un dibujo complicado y realmente reconocible que te permita decir: "Ese huevo es mío".»

¿Es cierto que los pájaros hospedadores ponen huevos con su propio dibujo distintivo?

«Para responder a esta pregunta, sabía que íbamos a necesitar lo que equivale al *software* de reconocimiento facial, pero aplicado a los huevos», dice Stoddard. Las diferencias del dibujo y el color en este tipo de huevos de los anfitriones son tan sutiles, que a menudo no pueden ser detectadas por el ojo humano. «A simple vista no se pueden detectar las diferencias; realmente hace falta un ordenador para analizarlas», dice. De manera que Stoddard formó un equipó con un experto informático, Chris Town, de la Universidad de Cambridge, y creó NaturePatternMatch, un programa que identifica los rasgos de un huevo que son importantes para un pájaro. Estos rasgos los registra como un mapa podría registrar distintivos importantes de la naturaleza —lagos, cumbres de montañas, arboledas—, sólo que los rasgos de un huevo son más bien manchas y garabatos. «Si uno se parece por ejemplo a Mickey Mouse, el programa está capacitado para decir: "He visto esa mancha de Mickey Mouse con anterioridad", aun cuando la imagen esté girada y la mancha no se encuentre en el mismo sitio o no tenga el mismo tamaño», explica Stoddard. «Es un algoritmo de reconocimiento realmente sólido el que analiza los dibujos, pues lo hace de una manera que se asemeja aproximadamente a cómo procesan la información visual los pájaros y otros animales.»

El programa brindó exactamente lo que esperaban Stoddard y sus colegas: una prueba fehaciente de que varias especies anfitrionas han dotado a la cáscara de sus huevos de firmas individualizadas, «del mismo modo que un banco dota a sus billetes de dólares de unas marcas de agua especiales», dice. La variación de un individuo a otro hace que los dibujos de los huevos sean difíciles de falsificar. Algunas de las firmas más singulares de los huevos se producen en aquellas especies para las que los cucos han desarrollado un mimetismo muy similar en cuanto al color y al dibujo de los huevos, como por ejemplo en los pinzones reales.

Estas «carreras de huevos» avanzan a toda velocidad. Claire Spottiswoode y su colega Martin Stevens, de la Universidad de Exeter, descubrieron que los huevos puestos por dos especies de aves africanas, la viuda anómala o tejedor parásito, y su anfitrión, la prinia modesta, han cambiado de color y de dibujo en un período de tan sólo cuarenta años —en un abrir y cerrar de ojos, si nos atenemos al tiempo evolutivo— y han estado siguiéndose mutuamente la pista de su evolución.

«En el meollo de la guerra de los huevos hay una razón visual que es una cuestión de vida o muerte», dice Stoddard. «Cuando un cuco imita un huevo, ha de dar en el clavo. De lo contrario, ese huevo va a ser detectado y expulsado. Asimismo, si el anfitrión no reconoce y expulsa un huevo de cuco, se habrá acabado el juego. De modo que el cuco ha de ofrecer un excelente mimetismo de los huevos, y el hospedador ha de ser excelente en el reconocimiento de los huevos.»

Y aquí es donde se creía que terminaba todo. En el cuco común —y en cualquier otro parásito de puesta, se daba por descontado— todo se reducía a los huevos.

«Es cierto que gran parte del trabajo se centra en torno a los huevos», dice Will Feeney. Si un cuco común o un tejedor parásito consigue colocar su huevo en el nido de un pinzón real o de una prinia modesta, y el huevo supera la prueba, los parásitos de puesta ya quedan instalados. Los anfitriones de los cucos comunes casi nunca expulsan a los pollos del cuco, aunque no se parezcan en nada a las crías del anfitrión. Incluso semanas después de eclosionar, cuando el polluelo de un cuco está más desarrollado, los pájaros hospedadores, extrañamente, son incapaces de identificar a los pequeños monstruos que han secuestrado su nido y cuidarán de «la semilla del diablo» hasta que eche plumas.

Existe una teoría que sugiere por qué ocurre esto. Los pájaros progenitores «imprimen su huella» en los pollos que eclosionan de los huevos en su primera nidada y, después de esto, rechazan a cualquier pollo que sea diferente. Los padres anfitriones que tienen la mala suerte de ser parasitados en su primera nidada imprimirán su huella en el pollo del cuco y, a continuación, rechazarán para siempre a sus propias crías. El elevado coste de imprimir equivocadamente su huella en un polluelo de cuco evitaría que los pájaros anfitriones desarrollaran la habilidad de expulsar a los pollos. Esta teoría, que nació en Europa y en Norteamérica, se consideraba aplicable a todos los parásitos de puesta.

«Pero aquí en Australia las cosas son un poco diferentes», dice Feeney.

James Kennerley mete la mano en el pequeño nido abovedado de un sericornis de cejas blancas y encuentra dos huevos. «Esto parece prometedor», dice. Los huevos tienen un aspecto similar, pero se pueden distinguir con facilidad: uno pertenece al sericornis de cejas blancas y el otro a un cuco flabeliforme. El huevo del cuco, como el del sericornis, es blanco con un moteado marrón rojizo, pero las motas del cuco están mejor definidas, mientras que el moteado del sericornis es una mezcla de puntos y manchas. Ambos tienen un anillo de motas concentrado en la base. Los cuclillos de Horsfield también ponen unos huevos muy bien mimetizados, pero en general los huevos de los cucos australianos imitan pobremente a los huevos de los anfitriones, si los comparamos con sus equivalentes de ultramar. Los cuclillos broncíneos y los cuclillos menudos no se fían para nada del mimetismo. Sencillamente intentan ocultar sus huevos revistiéndolos de una densa capa de pigmento oscuro. A los ojos del pájaro hospedador, el pigmento hace que los huevos sean indistinguibles en cuanto a color y luminosidad del revestimiento de su propio nido, convirtiéndolos así efectivamente en invisibles.

Los maluros, en su mayor parte, no saben expulsar ni rechazar huevos ajenos por su apariencia. Sobre todo si el cuco hembra ha calculado su puesta de huevos de modo que coincida con la del maluro anfitrión. Si no distingue con precisión un huevo de cuco en la penumbra de su nido, ¿qué puede hacer una hembra de maluro? Algo que se creía que ningún pájaro anfitrión había hecho nunca.

Si un cuco parasita a una especie hospedadora, el anfitrión desarrollará la habilidad que le permita expulsar los huevos ajenos. Esto era lo comúnmente aceptado cuando Naomi Langmore, de la Universidad Nacional Australiana, empezó a trabajar con los cucos en Australia a principios de la década de 2000. Sin embargo, cuantos más estudios de campo examinaba, más pruebas en contra hallaba al respecto. De hecho, la mayor parte de las especies anfitrionas australianas tienden a no rechazar los huevos del cuco. «Lo cual es completamente contrario a la teoría evolutiva», dice. «La carrera armamentística entre ellos debería ejercer una poderosa presión sobre el anfitrión tanto para reconocer los huevos ajenos como para rechazarlos.»

¿Eran los pájaros hospedadores australianos realmente incapaces de distinguir entre sus propios huevos y los del cuco?

Para averiguarlo, Langmore hizo un montón de huevitos de plástico de color azul brillante —diferentes del color de los huevos de cualquier especie anfitriona de Australia— y los colocó en los nidos de muchas especies hospedadoras distintas. Halló que los pájaros anfitriones que construían nidos en forma de copa reconocían con facilidad y expulsaban esos huevos de plástico. En cambio, las aves que construían nidos abovedados, como los maluros, no los reconocían. Esto tiene sentido: los nidos abovedados son sitios oscuros en los que resulta difícil hacer distinciones visuales.

Luego, Langmore hizo la clase de descubrimiento que conmociona a los científicos y que convierte la investigación de este extraño sistema de crianza en algo tan gratificante. Cuando examinó más detenidamente los pájaros que construyen estos nidos abovedados, principalmente maluros y acantizas pardas, descubrió para su sorpresa que, aunque no expulsaban los huevos del cuco, tenían mucha habilidad para reconocer los pollos del cuco... y para rechazarlos. Estos pequeños pajaritos agarraban al pollo intruso y lo ponían de patitas en la calle, o bien abandonaban por completo el nido y acometían un nuevo intento de crianza.

«Esto se contradecía con todo lo que habíamos aprendido acerca de la coevolución en el parasitismo de puesta», me contó Langmore. «Creíamos que los anfitriones no expulsaban a los pollos del cuco por los riesgos que entrañaba ese mecanismo. Pensábamos que ésta era la razón por la que el reconocimiento de los pollos no se había producido nunca entre los hospedadores de ninguna parte del mundo.»

Bienvenidos a Australia, el país de las aves forajidas.

«Aquí la carrera armamentística entre el cuco y el anfitrión ha escalado un peldaño: los hospedadores sí distinguen a los polluelos del cuco», dice Langmore. Y ahora viene lo mejor, me dijo. En Australia no sólo rompen las reglas los anfitriones, sino también los pollos del cuco. «Debido a esa capacidad de reconocimiento que tienen los hospedadores, los pollos del cuco han desarrollado un maravilloso mimetismo con las crías del anfitrión, tanto en lo relativo a la apariencia como a las llamadas suplicantes, y esto no lo encontramos en ninguna otra parte del mundo.» Los cuclillos broncíneos, que abordan a los maluros, las acantizas pardas y los gerigones, dice, «han desarrollado unos pollos que imitan fantásticamente el tamaño, el color de la piel, el color de los plumones e incluso el color de la boca de las especies anfitrionas».

Los pichones del cuclillo de Horsfield incluso «suenan» igual que las crías del hospedador, ya que con el tiempo aprenden a imitar sus llamadas suplicantes. «Esto es algo realmente extraordinario, sobre todo si tenemos en cuenta que expulsan a los pollos del anfitrión antes de haber oído siquiera sus llamadas», dice Langmore. «Parece que se fijan en los sonidos a los que más atienden los padres, y enseguida modifican sus llamadas suplicantes durante varios días, hasta que prácticamente no se distinguen de las llamadas de las crías del anfitrión.» Una forma de aprender realmente perspicaz. Los polluelos de los vaqueros gritones o tordos chillones, una especie sudamericana, también se parecen a los vástagos de su principal hospedador, el tordo músico o tordo bayo, y «suenan» como ellos.

Langmore sospecha que esta rama en particular de la carrera armamentística —los pollos del cuco imitando tan bien a cada uno de sus anfitriones— podría incluso estar impulsando la especiación de los cucos australianos. «Cada vez que uno de los cuclillos broncíneos adopta a un nuevo anfitrión, tiene que desarrollar la morfología de este pollo diferente y su llamada de súplica, asimismo diferente», dice, «y esto puede estar llevándolos a bifurcarse en diferentes subespecies.»

En cuanto a la evolución de las contraestrategias de los anfitriones del cuco, Diane Colombelli-Négrel, investigadora de la Universidad Flinders, en Australia del Sur, y sus colegas descubrieron que los maluros contraatacan la imitación de la llamada suplicante de los cucos de una manera ingeniosa: dando a sus crías la posibilidad de aprender una contraseña cuando todavía están dentro del huevo.

Las madres tanto del maluro soberbio como de la ratona australiana de lomo rojo emiten unas llamadas especiales mientras están incubando los huevos, entonando una y otra vez la misma melodía cada pocos minutos. Las llamadas contienen una nota que es única, que funciona como una contraseña familiar y que los pollos en estado embrionario se aprenden de memoria. Los papás también aprenden las contraseñas. Cuando los pichones eclosionan y empiezan a pedir comida, incluyen esperanzados esa nota característica en sus llamadas suplicantes, para que los padres sepan: «¡Ajá! Ese pollo es mío».

Para determinar si la llamada suplicante había sido aprendida o era genética, los científicos hicieron un experimento de «interadopción», colocando nidadas de huevos en veintidós nidos diferentes. Cuando los huevos colocados —y cambiados de sitio— eclosionaron, los polluelos utilizaban la llamada de incubación de su madre adoptiva, no la de su madre biológica.

No se sabe por qué los pollitos de los cucos, que también están expuestos a la melodía de la incubación cuando todavía están dentro del huevo, no aprenden las contraseñas. Puede que no les dé tiempo de aprenderlas en tan sólo un par de días de entrenamiento, o tal vez no posean las mismas habilidades para el aprendizaje embrionario que tiene el maluro. En cualquier caso, los progenitores del maluro emplean la ausencia de contraseña en la llamada suplicante del pollo del cuco para identificarlo como impostor.

Naomi Langmore y sus colegas comprobaron que los maluros soberbios abandonan a casi el 40 % de los pollos del cuclillo de Horsfield a los dos a seis días de eclosionar y empiezan a construir un nido nuevo en alguna otra parte. Las hembras son las primeras en marcharse. Los machos las siguen al cabo de unas horas o unos pocos días, dejando que el polluelo del cuclillo se muera de hambre y que su cadáver sea devorado en pocas horas por las hormigas carnívoras.

El coste de rechazar equivocadamente a tu propia descendencia es muy elevado. Para minimizar el riesgo de cometer un error, los maluros hembra parecen basarse en un sofisticado proceso de toma de decisiones y en una serie de reglas complejas, que incluyen claves procedentes del propio polluelo, de un entorno más amplio y de su propia experiencia.

En primer lugar, un solo pollo en el nido es mala señal. Los maluros tienen nidadas de múltiples pollos, de modo que un polluelo a solas probablemente significa que el resto de la nidada ha sido expulsado. Asimismo, un cuco adulto por los alrededores o cerca de tu propio nido es una noticia inquietante. Los maluros sólo expulsan a los pollos del cuco cuando hay cucos adultos por allí cerca. Quizá lo más importante sea la experiencia personal del maluro. Si la hembra tiene la posibilidad de aprenderse el aspecto de sus propios pollos, será menos propensa que una hembra ingenua a rechazar a su propio vástago, aunque esté solo en el nido.

Las claves tienen que cuadrar antes de que un maluro asuma el riesgo de la deserción.

¿Por qué los maluros han aprendido a reconocer y abandonar a las crías del cuco, pero los carriceros comunes no? «Los maluros han "perdido" la carrera armamentística en la fase de los huevos: nunca expulsan huevos de cuco», dice Langmore, «y esto ha dado como resultado una mayor selección de las defensas en la fase de los pollos.»

De todas maneras, incluso en Australia, el rechazo de los pollos es relativamente raro, en gran parte, porque es muy ineficiente y muy costoso. Para los anfitriones australianos, las auténticas maniobras defensivas contra los cucos tienen lugar muy al principio, antes incluso de que la hembra del cuco ponga su huevo. Para empezar, es mucho menos ruinoso mantener a un cuco alejado de tu nido. Feeney y su equipo están examinando las perspicaces defensas de primera línea que han desarrollado los hospedadores, como por ejemplo el aprendizaje social y el intercambio de información entre las especies.

Una mañana de agosto, al amanecer, Feeney me lleva por un camino estrecho flanqueado de acacias, mirtos y eucaliptos hacia el nido de un sericornis de cejas blancas, enterrado en un arbusto. Escuchamos el monótono *i-i-i* de las petroicas amarillas y el lastimero trino de un cuco flabeliforme. Feeney comprueba el nido. Un huevo, bastante frío. «Esperemos que no haya sido abandonado.»

Si los maluros ven a un cuco alrededor de su nido y descubren un huevo antes de su época de puesta, puede que lo abandonen o que desmonten el nido y lo trasladen a un sitio cercano. Las reinitas de manglar, si sospechan que un tordo ha puesto en su nido, enterrarán el huevo del tordo junto con sus propios huevos y construirán un nido nuevo superpuesto al anterior. En una ocasión, James Kennerley observó cómo un par de maluros adoptaban la posición contraria: aparentemente conscientes de la presencia de un cuco y sabiendo perfectamente que había un huevo nuevo en su nido, «desarmaron todo el nido alrededor del huevo», me contó Kennerley, «y dejaron al pobre huevo solito en mitad del arbusto».

Feeney abre una pequeña y abovedada tienda de campaña camuflada y la coloca a unos diez metros del nido; luego desempaqueta un cuclillo broncíneo disecado, una maqueta maltrecha pero reconocible. Coloca la maqueta dentro de una jaula protectora de malla metálica y pone la jaula a un par de metros del nido. Luego nos retiramos a la tienda de campaña a esperar y grabar lo que oímos.

Cuando un sericornis de cejas blancas ve un cuco cerca de su nido, no siempre ataca al cuco físicamente, sino que de modo infalible profiere un ronco parloteo de regañina al que quizá se sumen otros pájaros. Los maluros soberbios, en cambio, tienden a atacar directamente a los cucos. Ésta es la razón por la que todas las maquetas de cucos de Feeney están tan estropeadas. Los pájaros van derechos a la cabeza con sus pequeños y afilados picos.

Oímos las estridentes notas de un picaflor del muérdago, el único picaflor de Australia, y el dueto —que suena *uipchiu*— de una pareja de zordalas crestadas. Pero por lo demás, en el bosque reina el silencio.

«Esto puede ser muy aburrido», dice Feeney. Los maluros

soberbios vigilan atentamente sus nidos, a los que se acercan para comprobar si todo va bien cada treinta minutos más o menos. Les gusta estar al tanto de lo que pasa cerca del nido. Los sericornis de cejas blancas, sin embargo, abandonan los huevos durante cuatro o cinco horas cada vez que se marchan. «No te queda más remedio que esperar hasta que decidan volver de una puñetera vez», dice Feeney. Esto puede ser una manera de defenderse de los cucos, que aprovechan la actividad de los anfitriones para localizar los nidos. «Pero convierte el estudiarlos en un infierno», añade.

En un experimento sobre la conducta social de los maluros, Feeney estaba observando a los machos jóvenes alrededor del nido. «Los machos jóvenes no van con frecuencia solos al nido», dice, «y en una ocasión, tuve que esperar tres días hasta que pude realizar el experimento. Como no hacen apenas ruido alrededor del nido, has de prestar atención. Así que tienes que esperar como un idiota, rompiéndote la cabeza, únicamente observando el nido, sin poder hacer nada más. Aquel experimento fue un infierno.» Durante el estudio pasan multitud de pájaros, incluido un emú que mete el pico por la lona de la tienda de campaña, sobresaltando a Feeney. «¡Maldito pájaro gigante! Parece un dinosaurio recién salido del Jurásico.»

Cuando ya llevamos más de media hora en nuestro escondite, Feeney se da por vencido. «A hacer puñetas. Vámonos al otro nido.»

Plantamos la tienda de campaña en un pequeño claro del bosque, cerca de un nido en el que una hembra de sericornis de cejas blancas ha puesto tres huevos. Feeney vuelve a colocar la maqueta del cuco al lado y se retira a la tienda. Pero esta vez pone una grabación de una llamada de alarma del cuco. La reacción es instantánea. El sericornis hembra aparece de repente y profiere una serie de notas de regañina. Otros pájaros aparecen en las ramas bajas de los arbustos circundantes. Feeney va contando cada pájaro que se acerca a unos cuatro o cinco metros de la maqueta del cuco. Más sericornis de cejas blancas, un mielero de Lewin, una petroica amarilla, un abanico gris, un par de maluros soberbios y una pareja de vociferantes acantizas pardas. Hasta un pavo de matorral cruza el claro contoneándose. Hablando en términos relativos, es una congregación modesta. Feeney ha obtenido respuestas espectaculares en las que se presentaban hasta treinta pájaros del vecindario para investigar la causa de la conmoción, armando un escándalo tremendo.

Los maluros soberbios son los que más jaleo arman, dice Feeney. Se acercan a un par de metros del cuco y «no cierran el pico». Las llamadas de acoso que emiten hacia los cucos no son innatas, sino aprendidas. Feeney lo descubrió cuando él y Naomi Langmore llevaron a cabo una versión del experimento que había hecho Rob Magrath con maluros y mieleros chillones. Examinaron dos poblaciones distintas de maluros: una población «ingenua» que estaba criando en el Jardín Botánico de Canberra, donde no hay cucos, y la otra que se hallaba cerca del parque Campbell, un bosque de eucaliptos donde abundan los cucos. Colocaron las maquetas de los cucos igual que Feeney había hecho conmigo. Los pájaros ingenuos ignoraron la maqueta, dice Feeney. «Se acercaron a curiosear la maqueta y se posaron por allí cerca, o simplemente pasaban de largo y se instalaban con toda tranquilidad en su nido, que estaba en el otro extremo.» Los maluros del parque Campbell, en cambio, atacaron agresivamente a las maquetas. «Arremetían como locos contra los cucos», dice Feeney. «A todas mis maquetas les faltan plumas de la parte de atrás de la cabeza porque, aunque les coloco una jaula encima, los maluros se las arreglan para colarse por debajo y atacar al cuco. Y si sostuviera al cuco en mi mano, me destrozarían la mano. Es algo demencial. Un grupo responde como si se hubiera vuelto loco, y el otro en cambio pasa olímpicamente de todo.»

Feeney y Langmore también descubrieron que los jóvenes maluros soberbios ingenuos con respecto a los cucos podían aprender a reconocer a los cucos como una amenaza observando la conducta de acoso de otros maluros vecinos con más experiencia. Lo mismo cabe decir de los carriceros comunes. Los ingenuos al principio ignoraron por completo al cuco como espécimen, pero después de observar cómo otros maluros acosaban a un cuco, también ellos atacaron agresivamente la maqueta. «Ésta fue la primera prueba directa de que los hospedadores ingenuos pueden aprender a identificar a los parásitos de puesta como enemigos a través del aprendizaje social», dice Feeney. Y no olvidan la lección. Una vez que un maluro aprende la identidad de un enemigo, responderá de la misma manera años más tarde, aun cuando no haya tenido contacto con los cucos.

Feeney observó que las llamadas de acoso que los maluros soberbios emitían hacia el cuco tenían un sonido muy específico, «totalmente inconfundible», dice. Para averiguar si los pájaros realmente estaban profiriendo vocalizaciones dirigidas específicamente a los cucos, Feeney mostró a los maluros maquetas de todas las distintas amenazas que podían encontrarse en el medio salvaje —serpientes, currawongs, halcones y cucos— y grabó sus respuestas.

«Descubrimos que sin duda alguna iban dirigidas hacia los cucos. Con la serpiente o el halcón emitían unas pocas llamadas de alarma durante cinco minutos y luego se callaban y observaban la amenaza. Con el cuco hicieron muchísimas llamadas, y eran distintas, tenían un tono más quejumbroso.» Es lógico que las aves emitan una llamada muy particular y muy poderosa específicamente dirigida a los parásitos de puesta, dice Feeney. «Si pierdes tu nido por culpa de un depredador, puedes empezar a construirlo de nuevo mañana. Mientras que si estás parasitado, empleas hasta seis semanas de tiempo y esfuerzo en criar a un pollo que no está contribuyendo en modo alguno a tu éxito reproductor. Es otra cosa.»

La llamada funciona para que otros pájaros acudan y ayuden a acosar a la amenaza. El acoso puede ser muy efectivo para evitar que los cucos se acerquen. Justin Welbergen y

Nick Davies, de la Universidad de Cambridge, hallaron que el acoso disminuye el cuádruple las posibilidades del parasitismo en zonas de alto riesgo, en las que los cucos se esconden y vigilan las idas y venidas de los anfitriones. Un acoso en condiciones puede dañar gravemente a un cuco causándole la pérdida de plumas, heridas o incluso la muerte. También puede desanimar a los cucos a que se instalen en los nidos, atrayendo a los halcones y a otros enemigos depredadores de los cucos y alertando a los anfitriones vecinos, que pueden unirse al acoso y custodiar sus nidos haciendo más ruido.

Unas pocas especies de cucos han aprendido a sortear el acoso manipulándolo con astucia. Algunos imitan a los halcones depredadores, provocando así que las especies anfitrionas huyan en lugar de acosarlos. El cuco chikra de Asia, popularmente conocido como «fiebre cerebral» por su potente y enloquecedor reclamo, tiene el aspecto de un gavilán, asimismo llamado chikra, e incluso imita el estilo de vuelo de la rapaz y la manera de posarse en una percha. Resulta tan convincente que muchos pájaros, cuando lo ven, alzan la alarma del «ave de presa», no la del cuco. El cuco común también utiliza el modelo de vuelo del halcón cuando se acerca al nido de un hospedador. Pero aquí no acaba la picardía de los cucos. En 2017, Davies y su colega Jenny York descubrieron que las hembras de los cucos comunes profieren la característica y aterradora llamada, parecida a una risotada —*kuik-kuik-kuik* o *ki-kii-kii*—, del gavilán con el fin de distraer a los carriceros comunes para que no detecten los huevos del cuco en su nidada.

Los tordos son conocidos por emplear la táctica opuesta —pero igualmente manipuladora— de adoptar una postura de «invitación al acicalamiento», que parece disminuir la agresividad de sus anfitriones.

Otros parásitos de puesta disuaden del acoso con una estrategia del «lobo disfrazado de cordero», imitando el aspecto de especies inofensivas. En el África subsahariana, uno de esos ruines indicadores, el dorsipardo, adopta el aspecto del inocente mosquero gris. Los cuclillos drongos del sur de África se parecen mucho a sus tocayos los drongos, unos pájaros pequeños que a menudo roban comida de bandadas mezcladas, pero son tolerados por ellas porque actúan como centinelas frente a los depredadores. Y las viudas anómalas o tejedores parásitos de Zambia han desarrollado un color y unos dibujos en el plumaje exactos a los de un pájaro benigno que es muy común en la región, el obispo rojo. «La viuda anómala es tan parecida a los inocentes obispos, que el objetivo de sus artimañas, la prinia modesta, no es capaz de distinguirlos», dice Feeney, «lo que sugiere que el cuco ha desarrollado la capacidad de acercarse a los nidos de prinias sin despertar sospechas.»

Durante los años que pasó Feeney mostrando maquetas de cucos a los pájaros en Australia, empezó a darse cuenta de que las llamadas de alarma en respuesta a los cucos sonaban muy parecidas entre una especie y otra. «Me preguntaba cosas como: "¿No acaba de emitir esa acantiza una llamada que sonaba como la del maluro?"», dice. «Empecé a preocuparme, y pensé: "¿Me lo estaré inventando?". A veces, cuando estás ahí solo en el campo, te da la sensación de que has visto u oído algo que no existe.» Más tarde, sin embargo, cuando Feeney estaba en África observando la respuesta de la prinia a la viuda anómala, algo le llamó la atención. «"Parece que estoy loco, pero la llamada de esa prinia suena exactamente igual que la de un maluro respondiendo a un cuclillo broncíneo", pensé. Pero luego estaba en esa conferencia de Suecia tomando una cerveza con un amigo, David Wheatcroft, de la Universidad de Uppsala, que trabaja en el Himalaya, y cuando le describí esas extrañas llamadas frente a los cucos y lo similares que eran en lugares diferentes, mi amigo me preguntó: "¿Cómo suena?". Se lo conté y me dijo: "Oh, ¿suena como ésta?". Y sacó su móvil y me puso una llamada que tenía grabada. Me quedé de piedra, sin palabras. Y él dijo: "Son mis currucas respondiendo a un cuco en el Himalaya".»

Ahora Feeney está llevando a cabo ensayos y recopilando llamadas de alarma en respuesta a los cucos de todo el mundo, incluida África, la India, China, Indonesia y Japón, para ver si pájaros de diferentes países se responden unos a otros a las llamadas de alarma frente a los cucos.

«Desde un punto de vista evolutivo tendría sentido que las especies anfitrionas de diferentes partes del mundo hubieran coincidido en una llamada de alarma común frente a los cucos», dice Feeney. «Los cucos son una amenaza extrañísima: no suponen un peligro para los adultos, sólo para las crías. De modo que pensando en la evolución de las llamadas de alarma, te preguntas: "¿Cuáles son las presiones?". En respuesta a un depredador como el verdugo pío, un pájaro ha de debatirse entre hacer saltar la alarma y ser detectado por el depredador. "Quiero que mis amigos sepan que existe esa amenaza, pero no quiero que la amenaza sepa nada de mí." Pero con los cucos no hay elección posible, y lo único que quieres es que todos sepan de su presencia y vengan y echen a patadas a ese cuco que convierte la vida en un infierno. En tal caso, cabría esperar que la selección te hubiera favorecido dotándote del sonido más fuerte y más desagradable que se pueda proferir, con el fin de atraer a tantas especies como sea posible.»

¿Cómo suena esa llamada? Como una especie de agudo gimoteo. Basta con imaginar que un caballito de mar supiera relinchar.

A juicio de Feeney, los parásitos de puesta pueden estar impulsando la confluencia en una llamada de alarma que signifique «¡cuco a la vista!» en cualquier lenguaje ornitológico. «Sabemos que la transferencia de información sobre el riesgo que representan los parásitos es importante dentro de una especie», dice Feeney; «pero si los parásitos suponen una amenaza para múltiples especies, sería lógico que la información sobre la amenaza se transfiriera también entre unas especies y otras, tal vez para facilitar algo así como una "inmunidad conductiva de grupo".» Feeney menciona un estudio publicado por un equipo de científicos en 2016, que analizaba las asociaciones que se producen en miles de lenguas humanas en cuanto al sonido y al significado. El equipo encontró aproximadamente cien palabras arquetípicas que son parecidas en todos los continentes y linajes lingüísticos: entre ellas, las inglesas *star, leaf, knee, bone, tongue* y *nose.* La distribución y la historia de estas asociaciones hace suponer que estas palabras arquetípicas no fueron heredadas ni tomadas prestadas, sino que surgieron de forma independiente.

¿Podría estar pasando lo mismo entre los pájaros?, pregunta Feeney. «¿Podría haber una palabra ornitológica internacional para "cuco"?»

En un nido de sericornis de cejas blancas, Feeney saca un huevo de cuco y lo ilumina con la linterna del móvil. La inspección al trasluz revela la silueta retorcida de un pollo de cuco en desarrollo. Aunque es una visión bastante común, en cierto modo también es bonita, y parece un milagro. En especial, si se considera lo que ha tenido que hacer la hembra para llevar ese huevo hasta donde está desarrollándose al calor de unos padres adoptivos que, con suerte, lo alimentarán hasta que eche las plumas.

«Es una estrategia de crianza muy muy dura», dice Naomi Langmore. «Y es curioso que los parásitos de puesta tengan esa fama de ser unos tramposos y unos perezosos. Lo que hacen es verdaderamente difícil y arriesgado, sobre todo para la hembra.»

Pongámonos en el lugar de la hembra.

«Realmente no da abasto intentando encontrar nidos suficientes», dice Langmore. La mayoría de las pruebas sugieren que las hembras lo hacen vigilando la construcción del nido, observando los movimientos de los anfitriones adultos y siguiéndolos sin ser vistas hasta el lugar del nido, que a menudo está muy bien escondido o estratégicamente ubicado.

Algunas hembras de los parásitos de puesta son muy quisquillosas en cuanto a los nidos, pues seleccionan a los mejores padres de una población, pájaros con experiencia y con las mayores posibilidades de criar con éxito a sus vástagos. ¿Cómo lo consiguen? Posiblemente, evaluando el éxito reproductivo que haya tenido una pareja de hospedadores el año anterior... y recordándolo. Se cree que las hembras de los tordos cabecicafé o tordos cuco calibran el éxito de las crías de los anfitriones y regresan a poner sus huevos sólo en nidos en los que se hayan criado bien los pollos y evitan aquellos en los que no se haya dado bien la crianza. O tal vez comprueben a escondidas las señales sexuales de una pareja apareada, como la calidad de su ornamento, el canto o la exhibición, o cuán dominantes son con respecto a otros pájaros de su grupo, o cómo de activos se muestran en la construcción de su nido y si éste adquiere un tamaño considerable y parece sólido: todas estas señales indican la calidad de la crianza, y toda esa información puede recabarla la hembra desde cierta distancia, sin provocar la ira del vecindario.

En la población que estudia Langmore, cada pareja de cucos parasita entre diez y quince nidos de maluros, de modo que las hembras tienen que supervisar la construcción del nido de los maluros hembra en más de una docena de sitios. Algunos parásitos de puesta han de enfrentarse a especies anfitrionas como la acantiza culigualda, que construye sus nidos cerca de especies que disuaden a los parásitos: junto a los riscos o acantilados en los que anidan las águilas o cerca de otros depredadores o, como los tejedores en África, cerca de nidos de insectos que pican. Las reinitas de manglar de Norteamérica anidan cerca de los tordos sargento, que son tremendamente agresivos con el tordo cabecicafé.

Para cada nido, el cuco observa cómo lo construye el maluro hembra y luego, una vez que ésta ha terminado, se cuela dentro cuando los padres están fuera y comprueba el nido para averiguar si el maluro ya ha puesto huevos. Los maluros tardan sólo tres días en ponerlos, de modo que el cuco hembra tiene que calcular bien cuándo deposita sus huevos. Tiene que ponerlos justo cuando el maluro acaba de iniciar su propia nidada o, de lo contrario, su huevo será rotundamente rechazado o incluso utilizado para el revestimiento del nido. «Tiene que ponerlo de un modo sincronizado con los huevos del anfitrión», dice James Kennerley. «Si eclosiona demasiado pronto, hay muchas posibilidades de que el anfitrión abandone el nido. Y, por supuesto, si eclosiona demasiado tarde, entonces el pollo probablemente no esté en condiciones de competir por la comida con los pollos del hospedador.»

El cuco supervisa los nidos con regularidad para ver cuántos huevos hay. Cuando pone un huevo, quitará uno del nido y lo sustituirá por el suyo, para que los maluros se crean que su nidada está intacta. Los sericornis de cejas blancas hacen que la tarea sea más complicada, ya que ponen cada dos días, lo cual puede ser una manera de esquivar a los cucos: si los anfitriones ven que hay un huevo de más, puesto en uno de los días de «en medio», eso les dará una pista y abandonarán el nido.

En cuanto a la puesta propiamente dicha de su huevo, el cuco ha de ser rápido y sigiloso. La hembra se coloca en un arbusto a uno o dos metros del nido, luego se posa en el nido abovedado y entra por un agujero de la parte delantera; una vez dentro, la cola aún le sobresale por el agujero. En un santiamén, pone el huevo, sale del nido marcha atrás llevando el huevo del maluro en el pico y echa a volar.

En total, ¿cuánto tiempo pasa en el nido? Unos seis segundos.

Luego, no puede permitirse ningún descanso. Enseguida se pone a buscar nidos en los que poner sus huevos durante los próximos días. Tendrá que recordar su localización exacta y la fase de la nidificación en la que se hallen, y además ha de evitar volver a poner huevos en nidos que ya haya parasitado, pues de lo contrario sus propios polluelos pueden entrar en competición.

Encontrar los nidos, vigilarlos, calcular con precisión la puesta de sus huevos para que coincida con la de sus anfitriones: todo ello mientras evita ser detectada, porque de lo contrario alertaría a toda la vecindad y la movilizaría al acoso. Esto tiene que hacerlo diez o doce veces por temporada, lo que significa que ha de seguir el rastro de doce parejas y doce nidos. Ha de estar al tanto de la actividad de todos ellos, observar atentamente, ir de acá para allá y tomar apuntes mentales.

Los parásitos de puesta pueden tener el cerebro más pequeño que sus primas las aves canoras no parasitarias, «pero tienen una conciencia espacial fantástica», dice Langmore. «Tal vez se deba a una distribución diferente del espacio cerebral. Un ave canora tiene un asombroso circuito neuronal dedicado al aprendizaje del canto, del que los cucos carecen. Pero los parásitos de puesta tienen un hipocampo más grande, es decir, una región cerebral muy involucrada en el aprendizaje y la memoria de los aspectos espaciales del entorno.» Unos estudios sobre los tordos muestran que las hembras tienen un hipocampo de mayor volumen que el de los machos, lo cual tiene sentido, pues son ellas las encargadas de buscar el nido. Las hembras de los tordos también superan a los machos en las tareas que requieren una memoria espacial, como las visitas a los nidos de los anfitriones en el medio salvaje, donde recorren grandes distancias y llegan a recordar localizaciones específicas por un período de veinticuatro horas.

Durante todo el tiempo que pasé en el campo, me vi apoyando a los pequeños maluros y juzgando severamente la manera de ser de los cucos. Pero lo cierto es que los cucos tienen una vida mucho más dura. Aunque una hembra de cuco consiga colocar sus huevos en los nidos a su debido tiempo, la mayor parte de ellos, el 68 %, serán destruidos por los depredadores. Y si el pollo del cuco eclosiona, entonces lo más probable es que el maluro lo rechace. «Los pobres tienen muy poco éxito», dice Langmore, «y nos damos con un canto en los dientes si en un año conseguimos que echen plumas tres o cuatro pollos de cuco.»

Información espacial, información temporal, información social, una gran capacidad de observación... Todo esto forma parte de un programa que la hembra del cuco utiliza con precisión, y enfrentándose a grandes contratiempos, para perpetuar su especie.

«Qué criaturas más refinadas son los cucos», dice Langmore. «En serio. Debido a la inusitada carrera armamentística evolutiva en la que están involucrados, se han convertido en los mejores observadores de pájaros del mundo.»

14

Una cooperativa de brujas y hervidores

Imagínate que estás revoloteando de rama en rama en el árbol de tu familia ornitológica, buscando un estilo de crianza que sea diametralmente opuesto a las atenciones minimalistas del pavo de matorral o del cuco flabeliforme, un método para cuidar a los hijos que ofrezca un máximo de atención, nutrición, dedicación y protección. Desde luego, no te vas a instalar en otra ramita que pertenezca a la tribu de los cucos. Tampoco vas a seguir el ejemplo de las águilas, las garzas, los pingüinos emperador, las águilas pescadoras y los gaviotines enanos o charranes menudos, que al fin y al cabo son conocidos por derrochar demasiado tiempo y energía en empollar sus huevos y atender a sus crías.

Sin embargo, el garrapatero mayor sí puede considerarse un caso especial. Es un pájaro grande y negro con una cola larga y un abultamiento, o quilla, en el pico —lo que le hizo merecedor del apodo antillano de «ave bruja»—; es miembro de la familia de los cucos, ruidoso y desgarbado, y tiene «una manera de posarse en un arbusto como si alguien lo hubiera tirado allí», como escribió en una ocasión el naturalista Archie Carr. Pero es célebre por su raro y maravilloso sistema de cuidar a los pichones de forma colectiva. Y también por su extremadamente inusual y entrañable solidaridad de grupo, comparable a las animosas reuniones de motivación que organizan los hinchas de un equipo antes de la celebración de un partido.

Los pájaros se reúnen varias veces al día cerca de su nido desplegando un espíritu de comunidad verdaderamente asombroso que únicamente se da en esta especie. «Se parece mucho al corrillo que suelen formar los futbolistas, pero a una escala descomunal», dice Christina Riehl. Los pájaros se arraciman en torno a un círculo con los picos apuntando hacia el centro y luego entonan un coro al unísono: un gorgoteo colectivo similar al zumbido de un motor fueraborda o al borboteo del agua hirviendo; de ahí que el apodo del garrapatas mayor en Sudamérica sea el de «hervidor». Ese zumbido colectivo puede durar hasta diez minutos o más.

Riehl, profesora adjunta de ecología y biología evolutiva en Princeton, ha estado estudiando a este encantador y atípico miembro de la familia de los cucos durante más de una década. Ha dedicado su inteligencia, y no poco valor, a desentrañar tres aspectos misteriosos e intrigantes del garrapatero mayor, con el fin de saber hasta qué extremos pueden llegar algunos pájaros con tal de trabajar juntos... y para conocer el porqué.

En un vídeo que me enseña Riehl, cuatro pájaros grandes se pelean torpemente por encontrar espacio en un nido en forma de cesto, hecho a base de ramitas, sobre una rama que cuelga por encima de un río pantanoso de Panamá. En el nido hay un montón de huevos procedentes de diversas parejas de padres. El garrapatero mayor es un criador cooperativo. En otro tiempo, esta manera de criar —en la que los pájaros sacan adelante a sus vástagos con la ayuda de sus hermanos o de sus descendientes o de otros pájaros que renuncian a su propia reproducción— estaba considerada como algo sumamente raro. Ahora sabemos que el 9 % de las especies crían de forma cooperativa y comparten los cuidados parentales, más de novecientas especies, incluidos los carpinteros belloteros, las charas floridanas o urracas de los matorrales, los azulejos de garganta azul y muchas de las pequeñas bandadas australianas de maluros espléndidos. Casi todos los criadores cooperativos son «facultativos», lo que significa que pueden criar con éxito también sin ayudantes. Relativamente pocos, como el garrapatero, son criadores «obligados»: requieren ayudantes en el nido para conseguir que sus polluelos echen plumas.

Esta conducta ha desconcertado a los biólogos durante siglos. Parémonos a pensar. ¿Por qué renunciaría un individuo a su propia oportunidad de criar, para ayudar a que otros críen a sus pollos? A Darwin le preocupaba que una conducta equivalente en las abejas y otros insectos pudiera ser fatal para su teoría de la selección natural. Al mismo William Hamilton, que se desesperaba con la coloración del loro ecléctico, se le atribuye haber rescatado la teoría de Darwin en la década de 1960 con su teoría de la eficacia completa o inclusiva, también conocida como «selección de parentesco», la cual sugiere que ayudar a tus parientes más próximos puede ser una buena manera de transmitir tu propio material genético, ya que los familiares comparten un porcentaje de tus genes. La idea puede ser comprendida a grandes rasgos por el comentario de un biólogo (garabateado en la parte de atrás de un sobre), diciendo que él «estaba dispuesto a dar la vida por dos hermanos, cuatro primos u ocho primos segundos». Cuidando de los familiares, se cree que los ayudantes no reproductores obtienen una eficacia «indirecta»: aunque ellos no transmitan sus genes directamente a través de la descendencia, algunos de sus genes perdurarán (indirectamente) en el linaje familiar.

La mayor parte de los criadores cooperativos crían a sus polluelos en grupos muy unidos y basados en la familia que se componen de parientes genéticos, con pájaros ayudantes emparentados que proceden de nidadas anteriores y que ayudan a sus padres a criar a los pollitos más jóvenes.

No es el caso del garrapatero mayor. Ninguno de los miembros del grupo de su cooperativa criadora está genéticamente emparentado. Riehl aprendió esto de la manera más ardua: siguiendo el rastro de los nidos en el medio salvaje, monitorizando entre cuarenta y sesenta nidos comunales, grabando el destino de cada uno durante una docena de temporadas de crianza, tomando muestras de sangre de los garrapateros adultos y jóvenes, y haciendo pruebas de ADN para identificar los huevos de cada nido y determinar la madre de cada huevo con el fin de averiguar su relación genética.

A Riehl le fascinan los sistemas reproductivos y sociales extraños de los pájaros, en especial, la crianza cooperadora. Hace una década, cuando empezó su tesis doctoral, «se daba por hecho que los criadores cooperativos estaban siempre emparentados unos con otros», dice. «La cooperación se daba sólo entre miembros de una familia. Todo era una cuestión de selección de parentesco: tú contribuyes a transmitir tus genes ayudando a parientes que están criando.»

Según el descubrimiento de Riehl, los garrapateros mayores son unos rebeldes. He aquí un pájaro que parece preferir una vida duradera y anidar con extraños. Éste es el primer misterio: ¿por qué se unen los pájaros con otros no emparentados para llevar a cabo algo tan vital como criar a sus descendientes?

Riehl dice que ya de niña le encantaban los pájaros. «Lo que más me gustaba hacer era salir con los prismáticos e identificar cuantos pájaros pudiera.» Después de la universidad, trabajó en Kenia documentando la conducta de ayuda entre los muy sociables turacos, también conocidos como pájaros errantes y comedores de banana o turacos ventriblancos. La primera vez que fue a Panamá para estudiar el desplazamiento de los animales con su asesor del doctorado, se sintió atraída por los garrapateros mayores, un pájaro muy común, y se sorprendió de que nadie los hubiera estudiado en estado salvaje. «Yo sabía que no eran un buen objeto de estudio sobre el desplazamiento de los animales porque no cambian de sitio», dice, «pero resultaron ser un excelente objeto de estudio sobre extrañas conductas sociales y de crianza.»

Los garrapateros mayores viven a lo largo de las orillas arboladas de lagos, ríos y arroyos, en los húmedos bosques del Amazonas y sus afluentes, desde Argentina hasta Panamá. Riehl los estudia en su extremo septentrional, en la isla de Barro Colorado, en el centro de Panamá, donde abundan en los márgenes pantanosos de la isla.

«Son unas aves verdaderamente gregarias», dice. En la temporada no reproductora forman enormes dormideros comunales de unos cien pájaros. Pero en la temporada de lluvias, cuando es hora de criar a los polluelos, se unen en grupos de dos o cuatro parejas no emparentadas y socialmente monógamas, además de una pareja de ayudantes no reproductores. Cada grupo construye un nido compartido en el que todas las hembras ponen colectivamente sus huevos de una forma más o menos sincronizada. Todos ellos comparten los cuidados parentales y crían a las nidadas mixtas de vástagos hasta que echan plumas. Los grupos son extraordinariamente estables, dice Riehl, pues a menudo permanecen juntos más de una década. No emigran. En su lugar, dice, «pasan mucho tiempo juntos y, de este modo, tienen la oportunidad de aprender el uno del otro y de poner en práctica los cuidados parentales todos a la vez».

Riehl me enseña fotos sacadas por ella de un nido revestido de hojas de color verde brillante que contiene los huevos de tres hembras, ninguna de ellas emparentada. Dentro del nido hay un montón de doce huevos blancos como la nieve con un toque de azul. «Esos huevos contienen un grupo de hermanos no emparentados», explica. «Tres hermanos de una pareja, tres hermanos de otra pareja: compañeros de nido no emparentados que comparten el mismo nido.»

Los pájaros adultos no reconocen sus huevos ni los polluelos que eclosionan de ellos. A diferencia de los huevos de los carriceros comunes o de los prinia, los huevos del garrapatero no llevan ningún distintivo o firma que pudiera indicarle a un pájaro: «Éste es mi huevo». «Nadie sabe a quién pertenecen los huevos ni los pollos», dice Riehl. Y no obstante, todos los adultos están muy pendientes de los cuidados parentales: empollan el montón colectivo de huevos, se turnan en la vigilancia de los depredadores y alimentan a todos los pollitos con exquisitos saltamontes grandes, saltamontes longicornios, cigarras y arañas, tan necesarios para impulsar un rápido crecimiento. Los polluelos nacen ciegos y desnudos, pero con tan sólo cinco o seis días ya son lo bastante grandes como para salir del nido, nadar y trepar. Del nido saltan al agua que hay debajo, vuelven nadando a la base del árbol del nido y trepan otra vez hasta el nido, enganchándose con el pico a las ramitas y utilizando las alas para darse impulso hacia arriba. Los adultos los vigilan desde arriba y se turnan como centinelas por si acaso hay depredadores.

Se trata de un ejemplo ornitológico extremo de «todos estamos en el mismo barco»; es como criar a la descendencia en una casa comunitaria estable y bien regentada. A semejanza de cualquier comuna, requiere coordinación y cooperación. ¿Cómo organizan estos pájaros sus esfuerzos?, se pregunta Riehl. ¿Y cómo se ponen de acuerdo tantos individuos diferentes en lo que hay que hacer desde el principio?

Éste es el segundo misterio. Sabemos mucho sobre cómo aprenden los animales en cautividad, cómo resuelven problemas y toman decisiones, dice, pero muy poco sobre cómo lo hacen en el medio salvaje. «Las abejas productoras de miel o melíferas, que bailan para comunicar información sobre potenciales colmenas, constituyen un buen ejemplo de cómo muchos individuos diferentes pueden llegar a un consenso a la hora de elegir un nuevo hogar.»

¿Cómo lo hacen los garrapateros?

La decisión grupal más importante que han de tomar los garrapateros es dónde construir el nido. Lugares de nidificación seguros hay pocos y están aislados, y son esenciales para el éxito de la crianza. Estos pájaros prefieren anidar por encima del agua, entre una vegetación marismeña y a orillas de un lago o de un río, o también entre ramas de árboles o cortinas de lianas suspendidas por encima del agua, que son lugares menos expuestos a las serpientes y los monos y, por razones similares, muy complicados para el investigador de campo.

Poco se sabía del garrapatero mayor antes de que Riehl comenzara sus estudios en 2006. David Davis, un biólogo que intentó estudiarlo hace décadas pero desistió por la dificultad que entrañaba, escribía: «Aunque uses una canoa en todo momento, a menudo es imposible coincidir con los pájaros o seguirlos cuando se adentran en la tupida maleza o en terrenos anegados, a lo largo del curso del río». Riehl tiene la ventaja de usar pequeñas lanchas a motor fueraborda de fondo plano que le permiten moverse despacio por la orilla y seguir a los adultos. De esta manera, ella y su equipo monitorizaron con éxito más de cuarenta nidos durante la pasada década, registrando la suerte que corría cada huevo y cada polluelo, recogiendo muestras de sangre y grabando a los pájaros en vídeo con cámaras colocadas en los nidos. De todas formas, hay que superar enormes dificultades logísticas y peligros de toda clase, aparte de tener que hacer frente a las habituales abejas, avispas, mosquitos, boas constrictor, y a la insolación. Un bosque de árboles sumergidos, por ejemplo.

Barro Colorado, la estación en la que Riehl lleva a cabo su investigación de campo, está en medio del lago Gatún, una reserva artificial creada en 1914, cuando el río Chagres fue represado para permitir que los barcos transitaran en ambas direcciones. Desde la estación de campo se pueden ver los enormes buques portacontenedores yendo de acá para allá por sus extensas aguas. En otro tiempo, la isla era un cerro rodeado de húmedo bosque tropical; ahora queda aislada en el anegamiento creado por la represa. Las aguas que rodean la isla parecen tranquilas y navegables, dice Riehl, pero justo debajo de la superficie hay cientos de miles de tocones de árboles centenarios sumergidos. «Tienes que sortear continuamente los tocones, y nuestras lanchas han chocado contra ellos y se han roto más veces de las que pueda contarte.»

La otra amenaza importante también está justo debajo de la superficie.

Los cocodrilos.

«No podemos meternos tranquilamente en el agua porque hay cocodrilos por todas partes, unos cocodrilos enormes. Así que hacemos todo el trabajo desde las lanchas, siempre pendientes de que no choquen.» Esto se convertía en una verdadera dificultad cuando Riehl y su equipo tenían que instalar redes de niebla o neblina, también llamadas redes japonesas, para capturar garrapateros adultos a lo largo de la orilla. Los investigadores montaban las redes sobre postes en aguas poco profundas y en paralelo a la orilla, para atrapar a los pájaros cuando sobrevolaban el agua. «Las redes de niebla son un latazo», dice. «Tienes que mantener la tensión entre los postes y encajarlos en el agua procurando no confundirte de sitio, y por si fuera poco, la lancha motora no se queda nunca quieta del todo.»

En una de las expediciones, Riehl acababa de montar una red japonesa. Un garrapatero voló derecho hacia la red y luchó por zafarse de ella. «Estábamos usando pequeños kayaks de plástico para recobrar los pájaros», dice. «Es un asunto muy peliagudo. Te acercas a la red y tienes que permanecer de pie en ese pequeño e inestable kayak, para extraer el pájaro de la malla.» En esta ocasión, fue remando hacia la red y cuando empezó a ponerse de pie en el kayak, apareció de repente por el agua un cocodrilo enorme. «Era como en la película *Tiburón*», dice Riehl. «Se lo llevó todo en la boca, incluidos el garrapatero y la red entera; no dejó títere con cabeza. Y yo en mi botecito de plástico, viéndolo todo y pensando que a lo mejor no había sido una idea muy brillante...»

Una vez que Estados Unidos cedió el canal a Panamá y cesaron las medidas de control de la población de cocodrilos, su número fue en aumento. Atrapar pájaros adultos a lo largo de la orilla se convirtió en algo cada vez más peligroso. «Tuvimos que dejar de atrapar adultos con la red japonesa durante un tiempo», dice Riehl. «Tenía pesadillas con que un enorme cocodrilo les volcara el kayak a mis asistentes de campo. Pero luego empezamos de nuevo; éramos todos muy conscientes del peligro, pero obrábamos con suma cautela.»

Aunque los cocodrilos pueden atrapar ocasionalmente a algún garrapatero adulto, los verdaderos enemigos de estos pájaros son los capuchinos de cara blanca panameños y las serpientes. Riehl ha encontrado serpientes pajareras en los nidos de los garrapateros, y culebras ratoneras con huevos recién tragados todavía visibles en su interior. En general, entre las aves tropicales es muy común la depredación, dice Riehl, y en Panamá, en torno al 70 % de los nidos de garrapateros están afectados por los depredadores. Las serpientes son especialmente persistentes, pues vuelven día tras día hasta dejar el nido vacío. Los pájaros que pertenecen a grupos más grandes tienen muchas más posibilidades de eludir la depredación y reproducirse con éxito. Son incluso capaces de matar serpientes pequeñas.

Ésta puede ser la respuesta al primer misterio: unos adultos no emparentados se unen para protegerse y para acosar cooperativamente a los depredadores de los nidos. «Cuanto más grande sea el grupo», dice Riehl, «más posibilidades tienes de que las crías de tu nido echen plumas.»

Pero hacer cualquier cosa dentro de un grupo grande —sobre todo algo tan complicado como criar y proteger a los pollos entre todos— requiere un trabajo en equipo bien organizado.

Pensemos en la precisa coordinación que ha de tener una pareja de pájaros ya sólo para reproducirse. El macho y la hembra adoptan una serie de conductas que los preparan para el cortejo, el apareamiento y la construcción de un nido. Ya en la década de 1950, unos estudios llevados a cabo con palomas torcaces mostraron lo sincronizadas que han de estar esas conductas. Una hembra tiene que oír y ver la exhibición del macho para que se desencadene su propio deseo de construir un nido y poner huevos. La hembra, por su parte, envía unas señales que provocan cambios en su compañero y le inducen, por ejemplo, a incubar los huevos. «Esta precisa interacción de la conducta y de la exhibición es la que les impulsa fisiológicamente a los dos y les hace pasar a la siguiente fase de la reproducción», dice Riehl. A estos cambios subyacen las transformaciones que se producen en las hormonas reproductoras.

«Los garrapateros tienen un proceso de retroalimentación similar, pero han de hacerlo con dos o tres parejas diferentes.» Todos los pájaros reproductores del grupo, machos y hembras, cuatro, seis u ocho pájaros juntos, han de instalarse en un nido y sincronizar su disponibilidad para la reproducción.

Luego hay que coordinar las obligaciones que requiere atender el nido: ¿a quién le toca ahora empollar los huevos? ¿A quién le toca dar de comer a los pollitos?

Entre los pájaros que crían como parejas, los turnos de incubación y de buscar comida están perfectamente orquestados. Muchas aves canoras progenitoras se turnan para la incubación y la alimentación de los pollos. En las pocas semanas posteriores a la eclosión de sus huevos, entre los dos hacen acopio de unas dos mil variedades distintas de comida —entre insectos, fruta y larvas—, con el fin de estimular el crecimiento de sus crías, que pasan de ser unos polluelos diminutos, desnudos e indefensos a convertirse en unos voladores completamente emplumados de un tamaño veinte veces superior al inicial.

Durante mucho tiempo, los científicos creían que los pájaros padres realizaban una serie de labores genéticamente determinadas, ya fuera incubando huevos o alimentando a las crías. Sin embargo, en las décadas de 1980 y 1990 unos experimentos hechos con aves canoras subvirtieron esta idea. Los padres se turnaban en la alimentación de los pollos y en las visitas al nido a partes iguales o similares. Pero si retirabas a un miembro de la pareja, el otro compensaba deliberadamente el trabajo esforzándose más por rellenar el vacío. Esto sugiere que cada uno de los progenitores vigila el tiempo que invierte el otro y decide cuántos cuidados hay que prestar. La percepción de la carga de trabajo del compañero varía no sólo de una especie a otra, sino también de un pájaro a otro. Los piqueros patiazules son unos campeones en este sentido, pues se reparten las obligaciones equitativamente. Los gorriones comunes o pardales no han alcanzado precisamente este punto ideal de cooperación e igualitarismo, sino que más bien tienden a ignorar los cambios que se producen en el ritmo de trabajo de su compañero. (A no ser que detecten infidelidad, en cuyo caso reducen sus propios esfuerzos. Los estudios demuestran que los gorriones macho con compañeras proclives al engaño suministran menos comida a sus crías.) Los carboneros comunes, en cambio, encabezan la equidad en la pareja: cada progenitor se ajusta de forma flexible a la conducta de su compañero e iguala sus esfuerzos. Incluso entre los carboneros comunes, sin embargo, se produce una «negociación continua»: algunos pájaros responden con presteza a la conducta del compañero, y otros no tanto.

No son solamente las aves canoras las que muestran este tipo de sutil interacción con el compañero en la coordinación de la crianza. Los mérgulos atlánticos progenitores se turnan en las largas y breves escapadas de forrajeo. Los chorlitejos patinegros o chorlitos alejandrinos, unas aves playeras que anidan en el suelo y crian en el tórrido desierto, coordinan sus tareas relacionadas con la crianza para proteger a los huevos —y a sí mismos— de la insolación.

Multipliquen toda esta organización de los esfuerzos por dos o por tres o por cuatro, y verán lo que tienen que afrontar los garrapateros. Riehl se lo contará: contemplar un grupo de estos pájaros considerando todos sus aspectos es fascinante. En la mayor parte de los grupos de pájaros basados en la familia que crían cooperativamente domina una sola pareja, y los restantes miembros del grupo ayudan a criar a la descendencia de esa pareja. Los garrapateros mayores son mucho más igualitarios. Todos consiguen reproducirse. Y parecen poseer una mentalidad de equipo para el cumplimiento de cada tarea. Todos los miembros del grupo echan una mano a la hora de construir el grande e imponente nido hecho a base de palitos, y las parejas se turnan como en una carrera de relevos, dice Riehl. Una pareja pasará desde unos pocos minutos hasta más de una hora —el macho haciendo del que lleva los ladrillos al albañil hembra—, hasta que otra pareja toma el relevo y la primera abandona inmediatamente la tarea, «como por mutuo acuerdo», dice Riehl. Si algún miembro del grupo profiere una llamada de alarma, entonces todo el equipo se junta a toda velocidad para acosar colectivamente a la amenaza.

Una vez que aparece el primer huevo, sin embargo, las cosas pueden tomar un rumbo decididamente menos colaborador. Una hembra que no ha empezado a poner sus propios huevos quitará sin más contemplaciones cualquier huevo que vea en el nido. Riehl me enseña unas imágenes muy llamativas del fenómeno. Un garrapatero hembra se posa en el nido, asoma la cabeza para inspeccionar si hay algún huevo en el interior; entonces lo atrae hacia ella con el pico, lo hace rodar hasta el borde del nido y, ¡plof!, lo tira al agua que hay debajo. «Actúan con mucha torpeza», observa Riehl. «He visto hembras sostener el huevo entre las patas y luego, justo después de haber empujado el huevo, caerse ellas del nido hacia atrás.»

Éste es el tercer misterio. En estas cooperativas tan unidas e igualitarias, ¿por qué las hembras reproductoras expulsan los huevos puestos por miembros de su propio grupo?

Otros pájaros que anidan en comunidad han sido «pillados» cometiendo el mismo acto. Los avestruces hembra, que son ponedoras de suelo, hacen rodar los huevos de otros miembros del grupo por el borde del nido, sólo para quitarlos de en medio. Walt Koenig, de la Universidad Cornell, sorprendió a otro pájaro que anida en grupo, el carpintero bellotero, asomado por el nido con un huevo en el pico, a punto de tirarlo. El sistema de nidificación en grupo de este carpintero figura entre los más complejos del mundo de los vertebrados; son grupos familiares que constan de siete machos emparentados y tres hembras emparentadas, todas las cuales ponen huevos en el mismo y único nido, y una serie de ayudantes. A semejanza del garrapatero, las hembras del carpintero bellotero que encuentran un huevo en su nido antes de que ellas hayan empezado a ponerlos lo destruyen, una práctica cuyo resultado es la pérdida de más de un tercio de todos los huevos puestos. Sin embargo, como descubrieron Koenig y su colega Ron Mumme, los huevos reventados no se desperdician. El grupo de los carpinteros lleva los restos de los huevos a un árbol y allí todos se dan un banquete, incluidas las hembras que los habían puesto. Mumme llama a esto «succión comunal de huevos».

La hembra del garrapatero que ha puesto un huevo y ha sido expulsado no opone resistencia a este desplazamiento. «Ni intenta quedarse con sus huevos ni toma represalias contra la hembra que lo ha desalojado», dice Riehl. Los huevos del garrapatero son de un tamaño descomunal, casi un 20 % de la masa corporal de una hembra, de manera que su sacrificio no es nada desdeñable.

Al menos el acuerdo al que llegan es igualitario. «Es como si se echaran a cara o cruz quién será la desafortunada que ponga primero el huevo; es algo impredecible», dice Riehl. No tiene nada que ver con la edad ni con la experiencia ni con el tiempo que lleve la hembra formando parte del grupo. Una vez que una hembra ha puesto su propio huevo, dejará de expulsar los huevos ajenos, y una vez que todas las hembras han empezado a poner, la destrucción cesa por completo. Da la impresión de que la naturaleza provoca un cambio hormonal, o fisiológico y mental, porque todos los miembros del grupo se asientan y se ponen a cuidar de toda la nidada comunal, coordinando los numerosos aspectos de la crianza y haciendo malabarismos para cumplir sus obligaciones con dos o tres parejas.

¿Cómo conseguir que todos interpreten la misma partitura y sigan la misma pauta?

Pues al parecer, igual que lo hacen los equipos deportivos, juntándose y jaleándose con frecuencia. Uno de los pájaros profiere una fuerte y distintiva llamada para convocar a sus «compañeros de equipo». Es como un agudo cacareo heráldico, *caa-caa-caa*, que sólo se emite en el contexto de estos despliegues y que puede hacerlo cualquier pájaro del grupo. «Es una llamada de movilización o reclutamiento», explica Riehl, «como quien dice: "¡Bueno, chicos, venga, vamos allá!".» Los restantes miembros del grupo acuden corriendo, a veces desde distancias considerables, y se posan cerca del pájaro que los ha llamado formando un corro, con los picos apuntando hacia dentro, excepto un solo pájaro, que se queda fuera de centinela, por si acaso hay depredadores a la vista. Los pájaros que forman el círculo a veces se tocan con el pico y entran y salen del corro buscando acomodo, trepando y saltando unos sobre otros, pero siempre mantienen el pico dirigido al centro. Luego, el pájaro heráldico cambia la llamada de cacareo por un gorjeo grave y mecánico, y todos se suman al canto.

Riehl ha presenciado más de ciento cuarenta de estos despliegues circulares en más de treinta grupos diferentes, y ha descubierto que lo hacen muchas veces al día; todos los miembros del grupo acuden en tropel a las reuniones y se suman al coro. «Está claro que todos quieren participar de esa ruidosa señal compartida y sincronizada», dice Riehl. «¿Tiene algún significado esa sincronía? ¿Se les da esto mejor a unos pájaros que a otros? Hay muchísima información en estas señales vocales que todavía no entendemos.»

También sigue siendo en gran parte un misterio por qué se reúnen y hacen estas exhibiciones los pájaros. Se parecen a los coros de movilización que entonan las abubillas arbóreas verdes de África —que crían cooperativamente—, que funcionan como contiendas territoriales entre grupos vecinos, dice Riehl. Sin embargo, los garrapateros mayores rara vez se despliegan en respuesta a los enfrentamientos territoriales.

«Estamos intentando hacer unos experimentos determinados para averiguar su función exacta», dice. «A mí me da la sensación de que tienen algo que ver con la coordinación del grupo. Se despliegan con mucha frecuencia cuando están buscando el nido, y también cuando han empezado a poner huevos y ha comenzado el ciclo reproductivo.» Una vez iniciada la puesta, dejan de desplegarse casi por completo.

Riehl sospecha que los despliegues tienen más de una función. «Probablemente refuercen los vínculos sociales entre los miembros del grupo», dice, y en eso no son muy distintos de las reuniones que celebran los equipos con regularidad. Entre otros pájaros que crían en cooperación y que viven en grupos familiares, los ayudantes son aves jóvenes que van y vienen, se quedan un año y luego se marchan. En cambio, «los garrapateros mayores permanecen juntos durante un período de tiempo realmente largo», dice Riehl. «Tenemos grupos que llevan juntos desde que empezamos a estudiarlos en 2006.» Los despliegues pueden fomentar la cohesión o la unión del grupo después de un enfrentamiento con una serpiente o con un mono, «como diciendo: "Vale, ha venido el depredador, pero ya se ha marchado y todos hemos sobrevivido, así que todo irá bien"». Asimismo, pueden tener una función biológica más profunda («Estoy preparada para poner los huevos, ¿y tú?»), y una función social más compleja que facilite la toma de decisiones del grupo, por ejemplo, sobre dónde construir el nido («Me gusta este sitio para hacer el nido, ¿a ti?»). Los primeros hallazgos de Riehl sugieren que diferentes parejas, dentro del grupo, a menudo empiezan a construir diferentes nidos dentro del territorio del grupo, y que los despliegues desempeñan un papel importante a la hora de determinar cuál de esos nidos elige al final el grupo.

«Pero ¿cómo "vota" cada pájaro en estos fórums colectivos?», se pregunta Riehl. «¿Cómo superan las discrepancias y las opiniones encontradas?»

Recientemente, Riehl ha descubierto cómo resuelven los pájaros uno de los aspectos del problema de «muchas manos en un plato hacen mucho garabato». Cuando llega la hora del trabajo más importante, el de empollar el gran cesto de huevos, no se reparten la tarea de manera equitativa. Uno de los machos hará casi toda la incubación. Y otro desempeñará la función del único incubador nocturno. «Por la noche, siempre está el mismo pájaro empollando los huevos en el nido», dice Riehl. «Esto tiene su lógica desde el punto de vista de la eficiencia y la seguridad. Si cada noche tienes que decidir a quién le toca hoy calentar y proteger los huevos, la coordinación entre seis o siete pájaros no sería nada fácil. Puede que ese único macho salga perdiendo, pero la ventaja de este sistema es que no se corre nunca el riesgo de que los huevos queden expuestos.»

Riehl también ha aprendido que existe una gran variedad en la eficacia del trabajo conjunto de unos y otros grupos. «Algunos grupos están muy sincronizados y en sintonía», dice. «Toman juntos las decisiones importantes y se les da realmente bien coordinar los cuidados parentales. A otros en cambio se les da de pena; no saben cuándo tienen que poner los huevos ni sincronizarse en la reproducción. La hembra A puede poner un huevo que la hembra B elimina. Luego, al cabo de dos días, A pone otro huevo y B lo expulsa. A los dos días, A pone el tercer huevo y B lo vuelve a eliminar. Llega un momento en que A se harta y dice: "He puesto cinco huevos y han desaparecido, así que me marcho". Este tipo de asincronía puede llevar a la disolución de todo el grupo, lo que acarrearía un desastre para todos. Tiran sus huevos, los polluelos son devorados, y los miembros acaban abandonando el grupo.»

¿Por qué unos grupos cooperan y se mantienen cohesionados, mientras que otros se desintegran? «Aún no lo sabemos», dice Riehl, «pero es fascinante que los garrapateros nos den la oportunidad de explorar cómo trabajan juntos en esos grupos sociales tan complicados y qué los vuelve tan eficaces.»

Vivir en un mundo social complejo puede surtir un poderoso efecto cognitivo en un pájaro. Los científicos han encontrado que la vida social de los animales efectivamente transforma el cerebro, mejora los mecanismos neuronales subyacentes a la cognición: la síntesis y la liberación de los neuromoduladores, la formación y el fortalecimiento de las sinapsis entre las neuronas, el nacimiento de neuronas nuevas. Vivir en grupo requiere muchas habilidades cognitivas, como, por ejemplo, el aprendizaje, la memoria y, tal vez, incluso la posibilidad de adoptar la perspectiva de otro pájaro. Puede que requiera reconocer a los miembros y recordar tus anteriores interacciones sociales con ellos, anticiparte a su conducta y hasta comprender las relaciones entre otros miembros de tu grupo.

Los pájaros que viven en grupos grandes, por regla general, han desarrollado complejos repertorios de señalización, tanto vocales como visuales, y es posible que aprendan a modificar sus señales visuales para codificar una información nueva y más detallada. Asimismo, se incrementa su capacidad para resolver problemas. Por los estudios que se han hecho con abejas melíferas y peces sabemos que recabar información de más individuos mejora la habilidad para resolver problemas. Las aves que trabajan juntas cuando hay que afrontar dificultades posiblemente tengan ventaja sobre las que lo hacen solas. Esto puede explicar por qué muchos pájaros australianos son tan extremos en su conducta y tan inteligentes. A menudo viven como residentes en sociedades complejas, establecen vínculos de por vida con sus compañeros de grupo y tienen largas temporadas de crianza, de modo que sus interacciones colectivas son más complejas que entre las aves del hemisferio norte, que suelen ser migratorias y viven en pareja, pero sólo durante una temporada de reproducción relativamente breve.

Una investigación reciente acerca de otro reproductor cooperativo, los verdugos flautistas o urracas canoras del oeste de Australia, sugiere que en lo relativo al desarrollo de la inteligencia, cuantos más pájaros haya en un grupo, mejor se desarrollará. Alex Thornton, de la Universidad de Exeter, y sus colegas de la Universidad de Australia Occidental, Ben Ashton y Amanda Ridley, pusieron a prueba la cognición en verdugos fluatistas salvajes que vivían en grupos de diferentes tamaños, de entre tres y doce pájaros. Los investigadores descubrieron que los pájaros que vivían en grupos más grandes estaban más dotados para resolver puzles cognitivos que los que vivían en grupos más pequeños. El equipo comprobó la habilidad de los verdugos para asociar un color en concreto con la presencia de comida y para recordar dónde estaba escondida; y también la capacidad de los pájaros para contenerse —con qué rapidez eran capaces de dejar de picotear en una barrera transparente y, en su lugar, rodearla para llegar a la comida—, lo cual es una medida de inteligencia muy fiable. Los pájaros que se habían criado en grupos más grandes aprendieron y memorizaron sus lecciones más deprisa y eran más capaces de contener su impulso de dar picotazos. «Esto sugiere que los retos que entraña haberse criado en un grupo grande mejora el desarrollo de la cognición», dice Thornton. Las hembras más listas de los verdugos también desempeñaban mejor el papel de madre, pues empollaban más huevos y criaban con éxito a más retoños. Además, en 2019 el equipo demostró que vivir en un grupo grande desencadena en estos pájaros más conductas innovadoras y facilita la propagación de las mismas mediante el intercambio social de información.

Los requisitos que impone una vida social intrincada han podido espolear también la evolución de la inteligencia en los garrapateros mayores. Por una parte, distinguir y llegar a conocer a los miembros de su grupo no es tarea fácil. «Estos pájaros no crecen juntos», dice Riehl. «Se juntan cuando son adultos y entonces es cuando aprenden a reconocerse el uno al otro —"Oh, tú eres de mi grupo; en cambio, tú no"—, lo que probablemente requiera aprender a reconocer las llamadas.» La compleja comunicación que se establece en los coros que entonan los garrapateros en sus despliegues también implica una cognición tan sofisticada como la toma colectiva de decisiones.

Cómo toman decisiones los animales como grupo sigue siendo hoy por hoy una caja negra para la ciencia, dice Riehl. «La toma de decisiones varía de unos animales a otros, que tienen diferentes mecanismos. A veces es un individuo dominante el que toma sumariamente una decisión y dice: "Vale, tíos, seguidme", mientras que otras veces es necesario que el grupo llegue a un consenso. Tomar decisiones colectivas implica una habilidad para percibir un nivel umbral de acuerdo, un quórum, antes de que se pueda proceder. No sabemos cuál es el mecanismo en los garrapateros», explica, «pero seguro que implica un juicio cognitivo: "¿Qué está pasando aquí?". "¿Creéis que es un buen sitio o un mal sitio para anidar?" Esto es algo muy difícil de averiguar.» Por eso Riehl ha empezado a crear unas pruebas cognitivas para saber cómo se las arregla el garrapatero mayor para abordar unas tareas mentales tan sofisticadas.

Riehl ve raíces del extraño sistema de crianza del garrapatero mayor en el tipo de vida parasitario de otros cucos de su árbol genealógico. «Pero aquí viene lo bueno», dice. «Los garrapateros no actúan solamente como los parásitos de puesta, sino también como sus anfitriones. Son como parásitos de puesta coespecíficos —ponen los huevos en los nidos de otros miembros de su especie—, pero en lugar de abandonar a sus crías, traspasando los cuidados parentales al anfitrión, estos parásitos se quedan en el nido y atienden a sus huevos y a sus polluelos.» Y tal y como hacen los hospedadores, también ellos expulsan huevos. He aquí la respuesta al misterio número tres. «Si una hembra llega al nido y encuentra un huevo antes de que ella haya empezado a poner, lo considera un huevo parasitario y se deshace de él», explica. A los garrapateros mayores no les gusta tener huevos en su nido antes de haberlos puesto ellos. Es como si estuvieras esperando un bebé, y llegas a casa y te encuentras un bebé en la cuna...; en fin, probablemente no sea tuyo. Es exactamente como lo expresa David Davis: «Los garrapateros son como parásitos que se han convertido en anfitriones de sí mismos».

La extraordinaria conducta de exhibición en grupo de los garrapateros —única en el mundo ornitológico— surge sólo después de haber empezado a criar comunalmente.

En otras palabras, la manera de criar del garrapatero mayor es variable. «Es una conducta con una gran fuerza expresiva», dice Riehl. «Ahora mismo, es una mezcla de vestigios de la conducta parasitaria y adaptaciones a la vida en grupo, como las exhibiciones comunales y la toma de decisiones colectiva. Los pájaros no han llegado todavía al punto en que todos coordinen perfectamente la reproducción.»

«Ésa es para mí la parte divertida», dice Riehl. «Pensar en cómo ha evolucionado esa extraña mezcla de conductas curiosas, cuáles eran las presiones selectivas originales que las favorecieron, y cómo han ido cambiando con el tiempo, de tal manera que lo que inicialmente era quizá una conducta parasitaria se ha convertido en algo mutualista y verdaderamente social.»

El camino que lleva a la crianza cooperativa es muy diferente de la ruta que se ha defendido durante décadas, según la cual «todo es una mera cuestión de parentesco».

Cuando Riehl analizó los sistemas cooperativos de crianza o reproducción en cientos de especies de aves, encontró toda clase de variantes: pájaros como los maluros espléndidos y las charas floridanas que sólo crían en grupos familiares simples (los adultos se aparean en monogamia y los ayudantes crían a los hermanos de padre y madre); pájaros como los garrapateros mayores y los acentores comunes que únicamente crían con aves no emparentadas; pájaros que son una cosa intermedia, como los martines pescadores píos de África y Asia, que tienen toda clase de ayudantes en el nido, tanto emparentados como no emparentados, y también los estorninos soberbios, que viven en grupos sociales grandes y bulliciosos de hasta cuarenta individuos, en su mayoría parientes, pero con muchas hembras reproductoras no emparentadas y una mezcla de machos reproductores emparentados y no emparentados. De las 213 especies que estudió Riehl, 94 tenían complejas alianzas de parientes y no parientes, casi todas ellas en Australia, Madagascar y los Neotrópicos, es decir, no en el hemisferio norte. Los grupos que crían cooperativamente, formados por individuos no emparentados, no son ni mucho menos tan raros como creíamos antes.

Otra suposición basada en la influencia del norte que se va al garete.

¿Y cuáles son las razones por las que un pájaro forastero se une a un grupo variopinto de aves no emparentadas? Son tan variadas como las especies que entran en él, dice Riehl.

A veces los pájaros no tienen otra opción. Entre los arrendajos canadienses, sólo el mayor de los que han echado plumas en una nidada consigue quedarse en su territorio natal; ese pájaro expulsa a todos sus hermanos más jóvenes forzándolos a establecerse con parejas con las que no están emparentados.

A veces se paga un precio demasiado alto por vivir solo. Amanda Ridley y sus colegas hallaron que los turdoides bicolor que «van a la deriva» en solitario pasan verdaderos apuros cuando no están con los suyos. Al no tener otros turdoides que hagan de centinelas mientras ellos comen, tienen que cuidar más de sí mismos, de manera que forrajean menos y pierden peso. A la larga, ir a la deriva es insostenible, por lo que se ven obligados a integrarse en grupos como ayudantes no reproductores.

A veces un pájaro solitario —normalmente un macho— quiere unirse a una pareja o a un grupo ajenos con el fin de aparearse con la hembra residente. A menudo les lleva comida a ella o a sus crías, para así procurarse el acceso. Luego se queda por los alrededores hasta la siguiente temporada de reproducción, cuando su buena conducta tal vez le permita heredar la posición del reproductor. Esto es especialmente aplicable a los martines pescadores píos, pero también se da entre los esmerejones, las abubillas, los acantisitas verdosos y los San Pedritos puertorriqueños. Un mielero cejinegro o manorina campanera macho solitario a menudo se convierte en un ayudante de un nido que trabaja con especial ahínco, suministrando más insectos, más fruta y más bayas que otros ayudantes emparentados, potenciando así la probabilidad de que la hembra reproductora se vaya con él cuando muera su actual compañero. Que ella acepte o no a un ayudante como pareja depende de la cantidad de comida que el candidato traiga para su última nidada. Aunque sus posibilidades sean remotas, esta aproximación siempre será mejor que quedarse con la familia, donde no tiene la menor posibilidad de reproducirse.

Veamos por qué los grupos aceptan a forasteros: los garrapateros y otros reproductores cooperativos nos han enseñado que los colectivos crían a los pollos con más eficacia que las parejas solitarias y ofrecen más vigilancia y una mejor protección frente a los depredadores y los parásitos de puesta. (En 2013, los científicos descubrieron que la distribución global de los parásitos de puesta y la de los criadores cooperativos casi se solapaban, lo que demuestra que la crianza cooperativa puede desarrollarse como defensa frente a los parásitos de puesta.) Asimismo, los grupos más grandes desplazan a los grupos más pequeños en la competencia por los recursos y por los sitios en los que anidar. Y como hemos visto, cuantos más pájaros sean, más habilidad tendrán para resolver problemas. Al final, los beneficios de los cuidados parentales cooperativos compensan el coste de la reproducción compartida.

En ocasiones, la ventaja —o la necesidad— de un grupo amplio es tan grande, que algunos pájaros secuestran a las crías de otros grupos para aumentar su número. Un ejemplo podría ser la chova de alas blancas.

Robert Heinsohn dice que las chovas fueron su primer amor. Un día, mientras estaba buscando un tema para su doctorado, tropezó con estos pájaros en un arroyo, cerca del campus de la Universidad Nacional Australiana. «Estaban haciendo unas cosas rarísimas», dice. «Era una exhibición extraña y, al mismo tiempo, espectacular; meneaban las alas y la cola, mostraban los destellos que lanzaban sus blancas manchas y se marcaban unos pasitos de baile, y todo ello con los ojos exorbitados, tan congestionados de sangre, que parecían a punto de salírseles del cráneo. Uno de los pájaros se exhibía así delante de una pequeña chova, un polluelo, y pensé: "¿Qué es eso?". Y acabé sentándome con ellas un par de horas, sólo mirándolas.»

Heinsohn estaba presenciando la primera fase del secuestro de un pollo. Le faltaban años de observación e investigación para poder tener una visión de conjunto.

Las chovas se hallan en el extremo opuesto del espectro de la crianza cooperadora, que en su caso es tan obligada como puedan imaginar. No pueden criar a su prole sin múltiples ayudantes. Esto guarda relación con su manera de forrajear: escarbando la superficie de la tierra para obtener larvas de escarabajos y lombrices de tierra. (Es un método de alimentarse bastante complicado que requiere un largo período de práctica, a lo que en parte se debe que las chovas permanezcan años con sus familias.) Criar a un solo pollo requiere cuatro pájaros trabajando a tiempo completo para reunir la suficiente comida para alimentarlo. Para las chovas vivir en grupo equivale a sobrevivir en un entorno lleno de dificultades. Incluso en los años buenos y húmedos, las chovas están siempre intentando reclutar a otros pájaros para su causa, de modo que puedan alcanzar ese mágico número de cuatro, dice Heinsohn. «Suelen ir a otros grupos de chovas para intentar atraerlas.» Pero por lo demás, su vida transcurre muy apaciblemente. Los pájaros se pasan el día cribando metódicamente la hojarasca en busca de comida, con pocas trifulcas o rivalidades. Las crías se quedan en casa para ayudar a sus padres.

En los años de sequía, cuando el suelo se endurece y se seca y resulta difícil encontrar comida, la cosa cambia. «Entonces se desatan todos los infiernos», dice Heinsohn. «Algunos de los reproductores más viejos mueren de hambre, lo que provoca un caos social de mil demonios. Los grupos se fragmentan, y algunos de los ayudantes se llevan consigo a los pájaros más jóvenes, formando así pequeñas facciones a la deriva, demasiado pequeñas como para criar solas, bandas provisionales que se juntan durante un tiempo y luego se disgregan de nuevo. Y estos grupúsculos fragmentados no paran de revolotear de acá para allá, juntándose y volviéndose a separar, con el único afán de encontrar suficientes ayudantes.»

Entonces es cuando las cosas se ponen realmente feas. «Las chovas empiezan a pelearse y a destruirse el nido unas a otras», dice Heinsohn. Los grupos más grandes montan razias contra los más pequeños, a los que acosan, hostigan y les roban los polluelos que acaban de echar las plumas.

El secuestro empieza con un pollito caminando torpemente por el suelo mientras su grupo lo rodea. Cuando los pollos de las chovas echan plumas, salen del nido indefensos e incapaces de volar. «Vuelan a medias; más bien se caen al suelo», dice Heinsohn, de modo que son vulnerables a los depredadores... y a los secuestradores. «Los grupos están muy unidos, y todos sus miembros se reúnen en torno al pollito. Pero si éste intenta alejarse aunque sólo sea un poquito, las chovas de otros grupos están vigilando, y uno de los ayudantes más viejos de otro grupo volará hacia él y empezará a hacer esa exhibición de menear la cola y las alas. Al polluelo la exhibición le parece tan irresistible, que se deja atrapar y sigue al ayudante», explica Heinsohn. A partir de ese momento, trabajará para dar de comer a las crías del nuevo grupo. «Eso lo comparo con la esclavitud que se da entre las hormigas, que literalmente roban otras hormigas para hacerlas trabajar. El pajarito que ha sido secuestrado de su grupo familiar acaba trabajando para un grupo de aves con las que no tiene ningún parentesco, sin obtener nada a cambio.»

La historia de las chovas sugiere una de las razones por las que surgió la crianza cooperativa. Posiblemente, un entorno riguroso e impredecible favorece la evolución de la conducta de ayudarse unos a otros, según la denominada «teoría de la vida dura».

Una serie de artículos científicos han propuesto recientemente las posibles razones de la crianza cooperativa. «Es para lo que viven los biólogos evolutivos», dice Riehl; «para intentar hallar la "pistola humeante", la prueba fehaciente, el impulso común de las cosas.» Tal vez la crianza cooperativa surgió para protegerse de los parásitos de puesta o de los depredadores o del tiempo impredecible, actuando como una especie de amortiguador durante los años malos. O quizá en origen se desarrolló en un entorno propicio en el que las poblaciones de especies emparejadas crecieron tanto que saturaron sus hábitats, superando en cantidad los escasos nidos o las reservas alimenticias. Los pájaros jóvenes no podían mantener un territorio ellos solos, de modo que optaron por hacerse ayudantes. O tal vez cuando las aves viven en hábitats buenos y estables, con abundantes lluvias y largos ciclos de crecimiento, es más probable que cambien la vida como simples parejas por una vida familiar. Cuando hay abundancia de recursos, es más fácil que los adultos se ocupen de su prole, y que los pollitos aprendan de sus padres destrezas para la vida diaria. Y luego, una vez que están viviendo en grupos, es posible que la exposición a un entorno árido y cambiante favorezca la evolución de una conducta de ayuda en el nido. O también puede que ocurra todo lo contrario: que una vez que se establecen como grupos, entonces sean capaces de invadir hábitats demasiado duros para criadores independientes.

Riehl sospecha que estas fuerzas diferentes intervienen en distintos tipos de pájaros de los que crían en cooperación. «Si piensas en la crianza cooperativa como un solo tipo de conducta, entonces estás buscando un solo desencadenante para ese único tipo de conducta», dice. «En cambio, si piensas en ello como un término genérico que incluya numerosos sistemas sociales diferentes que surjan por diversas razones, con distintas presiones selectivas, entonces es posible que existan muchos desencadenantes.» Las ventajas de compartir el nido abarcan desde propagar tus propios genes ayudando a tus parientes, hasta conseguir un mayor éxito reproductivo gracias a contar con más comida y más protección frente a los depredadores y los parásitos. El precio que hay que pagar es la competencia: ¿qué genes se beneficiarán más de los esfuerzos del grupo? «No es un cálculo complicado», dice Riehl. «Pero determinados costes y beneficios podrían ser diferentes para las distintas especies.»

Echemos otro vistazo al árbol genealógico de los pájaros. Cabría imaginar que hay una rama que, de manera compartida, ha optado por diferenciarse de las otras ramas. Pero en realidad entre los grupos de pájaros existen pequeñas ramitas, la una al lado de la otra, especies estrechamente emparentadas, que han seguido distintos derroteros y han llegado a ser completamente distintas. La chara floridana y el trepador cabecipardo crían de forma cooperativa; sus parientes más próximos, la chara californiana y el trepador canadiense, respectivamente, no lo hacen. El carpintero de Carolina cría en parejas convencionales; su primo, el carpintero bellotero, tiene uno de los sistemas comunales más complejos de todos los vertebrados. Una especie ha desarrollado una estrategia vital; ese familiar tan próximo, compañero filogenético de una ramita cercana, hace algo completamente distinto. Incluso dentro de una misma especie puede haber diversas maneras de criar. Entre los verdugos flautistas o urracas canoras, la población occidental cría cooperativamente, mientras que la oriental cría en parejas. Y luego hay pequeñas ramitas de ramas muy diferentes que, por distintos caminos y diversas razones, han acabado por ostentar formas de ser muy similares. Pájaros tan opuestos como los drongos ahorquillados y las aves lira soberbias han optado por el mimetismo o la imitación como una herramienta vital de gran utilidad. Tanto los loros como los córvidos, tan alejados en ese árbol genealógico, han desarrollado unos cerebros muy inteligentes hechos para resolver problemas y para jugar.

Eso es lo que me encanta de los pájaros. Son tan incoherentes, tan impredecibles y tan variados como ningún otro grupo de animales de la Tierra.

Unas palabras para terminar

Finales de agosto, en las estribaciones de los Apalaches. La temporada de nidificación casi ha concluido, pero todavía quedan parejas de azulejos gorjicanelo que revolotean entrando y saliendo de sus cajas nido. Su manera de criar a la prole resulta muy familiar aquí, pero no tiene nada que ver con la de sus primos, los azulejos de garganta azul, ni con la de los carpinteros belloteros, las charas californianas y el resto de las especies que anidan por su cuenta o como criadores en régimen de cooperativa.

El otro día, en mi patio de atrás, vi un cardenal norteño hembra que estaba cantando. Resultaba fácil averiguar que era ella la cantante por el plumaje dimorfo de su especie. Pero me pregunté por la cantidad de veces que habría visto a una hembra de chimbito común, de ampelis americano o de estornino entonar un canto indistinguible del de su equivalente macho, y había dado por hecho que el que cantaba era él.

Escribir este libro me ha cambiado la manera de ver los pájaros; es, por así decirlo, como si me hubiera proporcionado unos prismáticos. Aunque sólo fuera por un día, me gustaría experimentar el mundo como lo hacen ellos, ver los distintos verdores de las hojas con luz ultravioleta, oír y entender las minúsculas diferencias musicales y los rápidos cambios de la estructura acústica de sus complejos cantos y llamadas. Aunque sólo fuera por un día, me gustaría oler lo que huele un ave marina, despertarme un día en el mar con el agudo sentido del olfato de un paíño y surcar las aguas para rastrear las columnas y las nubes del hedor. Como escribió el gran ensayista Lewis Thomas, el olor es una forma de conocimiento muy parecida al acto de pensar. La manera en que los pájaros utilizan los sentidos puede ser la clave de otro tipo de conocimiento.

Me viene a la memoria una de las extraordinarias y enigmáticas habilidades de los pájaros: acabo de aprender que los zorzalitos rojizos son mejores que los meteorólogos en predecir la gravedad de una inminente temporada de huracanes. El ornitólogo Christopher Heckscher descubrió que los zorzalitos rojizos que anidan en Delaware acortan la temporada de crianza en los años en que se producen los huracanes más numerosos e intensos. Unos meses antes, anticipan las tormentas y ajustan su calendario migratorio para cruzar el golfo de México y el mar Caribe en su emigración hacia Sudamérica, con el fin de evitar lo peor de los huracanes. Asimismo, ponen más huevos a principios de la temporada. Cómo saben estos pájaros en mayo lo que va a ocurrir en agosto es un profundo misterio que probablemente guarde relación con los indicios que perciban durante su temporada invernal en Sudamérica. En su habilidad para predecir la temporada de tormentas tropicales que se avecinan, el cálculo de los zorzalitos rojizos es al menos tan bueno como —o tal vez un poco mejor que— las predicciones de los meteorólogos de la Oficina Nacional de Administración Oceánica y Atmosférica. Me refiero, claro está, a las hembras de los zorzalitos rojizos, pues son ellas las que deciden cuándo anidar y cuándo poner los huevos.

El hecho de que nuestros viejos y equivocados prejuicios y suposiciones estén ahora siendo sustituidos por una comprensión más matizada de los pájaros y de su conducta, es motivo de optimismo. Gracias a los nuevos conocimientos científicos, nos hemos desembarazado de la idea de que los pájaros hembra sólo están, como quien dice, de paso; de que un pájaro es, en gran medida, un ojo guiado por un ala, como si los otros sentidos fueran inmateriales; de que las aves son por naturaleza crueles y violentas, y de que sus interacciones con otros individuos, con otras especies, a menudo son una mera cuestión de competencia, de «aplastar o ser aplastado». Ahora sabemos que algunos pájaros son sumamente cooperativos. Colaboran en cazar de todo, desde insectos hasta conejos; en hacer elaboradas exhibiciones de apareamiento como «copilotos», sin ninguna ventaja clara para sí mismos, así como en criar a los pollos de otros. Utilizan sus voces para resolver conflictos, negociar límites, dirimir controversias, y difunden información sobre las fuentes de comida y las amenazas. Se turnan en el canto, en el trabajo y en el juego.

Los pájaros nos han enseñado que clasificar la conducta en oposiciones binarias —por más que nos guste hacerlo— es a menudo un ejercicio inútil. Las aves viven y actúan con arreglo a un amplio espectro, igual que nosotros, y son una prueba del poder que tienen las excepciones, tanto a la hora de establecer unas reglas como a la de romperlas.

Los pájaros también nos han enseñado que no somos tan únicos como creíamos. Las bromas y las payasadas que hacen los keas cuando juegan nos recuerdan que ni la capacidad de estar abierto a otras mentes ni el deseo de jugar con ellas pertenece solamente a los humanos. Tampoco estamos solos en el uso de ciertos aspectos del lenguaje o de las herramientas, ni en la construcción de estructuras complejas, ni en la capacidad de comprender, manipular y engañar a otros animales. Es posible, sin embargo, que estemos solos cuando nos inventamos razones según las cuales somos especiales.

Ahora sabemos que los pájaros no sólo son distintos desde el punto de vista biológico, sino también desde una perspectiva cultural, y esto es aplicable incluso dentro de una misma especie. Las aves aprenden diversos estilos de canto, a construir pérgolas y a jugar, y lo hacen de una manera que varía de un lugar a otro, de una población a otra. Las cacatúas enlutadas, los keas, las gaviotas dominicanas, los carboneros comunes, los maluros soberbios y las aves lira soberbias nos han enseñado que las aves emplean el aprendizaje social para dominar diferentes métodos de forrajeo, para conocer la identidad de sus enemigos, para dominar el dialecto de su región o su propio y distintivo tamborileo.

Está claro que no hay una sola manera de ser un pájaro, como tampoco la hay de ser un humano. Nosotros tenemos diferentes ideales culturales y prácticas compartidas con otras culturas de una forma dinámica y cambiante; ellos tienen identidades individuales y distintas prácticas culturales y conductuales que también son dinámicas, pues las comparten a través del aprendizaje social. Pero todos los pájaros tienen en común el pertenecer a la avifauna, del mismo modo que nosotros pertenecemos a la humanidad.

Observar la conducta de los pájaros en todas sus vertientes es adquirir cierta perspectiva sobre nuestra propia conducta. Lo que les sucede a los pájaros en períodos de escasez o de estrés ecológico puede no ser tan distinto de lo que les ocurre a los humanos en épocas de presión medioambiental, tal y como señala Robert Heinsohn. Para los corvinos negros, unas condiciones ecológicas nefastas, como la sequía, desgarran el tejido social en el que se asientan, dando lugar a un derrumbamiento de la sociedad, a luchas por el poder y a unas complejas y maquiavélicas tácticas sociales, como por ejemplo el secuestro. Irrumpe la violencia. Algunos individuos triunfan, pero «en unas circunstancias en las que resulta casi imposible vivir y criar sin que intervenga el hostigamiento», dice Heinsohn. Una estructura social que funciona bien y que asiste a los pájaros en los tiempos de bonanza se transforma en un sistema hostil, violento y fragmentado con grandes recompensas sólo para unos pocos, que acosan a los más débiles, y con dificultades y privaciones para la mayor parte de la población.

Con el cambio climático, la reducción de los hábitats y la

extinción de las especies, la analogía puede volverse más pertinente todavía.

Cuando pienso en lo que les estamos haciendo a nuestros compañeros de viaje en este planeta, y al propio planeta, siento una oleada de desesperación.

Poco antes de su fallecimiento en 2009, el mayor experto mundial en especies asociadas a las hormigas guerreras, Carl Rettenmeyer, completó la primera lista exhaustiva de animales conocidos por hacer compañía a la *Eciton burchellii*, el minileón de los bosques neotropicales. Rettenmeyer registró 557 especies concertadas con las hormigas, desde garrapatas e insectos hasta una enorme variedad de pájaros. Es el grupo más grande centrado en una sola especie que se haya descrito nunca. Al menos trescientas de estas especies dependen de las hormigas, incluido el carismático hormiguero ocelado. La desaparición de la *Eciton burchellii* de cualquier hábitat desencadenaría la extinción de cientos de aves y otros animales.

Puede ocurrir en cualquier momento. Durante las pasadas décadas, los ornitólogos han visto que los pájaros que dependen de los insectos para su sustento están decreciendo a gran velocidad. De las tierras de labranza y del campo europeos se han marchado los mochuelos comunes, los abejarucos, los alcotanes europeos y ocho especies de perdices pardillas. Las poblaciones de ruiseñores y tórtolas europeas han disminuido enormemente. La culpa no la tiene la destrucción del hábitat, sino la hambruna debida a la desaparición de su principal dieta: escarabajos, libélulas y otros insectos. Un estudio realizado en 2019 halló que, durante los veinticinco últimos años, las poblaciones de pájaros que dependen de los insectos se han reducido un 13 % en toda Europa y casi un 30 % en Dinamarca.

Ese mismo año, unos científicos suministraron la impactante noticia de que uno de cada cuatro pájaros de Estados Unidos y Canadá han desaparecido desde 1970: casi tres mil millones de pájaros. Las especies desaparecidas van desde loicas comunes, currucas y golondrinas hasta pájaros comunes en los patios traseros, como por ejemplo petirrojos y gorriones. Han desaparecido de todos los hábitats —la costa, el bosque, los pastizales, el desierto, la tundra—, debido probablemente sobre todo a la pérdida del hábitat, que ha sido provocada por el desarrollo, la agricultura y el uso de pesticidas. Un estudio reciente descubrió que los insecticidas conocidos como neonicotinoides impiden que las aves migratorias adquieran la masa corporal y las reservas de grasa que necesitan para comenzar el día de una manera decente. Una no puede evitar recordar las palabras premonitorias de Rachel Carson en *Primavera silenciosa*: «En las mañanas que antaño palpitaban con el coro al alba de petirrojos, maulladores, palomas, arrendajos, maluros y otros muchos pájaros, ahora reinaba el silencio».

Ese mismo año, los incendios forestales barrieron Australia matando a más de mil millones de pájaros, mamíferos y reptiles y destruyendo grandes extensiones del hábitat natural.

Son vulnerables a los estragos del cambio climático más especies de las que pueda nombrar, desde aves migratorias como los corremolinos gordos, susceptibles a los cambios en las pautas climáticas que puedan afectar a la sincronización de sus itinerarios, tan delicadamente programados para coincidir con la proliferación de sus fuentes alimenticias, hasta aves marinas con dietas especializadas como los petreles, que pueden verse en dificultades para encontrar comida con la que alimentar a sus pollos, porque la abundancia y distribución de sus presas cambia radicalmente en respuesta a las súbitas transformaciones de los cambios medioambientales. Un nuevo estudio realizado por la Institución Oceanográfica de Woods Hole advierte de que el aumento de las temperaturas y la desaparición del hielo marino pueden provocar la extinción de los pingüinos emperador en la Antártida hacia finales de este siglo.

Sin embargo, brota algún rayo de esperanza. Por ejemplo, el resurgimiento de águilas calvas y aves acuáticas y el sorprendente pero maravilloso aumento de las poblaciones de vireos —en el mismo período en que sus primas las currucas se han reducido drásticamente—, con ochenta y nueve millones más de vireos ahora que en 1970. O la sorprendente habilidad de un pájaro de la selva tropical como el pavo de matorral para medrar en entornos urbanos, o del pequeño hormiguero moteado para rellenar un nicho cuando el más grande y dominante hormiguero ocelado se extingue en su región. O la manera en que los padres del diamante saltarín informan a sus pollos de las altas temperaturas cuando aún están en el huevo, y los pollos, por su parte, adaptan su crecimiento a esas circunstancias y eclosionan más pequeños, de modo que les resulte más fácil perder calor para refrescarse. O cómo en muchas especies de pájaros la conducta de la crianza parece flexible y fluida; puede ocurrir que determinadas especies, contra todo pronóstico, cambien de estrategia a la hora de criar a su prole. O cómo el aprendizaje social de los carboneros, herrerillos y otros pájaros permite que la información se propague más deprisa, capacitándolos así para adaptarse a situaciones nuevas y dificultosas antes de lo que permitiría la evolución. Este tipo de flexibilidad podría proporcionar a algunas especies la habilidad para afrontar un mundo cambiante y más impredecible. La variación individual de los pájaros puede aportar cierta resistencia. En eso se basa el cambio evolutivo y también la innovación y la resolución de problemas acuciantes.

De regreso a Lund desde su granja de Suecia, Mathias Osvath, no sin cierta ironía, se mostraba algo esperanzado a raíz de su trabajo con los pájaros. Osvath cree que los córvidos están a punto de dar un gran paso cognitivo. Ellos llevan en este mundo millones de años, mientras que los humanos hemos existido como especie unos pocos cientos de miles de años —como mucho—, lo que en términos geológicos es una minucia, algo estadísticamente insignificante. Sin embargo, durante nuestra breve existencia, las cornejas, los cuervos y otros córvidos han aprendido a utilizarnos como fuente de alimentación y cobijo. Si nuestra especie desaparece y los córvidos pierden ese recurso, puede que haya una presión selectiva entre ellos para incrementar la cognición, dice Osvath. Sus cerebros podrían duplicarse o triplicarse de tamaño, y gracias a su señalización tan sumamente eficiente y a la densa concentración de sus neuronas, podrían convertirse en los siguientes grandes pensadores y ser dominantes entre los animales. Esto puede ocurrir muy rápidamente, dice. «Investigamos a los dinosaurios para intentar averiguar qué les pasó. Tal vez algún día los dinosaurios en forma de córvidos nos investiguen a nosotros para averiguar qué nos pasó.» Osvath confía en que no repitan nuestros errores.

La palabra «auspicioso», que significa «favorable o prometedor de éxito», viene del latín *auspex* u «observador de pájaros». En la antigua Roma, los que sabían mirar a las aves eran sacerdotes o augures que basaban sus adivinaciones en las pautas del vuelo de los pájaros. El sustantivo inglés *auspice*, del siglo XVII, originariamente hacía referencia a la práctica de observar a las aves para detectar a través de ellas augurios o presagios. Esto podría ser perfectamente una premonición, pues nos vendría bien observar más a los pájaros, sintonizar con sus conductas habituales e inusuales, aprender mientras podamos de sus maravillosas —y a menudo todavía misteriosas— maneras de ser.

Agradecimientos

Un libro como éste depende de la buena voluntad, la generosidad y la dedicación de los naturalistas y los científicos, que están haciendo una brillante labor estudiando y observando a los pájaros tanto en el campo como en el laboratorio. Ellos son los héroes por desprender las capas que ocultan el misterio y por proporcionarnos una nueva visión de los pájaros. Todos los investigadores con los que he trabajado han sido generosos en su disposición a destinarme su tiempo y su experiencia y a compartir conmigo el entusiasmo que sienten por su trabajo. Me gustaría darles especialmente las gracias a quienes me han dejado ver su trabajo en el campo y se han tomado la molestia de introducirme minuciosamente en sus especies.

En primer lugar, quiero expresar mi más profundo agradecimiento a Andrew Skeoch, que respondió a mi simple petición de una foto de un periquito saludándome cariñosamente e invitándome a hablar en un encuentro del Australian Wildlife Recording Group, en Baradine, Australia. De camino hacia esa reunión, él y su compañera, la alfarera Sarah Koschak, me acogieron con una amable hospitalidad y me ofrecieron una privilegiada vista de los maluros espléndidos de su patio, seguida de un recorrido de dos semanas por los paisajes, pájaros y sonidos naturales de Nueva Gales del Sur. En ese viaje, Andrew, un mago del paisaje acústico, me abrió los oídos a una nueva forma de escuchar el canto y el reclamo de los pájaros que cambió para siempre mi manera de oírlos. Asimismo, leyó el manuscrito entero y ofreció esclarecedoras sugerencias.

Mi más sincero agradecimiento a Ana Dalziell, que robó tiempo de dedicación a su trabajo y su familia, para enseñarme su lugar de investigación del ave lira, situado en plenas Montañas Azules. A continuación, ella y Justin Welbergen se sentaron conmigo para responder a mis innumerables preguntas sobre los pájaros que estudian y para enseñarme unos magníficos vídeos de las exhibiciones del ave lira.

Quiero darle muchísimas gracias también a Tim Low, en primer lugar, por haber escrito su magistral libro sobre las aves australianas, *Where Song Began*, y, en segundo lugar, por haber pasado mucho tiempo introduciéndome en los pájaros salvajes de los alrededores de su casa. No sólo me enseñó el montículo del pavo de su patio trasero (que, según me cuenta, ahora es el doble de grande), sino que además me proporcionó mi primer contacto con melifágidos, verdugos flautistas, cacatúas, mieleros cejinegros y docenas de otros pájaros, e hizo gala de sus fascinantes y eruditas observaciones acerca de ellos.

Will Feeney, de la Universidad Griffith, pasó casi tres días conmigo en su área de investigación de campo introduciéndome en las extrañas relaciones que se dan entre los cucos y sus anfitriones, así como en sus métodos para estudiarlos. Quiero expresarle mi gratitud también al equipo de investigadores que trabajan con él por desvelar las historias de estos pájaros: James Kennerley, Maggie Grundler, Nicole Richardson, Derrick Thrasher, Joe Welklin, Julian Kapoor, Matthew Marsh, Rebecca Bracken, Zach Davis, Wendy Deptula, Stephanie LeQuier, Riley Neil y Noah Hunt. Mi especial agradecimiento a James, Derrick, Joe y Julian, que pasaron un tiempo conmigo describiendo sus interesantes estudios sobre pájaros, que abarcan el pasado, el presente y el futuro.

Otros investigadores australianos que sacrificaron su tiempo para enseñarme sus áreas de estudio o para describir sus cautivadoras investigaciones incluyen a Michelle Hall, de la Universidad de Melbourne, Brani Igic, Darril Jones, de la Universidad Griffith, John Martin, del Real Jardín Botánico de Sídney (quien me enseñó el primer nínox robusto que he visto), y Robert Heinsohn, Naomi Langmore y Robert Magrath, de la Universidad Nacional Australiana.

Mary Caswell Stoddard me dedicó muchas horas en su laboratorio de la Universidad de Princeton describiendo su fascinante trabajo sobre la visión en color, los huevos y otras muchas cosas de los pájaros, y luego me invitó amablemente a que la acompañara al Laboratorio Biológico de las Montañas Rocosas, en Gothic, Colorado, donde ella, Benedict Hogan y Harold Eyster me ilustraron sobre los prodigios de la exhibición de vuelo en picado del colibrí coliancho y sobre la ingeniosa manera en que la están estudiando. Me siento profundamente agradecida por el tiempo que estos jóvenes y talentosos científicos pasaron conmigo.

Mathias y Helena Osvath me acogieron en su casa y aviario cerca de Lund, Suecia, y me presentaron a sus asombrosos cuervos. Muchas gracias a los dos y a Mathias por compartir tan generosamente sus amplios conocimientos sobre estos pájaros y sobre el juego de las aves en general. Mi más profunda gratitud también para con Raoul Schwing y Amelia Wein por proporcionarme una apasionante introducción al mundo de los keas y una ventana abierta al inspirado trabajo que están haciendo para comprender a esta traviesa, entrañable y juguetona ave.

Un gran número de científicos emplearon parte de su tiempo en hablar conmigo en profundidad acerca de sus investigaciones; entre ellos figuran: James Dale, de la Universidad Massey; Emily DuVal, de la Universidad Estatal de Florida; Van Graham, de Wildlife West; Jessica McLachlan, de la Universidad de Cambridge; Angela Medina García, de la Universidad de Colorado, Boulder; Sean McCann, de la Universidad Arcadia; Gabrielle Nevitt, de la Universidad de California, Davis; Sean O'Donnell, de la Universidad Drexel;

Juan Reboreda, de la Universidad de Buenos Aires; Christina Riehl, de la Universidad de Princeton; Alex Taylor, de la Universidad de Auckland; el biólogo Paul Tebbel; Christopher Templeton, de la Pacific University; Michael Webster, del Laboratorio de Ornitología Cornell; y Tim Wright, de la Universidad Estatal de Nuevo México.

Tengo una deuda de gratitud con Sue Healy, de la Universidad de St. Andrews, no sólo por tomarse su tiempo en discutir conmigo sus investigaciones y sus ideas sobre los colibríes, la construcción de nidos y la cognición salvaje, sino también por haberse leído todo el manuscrito con cuidado y ponderación y por haberme hecho sugerencias de gran utilidad.

Otras muchas personas ocupadas pero generosas mantuvieron conmigo una correspondencia detallada acerca de sus investigaciones, me suministraron referencias, y leyeron y releyeron borradores de pasajes del libro que exploraban su trabajo, incluidos todos los científicos y naturalistas mencionados más arriba, así como Nick Ackroyd y Kirsty Wills, de la Willowbank Wildlife Reserve; Phil Battley, de la Universidad Massey; Yitzchak Ben Mocha, del Instituto de Ornitología Max Planck; el etno-ornitólogo Mark Bonta; Gerald Borgia, de la Universidad de Maryland; Patricia Brennan, del Mount Holyoke College; Signe Brinkløv, de la Universidad del Sur de Dinamarca; Thomas Bugnyar, de la Universidad de Viena; Johel Chaves-Campos, del Council on International Educational Exchange, Study Abroad Program in Tropical Ecology and Conservation, en Costa Rica; John Endler, de la Universidad Deakin; Sabrina Engesser, de la Universidad de Viena; el ornitólogo Robert Gosford; George Happ, de la Universidad de Alaska y la Universidad de Vermont; Christopher Keckscher, de la Universidad Estatal de Delaware; Suzana Herculano-Houzel, de la Universidad Vanderbilt; Jason Keagy, de la Universidad de Illinois, en Urbana-Champaign; Laura Kelley, de la Universidad de Exeter; Matthew I. M. Louder, de la Universidad de Tokio; Jessica

Meir, de la NASA; Julien Meyer, de la Universidad de Grenoble; Kees Moeliker, del Museo de Historia Natural de Rotterdam; Ximena Nelson, de la Universidad de Canterbury; Karan Odom, del Laboratorio de Ornitología Cornell; Paul Ponganis, de la Universidad de California, Santa Cruz; Simon Potier, de la Universidad Lund; Ed Scholes, del Laboratorio de Ornitología Cornell; Jonathan Slaght, de la Wildlife Conservation Society; Claire Spottiswoode, de la Universidad de Ciudad del Cabo y la Universidad de Cambridge; Diego Sustaita, de la Universidad Estatal de California, San Marcos; Toshitaka Suxuki, de la Universidad de Kioto; Christopher Templeton, de la Pacific University; Alex Thornton, de la Universidad de Exeter; Julia York, de la Universidad de Texas, Austin; la zoóloga y fotógrafa Christy Yuncker; y Marlene Zuk, de la Universidad de Minnesota.

Los comentarios y las aportaciones de todos estos científicos enriquecieron enormemente el libro y fueron inestimables a la hora de asegurar su precisión y corrección. Si todavía sigue habiendo errores, son sólo míos.

Quisiera expresar mi especial gratitud a los miembros del Australian Wildlife Sound Recording Group por haber compartido conmigo la maravillosa iniciativa de grabar sonidos naturales y su propia experiencia con las aves australianas en su reunión anual en Baradine, en 2017. Por haberme abierto los oídos me gustaría dar las gracias en particular a Ros Bandt, Leah Barclay, Tony Baylis, Jessie Cappadonna, Lucy Farrow, Sue Gould, Vicki Hallett, Michael Mahoney, Bob Tomkins, Andrew Skeoch y Fred Van Gessel. Nunca olvidaré aquella última noche que nos sentamos en silencio entre los matorrales, junto a aquella pequeña represa, observando embelesados cómo bajaban a beber una docena de cacatúas lustrosas.

También quiero dar las gracias a Ian Billick, del Rocky Mountain Biological Laboratory, por introducirme en el RMBL, así como a los organizadores y participantes de los numerosos festivales ornitológicos a los que asistí, que ofrecían paseos y charlas sobre pájaros y presentaciones tanto de especies como de personas fascinantes. Agradezco en especial los esfuerzos de Abel Julien, Francesc Kirchner y Miquel Rafa, del Delta Birding Festival de Cataluña, España; Nancy Merrill, del Yampa Valley Crane Festival; Jonathan Weston, del Roger Tory Peterson Wild America Nature Festival; Bob Elner y Rob Butler, del Vancouver International Bird Festival; y Mallory Primm y Robbi Mixon, del Kachemak Bay Shorebird Festival. Me siento también profundamente agradecida a Albin Grahn por la maravillosa expedición a Angarnsjöängen, en Suecia, para ver las fochas comunes, las garzas reales, las grullas comunes, los aguiluchos pálidos y a un joven pigargo europeo, y por haberme brindado aquellos mágicos momentos con Percy, el cárabo lapón de Skansen.

Debo expresar mi gratitud a los numerosos amigos y colegas que me ofrecieron apoyo, ilustración, sustento, ideas, fotos y aventuras tanto reales como virtuales relacionadas con los pájaros, entre los que figuran Susan Allison, Susan Bacik, Ros Casey, Kathy Clark, Daniel Delano, Laura Delano, Mark Edmundson, Andrew Floyd, Ted Floyd, Greg Gelburd, Dorrit Green, Robin Hanes, Roger Hirschland, Susan Hitchcock, Brian Hofstetter (que me envió su propia y maravillosa lista de conductas ornitológicas inusuales), Rich Hofstetter, Johanna Holldack, Meg Jay, Karen B. London, Donna Lucey, Michele Martin, Leslie Middleton, Nancy Murphy-Spicer, Miriam Nelson, Debra Nystrom, Dan O'Neill, Diane Obe, Michael Rodemeyer, Sandy Schmidt, David Spices, Ellen y Paul Wagner, Jo White, Henry Wiencek y Andrew Wyndham. Doy especialmente las gracias a Sandy Cushman, Liz Denton, Sharon Hirschland y Pete Myers por su incesante caudal de interesantes y esclarecedoras conversaciones y paseos... y de nuevo a Pete por haber compartido tan generosamente sus magníficas fotografías.

Quiero dar las gracias a mi querida amiga Katherine Magraw, que murió de cáncer en abril de 2019. Katherine era fuerte, valiente y cariñosa, siempre al servicio del bien en este mundo. Me siento profundamente afortunada por haber sido su amiga y por conocer y amar a sus maravillosas hijas, Emma y Grace, que trajeron a nuestro hogar calor, humor y luz.

Los tres años que tardé en escribir este libro fueron bastante arduos, pero tengo la suerte de contar con una familia muy unida. Doy también las gracias a Hoey y Ronnie por aparecer en mi vida, en las montañas de Colorado, y en mi patio, cuando más necesitaba su sólida y competente ayuda y su agradable compañía; a Nan por apoyarme con su ofrecimiento de asistencia médica, por sus simpáticas palabras y por su continuo flujo de invitaciones; a John, por atender a mi amplia familia con una paciencia infinita, con creatividad e ingenio; a mis adoradas hermanas, Kim, Nancy y Sarah, por apoyarme; y a los queridos Gail y Bill por su generoso amor y respaldo.

Hacia Nance y Steve siento una gratitud inmensa todos los días por su esencial, cariñosa, generosa e imprescindible presencia en mi vida.

No tengo palabras para expresar todo el agradecimiento que le debo a mi agente, Melanie Jackson, por su luminosa inteligencia y su cálido apoyo en tiempos difíciles, así como por sus consejos siempre, siempre perfectamente atinados y por su perspectiva editorial. Melanie fue la que me condujo hasta Ann Godoff, la editora que todo escritor quisiera tener. Gracias, Ann, por tu extraordinaria sabiduría, por tu claridad y tu gracia. Gracias también a Casey Denis por su ayuda tan creativa como experta para mover el manuscrito durante el proceso de publicación; a Darren Haggar por el llamativo diseño de la cubierta; a Eunike Nugroho por la exquisita obra de arte que ilustra la portada, y a John Burgoyne por las preciosas ilustraciones de todo el libro.

Por último, desearía expresar mi más profunda gratitud a mis hijas, Zoë y Nelle. Sin sus palabras de aliento, sus listas, sus caricaturas, su ayuda en las tareas domésticas, la camaradería, el humor, la perspectiva, los consejos, la honestidad, el amor y el apoyo, este libro no habría salido a la luz. Tengo que darle especialmente las gracias a Nelle por haber adoptado el papel oficial de asistente de redacción, trabajo que ha llevado a cabo de manera brillante y sin perder la paciencia, así como por haber transcrito con sumo cuidado docenas de entrevistas grabadas, por planear y organizar viajes e itinerarios y, sobre todo, por su buen ojo editorial y sus siempre sabios consejos. Gracias por haberme ayudando tanto, Nelle, aun a riesgo de tu salud y bienestar. Eres un búho, un aní, un halcón, un cuervo, un colibrí y un zorzalito rojo en una sola persona.

Bibliografía

INTRODUCCIÓN. VISTO UN PÁJARO...

BARROWCLOUGH, G. F., *et al.*, «How many kinds of birds are there and why does it matter?», *PLOS ONE*, 11, n.º 11 (2016), doi/10.1371/journal.pone.0166307.

BOOGERT, N. J., *et al.*, «Measuring and understanding individual differences in cognition», *Philosophical Transactions of the Royal Society B*, 373 (2018), p. 20170280.

DALE, J., «Plumage Color in Males and Females», ponencia inaugural, 54th Annual Conference of the Animal Behavior Society, Toronto, 2017.

GILL, R. E., *et al.*, «Extreme endurance flights by landbirds crossing the Pacific Ocean: Ecological corridor rather than barrier?», *Proceedings of the Royal Society B: Biological Sciences*, 276, n.º 1656 (octubre de 2008), pp. 447-457.

GOULD, J., *The Birds of Australia*, 7 vols, Londres, Richard and John E. Taylor, 1848.

GRIFFIN, D., *Animal Thinking*, Cambridge, MA, Harvard University Press, 1984.

HEALY, S. D., «Animal cognition», *Integrative Zoology*, 14, n.º 2 (2019), pp. 128-131.

—, *et al.*, «Explanations for variation in cognitive ability: Behavioural ecology meets comparative cognition», *Behavioural Processes*, 80, n.º 3 (2009), pp. 288-294.

HEINSOHN, R., «Ecology and evolution of the enigmatic eclectus parrot (*Eclectus roratus*)», *Journal of Avian Medicine and Surgery*, 22, n.º 2 (2008), pp. 146-150.

—, «Eclectus' True Colors Revealed», *Bird Talk*, febrero de 2009, p. 38.

—, *et al.*, «Extreme reversed sexual dichromatism in a bird without sex role reversal», *Science*, 22, n.º 309 (2005), pp. 617-619.

HERCULANO-HOUZEL, S., «Numbers of neurons as biological correlates of cognitive capacity», *Current Opinion in Behavioral Sciences*, 16 (2017), pp. 1-7.

LEFEBVRE, L., «Taxonomic counts of cognition in the wild», *Biology Letters*, 7, n.º 4 (agosto de 2011), pp. 631-633.

LOW, T., *Where Song Began: Australia's Birds and How They Changed the World*, New Haven, CT, Yale University Press, 2016.

MEIR, J. U., «Physiology at the Extreme: From Ocean Depths to Mountain Peaks Among the Stars», disertación plenaria, North American Ornithological Conference, Washington, D. C., 17 de agosto de 2016.

—, y W. K. MILSOM, «High thermal sensitivity of blood enhances oxygen delivery in the high-flying bar-headed goose», *Journal of Experimental Biology*, 216 (2013), pp. 2172-2175.

—, *et al.*, «Heart rate and metabolic rate of bar-headed geese flying in hypoxia», *Federation of American Societies for Experimental Biology Journal*, 27 (2013).

—, *et al.*, «Reduced metabolism supports hypoxic flight in the high-flying bar-headed goose (*Anser indicus*)», *eLife*, 8 (2019), p. e44986.

ODOM, K. J., *et al.*, «Female song is widespread and ancestral in songbirds», *Nature Communications*, 5 (2014), p. 3379.

PRITCHARD, D. J., *et al.*, «Why study cognition in the wild (and how to test it)?», *Journal of the Experimental Analysis of Behavior*, 105, n.º 1 (2016), pp. 41-55.

—, *et al.*, «Wild rufous hummingbirds use local landmarks to return to rewarded locations», *Behavioural Processes*, 122 (2016), pp. 59-66.

RIEBEL, K., *et al.*, «New insights from female bird song: Towards an integrated approach to studying male and female communication roles», *Biology Letters*, 15, n.º 4 (2019), doi/full/10.1098/rsbl.2019.0059.

ROBIN, L., R. HEINSOHN y L. JOSEPH (eds.), *Boom & Bust: Bird Stories for a Dry Country*, Canberra, Australia, CSIRO Publishing, 2009.

SCOTT, G. R., *et al.*, «How bar-headed geese fly over the Himalayas», *Physiology*, 30(2) (2015), pp. 107-115.
SHAFFER, S.: su descubrimiento recogido en *East Bay Times*: P. Rogers, «Hitchhiking Gull Takes 150-Mile Truck Ride Along California Freeways», 13 de julio de 2018, <https://www.eastbaytimes.com/2018/07/13/hitchhiking-seagull-takes-150-mile-truck-ride-california-freeways/>.
SWAN, L., *Tales of the Himalaya: Adventures of a Naturalist*, La Crescenta, CA, Mountain N' Air Books, 2000, p. 90.
WELKLIN, J. F., «Neighborhood bullies: The importance of social context on plumage in redbacked fairy-wrens», Sigma Xi Mini-Symposium, Universidad de Cornell, Ithaca, NY, febrero de 2015.
—, *et al.*, «Social environment, costs, and the evolution of sexual signals», EvoDay Symposium, Universidad de Cornell, Ithaca, NY, 8 de mayo de 2015.

EL HABLA

1. UN CORO AL ALBA

BERG, K. S., *et al.*, «Phylogenetic and ecological determinants of the neotropical dawn chorus», *Proceedings of the Royal Society B: Biological Sciences*, 273, n.º 1589 (2006), pp. 995-1005.
COLOMBELLI-NÉGREL, D., *et al.*, «Embryonic learning of vocal passwords in superb fairy-wren reveals intruder cuckoo nestlings», *Current Biology*, 22 (2012), pp. 2155-2160.
—, *et al.*, «Prenatal learning in Australian songbird: Habituation and individual discrimination in superb fairy-wren embryos», *Proceedings of the Royal Society B: Biological Sciences*, 281, n.º 1797 (2014), p. 20141154.
DALE, J., «Ornamental plumage does not signal male quality in red-billed queleas», *Proceedings of the Royal Society B: Biological Sciences*, 267, n.º 1458 (2000), pp. 2143-2149.
DALZIELL, A. H., y A. COCKBURN, «Dawn song in superb fairy-wren: a bird that seeks extrapair copulations during the dawn chorus», *Animal Behaviour*, 75, n.º 2 (2008), pp. 489-500.
DELHEY, K., *et al.*, «Cosmetic coloration in birds: Occurrence,

function, and evolution», suplemento, *American Naturalist,* 169, n.º S1 (2007), pp. S145-S158.
DREIFUS, C., «Luis Baptista, 58, an Author and an Expert on Bird Song», *The New York Times,* 27 de junio de 2000.
HAPP, G., *Sandhill Crane Display Dictionary: What Cranes Say with Their Body Language,* Dunedin, FL, Waterford Press, 2017.
HOFFMANN, S., *et al.*, «Duets recorded in the wild reveal that interindividually coordinated motor control enables cooperative behavior», *Nature Communications,* 10, n.º 2577 (2019), doi: 10.1038/s41467–019–10593–3.
KEEN, S., *et al.*, «Song in a social and sexual context: Vocalizations signal identity and rank in both sexes of a cooperative breeder», *Frontiers in Ecology and Evolution,* 4, n.º 46 (2016), doi:10.3389/fevo.2016.00046.
KEMMERER, E., *et al.*, «High densities of bell miners *Manorina melanophrys* associated with reduced diversity of other birds in wet eucalypt forest: Potential for adaptive management», *Forest Ecology and Management,* 255, n.º 7 (2008), pp. 2094-2102.
LOGUE, D. M., y D. B. KRUPP, «Duetting as a collective behavior», *Frontiers in Ecology and Evolution* (2016), doi.org/10.3389/fevo.2016.00007.
MAMPE, B., *et al.*, «Newborns' cry melody is shaped by their native language», *Current Biology,* 19, n.º 23 (2009), pp. 1994-1997.
MARIETTE, M. M., *et al.*, «Parent-embryo acoustic communication: A specialised head vocalization allowing embryonic eavesdropping», *Scientific Reports,* 8, n.º 10 (2018), p. 17721.
MYERS, J. P., «One deleterious effect of mobbing in the southern lapwing (*Vanellus chilensis*)», *Auk,* 95, n.º 2 (1978), pp. 419-420.
NESBITT, S. A., «Feather staining in Florida sandhill cranes», *Florida Field Naturalist* (otoño de 1975), pp. 28-30.
PÉREZ-GRANADOS, C., *et al.*, «Dawn chorus interpretation differs when using songs or calls: The Dupont's lark *Chersophilus duponti* case», *Peer Journal,* 6 (2018), p. e5341.
RIVERA–CÁCERES, K. D., «The Ontogeny of Duets in a Neotropical Bird, the Canebrake Wren», tesis doctoral, Universidad de Miami, 2017, Open Access Dissertations, 1830.
—, y C. N. Templeton, «A duetting perspective on avian song learning», *Behavioural Processes,* 163 (2019), pp. 71-80.
—, *et al.*, «Early development of vocal interaction rules in a duet-

ting songbird», *Royal Society Open Science,* 5, n.º 2 (2018), p. 171791.

Rogers, A. C., *et al.*, «Function of pair duets in the eastern whipbird: Cooperative defense or sexual conflict?», *Behavioral Ecology,* 18, n.º 1 (2007), pp. 182-188.

Tchernichovski, O., *et al.*, «How social learning adds up to a culture: From birdsong to human public opinion», *Journal of Experimental Biology,* 220 (2017), pp. 124-132.

Templeton, C. N., *et al.*, «An experimental study of duet integrationin the happy wren, *Pheugopedius felix*», *Animal Behaviour,* 86, n.º 4 (2013), pp. 821-827.

Thomas, R. J., *et al.*, «Eye size in birds and the timing of song at dawn», *Proceedings of the Royal Society B: Biological Sciences,* 269 (2002), pp. 831-837.

Tobias, J. A., *et al.*, «Territoriality, social bonds, and the evolution of communal signaling in birds», *Frontiers in Ecology and Evolution,* 24 (2016), doi:10.3389/fevo.2016.00074.

2. Motivo de alarma

Byers, B. E., y D. E. Kroodsma, «Avian Vocal Behavior», en I. J. Lovette y J. W. Fitzpatrick (eds.), *The Cornell Lab of Ornithology Handbook of Bird Biology,* Hoboken, NJ, Wiley, 3.ª ed., 2016, pp. 355-405.

Cunningham, S. S., y R. D. Magrath, «Functionally referential alarm calls in noisy miners communicate about predator behavior», *Animal Behaviour,* 129 (2017), pp. 171-179.

Curio, F., *et al.*, «Cultural transmission of enemy recognition: One function of mobbing», *Science,* 202, n.º 4370 (1978), pp. 899-901.

Dawson Pell, F. S. E., «Birds orient their heads appropriately in response to functionally referential alarm calls of heterospecifics», *Animal Behaviour,* 140 (2018), pp. 109-118.

Engesser, S., *et al.*, «Chestnut-crowned babbler calls are composed of meaningless shared building blocks», *PNAS,* 116, n.º 39 (2019), pp. 1957919584, doi.org/10.1073/pnas.1819513116.

—, *et al.*, «Experimental evidence for phonemic contrasts in a nonhuman vocal system», *PLOS Biology,* 13, n.º 6 (2015), p. e1002171.

—, *et al.*, «Internal acoustic structuring in pied babbler recruitment cries specifies the form of recruitment», *Behavioral Ecology*, 29, n.º 4 (2018), pp. 1021-1030.

Hingee, M., y R. D. Magrath, «Flights of fear: A mechanical wing whistle sounds the alarm in a flocking bird», *Proceedings of the Royal Society B: Biological Sciences,* 276, n.º 1676 (2009), pp. 4173-4179.

Igic, B., *et al.*, «Crying wolf to a predator: Deceptive vocal mimicry by a bird protecting young», *Proceedings of the Royal Society B: Biological Sciences,* 282, n.º 1809 (2015), doi.org/10.1098/rspb.2015.0798.

Jones, B., «Long-lasting cognitive and behavioral effects of single encounter with predator», presentación, Congreso Ornitológico Internacional, Vancouver, 26 de agosto de 2018.

Lima, S. L., y L. M. Dill, «Behavioral decisions made under the risk of predation: A review and prospectus», *Canadian Journal of Zoology,* 68, n.º 4 (1990), pp. 619-640.

Magrath, R. D., y T. H. Bennett, «A micro-geography of fear: Learning to eavesdrop on alarm calls of neighbouring heterospecifics», *Proceedings of the Royal Society B: Biological Sciences,* 279, n.º 1730 (2012), pp. 902-909.

—, *et al.*, «An avian eavesdropping network: Alarm signal reliability and heterospecific response», *Behavioral Ecology,* 20, n.º 4 (2009), pp. 745-752.

—, *et al.*, «Eavesdropping on heterospecific alarm calls: From mechanisms to consequences», *Biological Reviews,* 90, n.º 2 (2015), pp. 560-586.

—, *et al.*, «Recognition of other species' aerial alarms calls: Speaking the same language or learning another?», *Proceedings of the Royal Society B: Biological Sciences,* 276, n.º 1657 (2009), pp. 769-774.

—, *et al.*, «Wild birds learn to eavesdrop on heterospecific alarm calls», *Current Biology,* 25, n.º 15 (2015), pp. 2047-2050.

McLachlan, J. R., «Alarm Calls and Information Use in the New Holland Honeyeater», tesis doctoral, Universidad de Cambridge, 2019.

—, «How an alarm signal encodes for when to flee and for how long to hide», simposio en el Congreso Ornitológico Internacional, Vancouver, 26 de agosto de 2018.

Meyer, J., y D. D. Reyes, «Geolingüística de los lenguajes silbados

del mundo, con un enfoque en el español silbado», *Géolinguistique,* 17 (2017), pp. 99-124.
Murray, T. G., *et al.*, «Sounds of modified flight feathers reliably signal danger in a pigeon», *Current Biology,* 27, n.º 22 (2017), pp. 3520-3525.E4.
Potvin, D. A., *et al.*, «Birds learn socially to recognize heterospecific alarm calls by acoustic association», *Current Biology,* 28 (2018), pp. 2632-2637.
Seyfarth, R. M., *et al.*, «Vervet monkey alarm calls: Semantic communication in a free-ranging primate», *Animal Behaviour,* 28, n.º 4 (1980), pp. 1070-1094.
—, *et al.,* «Monkey responses to three different alarm calls: Evidence of predator classification and semantic communication», *Science,* 210, n.º 4471 (1980), pp. 801-803.
Suzuki, T. N., «Semantic communication in birds: Evidence from field research over the past two decades», *Ecological Research,* 31, n.º 3 (2016), pp. 307-319.
—, *et al.,* «Wild birds use an ordering rule to decode novel call sequences», *Current Biology,* 27, n.º 15 (2017), pp. 2331-2336.
Templeton, C. N., *et al.*, «Allometry of alarm calls: Black-capped chickadees encode information about predator size», *Science,* 308, n.º 5730 (2005), pp. 1934-1937.

3. Una soberbia imitación

Byrne, R. W., y N. Corp, «Neocortex size predicts deception rate in primates», *Proceedings of the Royal Society B: Biological Sciences,* 271, n.º 1549 (2004), pp. 1693-1699.
Caro, T., «Antipredator deception in terrestrial vertebrates», *Current Zoology,* 60, n.º 1 (2014), pp. 16-25.
Chisholm, A. H., *Nature's Linguists: A Study of the Riddle of Vocal Mimicry,* Burwood, Australia, Brown, Prior, Anderson, 1946.
Dalziell, A. H., «Avian vocal mimicry: A unified conceptual framework», *Biological Reviews,* 90, n.º 2 (2015), pp. 643-658.
—, y R. D. Magrath, «Fooling the experts: Accurate vocal mimicry in the song of the superb lyrebird, *Menura novaehollandiae*», *Animal Behaviour,* 83, n.º 6 (2012), pp. 1401-1410.
—, y J. A. Welbergen, «Elaborate mimetic vocal displays by fe-

male superb lyrebirds», *Frontiers in Ecology and Evolution* (2016), doi.org/10.3389/fevo.2016.00034.

—, *et al.*, «Dance choreography is coordinated with song repertoire in a complex avian display», *Current Biology*, 23, n.º 12 (2013), pp. 1132-1135.

Emery, N. J., y N. S. Clayton, «The mentality of crows: Convergent evolution of intelligence in corvids and apes», *Science*, 306, n.º 5703 (2004), pp. 1903-1907.

Flower, T. P., *et al.*, «Deception by flexible alarm mimicry in an African bird», *Science*, 344, n.º 6183 (2014), pp. 513-516.

Goller, M., y D. Shizuka, «Evolutionary origins of vocal mimicry in songbirds», *Evolution Letters*, 2, n.º 4 (2018), pp. 417-426.

Gombos, V. A., «The cognition of deception: The role of executive processes in producing lies», *Genetic, Social, and General Psychology Monographs*, 132, n.º 3 (2006), pp. 197-214.

Igic, B., y R. D. Magrath, «Fidelity of vocal mimicry: Identification and accuracy of mimicry of heterospecific alarm calls by the brown thornbill», *Animal Behaviour*, 85, n.º 3 (2013), pp. 593-603.

—, «A songbird mimics different heterospecific alarm calls in response to different types of threat», *Behavioral Ecology*, 25, n.º 3 (2014), pp. 538-548.

Katsis, A. C., *et al.*, «Prenatal exposure to incubation calls affects song learning in the zebra finch», *Scientific Reports*, 8 (2018), p. 15232.

Kelley, L. A., y S. D. Healy, «Vocal mimicry in male bowerbirds: Who learns from whom?», *Biology Letters*, 6, n.º 5 (2010), pp. 626-629.

Prather, J. F., *et al.*, «Precise auditory-vocal mirroring in neurons for learned vocal communication», *Nature*, 451, n.º 7176 (2008), pp. 305-310.

Putland, D. A., *et al.*, «Imitating the neighbours: vocal dialect matching in a mimicmodel system», *Biology Letters*, 2, n.º 3 (2006), pp. 367-370.

Sapolsky, R. M., *Behave: The Biology of Humans at Our Best and Worst*, Nueva York, Penguin Press, 2017.

Suthers, R. A., y S. A. Zollinger, «Producing song: The vocal apparatus», *Annals of the New York Academy of Sciences*, 1016 (2004), pp. 109-129.

Zann, R., y E. Dunstan, «Mimetic song in superb lyrebirds: Species mimicked and mimetic accuracy in different populations and age classes», *Animal Behaviour,* 76, n.º 3 (2008), pp. 1043-1054.

EL TRABAJO

4. El aroma del sustento

Audubon, J. J., «Account of the habits of the turkey buzzard, Vulture aura, particularly with the view of exploding the opinion generally entertained of its extraordinary power of smelling», *Edinburgh New Philosophical Journal,* 2 (1826), pp. 172-184.

Bang, B. G., «Anatomical adaptations for olfaction in the snow petrel», *Nature,* 205 (1965), pp. 513-515.

—, «Anatomical evidence for olfactory function in some species of birds», *Nature,* 188 (1960), pp. 547-549.

—, «The olfactory apparatus of tubenosed birds (Procellariiformes)», *Acta Anatomica,* 65, n.º 1 (1966), pp. 391-415.

Bakaloudis, D., «Hunting strategies and foraging performance of the short-toed eagle in the Dadia-Lefkimi–Soufli National Park, north-east Greece», *Journal of Zoology,* 281, n.º 3 (2010), pp. 168-174.

Bonadonna, F., *et al.*, «Evidence that blue petrel, *Halobaena caerulea,* fledglings can detect and orient to dimethyl sulfide», *Journal of Experimental Biology,* 209 (2006), pp. 2165-2169.

Brinkløv, S., *et al.*, «Echolocation in oilbirds and swifts», *Frontiers in Physiology,* 4 (2013), p. 123.

—, «Oilbirds produce echolocation signals beyond their best hearing range and adjust signal design to natural light conditions», *Royal Society Open Science,* 4, n.º 5 (2017), p. 170255.

Cunningham, G. C., y G. A. Nevitt, «Evidence for olfactory learning in procellariiform seabird chicks», *Journal of Avian Biology,* 42, n.º 1 (2011), pp. 85-88.

Cunningham, S. J., e I. Castro, «The secret life of wild brown kiwi: Studying behavior of a cryptic species by direct observation», *New Zealand Journal of Ecology,* 35, n.º 3 (2011), pp. 209-219.

DeBose, J. L., y G. A. Nevitt, «The use of odors at different spatial scales: Comparing birds with fish», *Journal of Chemical Ecology,* 34, n.º 7 (2008), pp. 867-881.

De Groof, G., *et al.*, «Neural correlates of behavioural olfactory sensitivity changes seasonally in European starlings», *PLOS ONE,* n.º 12 (2010), p. e14337.

Estók, P., *et al.*, «Great tits search for, capture, kill and eat hibernating bats», *Biology Letters,* 6, n.º 1 (2010), pp. 59-62.

Griffin, D. R., «Acoustic orientation in the oil bird, *Steatornis*», *Proceedings of the National Academy of Sciences,* 39, n.º 8 (1953), pp. 884-893.

—, «How I Managed to Explore the "Magical" Sense of Bats», *Scientist,* 3 de octubre de 1988.

Grigg, N. P., *et al.*, «Anatomical evidence for scent guided foraging in the turkey vulture», *Scientific Reports,* 7 (2017), p. 17408.

Gwinner, H., *et al.*, «Green plants in starling nests: Effects on nestlings», *Animal Behaviour,* 59 (2010), pp. 301-309.

Hagelin, J. C., y I. L. Jones, «Birds odors and other chemical substances: A defense mechanism of overlooked mode of intraspecific communication», *Auk,* 124, n.º 3 (2007), pp. 741-761.

Hindwood, K. A., «A feeding habit of the shrike-tit», *Emu,* 46 (1946), pp. 284-285.

Holland, R. A., *et al.*, «The secret life of oilbirds: New insights into the movement ecology of a unique avian frugivore», *PLOS ONE,* 4, n.º 12 (2009), p. e8264.

Martin, G. R., *et al.*, «The eyes of oilbirds (*Steatornis caripensis*): Pushing at the limits of sensitivity», *Naturwissenschaften,* 91, n.º 1 (2004), pp. 26-29.

Nevitt, G. A., «Sensory ecology in the high seas: The odor world of the procellariiform seabirds», *Journal of Experimental Biology,* 211 (2008), pp. 1706-1713.

—, y J. C. Hagelin, «Symposium overview: Olfaction in birds: A dedication to the pioneering spirit of Bernice Wenzel and Betsy Bang», *Annals of the New York Academy of Sciences* ,1170, n.º 1 (2009), pp. 424-427.

—, *et al.,* «Evidence for olfactory search in wandering albatross, *Diomedea exulans*», *Proceedings of the National Academy of Sciences,* 105, n.º 12 (2008), pp. 4576-4581.

Payne, R. S., «Acoustic location of prey by barn owls (*Tyto alba*)», *Journal of Experimental Biology,* 54 (1971), pp. 535-573.

Potier, S., *et al.*, «Sight or smell: Which senses do scavenging raptors use to find food?», *Animal Cognition,* 22, n.º 1 (2019), pp. 49-59.

SLAGHT, J. C., *et al.*, «Global Distribution and Population Estimate of Blakiston's Fish Owl», en F. Nakamura (ed.), *Biodiversity Conservation Using Umbrella Species: Blakiston's Fish Owl and the Red-Crowned Crane,* Nueva York, Springer, 2018, pp. 9-18.

—, *et al.*, «Ecology and Conservation of Blakiston's Fish Owl in Russia», en F. Nakamura (ed.), *Biodiversity Conservation Using Umbrella Species: Blakiston's Fish Owl and the Red-Crowned Crane,* Nueva York, Springer, 2018, pp. 47-70.

STAGER, K. E., «The role of olfaction in food location by the turkey vulture (*Cathartes aura*)», *Los Angeles County Museum Contributions in Science,* 81 (1964), pp. 3-63.

STODDARD, M. C., y R. PRUM, «Evolution of avian plumage color in a tetrahedral color space: A phylogenetic analysis of New World buntings», *American Naturalist,* 171, n.º 6 (2008), pp. 755-776.

SUSTAITA, D., *et al.*, «Come on baby, let's do the twist: The kinematics of killing in loggerhead shrikes», *Biology Letters,* 14, n.º 9 (2018).

TEDORE, C., y D.-E. NILSSON, «Avian UV vision enhances leaf surface contrasts in forest environments», *Nature Communications,* 10 (2019), p. 239.

VAN BUSKIRK, R. W., y G. A. NEVITT, «The influence of developmental environment of the evolution of olfactory foraging behavior in procellariiform seabirds», *Journal of Evolutionary Biology,* 21, n.º 1 (2008), pp. 67-76.

VON HUMBOLDT, A., *Personal Narrative of a Journey to the Equinoctial Regions of the New Continent: Abridged Edition,* traducido y editado por Jason Wilson, Nueva York, Penguin Classics, 1996.

WEIMERSKIRCH, H., *et al.*, «Use of social information in seabirds: Compass rafts indicate the heading of food patches», *PLOS ONE,* 5, n.º 3 (2010), p. e9928.

YANG, S.-Y., *et al.*, «Stop and smell the pollen: The role of olfaction and vision of the oriental honey buzzard in identifying food», *PLOS ONE,* 10, n.º 7 (2015), p. e0130191.

5. HERRAMIENTAS ARDIENTES

APLIN, L., «Culture and cultural evolution in birds: A review of the evidence», *Animal Behaviour,* 147 (2019), pp. 179-187.

Barnard, P., «Foraging site selection by three raptors in relation to grassland burning in a montane habitat», *African Journal of Ecology*, 25, n.º 1 (1987), pp. 35-45.

Bonta, M., *et al.*, «International fire-spreading by "firehawk" raptors in northern Australia», *Journal of Ethnobiology*, 37, n.º 4 (2017), pp. 700-718.

Emery, N. J., y N. S. Clayton, «Effects of experience and social context on prospective caching strategies by scrub jays», *Nature*, 414, n.º 6862 (2001, pp. 443-446.

Gayou, D. C., «Tool use by green jays», *Wilson Bulletin*, 94 (1982), pp. 595-596.

Green, C., «Use of tool by orange-winged sitella», *Emu*, 71, n.º 2 (1972), pp. 185-186.

Gruber, R., *et al.*, «New Caledonian crows use mental tool representations to solve metatool problems», *Current Biology*, 29, n.º 4 (2019), pp. 686-692.

Hobbs, J. N., «Use of tools by the white-winged chough», *Emu*, 71, n.º 2 (1971), pp. 84-85.

Hovick, T. J., *et al.*, «Pyric-carnivory: Raptor use of prescribed fires», *Ecology and Evolution*, 7, n.º 21 (2017), pp. 9144–9150.

Kenward, B., *et al.*, «Development of toll use in New Caledonian crows: Inherited action patterns and social influences», *Animal Behaviour*, 72, n.º 6 (2006), pp. 1329-1343.

Marks, J. S., y C. S. Hall, «Tool use by bristle-thighed curlews feeding on albatross eggs», *Condor*, 94, n.º 4 (1992), pp. 1032-1034.

Marón, F. F., *et al.*, «Increased wounding of southern right whale (*Eubalaena australis*) calves by kelp gulls (*Larus dominicanus*) at Península Valdés, Argentina», *PLOS ONE*, 10, n.º 10 (2015), pp. 1-20.

Skutch, A., *The Minds of Birds*, College Station, TX, Texas A&M University Press, 1996.

Von Bayern, A. M. P., *et al.*, «Compound tool construction by New Caledonian crows», *Scientific Reports*, 8, n.º 1 (2018), p. 15676.

6. Tras la senda de las hormigas

Araya-Salas, M., *et al.*, «Spatial memory is as important as weapon and body size for territorial ownership in a lekking hummingbird», *Scientific Reports,* 8, n.º 2001 (2018), doi:10.1038/s41598-018-20441-x.

BATCHELLER, H. J., «Interspecific information use by army-ant-following birds», *Auk,* 134, n.º 1 (2017), pp. 247-255.

BEDNARZ, J. C., «Cooperative hunting Harris' hawks (*Parabuteo unicinctus*)», *Science,* 239, n.º 4847 (1988), pp. 1525-1527.

BOINSKI, S., y P. E. Scott, «Association of birds with monkeys in Costa Rica», *Biotropica,* 20, n.º 2 (1988), pp. 136-143.

CHAVES-CAMPOS, J., «Ant colony tracking in the obligate army ant-following antbird *Phaenostictus mcleannani*», *Journal of Ornithology,* 151, n.º 2 (2011), pp. 497-504.

—, «Localization of army-ant swarms by ant-following bird of the Caribbean slope of Costa Rica: Following the vocalization of antbirds to find the swarms», *Ornitología Neotropical,* 14, n.º 3 (2003), pp. 289-294.

—, *et al.*, «The effect of local dominance and reciprocal tolerance on feeding aggregations of ocellated antbirds», *Proceedings of the Royal Society B,* 276, n.º 1675 (2009), pp. 3995-4001.

CHEKE, L. G., y N. S. CLAYTON, «Mental time travel in animals», *Wiley Interdisciplinary Reviews: Cognitive Science,* 1, n.º 6 (2010), doi.org/10.1002/wcs.59.

HORNSBY, M. A. W., *et al.*, «Wild hummingbirds can use the geometry of a flower array», *Behavioural Processes,* 139 (2017), pp. 33-37.

LOGAN, C. J., *et al.*, «A case of mental time travel in ant-following birds?», *Behavioral Ecology,* 22, n.º 6 (2011), pp. 1149-1153.

MARTÍNEZ, E. A., *et al.*, «Social information cascades influence the formation of mixed-species foraging aggregations of ant-following birds in the Neotropics», *Animal Behaviour,* 135 (2018), pp. 25-35.

O'DONNELL, S., «Evidence for facilitation among avian army-ant attendants: Specialization and species associations across elevations», *Biotropica,* 49, n.º 5 (2017), pp. 665-674, doi.org/10.1111/btp.12452.

—, *et al.*, «Specializations of birds that attend army ant raids: An ecological approach to cognitive and behavioral studies», *Behavioural Processes,* 91 (2012), pp. 267-274.

OTTO, F., «5 Things to Know About Being Bitten by a Viper», *Drexel University News Blog,* 21 de diciembre de 2015.

Pritchard, D. J., y S. D. Healy, «Taking an insect-inspired approach to bird navigation», *Learning and Behavior,* 46, n.º 1 (2018), pp. 7-22.

Suddendorf, T., y M. C. Corballis, «The evolution of foresight: What is mental time travel, ad is it unique to humans?», *Behavioral and Brain Sciences,* 30, n.º 3 (2007), pp. 299-351.

Swartz, M. B., «Bivouac checking, a novel behavior distinguishing obligate from opportunistic species of army-ant–following birds», *Condor: Ornithological Applications,* 103, n.º 3 (2001), pp. 629-633.

Tooby, J., y I. DeVore, «The Reconstruction of Hominid Behavioral Evolution Through Strategic Modeling», en W. G. Kinzey, ed., *The Evolution of Human Behavior: Primate Models,* Albany, State University of New York Press, 1987, pp. 183-237.

Touchton, J. M., y J. N. M. Smith, «Species loss, delayed numerical responses, and functional compensation in antbird guild», *Ecology,* 92, n.º 5 (2011), pp. 1126-1136.

—, y M. Wikelski, «Ecological opportunity leads to the emergence of an alternative behavioural phenotype in a tropical bird», *Journal of Animal Ecology,* 84, n.º 4 (2015), pp. 1041-1049.

Tulving, E., «Episodic memory: From mind to brain», *Annual Review of Psychology,* 53 (2002), pp. 1-25.

Willis, E. O., *The Behavior of Ocellated Antbirds,* Washington, D. C., Smithsonian Institution Press, 1973.

—, y Y. Omiki, «Birds and army ants», *Annual Review of Ecology and Systematics,* 9 (1978), pp. 243-263.

Wilson, E. O., *A Window of Eternity, A Biologist's Walk Throug Gorongosa National Park,* Nueva York, Simon & Schuster, 2014.

Wrege, P. H., *et al.*, «Antbirds parasitize foraging army ants», *Ecology,* 86, n.º 3 (2005), pp. 555-559.

EL JUEGO

7. Pájaros juguetones

Adriaense, J. E. C., *et al.*, «Negative emotional contagion and cognitive bias in common ravens (*Corvux corax*)», *PNAS,* 116, n.º 23 (2019), pp. 11547-11552.

BENT, A. C., *Life Histories of North American Jays, Crows, and Titmice,* Mineola, NY, Dover, 1964.

BOBROWICZ, K., y M. OSVATH, «Cognition in the fast lane: Ravens' gazes are half as short as humans' when choosing objects», *Animal Behavior and Cognition,* 6, n.º 2 (2019), pp. 81-97.

BOND, A., y J. DIAMOND, *Thinking Like a Parrot: Perspectives from the Wild,* Chicago, University of Chicago Press, 2019.

BUGNYAR, T., *et al.*, «Ravens attribute visual access to unseen competitors», *Nature Communications,* 7, n.º 10506 (2016), doi:10.1038/ncomms10506.

—, *et al.*, «Raven judge competitor trough experience with play caching», *Current Biology,* 17, n.º 20 (2007), pp. 1804-1808.

BURGHARDT, G. M., «Defining and Recognizing Play», artículo del *Oxford Handbook of the Development of Play,* Oxford, Oxford University Press, 2012.

EMERY, N. J., y N. S. CLAYTON, «Do birds have the capacity for fun?», *Current Biology,* 25, n.º 1 (2015), pp. R16-R20.

FICKEN, M. S., «Avian play», *Auk,* 94 (1977), pp. 573-582.

FORBUSH, E. H., y JOHN BICHARD MAY, *A Natural History of American Birds of Eastern and Central North America,* Nueva York, Bramhall House, 1955.

GROOS, K., *The Play of Animals,* traducido por Elisabeth L. Baldwin, Nueva York, D. Appleton and Company, 1898.

GWINNER, E., «Über einige Bewegungsspiele des Kolkraben», *Zeitschrift für Tierpsychol,* 23 (1966), pp. 28-36.

HEINRICH, B., *Mind of the Raven,* Nueva York, HarperCollins, 1999.

—, «Why do ravens fear their food?», *The Condor,* 90 (1988), pp. 950-952.

HUTTO, J., *Illumination in the Flatwoods: A Season with the Wild Turkey,* Guilford, CT, Lyons and Burford, 1996.

JACOBS, I., *et al.*, «Object caching in corvids: Incidence and significance», *Behavioural Processes,* 102 (2014), pp. 25-32.

KABADAYI, C., y M. OSVATH, «Ravens parallel great apes in flexible planning for tool-use and bartering», *Science,* 357, n.º 6347 (2017), pp. 202-204.

LAMBERT, M. L., *et al.*, «Birds of a feather? Parrot and corvid cognition compared», *Behaviour,* 156, n.º 5-8 (2018), pp. 508-594.

MILLER, R., *et al.*, «Differences in exploration behaviour in com-

mon ravens and carrion crows during development and across social context», *Behavioral Ecology and Sociobiology,* 69, n.º 7 (2015), pp. 1209-1220.
MORENO-JIMÉNEZ, E. P., *et al.*, «Adult hippocampal neurogenesis is abundant in neurologically healthy subjects and drops sharply in patients with Alzheimer's disease», *Nature Medicine,* 25, n.º 4 (2019), pp. 554-560.
OSVATH, M., y M. SIMA, «Sub-adult ravens synchronize their play: A case of emotional contagion?», *Animal Behavior and Cognition,* 1, n.º 2 (2014), pp. 197-205.
—, *et al.*, «An exploration of play behaviors in raven nestlings», *Animal Behavior and Cognition,* 1, n.º 2 (2014), pp. 157-165.
PELLIS, S. M., *et al.*, «Is play a behavior system, and, if so, what kind?», *Behavioural Processes,* 160 (2019), pp. 1-9.
RITERS, L., *et al.*, «Song practice as a rewarding form of play in songbirds», *Behavioural Processes,* 163 (2017), pp. doi.org/10.1016/j.beproc.2017.10.002.
SMITH, S. M., «The behavior and vocalizations of young turquoise-browed motmots», *Biotropica,* 9, n.º 2 (1977), pp. 127-130.
SPINKA, M., *et al.*, «Mammalian play: Training for the unexpected», *Quaterly Review of Biology,* 76, n.º 2 (2001), pp. 141-168.
VAN VUREN, D., «Aerobatic rolls by ravens on Santa Cruz Island, California», *Auk,* 101, n.º 3 (1984), pp. 620-621.

8. Los payasos de las montañas

DIAMOND, J., y A. B. BOND, *Kea, Bird of Paradox: The Evolution and Behavior of a New Zealand Parrot,* Oakland, University of California Press, 1999.
GAJDON, G. K., *et al.*, «What a parrot's mind adds to play: The urge to produce novelty fosters tool use acquisition in kea», *Open Journal of Animal Sciences,* 4 (2014), pp. 51-58.
GOODMAN, M., *et al.*, «Habitual tool use innovated by free-living New Zealand kea», *Sci Rep.,* 8, n.º 1 (2018), p. 13935, doi:10.1038/s41598-018-32363-9.
HEANEY, *et al.*, «Keas perform similarly to chimpanzees and elephants when solving collaborative tasks», *PLOS ONE,* 12, n.º 2 (2017), p. e0169799, doi.org/10.1371/journal.pone.0169799.

Jackson, J. R., «Keas at Arthurs Pass», *Notornis*, 9, n.º 2 (1960), pp. 39-58.

Marriner, G., *The Kea: A New Zealand Problem*, Christchurch, NZ, Marriner Bros., 1908.

O'Hara, M., *et al.*, «Kea Logics: How These Birds Solve Difficult Problems and Oursmart Researchers», en S. Watanabe (ed.), *Logic and Sensibility*, Keio, Japón, Center for Advanced Research on Logic and Sensibility, 2012.

Panksepp, J., «Beyond a joke: From animal laughter to human joy?», *Science*, 308, n.º 5718 (2005), pp. 62-63.

Pellis, S. M., *et al.*, «The function of play in the development of the social brain», *American Journal of Play*, 2, n.º 3 (2010), pp. 278-297.

Schwing, R., «Scavenging behavior of kea (*Nestor notabilis*)», *Notornis*, 57, n.º 2 (2010), pp. 98-99.

—, *et al.*, «Kea (*Nestor notabilis*) decide early when to wait in food exchange task», *Journal of Comparative Psychology*, 131, n.º 4 (2017), pp. 269-276.

—, *et al.*, «Positive emotional contagion in a New Zealand parrot», *Current Biology*, 27, n.º 6 (2017), pp. R213-R214.

—, *et al.*, «Vocal repertoire of the New Zealand kea parrot *Nestor notabilis*», *Current Zoology*, 58, n.º 5 (2012), pp. 727-740.

Wein, A., *et al.*, «Picture-object recognition in kea (*Nestor notabilis*)», *Ethology*, 121, n.º 11 (2015), pp. 1059-1070.

EL AMOR

9. Sexo

Abbassi, P., y N. T. Burley, «Nice guys finish last: Same-sex sexual behavior and pairing success in male budgerigars», *Behavioral Ecology*, 23, n.º 4 (2012), pp. 775-782.

Ainley, D. G., «Displays of Adélie Penguins: A Re-interpretation» (1974), en B. Stonehouse, ed., *The Biology of Penguins*, Londres, Macmillan, 1975, pp. 503-534.

Bailey, N. W., y M. Zuk, «Samesex sexual behavior and evolution», *Trends in Ecology and Evolution*, 24, n.º 8 (2009), pp. 439-446.

Ben Moche, Y., y S. Pika, «Intentional presentation of objects in cooperatively breeding Arabian babblers (*Turdoides squamiceps*)», *Frontiers in Ecology and Evolution* (2019), doi.org/10.3389/fev0.2019.00087.

—, *et al.*, «Why hide? Concealed sex in dominant Arabian babblers (*Turdoides squamiceps*) in the wild», *Evolution and Human Behavior*, 39 (2018), pp. 575-582.

BIRKHEAD, T., «Uncovered: The Secret Sex Life of Birds», Bird Life International, 13 de febrero de 2018.

BRENNAN, P. L. R., «The Hidden Side of Sex», *Scientist*, 1 de julio de 2014.

—, y R. PRUM, «The limits of sexual conflict in the narrow sense: New insights from waterfowl biology», *Philosophical Transactions of the Royal Society B*, 367, n.º 1600 (2012), pp. 2324-2338.

LEVICK, G. M., *Antarctic Penguins: A Study of Their Social Habits*, Londres, William Heinemann, 1914.

MACFARLANE, G. R., *et al.*, «Homosexual Behaviour in birds: Frequency of expression is related to parental care disparity between the sexes», *Animal Behaviour*, 80, n.º 3 (2010), pp. 375-390.

MACLEOD, D., «Necrophilia among ducks ruffles research feathers», *The Guardian*, 8 de marzo de 2005.

MOELIKER, C. W., «The first case of homosexual necrophilia in the mallard *Anas platyrhynchos* (Aves: Anatidae)», *DEINSEA*, 8 (2001), pp. 243-247.

MØLLER, A. P., «Copulation behavior in the goshawk, *Accipeter gentilis*», *Animal Behaviour*, 35, n.º 3 (1987), pp. 755-763.

OTA, N., «Are the neural mechanisms shared between singing and dancing in Blue-Capped Cordon-Bleu Finches?», presentación en el Congreso Ornitológico Internacional, 2018.

—, *et al.*, «Tap dancing birds: the multimodal mutual courtship display of males and females in a socially monogamous songbird», *Scientific Reports*, 5 (16614) (2015).

RUSSELL, D. G. D., *et al.*, «Dr. George Murray Levick (1876-1956): Unpublished notes on the sexual habits of the Adélie penguin», *Polar Record*, 48, n.º 4 (2012), pp. 387-393.

SWIFT, K., y J. M. MARZLUFF, «Occurrence and variability of tactile interactions between wild American crows and dead conspecifics», *Philosophical Transactions of the Royal Society B: Biological Sciences*, 373, n.º 1754 (2018), p. 20170259.

Aznar, F. J., y M. Ibáñez-Agulleiro, «The function of stones in nest building: The case of black wheatear (*Oenanthe leucura*) revisited», *Avian Biology Research,* 1 (2016), pp. 3-12.

Bent, A. C., *Life Histories of North American Nuthatches, Wrens, Thrashers and Their Allies,* Washington, D. C., Smithsonian, 1948.

Boogert, N. J., *et al.*, «Mate choice for cognitive traits: A review of the evidence in nonhuman vertebrates», *Behavioral Ecology,* 22, n.º 3 (2011), pp. 447-459.

DuVal, E. H., «Cooperative display and lekking behavior of the lance-tailed manakin (*Chiroxiphia lanceolata*)», *Auk,* 124, n.º 4 (2007), pp. 1168-1185.

—, «Female mate fidelity in a lek mating system and its implications for the evolution of cooperative lekking behavior», *American Naturalist,* 181, n.º 2 (2013), pp. 213-222.

Heinsohn, R., *et al.*, «Tool-assisted rhythmic drumming in palm cockatoos shares key elements of human instrumental music», *Science Advances,* 3, n.º 6 (2017), p. e1602399.

Hogan, B. G., y M. C. Stoddard, «Synchronization of speed, sound and iridescent color in a hummingbird aerial courtship dive», *Nature Communications,* 9, n.º 1 (2018), p. 5260.

Lockley, M. G., *et al.*, «Theropod courtship: Large scale physical evidence of display arenas and avian-like scrape ceremony behaviour by Cretaceous dinosaurs», *Scientific Reports,* 6 (2016), p. 18952.

Marks, E. A., *et al.*, «Ecstatic display calls of the Adélie penguin honestly predict male condition and breeding success», *Behaviour,* 147, n.º 2 (2010), pp. 165-184.

Moreno, J., *et al.*, «The function of stone carrying in the black wheateater, *Oenanthe leucura*», *Animal Behaviour,* 47, n.º 6 (1994), pp. 1297-1309.

Prum, R. G., *The Evolution of Beauty: How Darwin's Forgotten Theory of Mate Choice Shapes the Animal World-and Us,* Nueva York, Doubleday, 2017.

Ryan, M. J., *A Taste for the Beautiful: Tue Evolution of Attraction,* Princeton, NJ, Princeton University Press, 2018.

—, y M. E. Cummings, «Perceptual biases and mate choice», *Annual Review of Ecology, Evolution, and Systematics,* 44 (2013), pp. 437-459.

SCHAEFER, H. M., y G. D. RUXTON, «Signal diversity, sexual selection, and speciation», *Annual Review of Ecology, Evolution, and Systematics,* 46 (2015), pp. 573-592.

SCHOLES, E., «Courtship ethology of Carola's parotia (*Parotia Carolae*)», *Auk,* 123, n.º 4 (2006), pp. 967-990.

SCHOLES, E. J., *et al.*, «Visual and acoustic components of courtship in the bird-of-paradise genus *Astrapia* (Aves: Paradisaeidae)», *PeerJ,* 5 (2017), p. e3987.

11. QUEBRADEROS DE CABEZA

ARAYA-SALAS, M., *et al.*, «Spatial memory is as important as weapon and body size for territorial ownership in a lekking hummingbird», *Scientific Reports,* 8, n.º 2001 (2018), doi:10.1038/s41598–018–20441–x.

BORGIA, G., «Complex male display and female choice in the spotted bowerbird: Specialized functions for different bower decorations», *Animal Behaviour,* 49, n.º 5 (1995), pp. 1291-1301.

—, y J. KEAGY, «Cognitively Driven Co-option and the Evolution of Complex Sexual Displays in Bowerbirds", en D. J. Irschick *et al.*, (eds.), *Animal Signaling and Function: An Integrative Approach,* Hoboken, NJ, John Wiley and Sons, 2015, pp. 75-109.

—, y D. C. PRESGRAVES, «Coevolution of elaborate male display traits in the spotted bowerbird: An experimental test of the thread reduction hypothesis», *Animal Behaviour,* 56, n.º 5 (1998), pp. 1121-1128.

CHEN, J., *et al.*, «Problem-solving males become attractive to female budgerigars», *Science,* 363, n.º 6423 (2019), pp. 166-167.

CHISHOLM, A. H., *Bird Wonders of Australia,* East Lansing, Michigan State University Press, 1958.

COCKBURN, A., «Can't See the 'Hood for the Trees: Phylogenetic and Ecological Pattern in Cooperative Breeding in Birds», conferencia plenaria, IOC 2018.

—, *et al.*, «Superb fairy-wren males aggregate into hidden leks to solicit extragroup fertilizations before dawn», *Behavioral Ecology,* 20, n.º 3 (2009), pp. 501-510.

DALZIELL, A. H., y A. COCKBURN, «Dawn song in superb fairywrens: A bird that seeks extrapair copulations during the dawn chorus», *Animal Behaviour,* 75, n.º 2 (2008), pp. 489-500.

Diamond, J. M., «Bower building and decoration by the bowerbird *Amblyornis inornatus*», *Ethology,* 74, n.º 3 (1987), pp. 177-204.

—, «Evolution of bowerbirds' bowers: Animal origins of the aesthetic sense», *Nature,* 297 (1982), pp. 99-102.

Keagy, J., *et al.*, «Cognitive ability and the evolution of multiple behavioral display traits», *Behavioral Ecology,* 23, n.º 2 (2012), pp. 448-456.

Kelley, L. A., y J. A. Endler, «How do great bowerbirds create forced perspective illusions?», *Royal Society Open Science,* 4, n.º 1 (2017), p. 160661.

Lack, D., *Ecological Adaptations for Breeding in Birds,* Londres, Chapman and Hall, 1968.

Madden, J. R., «Do bowerbirds exhibit cultures?», *Animal Cognition,* 11, n.º 1 (2008), pp. 1-12.

Pritchard, D. J., y S. D. Healy, «Taking an insect-inspired approach to bird navigation», *Learning & Behavior,* 46, n.º 1 (2018), pp. 7-22.

—, *et al.*, «Wild hummingbirds require a consistent view of landmarks to pinpoint a goal location», *Animal Behaviour,* 137 (2018), pp. 83-94.

—, *et al.*, «Wild rufous hummingbirds use local landmarks to return to rewarded locations», *Behavioural Processes,* 122 (2016), pp. 59-66.

LA CRIANZA

12. La crianza en libertad

AlRashidi, M., *et al.*, «The influence of a hot environment on parental cooperation of a ground-nesting shorebird, the Kentish plover *Charadrius alexandrines*», *Frontiers in Zoology,* 7 (2010), pp. 1-10.

Bailey, I. E., *et al.*, «Image analysis of weaverbird nests reveals signature weave patterns», *Royal Society Open Science,* 2, n.º 6 (2015), p. 150074.

Biancalana, R., «Breeding biology of the sooty swift *Cypseloides fumigatus* in São Paulo, Brazil», *Wilson Journal of Ornithology,* 127, n.º 3 (2015), pp. 402-410.

BREEN, A. J., *et al.*, «What can nest–building birds teach us?», *Comparative Cognition and Behavior Reviews,* 11 (2016), pp. 83-102.

CAMPBELL, B. L., *et al.*, «Behavioural plasticity under a changing climate; how an experimental local climate affects the nest construction of the zebra finch *Taeniopygia guttata*», *Journal of Avian Biology,* 49, n.º 4 (2018), doi.org/10.1111/jav.01717.

COCKBURN, A., «Prevalence of different modes of parental care in birds», *Proceedings B: Biological Sciences,* 273, n.º 1592 (2006), pp. 1375-1383.

GÖTH, A., y D. JONES, «Ontogeny of social behavior in the megapode Australian brush turkey (Alectura lathami)», *Journal of Comparative Psychology,* 117, n.º 1 (2003), pp. 36-43.

GREENEY, H. F., *et al.*, «Trait-mediated trophic cascade creates enemy-free space for nesting hummingbirds», *Science Advances,* 1, n.º 8 (2015), p. e1500310.

GUILLETTE, L. M., y S. D. HEALY, «Nest building, the forgotten behavior», *Current Opinion in Behavioural Sciences,* 6 (2015), pp. 90-96.

—, *et al.*, «Social learning in nest-building birds: A role for familiarity», *Proceedings of the Royal Society B: Biological Sciences,* 283, n.º 1827 (2016), p. 20152685.

HALL, Z. J., *et al.*, «Neural correlates of nesting behavior in zebra finches (*Taeniopygia guttata*)», *Behavioural Brain Research,* 264, n.º 100 (2014), pp. 26-33.

—, *et al.*, «A role for nonapeptides and dopamine in nest-building behavior», *Journal of Neuroendocrinology,* 27, n.º 2 (2015), pp. 158-165.

HALLEY, M. R., y C. M. HECKSCHER, «Interspecific parental care by a wood thrush (*Hylocichla mustelina*) at a nest of the veery (*Catharus fuscescens*)», *Wilson Journal of Ornithology,* 125, n.º 4 (2013), pp. 823-828.

HEINSOHN, R., *et al.*, «Adaptive sex ratio adjustments via sex-specific infanticide in a bird», *Current Biology,* 21, n.º 20 (2011), pp. 1744-1747.

JONES, D. N., *et al.*, *The Megapodes,* Oxford, Oxford University Press, 1995.

—, *et al.*, «Presence and distribution of Australian brush-turkeys in the greater Brisbane region», *Sunbird,* 34, n.º 1 (2004), pp. 1-9.

—, «Living with a dangerous neighbor: Australian magpies in a suburban environment», en Shaw *et al.* (eds.), *Proceedings 4th International Urban Wildlife Symposium*, 2004.

—, «Reproduction Without Parenthood: Individual Behaviour of Male, Female and Juvenile Australian Brush-Turkeys», en Peter J. Jarman y Andrew Rossiter (eds.), *Animal Societies: Individuals, Interaction and Organisation*, Kioto, Kyoto University Press, 1994, pp. 135-146.

PRICE, J. J., y S. C. GRIFFITH, «Open cup nests evolved from roofed nests in the early passerines», *Proceedings of the Royal Society B*, 284, n.º 1848 (2017), doi.org/10.1098/rspb.2016.2708.

RUBINSTEIN, D. R., «Superb starlings: cooperation and conflict in an unpredictable environment», en W. D. Koenig y J. L. Dickinson (eds.), *Cooperative Breeding in Vertebrates*, Cambridge, Cambridge University Press, 2016, pp. 181-196.

SHY, M. M., «Interspecific feeding among birds: A review», *Journal of Field Ornithology*, 53, n.º 4 (1982), pp. 370-393.

STODDARD, M. C., *et al.*, «Avian egg shape: Form, function and evolution», *Science*, 356, n.º 6344 (2017), pp. 1249-1254.

—, *et al.*, «Evolution of avian egg shape: Underlying mechanisms and the importance of taxonomic scale», *Ibis* 161 (2019), pp. 922-925, doi.org/10.1111/ibi.12755.

VAN DIJK, R. E., *et al.*, «Nest desertion is not predicted by cuckoldry in the Eurasian penduline tit», *Behavioral Ecology and Sociobiology*, 64, n.º 9 (2010), pp. 1425-1435.

VAN VUUREN, K., *et al.*, «'Vicious, aggressive bird stalks cyclist': The Australian magpie (*Cracticus tibicen*) in the news», *Animals*, 6, n.º 5 (2016), p. 29.

13. LOS MEJORES OBSERVADORES DE PÁJAROS DEL MUNDO

BLASI, D. E., *et al.*, «Sound-meaning association biases evidenced across thousands of languages», *PNAS*, 113, n.º 39 (2016), pp. 10818-10823.

FEENEY, W. E., «Evidence of Adaptations and Counter-Adaptations Before the Parasite Lays Its Egg: The Frontline of the Arms Race», en M. Soler (ed.), *Avian Brood Parasitism: Beha-*

viour, Ecology, Evolution and Coevolution, Nueva York, Springer, 2017, pp. 307-324.

—, «"Jack-of-all-trades" egg mimicry in the brood parasitic Horsfield's bronze-cuckoo?», *Behavioral Ecology*, 25, n.º 6 (2014), pp. 1365-1373.

—, y N. E. Langmore, «Social learning of a brood parasite by its host», *Biology Letters*, 9, n.º 4 (2013), doi.org/10.1098/rsbl.2013.0443.

—, y N. E. Langmore, «Superb fairy-wrens, *Malurus cyaneus*, increase vigilance near their nest with the perceived risk of brood parasitism», *Auk*, 132, n.º 2 (2015), pp. 359-364.

—, *et al.*, «Advances in the study of coevolution between avian brood parasites and their hosts», *Annual Review of Ecology, Evolution, and Systematics*, 45 (2014), pp. 227-246.

—, *et al.*, «Evidence for aggressive mimicry in an adult brood parasitic bird, and generalized defenses in its host», *Proceedings of the Royal society B: Biological Sciences*, 282, n.º 1810 (2015), p. 20150795.

—, *et al.*, «The frontline of avian brood parasite-host coevolution», *Animal Behaviour*, 84 (2012), pp. 3-12.

Guigueno, M. F., *et al.*, «Female cowbirds have more accurate spatial memory than males», *Biology Letters*, 10, n.º 2 (2014), p. 20140026.

Isack, H. A., y H.-U. Reyer, «Honeyguides and honey gatherers: Interspecific communication in a symbiotic relationship», *Science*, 243, n.º 4896 (1989), pp. 1343-1346.

Kilner, R. M., y N. E. Langmore, «Cuckoos versus hosts in insects and birds: Adaptations, counter-adaptations and outcomes», *Biological Reviews*, 86, n.º 4 (2011), pp. 836-852.

Langmore, N. E., *et al.*, «Escalation of a coevolutionary arms race through host rejection of brood parasitic young», *Nature*, 422, n.º 6928 (2003), pp. 157-160.

—, *et al.*, «Learned recognition of brood parasitic cuckoos in the superb fairy-wren, *Malurus cyaneus*», *Behavioral Ecology*, 23, n.º 4 (2012), pp. 798-805.

—, *et al.*, «Visual mimicry of host nestlings by cuckoos», *Proceedings of the Royal Society B: Biological Sciences*, 278, n.º 1717 (2011), pp. 2455-2463.

—, *et al.*, «Socially acquired host-specific mimicry and the evolution of host races in Horsfield's bronze-cuckoo *Chalcites basalis*», *Evolution,* 62, n.º 7 (2008), pp. 1689-1699.

LIANG, W., «Crafty cuckoo calls», *Nature Ecology & Evolution,* 1, n.º 10 (2017), pp. 1427-1428.

LOUDER, M. I. M., *et al.*, «An acoustic password enhances auditory learning in juvenile brood parasitic cowbirds», *Current Biology,* (2019), doi.org/10.1016/j.cub.2019.09.046.

—, *et al.*, «A generalist brood parasite modifies use of a host in response to reproductive success», *Proceedings of the Royal Society B: Biological Sciences,* 282, n.º 1814 (2015), doi.org/10.1098/rspb.2015.1615.

PAREJO, D., y J. M. AVILÉS, «Do avian brood parasites eavesdrop on heterospecific sexual signals revealing host quality? A review of the evidence», *Animal Cognition,* 10, n.º 2 (2007), pp. 81-88.

PENNISI, E., «Wild bird comes when honey hunters call for help», *Science,* 353, n.º 6297 (2016), p. 335.

RANGER, G. A., «On three species of honey-guide; the greater (*Indicator indicator*), the lesser (*Indicator minor*) and the scaly-throated (*Indicator variegatus*)», *Ostrich,* 26, n.º 2 (1955), pp. 70-87.

ROJAS RIPARI, J. M., *et al.*, «Innate development of acoustic signals for host parent-offspring recognition in the brood-parasitic screaming cowbird *Molothrus rufoaxillaris*», *Ibis,* 161, n.º 4 (2018), pp. 717-719.

SPOTTISWOODE, C. N., y J. KOOREVAAR, «A stab in the dark: Chick killing by brood parasitic honeyguides», *Biology Letters,* 8, n.º 2 (2012), pp. 241-244.

—, y M. N. STEVENS, «Host-parasite arms races and rapid changes in bird egg appearance», *American Naturalist,* 179, n.º 5 (2012), pp. 633-648.

—, *et al.*, «Reciprocal signaling in honeyguide-human mutualism», *Science,* 353, n.º 6297 (2016), pp. 387-389.

STEVENS, M. N., «Bird brood parasitism», *Current Biology,* 23, n.º 20 (2013), pp. R909–R913.

STODDARD, M. C., y M. E. HAUBER, «Colour, vision and coevolution in avian brood parasitism», *Philosophical Transactions of the Royal Society B: Biological Sciences,* 372, n.º 1724 (2017), p. 20160339.

—, *et al.*, «Higher-level pattern features provide additional information to birds when recognizing and rejecting parasitic eggs»,

Philosophical Transactions of the Royal Society B: Biological Sciences, 374, n.º 1769 (2019), p. 20180197.

14. Una cooperativa de brujas y hervidores

Ashton, B. J., *et al.*, «Cognitive performance is linked to group size and affects fitness in Australian magpies», *Nature,* 554, n.º 7692 (2018), pp. 364-367.

—, *et al.*, «An intraspecific appraisal of the social intelligence hypothesis», *Philosophical Transactions of the Royal Society B: Biological Sciences,* 373, n.º 1756 (2017), doi/10.1098/rstb.2017.0288.

Carr, A., *The Winward Road: Adventures of a Naturalist on Remote Caribbean Shores,* Nueva York, Knopf, 1956.

Cornwallis, C. K., «Cooperative breeding and the evolutionary coexistence of helper and nonhelper strategies», *Proceedings of the National Academy of Sciences,* 115, n.º 8 (2018), pp. 1684-1686.

Hamilton, W. D., «The genetical evolution of social behavior. II», *Journal of Theoretical Biology,* 7 (1964), pp. 17-52.

Koenig, W. D., «What drives cooperative breeding?», *PLOS Biology,* 15, n.º 6 (2017), p. e2002965.

—, y R. L. Mumme, «The great egg-demolition derby», *Natural History,* 106, n.º 5 (1997), pp. 32-37.

Mumme, R. L., *et al.*, «Costs and benefits of joint nesting in the acorn woodpecker», *American Naturalist,* 131, n.º 5 (1988), pp. 654-677.

Ridley, A., *et al.*, «The cost of being alone: The fate of floaters in a population of cooperatively breeding pied babblers *Turdoides bicolor*», *Journal of Avian Biology,* 3, n.º 4 (2008), pp. 389-392.

Riehl, C., «Infanticide and within-clutch competition select for reproductive synchrony in a cooperative bird», *Evolution,* 70, n.º 8 (2016), pp. 1760-1769.

—, y M. J. Strong, «Social living without kin discrimination: Experimental evidence from a communally breeding bird», *Behavioral Ecology and Sociobiology,* 69, n.º 8 (2015), pp. 1293-1299.

—, y M. J. Strong, «Stable social relationships between unrelated females increase individual fitness in a cooperative bird», *Proceedings of the Royal Society B: Biological Sciences,* 285, n.º 1876 (2018), p. doi/10.1098/rspb.2018.0130.

—, *et al.*, «Inferential reasoning and egg rejection in a cooperatively breeding cuckoo», *Animal Cognition,* 18, n.º 1 (2015), pp. 75-82.

TABORSKY, M., *et al.*, «The evolution of cooperation based on direct fitness benefits», *Philosophical Transactions of the Royal Society B: Biological Sciences,* 371, n.º 1687 (2016), p. 20140474.

THORNTON, A., y K. MCAULIFFE, »Cognitive consequences of cooperative breeding? A critical appraisal», *Journal of Zoology,* 295, n.º 1 (2015), pp. 12-22.

WOJCZULANIS-KAKUBAS, K., *et al.*, «Seabird parents provision their chick in a coordinated manner», *PLOS ONE,* 13, n.º 1 (2018), p. e0189969.

UNAS PALABRAS PARA TERMINAR

BOWLER, D. E., «Long-term declines of European insectivorous bird populations and potential causes», *Conservation Biology,* 33, n.º 5 (2019), pp. 1120-1130.

ENG, M. L., *et al.*, «A neonicotinoid insecticide reduces fueling and delays migration in songbirds», *Science,* 365, n.º 6458 (2019), pp. 1177-1180.

HECKSCHER, C. M., «A nearctic-neotropical migratory songbird's nesting phenology and clutch size are predictors of accumulated cyclone energy», *Scientific Reports,* 8, n.º 9899 (2018), doi:10.1038/s41598–018–28302–3.

JENOUVRIER, S., *et al.*, «The Paris agreement objectives will likely halt future declines of emperor penguins», *Global Change Biology* (2019), doi/10.1111/gcb.14864.

RETTENMEYER, G. W., *et al.*, «The largest animal association centered on one species: The army ant *Eciton burchellii* and its more than 300 associates», *Insectes Sociaux,* 58, n.º 3 (2011), pp. 281-292.

ROBIN, L., y R. HEINSOHN, *Boom & Bust: Bird Stories for a Dry Country,* Clayton, Victoria, Australia, Csiro Publishing, 2009.

ROSENBERG, K. V., *et al.*, «Decline of the North American avifauna», *Science,* 366, n.º 6461 (2019), p. eaaw1313.

Índice alfabético

booket